高等数学

（上册）

易正俊　张敏　罗广萍　主编

清华大学出版社
北京

内 容 简 介

本书是专为经济管理类本科生学习高等数学及其经济应用而编写的教材.全书共 6 章,主要内容有:函数、极限与连续,导数与微分,中值定理与导数的应用,不定积分,定积分和定积分的应用.每节配有 A,B 两组习题,每章配有总习题.书后附有部分习题参考答案或提示.

本书讲解简明扼要,图文并茂,覆盖面广,保证学生进一步深造所必需的理论基础知识,同时加强案例教学,注重学生应用能力的提升.本书也可以作为非数学专业本科高等数学的教材.

版权所有,侵权必究.侵权举报电话:010-62782989　13701121933

图书在版编目(CIP)数据

高等数学.上册/易正俊等主编.—北京:清华大学出版社,2014(2020.7重印)
ISBN 978-7-302-37419-0

Ⅰ.①高…　Ⅱ.①易…　Ⅲ.①高等数学-高等学校-教材　Ⅳ.①O13

中国版本图书馆 CIP 数据核字(2014)第 170247 号

责任编辑:刘　颖　赵从棉
封面设计:傅瑞学
责任校对:王淑云
责任印制:刘海龙

出版发行:清华大学出版社
　　　网　　　址:http://www.tup.com.cn,http://www.wqbook.com
　　　地　　　址:北京清华大学学研大厦 A 座　　　　　邮　　编:100084
　　　社　总　机:010-62770175　　　　　　　　　　　邮　　购:010-62786544
　　　投稿与读者服务:010-62776969,c-service@tup.tsinghua.edu.cn
　　　质量反馈:010-62772015,zhiliang@tup.tsinghua.edu.cn
印　装　者:北京九州迅驰传媒文化有限公司
经　　　销:全国新华书店
开　　　本:185mm×260mm　　印　张:16.25　　　　字　　数:394 千字
版　　　次:2014 年 9 月第 1 版　　　　　　　　　　印　　次:2020 年 7 月第 4 次印刷
定　　　价:46.00 元

产品编号:060626-03

　　编者从事高等数学课程教学多年,采用的教材主要偏重理论,淡化了背景知识和应用案例;期末对学生进行检测主要是偏重于学生的运算能力,概念的理解型题目和应用性较强的题目涉及很少.这两个方面的原因导致教师几乎不讲培养学生应用能力的典型案例,学生学习这门课程也只是应付测试,很难把所学的高等数学知识用于解决实际问题,极大地影响了学生的理论创新和应用创新能力的培养,因为创新思维来源于数学思想和方法.要提升学生的培养质量,需要完善教材的内容体系和对学生的检测标准.

　　高等数学是经济管理类专业学生的一门重要公共基础课程,在经济管理领域有广泛的应用.全国教学指导委员会根据经济管理领域学生对高等数学这门课程的要求,提出了经济管理类高等数学课程教学改革设想和指导意见,倡导收集数学在经济管理中的应用案例,引入教学和教材.提倡从解决经济管理领域中的实际问题入手,在建立数学模型解决这些实际问题的过程中引入数学的概念、思想和方法.在教学实践中注意改革创新,逐步形成适应现代社会经济管理实际的数学教学内容体系.旨在服务于经管专业学生创新发展的需求,提升职业能力,注重解决实际问题,提高在实践中发现问题、分析问题和解决问题的能力.

　　教材具有以下几个方面的特色:

　　(1) 充分强调高等数学基础理论的重要地位,所有的基本概念和基本理论尽可能从研究的背景引入,选取的是学生熟悉的背景知识,采用几何图形等方法加强学生对基本理论和基本方法的理解,淡化比较复杂的理论推导,增强教材的可读性和可接受性.培养学生熟练地用准确、简明、规范的数学语言表达自己的数学思想的素质.

　　(2) 加强案例教学,突出专业需求导向,案例的选取参考了国内外优秀教材,博采众家之长,体现案例的实用性和趣味性,激发学生学习的积极性.培养学生主动抓住数学问题的背景和本质,善于对现实经济领域中的现象和过程进行合理的简化和量化,建立数学模型的素质.

（3）重视反例在学生理解和掌握基本概念和基本理论中的重要作用，对读者易误解的概念和理论进行必要的注释.

（4）习题的设置依据培养学生不同层次和不同要求分为 A，B 两组，A 组主要是训练学生的基础知识，B 组是能力提升，训练学生的创新思维.

教材的编写是由易正俊教授组织具有丰富教学经验的一线教师张敏、罗广萍、邓林、颜军、彭智军、刘朝林等讨论、编写.本书共分 6 章，第 1 章和第 3 章由张敏编写，第 2 章由罗广萍编写，第 4 章由易正俊和刘朝林编写，第 5 章由邓林编写，第 6 章由颜军和彭智军编写.重庆大学数学与统计学院穆春来教授审阅了全书.

由于编者学识有限，书中不妥之处，真诚地欢迎读者批评指正，以期不断完善.

编　者

2014 年 7 月

第 2 章　导数与微分　　59

第 1 章

函数、极限与连续

函数是微积分学研究的基本对象,极限方法是微积分学研究问题的主要方法,本章主要介绍初等函数、函数极限与连续的基本概念及有关的性质与运算法则.

1.1 函数

函数是研究变量和变量之间的相互依赖关系,从一个或者几个变量的值去推知另一变量的值. 函数是数学最基本的概念,也是微积分研究的基本对象. 在研究函数时我们经常遇到区间和邻域,在这里先介绍这两个概念作为研究函数的预备知识.

1.1.1 区间与邻域

1. 区间

区间包括有限区间和无限区间,有限区间是指区间的两个端点为有限的实数,它包括开区间、闭区间和半开半闭区间,半开半闭区间包括左闭右开区间和右闭左开区间,这些内容在中学已经学过,在这里把它们列成表 1.1.

表 1.1 有限区间

区 间 名 称	表 示 方 法	图 形
开区间	$(a,b)=\{x\,|\,a<x<b,x\in \mathbf{R}\}$,	
闭区间	$[a,b]=\{x\,|\,a\leqslant x\leqslant b,x\in \mathbf{R}\}$	
左闭右开区间	$[a,b)=\{x\,|\,a\leqslant x<b,x\in \mathbf{R}\}$	
左开右闭区间	$(a,b]=\{x\,|\,a<x\leqslant b,x\in \mathbf{R}\}$	

在实际应用中仅有限区间是不够的,还需要引入无限区间,引入无限区间需要引入无穷大 ∞ 这个符号,∞ 包括正无穷大 $+\infty$ 和负无穷大 $-\infty$,$+\infty$ 和 $-\infty$ 仅是两个符号,不代表任何实数,不能参与数的运算,数轴上的点不能取到无穷大,在有限区间中的一个端点或两个端点趋于无穷大时就得到无穷区间.

若是右端点趋于 $+\infty$ 时得到的无穷区间为:

$(a,+\infty)=\{x\,|\,a<x<+\infty\}$,其图形如图 1.1 所示.

$[a,+\infty)=\{x\,|\,a\leqslant x<+\infty\}$,其图形如图 1.2 所示.

图 1.1   图 1.2

若有限区间的左端点趋于 $-\infty$ 得到的无穷区间为

$(-\infty,b)=\{x\mid-\infty<x<b\}$，其图形如图 1.3 所示.

$(-\infty,b]=\{x\mid-\infty<x\leqslant b\}$，其图形如图 1.4 所示.

图 1.3   图 1.4

若有限区间的两个端点都趋于无穷大时得到的无穷区间为：

$(-\infty,+\infty)=\{x\mid-\infty<x<+\infty\}$，即整个实数轴构成的点集.

2. 邻域

满足不等式 $|x-x_0|<\delta$ 的 x 值的集合称为以 x_0 为中心、δ 为半径的**邻域**. 记为 $U(x_0,\delta)$，即 $U(x_0,\delta)=\{x\mid|x-x_0|<\delta\}$，也可以表示为

$$U(x_0,\delta)=\{x\mid x_0-\delta<x<x_0+\delta\},$$

其图形如图 1.5 所示.

满足 $0<|x-x_0|<\delta$ 的 x 值组成的集合称为以 x_0 为中心、δ 为半径的**去心邻域**. 记为 $\mathring{U}(x_0,\delta)$，即 $\mathring{U}(x_0,\delta)=\{x\mid0<|x-x_0|<\delta\}$，也可以表示为

$$\mathring{U}(x_0,\delta)=\{x\mid x_0-\delta<x<x_0\}\bigcup\{x\mid x_0<x<x_0+\delta\},$$

其图形如图 1.6 所示.

图 1.5   图 1.6

1.1.2 函数的概念

在观察自然现象、经济活动或技术问题过程中，常会遇到各种不同的变量，它们之间往往相互依赖、相互制约. 相互联系的变量之间的这种关系，在数学上称为函数关系，如正方形的面积是其边长的函数；运动着物体的位置是时间的函数；长方形的面积是其长和宽的函数；理想气体的压力是密度和温度的函数；粮食亩产量是施肥量、光照浓度、二氧化碳等多个因素的函数. 只与一个因素有关的函数称为一元函数，与多个因素有关的函数称为多元函数. 在高等数学上册只讨论一元函数，下面给出一元函数的定义.

1. 函数的定义

定义 1.1 设有两个变量 x 和 y，如果变量 x 在一定范围 D 内取值时，按照某一确定的对应规则，变量 y 都有确定的值与之对应，则称 y 是 x 的函数，记为

$$y = f(x), \quad x \in D.$$

称 x 为自变量，y 为因变量．集合 D 称为函数的定义域，$f(x)$ 的所有可能取值组成的集合称为 f 的值域，即 $\{f(x) \mid x \in D\}$．

两个函数相同是指函数的定义域和对应规则相同，函数与函数中的变量用什么字母来表示无关，但在研究同一个问题时同一个函数要用同一个函数符号表示，不同的函数需要用不同的函数符号表示．

2. 函数的表示法

函数的表示方法有表格法、图像法和解析法等，下面分别举例说明函数常见的五种表示法．

(1) **表格法**：把自变量的取值和相应的因变量的取值列在一张表格中．如某商场记录了某一年 12 个月的电视机月销售量（单位：台），列成表 1.2.

表　1.2

月份 t	1	2	3	4	5	6	7	8	9	10	11	12
月销售量 s	81	84	45	49	9	5	6	17	94	161	144	123

表 1.2 表示了该商场电视机的销售量 s 与月份 t 之间的函数关系，当 t 在 $1,2,\cdots,12$ 中任取一个数值时，从表中就可确定一个月销售量 s 与之对应．

(2) **图像法**：把自变量的取值和相应的因变量的取值作为平面直角坐标系中一个点的坐标，这些点构成的几何图形就是用图像法表示的函数关系．如某气象站用自动记录仪记下一昼夜气温的变化情况．图 1.7 是温度记录仪在坐标纸上画出的温度变化曲线图，横坐标表示时间 t，纵坐标表示温度 T，它形象地表示了温度 T 随时间 t 变化的函数关系：对于某一确定 $t(0 \leqslant t \leqslant 24)$，就有一个确定的 T 值与之对应．

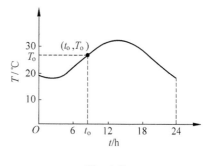

图　1.7

(3) **解析法**：函数的对应关系借助于数学表达式来表达，如 $y = 2x + 1$，$y = \arcsin x$，$y = \sqrt{\ln(x-1)}$ 等．

(4) **隐函数表示法**：一般我们遇到函数的形式为 $y = f(x)$，其特点是：等号的左端是因变量的符号，右端是含有自变量的表达式，当自变量取定义域内的任意一值，由这个式子能确定对应的函数值，用这种式子表达的函数称为显函数；有些函数的对应关系是由含 x, y 的方程 $F(x,y) = 0$ 所确定的，如 $x^2 + y^2 = 1$，$x^3 + y^3 - 3xy = 0$ 等，函数关系隐含在方程中．一般地，如果存在一个定义在某区间上的函数 $y = f(x)$，使得 $F[x, f(x)] \equiv 0$，则称函数 $y = f(x)$ 为由方程 $F(x,y) = 0$ 所确定的隐函数．

有时能从 $F(x,y) = 0$ 中解出一个变量，这样隐函数就变为显函数，如从方程 $x^2 - y = 1$ 解出 $y = x^2 - 1$．但不是任何一个隐函数都可以化为显函数，如把方程 $e^y - xy = e^x$ 所确定的隐函数化为显函数是不可能的．

(5) **参数方程表示法**：函数的对应关系由参数方程所确定，给定一个参数值就能确定

相应的 (x, y). 一般形式如下：

$$\begin{cases} x = \phi(t), \\ y = \varphi(t), \end{cases} \quad \alpha \leqslant t \leqslant \beta.$$

如圆 $x^2 + y^2 = 1$ 可表示为：$\begin{cases} x = \cos t, \\ y = \sin t, \end{cases} \quad 0 \leqslant t \leqslant 2\pi;$

椭圆 $\dfrac{x^2}{a^2} + \dfrac{y^2}{b^2} = 1$ 可表示为：$\begin{cases} x = a\cos t, \\ y = b\sin t, \end{cases} \quad 0 \leqslant t \leqslant 2\pi.$

3. 分段函数

分段函数是在不同的范围内需要用不同的解析式来表达的函数. 如下面的函数都是分段函数.

(1) Dirichlet 函数：

$$D(x) = \begin{cases} 1, & x \text{ 为有理数}, \\ 0, & x \text{ 为无理数}. \end{cases}$$

(2) 符号函数：函数的取值只与自变量的符号有关.

$$f(x) = \begin{cases} 1, & x > 0, \\ 0, & x = 0, \\ -1, & x < 0. \end{cases}$$

(3) 取整函数：$[x]$ 表示不大于 x 的最大整数.

$$f(x) = [x] = \begin{cases} \cdots \\ -1, & -1 \leqslant x < 0, \\ 0, & 0 \leqslant x < 1, \\ \cdots \\ k, & k \leqslant x < k+1 \quad k \in \mathbf{Z}, \\ \cdots \end{cases}$$

4. 函数定义域的求法

函数定义域的确定一般分为两种情况：对于反映实际问题的函数关系,定义域由实际问题所确定；对于纯数学上的函数关系,其定义域为使得函数表达式有意义的自变量取值的集合.

例 1.1 求函数 $y = \arcsin \dfrac{x-1}{5} + \dfrac{1}{\sqrt{25 - x^2}}$ 的定义域.

解 要使得函数解析表达式有意义,必有：$-1 \leqslant \dfrac{x-1}{5} \leqslant 1, 25 - x^2 > 0$ 同时成立,即 $-4 \leqslant x \leqslant 6, -5 < x < 5$ 同时成立. 所以函数的定义域为：$-4 \leqslant x < 5$.

例 1.2 已知函数 $f(x)$ 的定义域为 $[0,1]$,求 $f(x+a) + f(x-a)(a > 0)$ 的定义域.

解 要使得函数解析表达式有意义,必使 $0 \leqslant x+a \leqslant 1, 0 \leqslant x-a \leqslant 1$ 同时成立,即：

$-a\leqslant x\leqslant1-a, a\leqslant x\leqslant1+a$ 同时成立.因此有

(1) 当 $0<a\leqslant1-a$,即 $0<a\leqslant\dfrac{1}{2}$ 时,函数的定义域为 $a\leqslant x\leqslant1-a$.

(2) 当 $a>1-a$,即 $a>\dfrac{1}{2}$ 时,函数的定义域为空集.

1.1.3　函数的特性

1. 单调性

设有函数
$$y=f(x),\quad x\in I,$$
若对任意 $x_1, x_2\in I$,当 $x_1<x_2$ 时,有 $f(x_1)<f(x_2)$,则称 $f(x)$ 在 I 上是单调递增的函数;若对任意 $x_1, x_2\in I$,当 $x_1<x_2$ 时,有 $f(x_1)>f(x_2)$,则称 $f(x)$ 在 I 上是单调递减的函数.我们把单调递增的函数和单调递减的函数统称为单调函数,I 称为单调区间.

例如函数 $y=x^3, y=\arctan x$ 等在定义域中都是单调增加的.

有许多函数在整个定义域中并不呈现单调性,但在其定义域中的某个子区间上却是单调的,如 $y=\sin x$ 在 $\left[-\dfrac{\pi}{2}, \dfrac{\pi}{2}\right]$ 上是单调增加的,$y=\cos x$ 在 $[0,\pi]$ 上是单调减少的.

2. 有界性

设有函数
$$y=f(x),\quad x\in D,$$
若存在 $M>0$,使得对任意的 $x\in D$ 时,都有 $|f(x)|\leqslant M$,则称 $f(x)$ 在 D 上有界.如 $|\sin x|\leqslant1, \forall x\in(-\infty,+\infty)$;$|\arctan x|<\dfrac{\pi}{2}, \forall x\in(-\infty,+\infty)$,"$\forall$"表示"任意".所以 $y=\sin x$ 与 $y=\arctan x$ 在其定义域内都是有界函数.

若存在两个常数 A 和 B,使得
$$A\leqslant f(x)\leqslant B,\quad x\in D,$$
则称函数 $f(x)$ 在 D 上既有上界又有下界,其中 A 为 $f(x)$ 的下界,B 为 $f(x)$ 的上界.

注:(1) 函数一旦有界,函数的界值 M 不唯一,如 $|\sin x|\leqslant1, M=1$;$|\sin x|\leqslant2, M=2$.

(2) 不是每个函数都有界,有些函数有界,有些函数是没有界的.

如函数 $y=x^2$ 在其定义域内有下界无上界;而 $y=1-x^2$ 在其定义域内有上界而无下界;$y=x^3$ 在其定义域内既无上界也无下界.

定理 1.1　函数在 D 上有界的充要条件是函数在 D 上既有上界又有下界.

证　充分性:若 $f(x)$ 在 D 上既有上界又有下界,则存在常数 A 和 B,使得
$$A\leqslant f(x)\leqslant B,\quad x\in D.$$
取 $M=\max\{|A|,|B|\}$("max"表示"取最大";类似的"min"表示"取最小"),则有 $|f(x)|\leqslant M, \forall x\in D$.

必要性:$f(x)$ 在 D 上有界,则 $\exists M>0$("$\exists$"表示"存在"),使得 $|f(x)|\leqslant M, \forall x\in D$,取 $A=-M, B=M$,则得不等式:

$$A \leqslant f(x) \leqslant B, \quad x \in D.$$

3. 奇偶性

设 $f(x)$ 定义在关于原点对称的一个区间 I 上,若 $f(-x) = -f(x)$,$\forall x \in I$,则称 $f(x)$ 为奇函数;若 $f(-x) = f(x)$,$\forall x \in I$,则称 $f(x)$ 为偶函数.

例 1.3 判断函数 $f(x) = \ln(\sqrt{x^2+1}+x)$ 的奇偶性.

解 因为

$$f(-x) = \ln(\sqrt{x^2+1}-x) = \ln\frac{1}{\sqrt{x^2+1}+x} = -\ln(\sqrt{x^2+1}+x) = -f(x),$$

所以 $f(x)$ 为奇函数.

例 1.4 设 $f(x)$ 定义在一个关于原点对称的区间上,证明可以把 $f(x)$ 可以表示成一个奇函数与一个偶函数的和.

证 因为 $f(x) = \dfrac{f(x)+f(-x)}{2} + \dfrac{f(x)-f(-x)}{2}$,显然 $\dfrac{f(x)+f(-x)}{2}$ 是偶函数,$\dfrac{f(x)-f(-x)}{2}$ 是奇函数,所以 $f(x)$ 可以表成一个奇函数与一个偶函数的和.

奇函数的图形关于原点对称,偶函数的图形关于 y 轴对称;两个奇函数的和为奇函数,两个偶函数的和为偶函数;两个偶函数的乘积、两个奇函数的乘积均为偶函数,一个奇函数与一个偶函数的乘积为奇函数.

4. 周期性

对函数 $f(x)$,$x \in D$,如果存在常数 T 使得

$$f(x+T) = f(x), \quad \forall x \in D,$$

则称 $f(x)$ 是以 T 为周期的周期函数,通常我们说周期函数的周期是指最小正周期.

如 $y = \sin x$,$y = \cos x$ 是周期函数,$2n\pi(n=1,2,3,\cdots)$ 都是它的周期,2π 是它的最小正周期,$y = \tan x$ 是以 π 为周期的周期函数.并非每一个函数都有最小正周期,如 Dirichlet 函数

$$D(x) = \begin{cases} 1, & x \text{ 为有理数}, \\ 0, & x \text{ 为无理数} \end{cases}$$

是一个周期函数,任何正有理数都是它的周期,因不存在最小的正有理数,所以它无最小正周期.

1.1.4 反函数与复合函数

1. 反函数

在自由落体运动中,路程 s 与时间 t 的函数关系为

$$s = \frac{1}{2}gt^2 \tag{1.1}$$

在上式中 s 是因变量，t 是自变量. 从上式中将 t 解出：

$$t = \sqrt{\frac{2s}{g}} \tag{1.2}$$

此时 s 成了自变量，t 成为因变量，则式(1.1)和式(1.2)的两个函数称为互为反函数.

定义 1.2 设函数 $y = f(x)$ 的值域为 R_f. 若 $\forall y \in R_f$，都可以从 $y = f(x)$ 确定唯一的 x 值与之对应，则得到一个定义在 R_f 上以 y 为自变量、x 为因变量的函数 $x = f^{-1}(y)$，称为函数 $y = f(x)$ 的反函数. 通常记为：$y = f^{-1}(x)$.

函数 $y = f(x)$ 和它的反函数 $y = f^{-1}(x)$ 的图形在同一坐标系中关于 $y = x$ 对称(见图 1.8). 不是任意一个函数都有反函数，具有反函数的函数一定是一对一的.

定理 1.2(反函数存在定理) 如果函数 $y = f(x)$ 在其定义区域 D 上是单调增加(减少)的，则它的反函数

$$x = f^{-1}(y), \quad y \in R_f (R_f \text{为} y = f(x) \text{的值域})$$

存在，并且其反函数也是单调增加(减少)的.

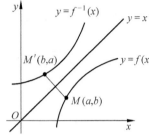

图 1.8

2. 复合函数

设 $y = f(u) = \sqrt{u}$，$u = 2x^2 + 3$. 将后一函数代入前一函数得 $y = \sqrt{2x^2 + 3}$，这种将一个函数代入另一个函数的运算就称为函数的"复合"运算. 但不是任意两个函数都可以进行复合运算，如 $f(u) = \arcsin u$，$u = x^2 + 2$ 就不能构成复合函数，因为函数 $u = x^2 + 2$ 的值域与函数 $f(u) = \arcsin u$ 的定义域的交集是一个空集.

一般地，复合函数有下面的定义：

定义 1.3 设函数 $y = f(u)$，$u = \varphi(x)$，如果 $u = \varphi(x)$ 的值域与 $y = f(u)$ 的定义域的交集非空，则称 $y = f(\varphi(x))$ 是由 $y = f(u)$ 与 $u = \varphi(x)$ 复合而成的复合函数. $y = f(u)$ 称为外函数，$u = \varphi(x)$ 称为内函数，u 称为中间变量.

例 1.5 设函数 $f(x) = \begin{cases} 1, & |x| \leqslant 1, \\ 0, & |x| > 1, \end{cases}$ 求 $f[f(x)]$.

解 对任意 $x \in (-\infty, +\infty)$，$|f(x)| \leqslant 1$，所以 $f[f(x)] = 1$

例 1.6 设 $g(x) = \begin{cases} 2-x, & x \leqslant 0, \\ x+2, & x > 0, \end{cases}$ $f(x) = \begin{cases} x^2, & x < 0, \\ -x, & x \geqslant 0, \end{cases}$ 求 $g[f(x)]$.

解 $g[f(x)] = \begin{cases} 2-f(x), & f(x) \leqslant 0 \\ f(x)+2, & f(x) > 0 \end{cases} = \begin{cases} 2+x, & x \geqslant 0, \\ 2+x^2, & x < 0. \end{cases}$

1.1.5 初等函数

下面几类函数是基本初等函数.

(1) 幂函数 $y = x^\alpha$(α 为任意给定的实数).

幂函数的定义域随着 α 的不同而不同,但无论 α 取何值时,它在 $(0, +\infty)$ 上都有定义,图 1.9 中给出了 α 为一些特殊值的函数图形.

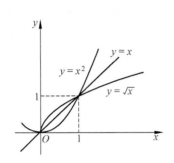 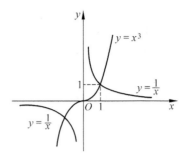

图   1.9

(2) 指数函数:$y = a^x$($a > 0, a \neq 1$ 为一常数).

图像见图 1.10,从图中可以看出:$a > 1$ 时,函数单调递增;$0 < a < 1$ 时,函数单调递减.

(3) 对数函数:$y = \log_a x$($a > 0, a \neq 1$ 为一常数).

图形见图 1.11,从图中可以看出:$a > 1$ 时,函数单调递增;$0 < a < 1$ 时,函数单调递减.

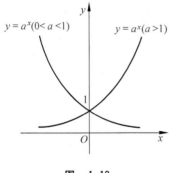 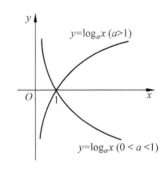

图   1.10   图   1.11

(4) 三角函数:$y = \sin x, y = \cos x, y = \tan x, y = \cot x, y = \sec x, y = \csc x$.

$y = \sin x$ 与 $y = \cos x$ 的定义域均为 $(-\infty, +\infty)$,都是以 2π 为周期的周期函数,并且都是有界函数,如图 1.12 所示.

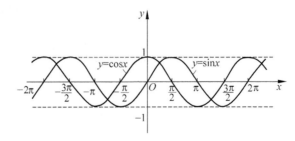

图   1.12

$y = \tan x$ 的定义域为除去 $x = n\pi + \dfrac{\pi}{2}(n \in \mathbf{Z})$ 以外的全体实数(见图 1.13). $y = \cot x$ 的定义域为除去 $x = n\pi(n \in \mathbf{Z})$ 的所有实数,见图 1.14. $y = \tan x$,$y = \cot x$ 都是以 π 为周期的周期函数,并且在定义域上是无界函数. $y = \sin x$、$y = \tan x$、$y = \cot x$ 是奇函数,$y = \cos x$ 是偶函数.

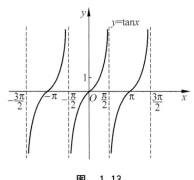

图 1.13

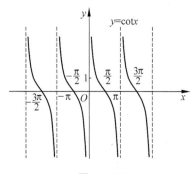

图 1.14

正割函数 $\sec x = \dfrac{1}{\cos x}$,余割函数 $\csc x = \dfrac{1}{\sin x}$,它们都是以 2π 为周期的周期函数,并且在开区间 $\left(0, \dfrac{\pi}{2}\right)$ 内都是无界函数.

(5) 反三角函数:$y = \arcsin x$,$\arccos x$,$\arctan x$,$\text{arccot} x$.

它们分别是 $\sin x$,$\cos x$,$\tan x$,$\cot x$ 的反函数. 其主值区间分别为:

$$-\frac{\pi}{2} \leqslant \arcsin x \leqslant \frac{\pi}{2}, \quad 0 \leqslant \arccos x \leqslant \pi,$$

$$-\frac{\pi}{2} < \arctan x < \frac{\pi}{2}, \quad 0 < \text{arccot} x < \pi.$$

图形分别为图 1.15、图 1.16、图 1.17 和图 1.18.

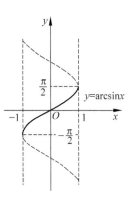

图 1.15

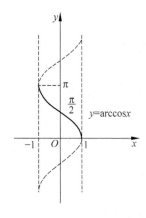

图 1.16

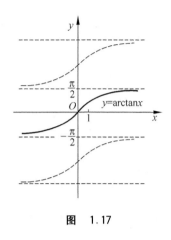
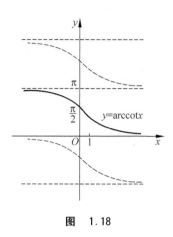

图　1.17　　　　　　　　　　　　　图　1.18

以上这五类函数统称为**基本初等函数**.

由常数和基本初等函数经过有限次四则运算或有限次复合运算并可用一个式子来表示的函数,称为初等函数. 如 $y=\sqrt{1-x^2}$, $y=\sin^2(2x+1)$, $y=\sqrt{x^2}=|x|$ 等都是初等函数, 但下面的分段函数就不是初等函数:

$$y=\begin{cases} x+1, & x>0, \\ 0, & x=0, \\ 2x-1, & x<0. \end{cases}$$

实际问题中,往往需要把一个复杂的初等函数分解成若干个基本初等函数的四则运算或复合运算,如 $y=e^{\sin^2 x}$ 可分解为 $y=e^u$, $u=v^2$, $v=\sin x$ 这几个函数的复合运算.

在工程技术中还常用到下面的初等函数,即所谓的双曲函数:

双曲正弦函数:$y=\sinh x=\dfrac{e^x-e^{-x}}{2}$,

双曲余弦函数:$y=\cosh x=\dfrac{e^x+e^{-x}}{2}$,

双曲正切函数:$y=\tanh x=\dfrac{e^x-e^{-x}}{e^x+e^{-x}}$,

双曲余切函数:$y=\coth x=\dfrac{e^x+e^{-x}}{e^x-e^{-x}}$.

1.1.6　经济学中的常用函数

对各种相关变量之间关系的研究是解决自然科学、经济和管理科学等学科实际问题的关键. 在经济分析中,常常需要对成本、价格、需求、收益和利润等经济量的关系进行研究,且往往有多个经济变量相互影响、相互作用,其关系非常复杂. 因为我们现在讨论的是一元函数,需要把复杂的实际问题简单化,先考察两个经济变量之间的函数关系.

1. 需求函数

经济活动的目的是对需求的满足,消费者对某种商品的需求量与价格、人口数、消费者的收入、人们的习惯与偏好等多种因素有关,为了简便,抽取重要的因素价格、忽略其余的次

要因素,得到商品的需求量(Q)与价格(P)之间的函数关系:

$$Q = f(P), \quad P \geqslant 0. \tag{1.3}$$

式(1.3)称为需求函数.需求量一般随价格上涨而减少,是单调递减函数.经济学中常见的需求函数有线性需求函数和指数需求函数.

（1）线性需求函数

$$Q = f(P) = a - bP, \quad a > 0, b > 0.$$

线性需求函数的图像如图 1.19 所示.

（2）指数需求函数

$$Q = f(P) = ae^{-bP}, \quad a > 0, b > 0.$$

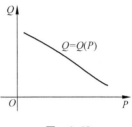

图 1.19

需求函数的反函数 $P = f^{-1}(Q) = P(Q)$ 就是价格函数,它也反映商品的需求量与价格的关系,习惯上将价格函数也称为需求函数.

例 1.7 某厂生产某型号的电视机,当价格为每台 3000 元时,需求量为 13000 台,价格每降低 1 元,则可多卖出 20 台,求需求量与价格之间的线性函数关系.

解 设需求函数 $Q = a - bP$,由题意得

$$\begin{cases} 13000 = a - 3000b, \\ 13020 = a - 2999b, \end{cases}$$

解得 $a = 73000, b = 20$,则所求需求函数为 $Q = 73000 - 20P$.

注：需求函数有可能是随着价格增加需求量增加,如古董这种商品就是随价格的增加,需求量增加,如果价格太低,那么该商品就不能成为古董.

2. 供给函数

商品供应者对社会提供的商品量称为商品供给量,影响商品供给量的因素很多,这里只考虑最重要的因素——价格,可得到商品的供给量(S)与价格(P)的函数关系:

$$S = f(P). \tag{1.4}$$

式(1.4)称为供给函数.通常价格越高,就越要加大供应,因此供给量 S 是价格 P 的单增函数.最简单的供给函数是如下形式的线性供给函数:

$$S = cP - d, \quad c > 0, d > 0.$$

例 1.8 当某商品价格为 50 元时,有 50 单位投放市场,当其价格为 75 元时,有 100 单位投放市场,求供给量 S 是价格 P 之间的线性函数关系.

解 设 $S = cP - d$,由题意有

$$\begin{cases} 50 = 50c - d, \\ 100 = 75c - d, \end{cases}$$

解得 $c = 2, d = 50$,则 $S = 2P - 50$.

3. 均衡价格与均衡数量

需求函数与供给函数密切相关,由于需求函数 Q 关于价格 P 是单调减少的,供给函数 S 关于价格 P 是单调递增的,把需求函数与供给函数画在同一坐标系中,它们将交于一点

$(\overline{Q}, \overline{P})$，$\overline{P}$ 是供需平衡的价格，称为均衡价格，$\overline{Q}$ 称为均衡产量(如图 1.20，Q_d 表示需求量，Q_s 供给量). 当市场价格高于均衡价格时，就出现供大于求的现象，当市场价格低于均衡价格时，就出现供不应求的现象.

以线性需求函数和线性供给函数为例，令 $Q = S$，即 $a - bP = cP - d$，解得

$$\overline{P} = P = \frac{a+d}{b+c}, \tag{1.5}$$

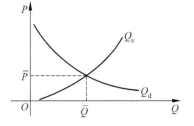

图 1.20 均衡价格与均衡数量

例 1.9 某商品的需求函数和供给函数分别为 $Q = 200 - 5P$，$S = 25P - 10$，求该商品的市场均衡价格和市场均衡数量.

解 据均衡条件 $Q = S$，有 $200 - 5P = 25P - 10$，解得 $P = 7$，即市场均衡价格 $\overline{P} = 7$. 由此可以得到市场均衡数量 $\overline{Q} = 25\overline{P} - 10 = 165$.

4. 成本函数

从事生产就需要有投入，如需要场地(厂房)、机器设备、劳动力、能源、原材料等. 这些为从事生产所需要的投入就是成本 $C(Q)$. 在成本投入中大体上可以分为两部分，一部分是在短时间内不发生变化或不明显地随产品数量增加而变化的，这部分成本称为固定成本(C_1)，如厂房、设备等；另一部分是随着产品数量的变化而直接变化的部分，称为可变成本($C_2(Q)$)，如原材料、能源、需要的劳动力等. 某商品的总成本是指生产一定数量的产品所需的全部生产要素投入的价格或费用总额.

生产 Q 个单位商品的固定成本(C_1)与可变成本($C_2(Q)$)的和称为总成本 $C(Q)$，即

$$C(Q) = C_1 + C_2(Q). \tag{1.6}$$

在成本函数中，令 $Q = 0$ 时，对应的成本函数值 $C(0)$ 就是该种产品的固定成本值. 成本函数 $C(Q)$ 与产量 Q 之比 $\dfrac{C(Q)}{Q}$ 称为单位成本函数或平均成本函数.

例 1.10 某工厂生产某产品的固定成本为 1 万元，可变成本与产量(单位：t)的立方成正比，已知产量为 20t 时，总成本为 1.004 万元，求总成本函数及平均成本函数.

解 由于总成本 $C(Q) = C_{固} + C_{变}(Q)$，于是总成本函数 $C(Q) = 1 + kQ^3$.

将 $C(20) = 1.004$ 代入上式，得 $k = 5 \times 10^{-7}$，则总成本函数为 $C(Q) = 1 + 5 \times 10^{-7}Q^3$，平均成本函数

$$\overline{C}(Q) = \frac{C(Q)}{Q} = \frac{1}{Q} + 5 \times 10^{-7}Q^2.$$

5. 收益函数与利润函数

(1)收益函数

收益是指商品售出后生产者获得的收入. 常用的收益函数有总收益函数与平均收益函数. 总收益是指销售者售出一定数量商品所得的全部收入，常用 R 表示；平均收益是售出一定数量商品时，平均每售出一个单位商品的收入，也就是销售一定数量商品时的单位商品的销售价格，常用 $\overline{R}$ 表示.

设销售某种商品的收益为 R， 销售量为 Q(一般地,这个 Q 对销售者来说就是销售的商品量,对消费者来说就是需求量),商品的价格为 P 不一定是常数,一般是销售量的函数 $P=P(Q)$,于是有

$$R = R(Q) = QP(Q),$$

$$\bar{R} = \frac{R(Q)}{Q} = P(Q).$$

例 1.11 某工厂生产某产品年产量为 Q 台,每台售价为 250 元,当年产量在 600 台以内时,可以全部售出,经广告宣传后又可多售出 200 台,每台平均广告费 20 元.若再多生产,本年就销不出去了.试建立本年的销售总收入 R 与年产量 Q 之间的函数关系.

解 当 $0 \leqslant Q < 600$ 时,$R(Q) = 250Q$；

当 $600 < Q \leqslant 800$ 时,$R(Q) = 250 \times 600 + (250-20)(Q-600) = 230Q + 12000$；

当 $Q > 800$ 时,$R(Q) = 250 \times 600 + 230 \times 200 = 196000$.

则所求的函数关系为

$$R(Q) = \begin{cases} 250Q, & 0 \leqslant Q < 600, \\ 230Q + 12000, & 600 < Q \leqslant 800, \\ 196000, & Q > 800. \end{cases}$$

(2) 利润函数

生产一定数量的产品的总收入与总成本之差就是它的总利润.记作 $L(Q)$. 即

$$L(Q) = R(Q) - C(Q). \tag{1.7}$$

从式(1.7)可以看出：

当 $L > 0$ 时,生产者盈利；

当 $L < 0$ 时,生产者亏损；

当 $L = 0$ 时,生产者盈亏平衡,使 $L(Q) = 0$ 的点 Q_0 称为盈亏平衡点(或保本点).

例 1.12 已知某厂生产单位产品时,可变成本为 15 元,每天的固定成本为 2000 元,若该产品的出厂价为 20 元,求：

(1) 利润函数；

(2) 若不亏本,该厂每天至少生产多少单位这种产品?

解 (1) 由于

$$L(Q) = R(Q) - C(Q), \quad C(Q) = 2000 + 15Q, \quad R(Q) = 20Q,$$

则 $L(Q) = 20Q - (2000 + 15Q) = 5Q - 2000$.

(2) 当 $L(Q) = 0$ 时,不亏本,于是有 $5Q - 2000 = 0$,得 $Q = 400$(单位).

习题 1.1

A 组

1. 确定下列函数的定义域：

(1) $y = \sqrt{3-x} + \arctan \dfrac{1}{x}$；　　　　(2) $y = \sqrt{x^2 - 3x + 2}$；

(3) $y = \dfrac{1}{1-x^2} + \sqrt{x+2}$.

2. $f(x)$ 的定义域为 $[2,3]$,求 $f(\sqrt{9-x^2})$ 的定义域.

3. 设 $f(x+1)=x+\cos x$,求 $f(8)$ 与 $f(x)$.

4. $f(x)=\begin{cases} 1+x^2, & -\infty<x\leqslant0, \\ e^x, & 0<x<+\infty, \end{cases}$ 求 $f(-1)$、$f(0)$、$f(2)$.

5. 证明函数 $f(x)=x^2$ 在 $(0,+\infty)$ 内单调增加.

6. 判断下列函数的奇偶性:

(1) $y=3x^3-5\sin^3 x$;

(2) $y=(1-x)^{\frac{2}{3}}+(1+x)^{\frac{2}{3}}$;

(3) $y=\cos(\sin x)$;

(4) $y=x\dfrac{a^x-1}{a^x+1}, a>0$.

7. 指出如下的函数是由哪些基本初等函数复合而成的:

(1) $y=\arctan^2(1+x^2)$;

(2) $y=\ln\cos x^2$.

8. 设 $f(x)=\begin{cases} x^2, & x\leqslant0, \\ x^2+x, & x>0, \end{cases}$ 求 $f(-x)$.

9. (1) 设手表的价格为 70 元,销售量为 10000 只,若手表每只价格提高 3 元,需求量就减少 3000 只,求需求函数;

(2) 设手表的价格为 70 元,手表厂可提供 10000 只手表,当手表每只价格提高 3 元时,手表厂可多提供 300 只,求供给函数;

(3) 求市场均衡价格和市场均衡数量.

10. 某工厂生产某产品,每日最多生产 200 单位.它的日固定成本为 150 元,生产一个单位产品的可变成本为 16 元.求该厂日总成本函数及平均成本函数.

B 组

1. 求下列函数的定义域:

(1) $y=\arccos\dfrac{2x}{1+x}$;

(2) $y=\lg(\sin x)$.

2. 设 $f(x)=\dfrac{1}{\sqrt{3-x}}+\lg(x-2)$,求 $f(\ln x)$ 的定义域.

3. 已知 $f(x)=e^{x^2}$,$f[\varphi(x)]=1-x$,且 $\varphi(x)\geqslant0$,求 $\varphi(x)$ 并写出它的定义域.

4. 求函数 $y=\begin{cases} x, & -\infty<x<1, \\ x^2, & 1\leqslant x\leqslant4, \\ 2^x, & 4<x<+\infty \end{cases}$ 的反函数及其定义域.

5. 设 $f(x)=\begin{cases} 1, |x|\leqslant1, \\ 0, |x|>1, \end{cases}$ $g(x)=\begin{cases} 0, |x|\leqslant1, \\ 1, |x|>1, \end{cases}$ 求 $f(g(x))$.

6. 函数 $f(x)=\sqrt{\ln(\sin^2 x^2+\arctan(\cos^2 x)+10)}$ 是由哪些基本初等函数复合而成的?

7. 某化肥厂生产化肥 1000t,每吨定价 80 元,销售量在 800t 以内时按原价出售,超过 800t 时超过的部分需打 9 折出售,试建立销售总收益作为总销售量的函数关系.

8. 某公司水泥的需求函数为 $P=110-4Q$,公司的固定成本为 400,每生产一个单位的水泥需增加 10 个单位的成本,该公司的最大生产能力为 18.

(1) 写出总利润函数;

（2）计算盈亏平衡点处的产量及价格.

9. 某厂生产洗衣机年产量为 Q 台,每台售价为 1200 元,当年产量在 1000 台以内可全部售出,超过 1000 台时经广告宣传后有可能再多售出 520 台,假定广告费为 2500 元,若再多生产本年就销不出去了,试建立本年的销售总收益与年产量之间的函数关系.

1.2 数列的极限

1.2.1 数列极限的概念

极限概念是源于求某些实际问题的精确解答,是微积分学中最基本的概念;极限方法是解决近似与精确这对矛盾的基本方法,由它可引出微积分学的其他基本概念;利用极限的运算法则又可以推导出微分法与积分法,所以掌握极限概念及其运算方法十分重要.

我国古代早就孕育着数列极限的思想,如"一尺之棰,日取其半,万世不竭",意思是"一尺长的棰子,每天截取一半,此过程永远不会终止". 如果我们将每天剩下的长度记录下来:第一天剩下的长度为 $\frac{1}{2}$;第二天剩下的长度为 $\frac{1}{2^2}$;…;一般地,第 n 天剩下的长度为 $\frac{1}{2^n}$(见图 1.21),这样我们就得到一列有序的数:

$$\frac{1}{2}, \frac{1}{2^2}, \frac{1}{2^3}, \cdots, \frac{1}{2^n}, \cdots \tag{1.8}$$

式(1.8)这一列有序数就称为一个数列,此数列随着 n 的增大无限地接近常数 0.

又如魏晋数学家刘徽提出的割圆术法求圆的面积. 他从圆内接正六边形的面积算起,令边数成倍地增加,一直增加到正 3072 边形,用正 3072 边形的面积近似代替圆面积,进而得到 π 的近似值为 3.1416.

设正六边形的面积为 A_1,正十二边形的面积为 A_2,正二十四边形的面积为 A_3,…,一直下去,正 $6 \times 2^{n-1}$ 边形的面积为 A_n(见图 1.22),这样就得到一列有序的正多边形面积:

$$A_1, A_2, \cdots, A_n, \cdots \tag{1.9}$$

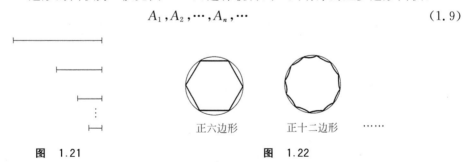

图 1.21   正六边形   正十二边形   ……
                          图 1.22

式(1.9)这一列有序的面积就构成一个数列,这个数列随着 n 的增大无限地靠近圆面积 $S = \pi r^2$. 正如刘徽所说"割之弥细,所失弥少,割之又割,以至于不可割,则与圆合体而无所失矣".

式(1.8)和式(1.9)两式的共同特点是由一串有序的数组成一个数列,数列随着 n 的增大无限地接近于某个确定的常数,确定的常数就是相应数列的极限.

定义 1.4(数列的定义) 第一个数为 x_1,第二个数为 x_2,…,这样下去,对任意的正整

数 n,都有一个确定的 x_n 与之对应,则称这一串有顺序的数 $x_1,x_2,\cdots,x_n,\cdots$ 构成一个数列,记为 $\{x_n\}$,如式(1.8)和式(1.9)都是数列.其实数列是正整数 n 的函数 $x_n=f(n)$,从而数列可表为

$$f(1),f(2),\cdots,f(n),\cdots$$

数列极限是当项数 n 无限增大时,数列 $\{x_n\}$ 无限接近于某一个确定的常数 A,x_n 充分靠近 A,可用 x_n 与 A 的距离 $|x_n-A|$ 小于任给的正数 ε 来表示,距离越小,说明 x_n 越接近 A,n 充分大就用 n 大于某个正数 N 来表示.如数列 $1,\dfrac{1}{2},\dfrac{1}{3},\cdots,\dfrac{1}{n},\cdots$ 随着 n 的增大无限地靠近 0,0 就是该数列的极限.

给定正数 $\varepsilon=0.1$,要使得 $|x_n-A|=\left|\dfrac{1}{n}-0\right|=\dfrac{1}{n}<0.1$,必使 $n>10$,此时 $n>10$ 就代表 n 充分大,从第 11 项开始,数列中的各项与 0 的距离都小于 0.1;

给定正数 $\varepsilon=0.01$,要使得 $|x_n-A|=\left|\dfrac{1}{n}-0\right|=\dfrac{1}{n}<0.01$,必使 $n>100$,此时 $n>100$ 就代表 n 充分大,从第 101 项开始,数列中的各项与 0 的距离都小于 0.01;

给定正数 $\varepsilon=0.001$,要使得 $|x_n-A|=\left|\dfrac{1}{n}-0\right|=\dfrac{1}{n}<0.001$,必使 $n>1000$,此时 $n>1000$ 代表 n 充分大,从第 1001 项开始,数列中的各项与 0 的距离都小于 0.001.

一般地,任意小的正数 ε,要使得 $|x_n-A|=\left|\dfrac{1}{n}-0\right|=\dfrac{1}{n}<\varepsilon$,必使 $n>\dfrac{1}{\varepsilon}$,此时 $n>\dfrac{1}{\varepsilon}$ 的正整数就代表 n 充分大,第 $\left[\dfrac{1}{\varepsilon}\right]+1$ 项以后的各项与 0 的距离都小于 ε.

由此可以看出:x_n 的极限为 A 可以用两个过程来刻画,x_n 充分靠近 A,用任意的 $\varepsilon>0$,$|x_n-A|<\varepsilon$ 来表示;n 充分大就是用 $n>N$(N 为某一正整数)来表示;但 N 的取值是依赖于 ε,先有 ε,再存在 N,当 $n>N$ 时 x_n 就满足 $|x_n-A|<\varepsilon$.

定义 1.5(数列极限的定义) 设数列 $\{x_n\}$,A 是一个确定的常数,若对任意的 $\varepsilon>0$,存在一个正整数 N,当 $n>N$ 时,有 $|x_n-A|<\varepsilon$,则称常数 A 为数列 $\{x_n\}$ 在 n 趋于无穷大时的极限.或称数列收敛于 A.记为

$$\lim_{n\to\infty}x_n=A \quad \text{或者} \quad x_n\to A(n\to\infty).$$

注:(1) ε 是任意给定的正数,这意味着 ε 具有两重性:

① 任意性.即 ε 可以任意选取,因为只有这样,不等式 $|x_n-A|<\varepsilon$ 才能刻画 x_n 无限接近 A.常用"$\forall$"表示任意.

② 相对固定性.ε 一经选取就相对固定下来,这样我们才可根据 ε 找 N,否则无法进行.

(2) 一般来说 N 与 ε 有关,记为 $N=N(\varepsilon)$.

(3) 对给定的 ε,对应的 N 不是唯一的.当 $n>N$ 时,能使 $|x_n-A|<\varepsilon$ 成立,则当 $n>N_1$ 时($N_1>N$),$|x_n-A|<\varepsilon$ 也成立.常用"$\exists$"表示存在.

例 1.13 证明:$\lim\limits_{n\to\infty}\dfrac{n+1}{n}=1$.

分析:$\forall \varepsilon>0$,要使 $\left|\dfrac{n+1}{n}-1\right|=\dfrac{1}{n}<\varepsilon$ 成立,只要 $n>\dfrac{1}{\varepsilon}$,所以可取 $N=\left[\dfrac{1}{\varepsilon}\right]+1$.

证　$\forall \varepsilon > 0, \exists N = \left[\dfrac{1}{\varepsilon}\right] + 1$，当 $n > N$ 时，$\left|\dfrac{n+1}{n} - 1\right| < \varepsilon$ 成立，故

$$\lim_{n \to \infty} \frac{n+1}{n} = 1.$$

例 1.14　证明：当 $|q| < 1$ 时，$\lim\limits_{n \to \infty} q^n = 0$.

分析：$\forall \varepsilon > 0$，要使 $|q^n - 0| = |q|^n < \varepsilon$ 成立，只需 $n \ln |q| < \ln \varepsilon$，即 $n > \dfrac{\ln \varepsilon}{\ln |q|}$，所以可取 $N = \max\left\{\left[\dfrac{\ln \varepsilon}{\ln |q|}\right], 1\right\}$.

证　$\forall \varepsilon > 0, \exists N = \max\left\{\left[\dfrac{\ln \varepsilon}{\ln |q|}\right], 1\right\}$，当 $n > N$ 时，$|q^n - 0| < \varepsilon$ 成立，故

$$\lim_{n \to \infty} q^n = 0.$$

例 1.15　证明：$\lim\limits_{n \to \infty} \dfrac{n^3 + 1}{n^3 + 2n} = 1$.

分析：$\forall \varepsilon > 0$，要使 $\left|\dfrac{n^3 + 1}{n^3 + 2n} - 1\right| = \dfrac{2n - 1}{n^3 + 2n} < \dfrac{2}{n^2} \leqslant \dfrac{2}{n} < \varepsilon$，只要 $n > \dfrac{2}{\varepsilon}$，所以可取 $N = \left[\dfrac{2}{\varepsilon}\right] + 1$.

证　$\forall \varepsilon > 0, \exists N = \left[\dfrac{2}{\varepsilon}\right] + 1$，当 $n > N$ 时，$\left|\dfrac{n^3 + 1}{n^3 + 2n} - 1\right| < \varepsilon$ 成立，故 $\lim\limits_{n \to \infty} \dfrac{n^3 + 1}{n^3 + 2n} = 1$.

例 1.16　证明 $\lim\limits_{n \to \infty} \sqrt[n]{a} = 1 (a > 0)$.

证　(1) 当 $a > 1$ 时，则 $\sqrt[n]{a} > 1$. 令

$$\sqrt[n]{a} = 1 + h_n \quad (h_n > 0),$$

要证 $\lim\limits_{n \to \infty} \sqrt[n]{a} = 1$，只需证 $\lim\limits_{n \to \infty} h_n = 0$. 则由二项式定理

$$a = (1 + h_n)^n = 1 + n h_n + \frac{n(n-1)}{2!} h_n^2 + \cdots + h_n^n \geqslant n h_n,$$

所以　$0 < h_n \leqslant \dfrac{a}{n}$.

$\forall \varepsilon > 0$，要使得 $|h_n - 0| = |h_n| < \dfrac{a}{n} < \varepsilon$，必使得 $n > \dfrac{a}{\varepsilon}$，所以，$\forall \varepsilon > 0$，取 $N = \left[\dfrac{a}{\varepsilon}\right] + 1$，则当 $n > N$ 时有

$$|h_n - 0| = h_n < \varepsilon,$$

故 $\lim\limits_{n \to \infty} h_n = 0$，于是 $\lim\limits_{n \to \infty} a^{\frac{1}{n}} = \lim\limits_{n \to \infty} \sqrt[n]{a} = 1 (a > 1)$.

(2) 当 $0 < a < 1$ 时，令 $a = \dfrac{1}{b} (b > 1)$，则

$$\lim_{n \to \infty} \sqrt[n]{a} = \lim_{n \to \infty} \frac{1}{\sqrt[n]{b}} = 1.$$

(3) $a = 1$ 时，$\lim\limits_{n \to \infty} \sqrt[n]{a} = \lim\limits_{n \to \infty} \sqrt[n]{1} = 1$.

综合 (1)、(2) 和 (3) 得出：$\lim\limits_{n \to \infty} \sqrt[n]{a} = 1 (a > 0)$.

"$\varepsilon - N$"定义的几何解释如图 1.23 所示，如果数列 $\{x_n\}$ 的极限是 A，那么 $n > N$ 的所有

x_n 全部落在 A 的 ε 邻域内(即 $x_{N+1}, x_{N+2}, \cdots$),落在 A 的 ε 邻域外的点至多有限多项.

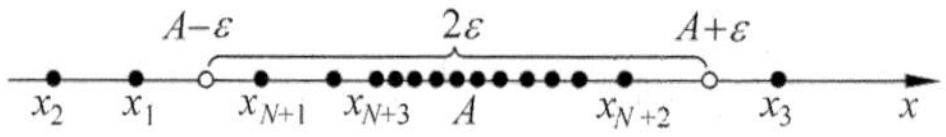

图   1.23

注:如果 x_n 落在 A 的 ε 邻域内的点有无穷多个,不能说明 $\lim\limits_{n\to\infty}x_n=A$,如

$$x_n=\begin{cases}\dfrac{1}{n},\text{当 }n\text{ 为奇数,}\\[2mm] 2,\text{当 }n\text{ 为偶数}\end{cases}$$

落在 0 的任一 ε 邻域内的点有无穷多个,但 0 不是此数列 $\{x_n\}$ 的极限,事实上数列 $\{x_n\}$ 的极限不存在.

1.2.2   数列极限的性质

1. 唯一性

定理 1.3   若数列 $\{x_n\}$ 的极限存在,则其极限必唯一.

分析:设 $\lim\limits_{n\to\infty}x_n=A$ 且 $\lim\limits_{n\to\infty}x_n=B$,只需要证明 $A=B$ 即可,要证明 $A=B$,只需证明对于任意给定的正数 ε,都有 $|A-B|<\varepsilon$.

证 $\forall\varepsilon>0$,因为 $\lim\limits_{n\to\infty}x_n=A$,所以存在正整数 N_1,当 $n>N_1$ 时,有

$$|x_n-A|<\frac{\varepsilon}{2}. \tag{1.10}$$

又因为 $\lim\limits_{n\to\infty}x_n=B$,存在正整数 N_2,当 $n>N_2$ 时,有

$$|x_n-B|<\frac{\varepsilon}{2}. \tag{1.11}$$

所以 $\forall\varepsilon>0$,取 $N=\max\{N_1,N_2\}$,于是当 $n>N$ 时,式(1.10)与式(1.11)同时成立,所以

$$|A-B|=|(x_n-B)-(x_n-A)|\leqslant|x_n-A|+|x_n-B|<\frac{\varepsilon}{2}+\frac{\varepsilon}{2}=\varepsilon.$$

一个常数的绝对值小于任给的正数,这个常数必为 0,所以 $A-B=0$,即 $A=B$.

2. 有界性

定理 1.4   若数列 $\{x_n\}$ 收敛,则数列 $\{x_n\}$ 必有界,即存在常数 $M>0$,使得对所有的 n,都有 $|x_n|\leqslant M$.

证   设 $\lim\limits_{n\to\infty}x_n=A$,取 $\varepsilon=1$,则存在正整数 N,当 $n>N$ 时,有

$$|x_n-A|<1.$$

又因为 $|x_n|-|A|\leqslant|x_n-A|$,所以,当 $n=N+1,N+2,\cdots$ 时,有 $|x_n|\leqslant|A|+1$.

令 $M=\max\{|A|+1,|x_1|,|x_2|,\cdots,|x_N|\}$,于是对所有的正整数 n,都有 $|x_n|\leqslant M$.

注:有界数列不一定有极限.如摆动数列 $\{(-1)^{n-1}\}$ 为有界数列,但它不能随着 n 的增大无限地趋近于某个常数,因而此数列无极限.

3. 比较性质

定理 1.5 设 $\lim\limits_{n\to\infty} x_n = A$，$\lim\limits_{n\to\infty} y_n = B$，且 $A > B$，则存在正整数 N，当 $n > N$ 时，有

$$x_n > y_n.$$

证 取 $\varepsilon = \dfrac{A-B}{2} > 0$，由 $\lim\limits_{n\to\infty} x_n = A$ 知存在正整数 N_1，当 $n > N_1$ 时，有

$$|x_n - A| < \varepsilon = \frac{A-B}{2},$$

所以

$$x_n > A - \varepsilon = \frac{A+B}{2}. \tag{1.12}$$

又由 $\lim\limits_{n\to\infty} y_n = B$ 知存在正整数 N_2，当 $n > N_2$ 时，有

$$|y_n - B| < \varepsilon = \frac{A-B}{2},$$

所以

$$y_n < B + \varepsilon = \frac{A+B}{2}. \tag{1.13}$$

令 $N = \max\{N_1, N_2\}$，则当 $n > N$ 时式(1.12)与式(1.13)同时成立，故当 $n > N$ 时，有

$$x_n > y_n.$$

推论 1（保号性） 设 $\lim\limits_{n\to\infty} x_n = A$，且 $A > 0$，则存在正整数 N，当 $n > N$ 时，有 $x_n > 0$.

推论 2 设 $\lim\limits_{n\to\infty} x_n = A$，$\lim\limits_{n\to\infty} y_n = B$，且存在正整数 N，当 $n > N$ 时，有 $x_n \geqslant y_n$，则 $A \geqslant B$.

1.2.3 数列极限的四则运算法则

数列极限的定义揭示了极限的本质，但利用极限的定义来计算极限是非常困难的．计算极限的最常见的方法还是利用极限的运算法则．

定理 1.6 设 $\lim\limits_{n\to\infty} x_n = A$，$\lim\limits_{n\to\infty} y_n = B$ 都存在，则：

(1) $\lim\limits_{n\to\infty}(x_n \pm y_n)$ 存在，且 $\lim\limits_{n\to\infty}(x_n \pm y_n) = \lim\limits_{n\to\infty} x_n \pm \lim\limits_{n\to\infty} y_n = A \pm B$；

(2) $\lim\limits_{n\to\infty}(x_n y_n)$ 存在，且 $\lim\limits_{n\to\infty}(x_n y_n) = (\lim\limits_{n\to\infty} x_n)(\lim\limits_{n\to\infty} y_n) = AB$；

(3) 当 $\lim\limits_{n\to\infty} y_n = B \neq 0$ 时，$\lim\limits_{n\to\infty} \dfrac{x_n}{y_n}$ 也存在，且 $\lim\limits_{n\to\infty} \dfrac{x_n}{y_n} = \dfrac{\lim\limits_{n\to\infty} x_n}{\lim\limits_{n\to\infty} y_n} = \dfrac{A}{B}$.

注：当 $\lim\limits_{n\to\infty} y_n = B = 0$ 时，就不能用法则(3)来求商的极限．但当 $\lim\limits_{n\to\infty} y_n = B = 0$ 且 $\lim\limits_{n\to\infty} x_n = A = 0$ 时，极限 $\lim\limits_{n\to\infty} \dfrac{x_n}{y_n}$ 有可能存在，如

$$\lim_{n\to\infty} \frac{1}{n} = 0, \quad \lim_{n\to\infty} \frac{1}{2n+1} = 0, \quad \text{但} \lim_{n\to\infty} \frac{\dfrac{1}{n}}{\dfrac{1}{2n+1}} = \lim_{n\to\infty} \frac{2n+1}{n} = 2.$$

证 这里只给出(2)的证明，其余的性质请读者自证.

由于 $\lim\limits_{n\to\infty} y_n = B$ 存在，故由收敛数列的有界性知存在常数 $M > 0$，使得

$$|y_n| \leqslant M, n = 1, 2, 3, \cdots$$

$\forall \varepsilon > 0$，由 $\lim\limits_{n \to \infty} x_n = A$ 知：存在正整数 N_1，当 $n > N_1$ 时，有

$$|x_n - A| < \varepsilon. \tag{1.14}$$

又由 $\lim\limits_{n \to \infty} y_n = B$ 知存在正整数 N_2，当 $n > N_2$ 时，有

$$|y_n - B| < \varepsilon. \tag{1.15}$$

$\forall \varepsilon > 0$，取 $N = \max\{N_1, N_2\}$，则当 $n > N$ 时，式(1.14)与式(1.15)同时成立，且

$$\begin{aligned}
|x_n y_n - AB| &= |x_n y_n - Ay_n + Ay_n - AB| \\
&\leqslant |y_n||x_n - A| + |A||y_n - B| \\
&\leqslant M\varepsilon + |A|\varepsilon = (M + |A|)\varepsilon,
\end{aligned}$$

故

$$\lim_{n \to \infty}(x_n y_n) = \left(\lim_{n \to \infty} x_n\right)\left(\lim_{n \to \infty} y_n\right) = AB.$$

例 1.17   求极限 $\lim\limits_{n \to \infty} \dfrac{n^2 + n - 2}{2n^2 - n}$.

解 $\lim\limits_{n \to \infty} \dfrac{n^2 + n - 2}{2n^2 - n} = \lim\limits_{n \to \infty} \dfrac{1 + \dfrac{1}{n} - \dfrac{2}{n^2}}{2 - \dfrac{1}{n}} = \dfrac{1}{2}$.

1.2.4   数列极限存在的准则

1. 夹逼准则

定理 1.7   设数列 $\{x_n\}, \{y_n\}, \{z_n\}$ 满足：

(1) 存在正整数 N，当 $n > N$ 时，有 $y_n \leqslant x_n \leqslant z_n$；

(2) $\lim\limits_{n \to \infty} y_n = \lim\limits_{n \to \infty} z_n = A$；

则 $\lim\limits_{n \to \infty} x_n = A$.

此定理的证明请读者自己给出.

例 1.18   求极限 $\lim\limits_{n \to \infty}\left(\dfrac{1}{\sqrt{n^2 + 1}} + \dfrac{1}{\sqrt{n^2 + 2}} + \cdots + \dfrac{1}{\sqrt{n^2 + n}}\right)$.

解   由于

$$\frac{n}{\sqrt{n^2 + n}} < \left(\frac{1}{\sqrt{n^2 + 1}} + \frac{1}{\sqrt{n^2 + 2}} + \cdots + \frac{1}{\sqrt{n^2 + n}}\right) < \frac{n}{\sqrt{n^2 + 1}},$$

而

$$\lim_{n \to \infty} \frac{n}{\sqrt{n^2 + n}} = \lim_{n \to \infty} \frac{1}{\sqrt{1 + \dfrac{1}{n}}} = 1, \quad \lim_{n \to \infty} \frac{n}{\sqrt{n^2 + 1}} = \lim_{n \to \infty} \frac{1}{\sqrt{1 + \dfrac{1}{n^2}}} = 1,$$

故根据夹逼准则得

$$\lim_{n \to \infty}\left(\frac{1}{\sqrt{n^2 + 1}} + \frac{1}{\sqrt{n^2 + 2}} + \cdots + \frac{1}{\sqrt{n^2 + n}}\right) = 1.$$

2. 单调有界准则

定义 1.6（数列的单调性） 若数列 $\{x_n\}$ 满足:

$$x_1 \leqslant x_2 \leqslant \cdots \leqslant x_n \leqslant x_{n+1} \cdots \tag{1.16}$$

则称该数列单调增加;若数列 $\{x_n\}$ 满足:

$$x_1 \geqslant x_2 \geqslant \cdots \geqslant x_n \geqslant x_{n+1} \cdots \tag{1.17}$$

则称该数列单调减少. 若将式(1.16)或式(1.17)中的"$\leqslant$"或者"$\geqslant$"改为"$<$"或者"$>$",则称数列 $\{x_n\}$ 严格单调增加或者严格单调减少.

定理 1.8（单调有界准则） 单调有界数列必有极限.

该定理在此不予证明,在具体使用的时候一般采用单调增加有上界的数列必有极限,单调减少有下界的数列必有极限. 要注意的是收敛的数列不一定单调. 如 $\lim\limits_{n \to \infty}(-1)^n \dfrac{1}{n}=0$,但数列 $\left\{(-1)^n \dfrac{1}{n}\right\}$ 并不是单调的.

例 1.19 证明数列 $x_n = \left(1+\dfrac{1}{n}\right)^n$ 的极限存在.

证明 在 $a<b$ 时,有下面不等式成立:

$$b^{n+1} - a^{n+1} = (b-a)(b^n + b^{n-1}a + b^{n-2}a^2 + \cdots + a^n) \leqslant (n+1)(b-a)b^n,$$
$$a^{n+1} \geqslant b^n[b-(n+1)(b-a)].$$

在上式中令 $a=1+\dfrac{1}{n+1}, b=1+\dfrac{1}{n}$,有: $\left(1+\dfrac{1}{n+1}\right)^{n+1} \geqslant \left(1+\dfrac{1}{n}\right)^n$,即

$$x_n \leqslant x_{n+1},$$

所以 $\{x_n\}$ 单调递增.

下面只需要证明 $\{x_n\}$ 有上界即可.

$$x_n = \left(1+\frac{1}{n}\right)^n = 1 + n \cdot \frac{1}{n} + \frac{n(n-1)}{2!}\left(\frac{1}{n}\right)^2 + \frac{n(n-1)(n-2)}{3!}\left(\frac{1}{n}\right)^3 + \cdots$$
$$+ \frac{n(n-1)\cdots 2 \cdot 1}{n!}\left(\frac{1}{n}\right)^n$$
$$= 1 + 1 + \frac{1}{2!}\left(1-\frac{1}{n}\right) + \frac{1}{3!}\left(1-\frac{1}{n}\right)\left(1-\frac{2}{n}\right) + \cdots + \frac{1}{n!}\left(1-\frac{1}{n}\right)\left(1-\frac{2}{n}\right)\cdots\left(1-\frac{n-1}{n}\right)$$
$$< 1 + 1 + \frac{1}{2!} + \frac{1}{3!} + \cdots + \frac{1}{n!}$$
$$< 2 + \frac{1}{1 \cdot 2} + \frac{1}{2 \cdot 3} + \frac{1}{3 \cdot 4} + \cdots + \frac{1}{(n-1)n}$$
$$= 2 + \left(1-\frac{1}{2}\right) + \left(\frac{1}{2}-\frac{1}{3}\right) + \left(\frac{1}{3}-\frac{1}{4}\right) + \cdots + \left(\frac{1}{n-1}-\frac{1}{n}\right)$$
$$= 3 - \frac{1}{n} < 3,$$

所以数列 $x_n = \left(1+\dfrac{1}{n}\right)^n$ 单调增加且有上界,故 $\lim\limits_{n \to \infty}\left(1+\dfrac{1}{n}\right)^n$ 存在. 这个极限为 e,即

$$\lim_{n \to \infty}\left(1+\frac{1}{n}\right)^n = e.$$

e 是一个无理数，e＝2.71828….

例 1.20 设数列 $\{x_n\}$ 由下列各式：

$$x_0 = 1, \quad x_{n+1} = 1 + \frac{x_n}{1+x_n} \quad (n = 0,1,2,\cdots)$$

确定.

(1) 证明数列 $\{x_n\}$ 收敛；

(2) 求其极限.

证 (1) 因为 $x_{n+1} = 1 + \dfrac{x_n}{1+x_n} < 2$，故 $\{x_n\}$ 有上界；下面证明数列 $\{x_n\}$ 单调增加，即

$$x_{n+1} > x_n. \tag{1.18}$$

显然 $x_1 > x_0$，即当 $n=0$ 时，式(1.18)成立；

假设当 $n=k$ 时，式(1.18)成立，即 $x_{k+1} > x_k$；

当 $n=k+1$ 时，因

$$x_{k+2} - x_{k+1} = \left(1 + \frac{x_{k+1}}{1+x_{k+1}}\right) - \left(1 + \frac{x_k}{1+x_k}\right) = \frac{x_{k+1}}{1+x_{k+1}} - \frac{x_k}{1+x_k}$$

$$= \frac{x_{k+1} - x_k}{(1+x_{k+1})(1+x_k)} > 0,$$

即当 $n=k+1$ 时式(1.18)成立，故数列 $\{x_n\}$ 单调增加有上界，所以它收敛.

(2) 设 $\lim\limits_{n\to\infty} x_n = A$，在等式

$$x_{n+1} = 1 + \frac{x_n}{1+x_n}$$

两边取极限 $n\to\infty$，得

$$\lim_{n\to\infty} x_{n+1} = 1 + \frac{\lim\limits_{n\to\infty} x_n}{1 + \lim\limits_{n\to\infty} x_n},$$

即

$$A = 1 + \frac{A}{1+A},$$

得

$$A^2 - A - 1 = 0.$$

解得

$$A_1 = \frac{1+\sqrt{5}}{2}, \quad A_2 = \frac{1-\sqrt{5}}{2} < 0 \quad (\text{舍去，因 } A > 0)$$

故 $\lim\limits_{n\to\infty} x_n = A = \dfrac{1+\sqrt{5}}{2}$.

1.2.5 数列的子列概念

定义 1.7 设 $\{x_n\}$ 是一个数列，而

$$n_1 < n_2 < n_3 < \cdots < n_k < n_{k+1} \cdots$$

是一个严格单调增加的自然数列,则

$$x_{n_1}, x_{n_2}, \cdots, x_{n_k}, \cdots$$

称为数列$\{x_n\}$的一个子数列,记为$\{x_{n_k}\}$.

定理 1.9 若$\lim\limits_{n \to \infty} x_n = A$,则$\{x_n\}$的任意子数列$\{x_{n_k}\}$都收敛,且极限也为 A.

注:此定理为确定一个数列的极限不存在提供了一个简单的方法,一般我们采用下面两种方式来说明一个数列的极限不存在:

(1) 若$\{x_n\}$有一个子数列$\{x_{n_k}\}$发散,则$\{x_n\}$必发散;

(2) 若$\{x_n\}$有两个子数列分别趋于不同的极限,则数列$\{x_n\}$发散.

定理 1.10 $\lim\limits_{n \to \infty} x_n = A$ 的充要条件是$\lim\limits_{k \to \infty} x_{2k+1} = \lim\limits_{k \to \infty} x_{2k} = A$.

证明 (1)充分性:

因为$\lim\limits_{k \to \infty} x_{2k} = A$,所以 $\forall \varepsilon > 0$,总存在一个正整数 N_1,当 $2k > 2N_1$ 时,有 $|x_{2k} - A| < \varepsilon$;

又因为$\lim\limits_{k \to \infty} x_{2k+1} = A$,所以 $\forall \varepsilon > 0$,总存在一个正整数 N_2,当 $2k+1 > 2N_2 + 1$ 时,有 $|x_{2k+1} - A| < \varepsilon$;

综上 $\forall \varepsilon > 0$,取 $N = \max\{2N_1, 2N_2 + 1\}$,当 $n > N$ 时,有 $|x_n - A| < \varepsilon$. 所以

$$\lim_{n \to \infty} x_n = A.$$

(2) 必要性由定理 1.8 直接可以得到证明.

*1.2.6 柯西收敛原理

根据数列极限的定义求极限,或者利用极限的运算法则求极限,前提条件是预先要知道一些数列的极限,或能猜想数列的极限是多少.但数列的极限往往是很复杂的,要知道或猜想一个数列的极限是多少常常很困难.有时我们可以根据数列本身的表达式来判断一个数列的极限是否存在,不必知道该数列的极限具体是多少.

定理 1.11(柯西收敛原理) 数列$\{x_n\}$收敛的充分必要条件是:$\forall \varepsilon > 0$,$\exists$ 正整数 $N = N(\varepsilon)$,当 $m > N, n > N$ 时,有

$$|x_m - x_n| < \varepsilon.$$

证 必要性设$\lim\limits_{n \to \infty} x_n = A$ 存在,则 $\forall \varepsilon > 0$,$\exists$ 正整数 $N = N(\varepsilon)$,当 $m > N, n > N$ 时,有

$$|x_m - A| < \frac{\varepsilon}{2}, \quad |x_n - A| < \frac{\varepsilon}{2}$$

成立. 于是

$$|x_m - x_n| = |x_m - A + A - x_n| \leqslant |x_m - A| + |x_n - A| < \frac{\varepsilon}{2} + \frac{\varepsilon}{2} < \varepsilon.$$

充分性的证明需要较多的知识,这里就不再证明.

例 1.21 判断极限$\lim\limits_{n \to \infty} \left(1 + \dfrac{1}{2^2} + \dfrac{1}{3^2} + \cdots + \dfrac{1}{n^2}\right)$是否存在.

分析:设 $x_n = 1 + \dfrac{1}{2^2} + \dfrac{1}{3^2} + \cdots + \dfrac{1}{n^2}$,$\forall \varepsilon > 0$,设 $m > n$,要使

$$|x_m - x_n| = \left| \frac{1}{(n+1)^2} + \frac{1}{(n+2)^2} + \cdots + \frac{1}{m^2} \right|$$

$$< \frac{1}{n(n+1)} + \frac{1}{(n+1)(n+2)} + \cdots + \frac{1}{(m-1)m}$$

$$= \frac{1}{n} - \frac{1}{(n+1)} + \frac{1}{(n+1)} - \frac{1}{(n+2)} + \cdots + \frac{1}{(m-1)} - \frac{1}{m}$$

$$= \frac{1}{n} - \frac{1}{m} < \frac{1}{n} < \varepsilon,$$

只要 $n > \dfrac{1}{\varepsilon}$，所以可取 $N = \left[\dfrac{1}{\varepsilon} \right] + 1$.

解 $\forall \varepsilon > 0$，$\exists$ 正整数 $N = \left[\dfrac{1}{\varepsilon} \right] + 1$，当 $m > N, n > N$（不妨设 $m > n$）时，有

$$|x_m - x_n| < \varepsilon.$$

故数列 $\{x_n\}$ 收敛，即

$$\lim_{n \to \infty} \left(1 + \frac{1}{2^2} + \frac{1}{3^2} + \cdots + \frac{1}{n^2} \right)$$

存在.

习题 1.2

A 组

1. 试用"$\varepsilon - N$"语言证明：

(1) $\lim\limits_{n \to \infty} \dfrac{\sin n}{n} = 0$；

(2) $\lim\limits_{n \to \infty} \dfrac{3n^2 + 1}{4n^2 + 2} = \dfrac{3}{4}$.

2. 证明：如 $\lim\limits_{n \to \infty} x_n = A$，则 $\lim\limits_{n \to \infty} |x_n| = |A|$，试举反例说明其逆命题不成立.

3. 计算下列极限：

(1) $\lim\limits_{n \to \infty} \dfrac{3n^2 + n - 1}{(n-1)^2}$；

(2) $\lim\limits_{n \to \infty} \left(\dfrac{1 + 2 + \cdots + n}{n+2} - \dfrac{n}{2} \right)$；

(3) $\lim\limits_{n \to \infty} \dfrac{2^n - 1}{3^n}$；

(4) $\lim\limits_{n \to \infty} \left(1 + \dfrac{2}{n} \right)^n$；

(5) $\lim\limits_{n \to \infty} \left(1 + \dfrac{1}{n} \right)^{n+5}$；

(6) $\lim\limits_{n \to \infty} \sqrt{n} \left(\sqrt{n+2} - \sqrt{n} \right)$.

4. 求下列极限：

(1) $\lim\limits_{n \to \infty} (1 + 2^n + 3^n)^{\frac{1}{n}}$；

(2) $\lim\limits_{n \to \infty} n \left[\dfrac{1}{n^2 + 1} + \dfrac{1}{n^2 + 2} + \cdots + \dfrac{1}{n^2 + n} \right]$.

5. 证明：$\lim\limits_{n \to \infty} \left(\dfrac{1}{3+1} + \dfrac{1}{3^2 + 1} + \cdots + \dfrac{1}{3^n + 1} \right)$ 存在.

B 组

1. 根据数列极限的定义证明：

(1) $\lim\limits_{n \to \infty} (\sqrt{n+1} - \sqrt{n}) = 0$；

(2) $\lim\limits_{n \to \infty} 0.\underbrace{999\cdots 9}_{n\uparrow} = 1$；

(3) $\lim\limits_{n \to \infty} \dfrac{\sqrt{n^2 + 4}}{n} = 1$；

(4) $\lim\limits_{n \to \infty} \dfrac{3n+1}{2n+1} = \dfrac{3}{2}$.

2. 求下列数列的极限:

(1) $\lim\limits_{n\to\infty}\left(1-\dfrac{1}{2^2}\right)\left(1-\dfrac{1}{3^2}\right)\cdots\left(1-\dfrac{1}{n^2}\right)$;

(2) $\lim\limits_{n\to\infty}\dfrac{1+a+a^2+\cdots+a^n}{1+b+b^2+\cdots+b^n}$, $|a|<1$, $|b|<1$.

3. 设 $0<x_1<1$, $x_{n+1}=x_n(1-x_n)$, $n=1,2,3,\cdots$. 证明 $\{x_n\}$ 收敛,并求它的极限.

4. 设 $x_1=a$, $x_2=b$, $x_{n+2}=\dfrac{x_{n+1}+x_n}{2}$, $n=1,2,3,\cdots$, 求 $\lim\limits_{n\to\infty}x_n$.

5. 设 $x_1=a$, $y_1=b(b>a>0)$, $x_{n+1}=\sqrt{x_ny_n}$, $y_{n+1}=\dfrac{x_n+y_n}{2}$, $n=1,2,3\cdots$, 试证明数列 $\{x_n\}$ 和 $\{y_n\}$ 都收敛于相同的极限.

6. 设 $x_n=\dfrac{(2n-1)!!}{(2n)!!}$, 证明 $\dfrac{1}{\sqrt{4n}}<x_n<\dfrac{1}{\sqrt{2n+1}}$, 并求 $\{x_n\}$ 的极限.

7. 设 $A>0$, $x_0>0$, $x_1=\dfrac{1}{2}\left(x_0+\dfrac{A}{x_0}\right)$, $x_2=\dfrac{1}{2}\left(x_1+\dfrac{A}{x_1}\right)$, $\cdots$, $x_{n+1}=\dfrac{1}{2}\left(x_n+\dfrac{A}{x_n}\right)$, $\cdots$, 讨论数列 $\{x_n\}$ 的收敛性,若收敛求出其极限.

1.3 函数的极限

前面讨论了数列的极限,数列极限是函数极限的一种特殊的形式,这就启发我们可以仿描述数列极限概念来描述函数极限的概念. 因为数列极限可表示为 $\lim\limits_{n\to\infty}f(n)=A$, 把离散变量 n 换成连续变量 x, 数列极限形式就变成自变量趋于无穷大时函数的极限 $\lim\limits_{x\to\infty}f(x)=A$; ∞ 不是实数, 把 $\lim\limits_{x\to\infty}f(x)=A$ 中的 ∞ 换成一个有限的实数 x_0 时就得到自变量趋于有限数时函数的极限 $\lim\limits_{x\to x_0}f(x)=A$. 这就是我们将要讨论的函数极限的两种形式.

1.3.1 自变量趋于有限数时函数的极限

自变量的变化过程 $x\to x_0$ 表示 x 充分接近 $x_0(x\neq x_0)$, 在这个过程中,若 $f(x)$ 充分接近常数 A, 则称 A 是函数 $f(x)$ 在 $x\to x_0$ 时的极限. $f(x)$ 充分接近 A, 可用 $\forall\varepsilon>0$, $|f(x)-A|<\varepsilon$ 来表示,即 $f(x)$ 与 A 的距离可以任意小. 因为 $f(x)$ 充分接近 A 是在 $x\to x_0$ 的过程中实现的,所以对 $\forall\varepsilon>0$, 只要求 x 充分靠近 x_0 的函数值 $f(x)$ 满足不等式 $|f(x)-A|<\varepsilon$; 而充分接近 x_0 的 x 是用 x_0 的某个去心 δ 邻域 $0<|x-x_0|<\delta$ 来表示,如

$$f(x)=\frac{x^2-4}{3(x-2)}=\frac{x+2}{3}\to\frac{4}{3},\quad x\to 2.$$

给定 $\varepsilon=0.1$, 要使得 $|f(x)-A|=\left|\dfrac{x^2-4}{3(x-2)}-\dfrac{4}{3}\right|=\dfrac{|x-2|}{3}<0.1$, 必使 $|x-2|<0.3$, 此时 $0<|x-2|<0.3$ 就代表 x 充分靠近 2;

给定 $\varepsilon=0.01$, 要使得 $|f(x)-A|=\left|\dfrac{x^2-4}{3(x-2)}-\dfrac{4}{3}\right|=\dfrac{|x-2|}{3}<0.01$, 必使 $|x-2|<0.03$, 此时 $0<|x-2|<0.03$ 就代表 x 充分靠近 2;

给定 $\varepsilon=0.001$，要 使 得 $|f(x)-A|=\left|\dfrac{x^2-4}{3(x-2)}-\dfrac{4}{3}\right|=\dfrac{|x-2|}{3}<0.001$，必使 $|x-2|<0.003$，此时 $0<|x-2|<0.003$ 就代表 x 充分靠近 2；

一般地，给定任意小的正数 ε，要使得 $|f(x)-A|=\left|\dfrac{x^2-4}{3(x-2)}-\dfrac{4}{3}\right|=\dfrac{|x-2|}{3}<\varepsilon$，必使 $|x-2|<3\varepsilon$，此时 $0<|x-2|<3\varepsilon$ 就代表 x 充分靠近 2.

由以上的分析可知：随便给多么小的正数 ε，都可以找到一个正数 δ，当 $0<|x-2|<\delta$ 时，$|f(x)-A|=\left|\dfrac{x^2-4}{3(x-2)}-\dfrac{4}{3}\right|=\dfrac{|x-2|}{3}<\varepsilon$，$\dfrac{4}{3}$ 就是函数 $\dfrac{x^2-4}{3(x-2)}$ 在 $x\to2$ 时的极限. 一般地，自变量趋于有限数时函数极限的定义如下：

定义 1.8　设函数 $f(x)$ 在 x_0 的某个去心邻域 $\overset{\circ}{U}(x_0,\delta)$ 内有定义，A 是一个确定的常数，若对 $\forall\varepsilon>0$，存在 $\delta=\delta(\varepsilon)>0$，当 $0<|x-x_0|<\delta$ 时，有
$$|f(x)-A|<\varepsilon,$$
则称 A 为 $f(x)$ 在 $x\to x_0$ 时的极限. 记为 $\lim\limits_{x\to x_0}f(x)=A$ 或 $f(x)\to A(x\to x_0)$.

将函数极限的"$\varepsilon-\delta$"定义与数列极限的"$\varepsilon-N$"定义比较可看出，它们的描述方式本质上是一样的. 在数列极限中，ε 刻画了数列 x_n 与常数 A 的接近的程度，N 描述了 n 靠近 ∞ 的程度；而在函数极限中，ε 刻画了函数 $f(x)$ 与常数 A 的接近的程度，δ 描述了 x 与 x_0 接近的程度.

注：(1) δ 与 ε 有关，记为 $\delta=\delta(\varepsilon)$，$\delta$ 是不唯一的. 事实上，当 $0<|x-x_0|<\delta$ 时有 $|f(x)-A|<\varepsilon$ 成立，则对于任意小于 δ 的正数 δ_1，当 $0<|x-x_0|<\delta_1$ 时，必有 $|f(x)-A|<\varepsilon$ 成立.

(2) $f(x)$ 在 $x\to x_0$ 时有无极限与函数 $f(x)$ 在 x_0 点有无定义无关，x 充分靠近 x_0，但 $x\neq x_0$，所以极限定义中是 x_0 的去心邻域 $0<|x-x_0|<\delta$.

$\lim\limits_{x\to x_0}f(x)=A$ 的几何意义是：以 A 为中心画宽为 2ε 的带形区域，则可以找到一个 x_0 的 δ 去心邻域，使得这个邻域内的函数图像全部落在这个带形区域内（如图 1.24 所示）.

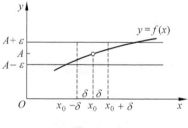

图　1.24

例 1.22　证明 $\lim\limits_{x\to0}x\sin\dfrac{1}{x}=0$.

分析：$\forall\varepsilon>0$，要使 $\left|x\sin\dfrac{1}{x}-0\right|=|x|\left|\sin\dfrac{1}{x}\right|\leqslant|x|<\varepsilon$ 成立，只要 $|x-0|<\varepsilon$，所以可取 $\delta=\varepsilon$.

证　$\forall\varepsilon>0$，$\exists\delta=\varepsilon>0$，当 $0<|x-0|<\delta$ 时，$\left|x\sin\dfrac{1}{x}-0\right|<\varepsilon$ 成立，故
$$\lim\limits_{x\to0}x\sin\dfrac{1}{x}=0.$$

例 1.23　证明 $\lim\limits_{x\to a}\sqrt{x}=\sqrt{a}\ (a>0)$.

分析：$\forall \varepsilon > 0$，要使 $\left| \sqrt{x} - \sqrt{a} \right| = \dfrac{|x-a|}{\sqrt{x}+\sqrt{a}} \leqslant \dfrac{|x-a|}{\sqrt{a}} < \varepsilon$ 成立，只要 $|x-a| < \sqrt{a}\varepsilon$，所以可取 $\delta = \sqrt{a}\varepsilon$.

证　$\forall \varepsilon > 0$，$\exists \delta = \min\{\sqrt{a}\varepsilon, a\} > 0$，当 $0 < |x-a| < \delta$ 时，$\left| \sqrt{x} - \sqrt{a} \right| < \varepsilon$ 成立，故

$$\lim_{x \to a} \sqrt{x} = \sqrt{a}.$$

注：之所以取 $\delta = \min\{\sqrt{a}\varepsilon, a\}$ 是为了保证 $x \geqslant 0$.

例 1.24　证明 $\lim\limits_{x \to 3} x^2 = 9$.

分析：因为 $|x^2 - 9| = |(x+3)(x-3)| = |x+3| \, |x-3| < \varepsilon$，由于 $x \to 3$，只考虑点 $x = 3$ 的局部邻域的 x，可以将 x 先限定在 3 的某一个 δ_1 的去心邻域内讨论，如取 $\delta_1 = 1$，$0 < |x-3| < 1$，即 $2 < x < 4, x \neq 3$，则 $|x+3| < 7$，

$$|x^2 - 9| = |(x+3)(x-3)| = |x+3| \, |x-3| < 7|x-3| < \varepsilon,$$

得 $|x-3| < \dfrac{\varepsilon}{7}$，可取 $\delta = \min\left\{\dfrac{\varepsilon}{7}, 1\right\}$.

证　$\forall \varepsilon > 0$，$\exists \delta = \min\left\{\dfrac{\varepsilon}{7}, 1\right\}$，当 $0 < |x-3| < \delta$ 时，$|x^2 - 9| < \varepsilon$ 成立，故

$$\lim_{x \to 3} x^2 = 9.$$

注：本题 δ_1 的取值不一样，那么 δ 的取值结果可能是不同的.

例 1.25　用函数极限的几何意义说明 1 和 -1 不是函数

$$f(x) = \begin{cases} x+1, & x > 0, \\ 0, & x = 0, \\ x-1, & x < 0 \end{cases}$$

在 $x \to 0$ 时的极限.

解　$f(x)$ 的图像如图 1.25 所示，以 1 为中心画任意小的宽为 2ε 的带形区域，在 $x = 0$ 的右边可以找到一个右邻域，使得函数的图像夹在带形区域内，但在 $x = 0$ 的左边却找不到一个左邻域，使得函数的图像夹在带形区域内，所以 1 不是函数在 $x \to 0$ 时的极限；同理以 -1 为中心画任意小的宽为 2ε 的带形区域，在 $x = 0$ 的左边可以找到一个左邻域，使得函数的图像夹在带形区域内，但在 $x = 0$ 的右边却找不到一个右邻域，使得函数的图像夹在带形区域内，所以 -1 不是函数在 $x \to 0$ 时的极限.

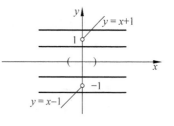

图　1.25

极限 $\lim\limits_{x \to x_0} f(x)$ 存在，要求 x 从 x_0 的左侧和右侧趋于 x_0 时，函数的极限应该相同.

从例 1.25 可以看出：x 从 0 点的左侧和右侧趋于 0 时，函数极限不相同，那么函数在 0 点的极限是否存在，如果存在，极限应该是多少？这就需要引入左右极限（单侧极限）的概念，如果 x 从 x_0 的左侧趋于 x_0（记为 $x \to x_0^-$ 时），函数与某个常数 A 充分靠近，则称该常数 A 为函数在 x 趋于 x_0 时的左极限，记为：$\lim\limits_{x \to x_0^-} f(x)$（或 $f(x_0 - 0)$，$f(x_0^-)$）；如果 x 从 x_0 的右侧趋于 x_0（记为 $x \to x_0^+$ 时），函数与某个常数 A 充分靠近，则称该常数 A 为函数在 x 趋于 x_0 时的右极限，记为：$\lim\limits_{x \to x_0^+} f(x)$（或 $f(x_0 + 0)$，$f(x_0^+)$）. 下面给出函数左右极限的 ε-δ 定义.

定义 1.9 $f(x)$ 在 x_0 的某去心邻域 $\overset{\circ}{U}(x_0,\delta_1)$ 内有定义.

（1）$\forall\varepsilon>0$，$\exists\delta>0$，当 $x_0-\delta<x<x_0$ 时，有 $|f(x)-A|<\varepsilon$，则称 A 为函数当 $x\to x_0$ 时的左极限，记为 $\lim\limits_{x\to x_0^-}f(x)=A$.

（2）$\forall\varepsilon>0$，$\exists\delta>0$，当 $x_0<x<x_0+\delta$ 时，有 $|f(x)-A|<\varepsilon$，则称 A 为函数当 $x\to x_0$ 时的右极限，记为 $\lim\limits_{x\to x_0^+}f(x)=A$.

有了左右极限的定义以后，我们就可以采用下面的定理来判断一个函数在某一点的极限是否存在.

定理 1.12 $\lim\limits_{x\to x_0}f(x)=A$ 的充要条件是 $\lim\limits_{x\to x_0^-}f(x)=A$ 且 $\lim\limits_{x\to x_0^+}f(x)=A$.

注：若 $\lim\limits_{x\to x_0^-}f(x)$ 与 $\lim\limits_{x\to x_0^+}f(x)$ 中有一个不存在，则 $\lim\limits_{x\to x_0}f(x)$ 也不存在；若 $\lim\limits_{x\to x_0^-}f(x)$ 与 $\lim\limits_{x\to x_0^+}f(x)$ 都存在，但不相等，则 $\lim\limits_{x\to x_0}f(x)$ 也不存在；分段函数在分界点的极限一定要采用此定理进行判断.

例 1.26   求 $\lim\limits_{x\to 0}\arctan\dfrac{1}{x}$.

解   因为 $\lim\limits_{x\to 0^+}\arctan\dfrac{1}{x}=\dfrac{\pi}{2}$，$\lim\limits_{x\to 0^-}\arctan\dfrac{1}{x}=-\dfrac{\pi}{2}$，所以 $\lim\limits_{x\to 0}\arctan\dfrac{1}{x}$ 不存在.

例 1.27   设 $f(x)=\begin{cases}x+1, & x>0,\\ 0, & x=0,\\ x-1, & x<0,\end{cases}$ 问 $\lim\limits_{x\to 0}f(x)$ 是否存在？

解   因为 $\lim\limits_{x\to 0^+}f(x)=\lim\limits_{x\to 0^+}f(x)=\lim\limits_{x\to 0^+}(x+1)=1$，
$$\lim\limits_{x\to 0^-}f(x)=\lim\limits_{x\to 0^-}(x-1)=-1,\quad \lim\limits_{x\to 0^+}f(x)\neq\lim\limits_{x\to 0^-}f(x),$$
所以 $\lim\limits_{x\to 0}f(x)$ 不存在.

1.3.2   自变量趋于无穷大时函数的极限

自变量趋于无穷大时函数的极限为 A，记为 $\lim\limits_{x\to\infty}f(x)=A$. 它表示 $x\to\infty$ 的过程当中，函数 $f(x)$ 充分靠近 A. $f(x)$ 充分靠近 A 可用 $\forall\varepsilon>0$，$|f(x)-A|<\varepsilon$ 来表示，因为 $f(x)$ 充分靠近 A 是在 $x\to\infty$ 的过程中实现的，所以对 $\forall\varepsilon>0$，只要求 $|x|$ 充分大的 x 的函数值 $f(x)$ 满足不等式 $|f(x)-A|<\varepsilon$，而 $|x|$ 充分大是用 $|x|$ 大于某个正数 X（即 $|x|>X$）来表示. 如：$\dfrac{1}{x}\to 0(x\to\infty)$.

给定 $\varepsilon=0.1$，要使得 $\left|\dfrac{1}{x}-0\right|=\dfrac{1}{|x|}<0.1$，必使得 $|x|>10$，此时 $|x|>10$ 就代表 $|x|$ 充分大；

给定 $\varepsilon=0.01$，要使得 $\left|\dfrac{1}{x}-0\right|=\dfrac{1}{|x|}<0.01$，必使得 $|x|>100$，此时 $|x|>100$ 就代表 $|x|$ 充分大；

给定 $\varepsilon=0.001$，要使得 $\left|\dfrac{1}{x}-0\right|=\dfrac{1}{|x|}<0.001$，必使得 $|x|>1000$，此时 $|x|>1000$ 就

代表 $|x|$ 充分大;

一般地,任给定 $\varepsilon>0$,要使得 $\left|\dfrac{1}{x}-0\right|=\dfrac{1}{|x|}<\varepsilon$,必使得 $|x|>\dfrac{1}{\varepsilon}$,此时 $|x|>\dfrac{1}{\varepsilon}$ 就代表 $|x|$ 充分大.

从以上分析可知:无论事先给定一个多么小的正数 ε,都可以找到一个正数 X,当 $|x|>X$ 时,有 $\left|\dfrac{1}{x}-0\right|<\varepsilon$,0 就是 $\dfrac{1}{x}$ 在 $x\to\infty$ 时的极限.一般地,自变量趋于无穷大时函数极限采用如下的定义:

定义 1.10　设 $f(x)$ 在 $(-\infty,a)\bigcup(b,+\infty)$ 内有定义,a,b 为有限数,A 为一个确定的常数.若 $\forall\varepsilon>0$,存在 $X=X(\varepsilon)>0$,当 $|x|>X$ 时,有
$$|f(x)-A|<\varepsilon,$$
则称 A 为 $f(x)$ 在 $x\to\infty$ 时的极限,记为 $\lim\limits_{x\to\infty}f(x)=A$.

$\lim\limits_{x\to\infty}f(x)=A$ 的几何意义是:以 A 为中心画宽为 2ε 的带形区域,则可以找到一个正数 X,当 $|x|>X(x>X$ 或 $x<-X)$ 时,函数的图像全部落在这个带形区域内(如图 1.26 所示).

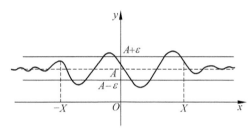

图　1.26

对 $x\to+\infty$ 与 $x\to-\infty$ 时函数极限的定义与 $x\to\infty$ 时函数极限的定义完全类似.$\lim\limits_{x\to+\infty}f(x)=A$ 中的 $x\to+\infty$ 时,$|x|=x$,$|x|>X$ 替换成 $x>X$;$\lim\limits_{x\to-\infty}f(x)=A$ 中的 $x\to-\infty$ 时,$|x|=-x$,$|x|>X$ 替换成 $x<-X$.下面给出 $\lim\limits_{x\to+\infty}f(x)$ 与 $\lim\limits_{x\to-\infty}f(x)$ 的定义.

定义 1.11　(1) 设 $f(x)$ 在 $(b,+\infty)$ 有定义,若 $\forall\varepsilon>0$,$\exists X=X(\varepsilon)>0$,当 $x>X$ 时,有
$$|f(x)-A|<\varepsilon,$$
则称 A 为 $f(x)$ 在 $x\to+\infty$ 时的极限,记为 $\lim\limits_{x\to+\infty}f(x)=A$.

(2) 设 $f(x)$ 在 $(-\infty,b)$ 有定义,若 $\forall\varepsilon>0$,$\exists X=X(\varepsilon)>0$,当 $x<-X$ 时,有
$$|f(x)-A|<\varepsilon,$$
则称 A 为 $f(x)$ 在 $x\to-\infty$ 时的极限,记为 $\lim\limits_{x\to-\infty}f(x)=A$.

$\lim\limits_{x\to+\infty}f(x)$ 的几何意义是:以 A 为中心画宽为 2ε 的带形区域,则可以找到一个正数 X,当 $x>X$ 时函数的图像全部落在这个带形区域内;$\lim\limits_{x\to-\infty}f(x)$ 的几何意义是:以 A 为中心画宽为 2ε 的带形区域,则可以找到一个正数 X,当 $x<-X$ 时函数的图像全部落在这个带形区域内.图形由读者自己画出.

自变量趋于有限数时,函数在某一点极限存在的充要条件是函数在该点的左右极限存在且相等,对于自变量趋于无穷大时函数极限也有类似的结论,表述为定理 1.13.

定理 1.13 $\lim\limits_{x \to \infty} f(x) = A$ 的充要条件是 $\lim\limits_{x \to -\infty} f(x) = \lim\limits_{x \to +\infty} f(x) = A$.

注：如果 $\lim\limits_{x \to +\infty} f(x)$ 与 $\lim\limits_{x \to -\infty} f(x)$ 有一个不存在，则 $\lim\limits_{x \to \infty} f(x)$ 不存在；如果 $\lim\limits_{x \to +\infty} f(x)$ 与 $\lim\limits_{x \to -\infty} f(x)$ 都存在但不相等，则 $\lim\limits_{x \to \infty} f(x)$ 也不存在.

定义 1.12 若 $\lim\limits_{x \to +\infty} f(x) = c$ 或 $\lim\limits_{x \to -\infty} f(x) = c$ 有一个存在，则称直线 $y = c$ 为曲线 $y = f(x)$ 的水平渐近线.

例 1.28 证明：$\lim\limits_{x \to \infty} \dfrac{x+1}{x} = 1$.

分析：由 $\left| \dfrac{x+1}{x} - 1 \right| = \dfrac{1}{|x|} < \varepsilon$，得 $|x| > \dfrac{1}{\varepsilon}$，所以可取 $X = \dfrac{1}{\varepsilon}$.

证 $\forall \varepsilon > 0$，$\exists X = \dfrac{1}{\varepsilon} > 0$，当 $|x| > X$ 时，$\left| \dfrac{x+1}{x} - 1 \right| = \dfrac{1}{|x|} < \varepsilon$ 成立，故

$$\lim\limits_{x \to \infty} \frac{x+1}{x} = 1.$$

例 1.29 讨论极限 $\lim\limits_{x \to \infty} e^x$.

解 由于 $\lim\limits_{x \to +\infty} e^x = +\infty$，$\lim\limits_{x \to -\infty} e^x = 0$，所以极限 $\lim\limits_{x \to \infty} e^x$ 不存在.

1.3.3 极限的运算法则

根据函数极限的定义计算函数极限是非常困难的. 最常用的方法是利用函数极限的运算法则求极限. 函数极限的运算法则与数列极限的运算法则非常相似，其证明过程也类似.

定理 1.14 若 $\lim\limits_{x \to x_0} f(x) = A$ 与 $\lim\limits_{x \to x_0} g(x) = B$ 都存在，则

(1) 对任意常数 k_1, k_2，极限 $\lim\limits_{x \to x_0} [k_1 f(x) \pm k_2 g(x)]$ 存在，且

$$\lim\limits_{x \to x_0} [k_1 f(x) \pm k_2 g(x)] = k_1 \lim\limits_{x \to x_0} f(x) \pm k_2 \lim\limits_{x \to x_0} g(x) = k_1 A \pm k_2 B.$$

(2) $\lim\limits_{x \to x_0} f(x) g(x)$ 存在，且

$$\lim\limits_{x \to x_0} f(x) g(x) = \left[\lim\limits_{x \to x_0} f(x) \right] \left[\lim\limits_{x \to x_0} g(x) \right] = AB.$$

特别地，当 $f(x) \equiv c$（常数）时，有 $\lim\limits_{x \to x_0} cg(x) = c \lim\limits_{x \to x_0} g(x)$.

(3) $\lim\limits_{x \to x_0} \dfrac{f(x)}{g(x)} = \dfrac{\lim\limits_{x \to x_0} f(x)}{\lim\limits_{x \to x_0} g(x)} = \dfrac{A}{B}$ $\quad (\lim\limits_{x \to x_0} g(x) = B \neq 0)$.

这些法则的证明直接根据极限的定义就可以得到证明，最好是利用后面将要学的极限与无穷小的关系来证明，那就显得更简单明了. 由极限的运算法则我们很容易得到下面几个结论：

(a) $\lim\limits_{x \to x_0} [f(x)]^n = \left[\lim\limits_{x \to x_0} f(x) \right]^n$（$n$ 为正整数）；

(b) $\lim\limits_{x \to x_0} x^n = x_0^n$（$n$ 为正整数）；

(c) 设 $f(x) = a_0 x^n + a_1 x^{n-1} + \cdots + a_{n-1} x + a_n$（$a_0 \neq 0$）为 n 次多项式，则

$$\lim\limits_{x \to c} f(x) = f(c).$$

例 1.30 求 $\lim\limits_{h \to 0} \dfrac{(3+h)^2 - 9}{h}$.

解　由于 $\lim\limits_{h\to0}h=0$，即分母的极限为零，所以不能直接用极限的商的运算法则.

$$\lim_{h\to0}\frac{(3+h)^2-9}{h}=\lim_{h\to0}\frac{(3+h+3)(3+h-3)}{h}=\lim_{h\to0}(6+h)=6.$$

例 1.31　求 $\lim\limits_{x\to0}\dfrac{\sqrt{1+x}-1}{x}$.

解　$\lim\limits_{x\to0}\dfrac{\sqrt{1+x}-1}{x}=\lim\limits_{x\to0}\dfrac{(1+x)-1}{x(\sqrt{1+x}+1)}=\lim\limits_{x\to0}\dfrac{1}{\sqrt{1+x}+1}=\dfrac{1}{2}.$

例 1.32　求函数 $f(x)=\dfrac{x}{\sqrt{x^2+1}}$ 的水平渐近线.

解　因为

$$\lim_{x\to+\infty}f(x)=\lim_{x\to+\infty}\frac{1}{\sqrt{1+\dfrac{1}{x^2}}}=1,$$

所以 $y=1$ 是曲线 $f(x)=\dfrac{x}{\sqrt{x^2+1}}$ 的一条水平渐近线.

又因为

$$\lim_{x\to-\infty}f(x)=\lim_{x\to-\infty}\frac{-1}{\sqrt{1+\dfrac{1}{x^2}}}=-1,$$

所以 $y=-1$ 也是曲线 $f(x)=\dfrac{x}{\sqrt{x^2+1}}$ 的一条水平渐近线.

注：一条曲线的水平渐近线至多有两条.

1.3.4　函数极限的性质

1. 唯一性

定理 1.15　如果 $\lim\limits_{x\to x_0}f(x)$ 存在，则极限唯一. 即若 $\lim\limits_{x\to x_0}f(x)=A,\lim\limits_{x\to x_0}f(x)=B$，则 $A=B$.

证　反证法：若 $A\neq B$，不妨设 $A>B$，取 $\varepsilon=\dfrac{A-B}{2}>0$.

由 $\lim\limits_{x\to x_0}f(x)=A$ 知对上述 $\varepsilon>0$ 存在 $\delta_1>0$，当 $0<|x-x_0|<\delta_1$ 时，有

$$|f(x)-A|<\varepsilon,$$

即

$$\frac{A+B}{2}=A-\varepsilon<f(x)<A+\varepsilon. \tag{1.19}$$

又由 $\lim\limits_{x\to x_0}f(x)=B$ 知：对上述 $\varepsilon>0$，存在 $\delta_2>0$，当 $0<|x-x_0|<\delta_2$ 时，有

$$|f(x)-B|<\varepsilon,$$

即

$$B-\varepsilon<f(x)<B+\varepsilon=\frac{A+B}{2}. \tag{1.20}$$

所以取 $\delta = \min\{\delta_1, \delta_2\}$,则当 $0 < |x - x_0| < \delta$ 时,式(1.19)与式(1.20)同时成立,因此有

$$\frac{A+B}{2} < f(x) < \frac{A+B}{2}.$$

这样就得到矛盾. 故 $A = B$.

2. 局部有界性

定理 1.16   设 $\lim\limits_{x \to x_0} f(x)$ 存在,则 $f(x)$ 在 x_0 的某一去心邻域内有界.

证   设 $\lim\limits_{x \to x_0} f(x) = A$,取 $\varepsilon = 1$,则存在 $\delta > 0$,当 $0 < |x - x_0| < \delta$ 时,有

$$|f(x) - A| < \varepsilon = 1.$$

又 $|f(x)| - |A| \leqslant |f(x) - A| < \varepsilon = 1$,所以 $|f(x)| \leqslant |A| + 1$,令 $M = |A| + 1$,则存在 $\delta > 0$,当 $0 < |x - x_0| < \delta$ 时,$|f(x)| \leqslant M$,所以 $f(x)$ 在 x_0 的去心 δ 邻域内有界.

注:函数在一点的极限只描述了函数在该点局部的性质,所以函数在一点的极限只与函数在该点邻域的值有关. 函数在某点的极限存在,只能说明函数在该点的局部有界,而不能说函数在整个定义域内有界.

3. 夹逼准则

定理 1.17   设 $f(x), g(x)$ 在 $\mathring{U}(x_0, \delta^*)$ 内有定义,且满足:

(1) $g(x) \leqslant f(x) \leqslant h(x)$;

(2) $\lim\limits_{x \to x_0} h(x) = \lim\limits_{x \to x_0} g(x) = A$,

则 $\lim\limits_{x \to x_0} f(x) = A$.

证   因为 $\lim\limits_{x \to x_0} h(x) = A$,所以有

$$\forall \varepsilon > 0, \quad \exists \delta_1 > 0, \quad \text{当 } 0 < |x - x_0| < \delta_1 \text{ 时}, \quad A - \varepsilon < h(x) < A + \varepsilon. \quad (1.21)$$

又因为 $\lim\limits_{x \to x_0} g(x) = A$,所以有

$$\forall \varepsilon > 0, \quad \exists \delta_2 > 0, \quad \text{当 } 0 < |x - x_0| < \delta_2 \text{ 时}, \quad A - \varepsilon < g(x) < A + \varepsilon. \quad (1.22)$$

又因为 $x \in \mathring{U}(x_0, \delta^*)$ 时,

$$g(x) \leqslant f(x) \leqslant h(x), \qquad\qquad\qquad (1.23)$$

所以 $\forall \varepsilon > 0$,取 $\delta = \min\{\delta^*, \delta_1, \delta_2\}$,当 $0 < |x - x_0| < \delta$ 时,式(1.21)、式(1.22)、式(1.23)同时成立. 所以 $A - \varepsilon < g(x) \leqslant f(x) \leqslant h(x) < A + \varepsilon$,由此得出 $|f(x) - A| < \varepsilon$,故

$$\lim\limits_{x \to x_0} f(x) = A.$$

4. 局部保号性定理

定理 1.18(局部保号性定理)   设 $\lim\limits_{x \to x_0} f(x) = A > 0$(或 < 0),则存在 $\delta > 0$,当 $0 < |x - x_0| < \delta$ 时,有

$$f(x) > 0 \quad (\text{或 } f(x) < 0).$$

证   因为 $A > 0$,所以根据极限的定义,取 $\varepsilon = A > 0$,存在 $\delta > 0$,当 $0 < |x - x_0| < \delta$ 时,有 $|f(x) - A| < \varepsilon = A$,因此 $f(x) > A - \varepsilon = A - A = 0$.

推论 1   设 $\lim\limits_{x \to x_0} f(x) = A$，$\lim\limits_{x \to x_0} g(x) = B$，且 $A > B$，则存在 $\delta > 0$，当 $0 < |x - x_0| < \delta$ 时，有 $f(x) > g(x)$.

证明   因为 $\lim\limits_{x \to x_0} f(x) = A$，$\lim\limits_{x \to x_0} g(x) = B$，且 $A > B$，所以 $\lim\limits_{x \to x_0} (f(x) - g(x)) = A - B > 0$. 根据局部保号性定理：存在 $\delta > 0$，当 $0 < |x - x_0| < \delta$ 时，有 $f(x) - g(x) > 0$，即 $f(x) > g(x)$.

推论 2   设在 x_0 的某个去心邻域内，$f(x) \geqslant g(x)$，且 $\lim\limits_{x \to x_0} f(x) = A$，$\lim\limits_{x \to x_0} g(x) = B$，则 $A \geqslant B$.

证   假设 $A < B$，则 $B - A > 0$. 因为 $\lim\limits_{x \to x_0} (g(x) - f(x)) = B - A > 0$，根据极限的局部保号性定理，存在 $\delta > 0$，当 $0 < |x - x_0| < \delta$ 时，有 $g(x) - f(x) > 0$，即 $f(x) < g(x)$，这与假设条件矛盾. 所以 $A \geqslant B$.

以上性质是当 $x \to x_0$ 时给出的，若 $x \to \infty$ 时也有以上相应的性质.

1.3.5   两个重要极限

重要极限 1 $\lim\limits_{x \to 0} \dfrac{\sin x}{x} = 1$.

证   从图 1.27 看出，BC 的长 $<$ 弧 AB 的长 $< AD$ 的长，即

$$\sin x < x < \tan x, \quad x \in \left(0, \frac{\pi}{2}\right),$$

所以 $\cos x < \dfrac{\sin x}{x} < 1$.

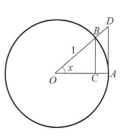

图   1.27

因为 $\lim\limits_{x \to 0^+} \cos x = 1$，$\lim\limits_{x \to 0^+} 1 = 1$，由夹逼准则知：$\lim\limits_{x \to 0^+} \dfrac{\sin x}{x} = 1$. 同理可以证明 $\lim\limits_{x \to 0^-} \dfrac{\sin x}{x} = 1$. 因为 $\lim\limits_{x \to 0^+} \dfrac{\sin x}{x} = \lim\limits_{x \to 0^-} \dfrac{\sin x}{x} = 1$，所以 $\lim\limits_{x \to 0} \dfrac{\sin x}{x} = 1$.

例 1.33   求极限 $\lim\limits_{x \to 0} \dfrac{1 - \cos x}{\dfrac{x^2}{2}}$.

解 $\lim\limits_{x \to 0} \dfrac{1 - \cos x}{\dfrac{x^2}{2}} = \lim\limits_{x \to 0} \dfrac{2 \sin^2 \dfrac{x}{2}}{\dfrac{x^2}{2}} = \lim\limits_{x \to 0} \left(\dfrac{\sin \dfrac{x}{2}}{\dfrac{x}{2}} \right)^2 = 1.$

例 1.34   求 $\lim\limits_{x \to 0} \dfrac{\arcsin x}{x}$.

解   令 $\arcsin x = t \to 0 (x \to 0)$，则 $x = \sin t$，于是

$$\lim\limits_{x \to 0} \frac{\arcsin x}{x} = \lim\limits_{t \to 0} \frac{t}{\sin t} = \lim\limits_{t \to 0} \frac{1}{\dfrac{\sin t}{t}} = 1.$$

例 1.35   求极限 $\lim\limits_{x \to 0} \dfrac{\arctan x}{x}$.

解   令 $\arctan x = t \to 0 (x \to 0)$，则 $x = \tan t$，于是

$$\lim\limits_{x \to 0} \frac{\arctan x}{x} = \lim\limits_{t \to 0} \frac{t}{\tan t} = \lim\limits_{t \to 0} \frac{\cos t}{\dfrac{\sin t}{t}} = 1.$$

重要极限 2：$\lim\limits_{x\to\infty}\left(1+\dfrac{1}{x}\right)^x=\mathrm{e}$.

先证 $\lim\limits_{x\to+\infty}\left(1+\dfrac{1}{x}\right)^x=\mathrm{e}$. 对于任何正实数 x，它总是夹在两个相邻的正整数之间，即

$$n\leqslant x<n+1. \tag{1.24}$$

所以当 $x\geqslant 1$ 时，有

$$\left(1+\frac{1}{n+1}\right)<\left(1+\frac{1}{x}\right)\leqslant\left(1+\frac{1}{n}\right). \tag{1.25}$$

由式(1.24)和式(1.25)可得

$$\left(1+\frac{1}{n+1}\right)^n<\left(1+\frac{1}{x}\right)^x<\left(1+\frac{1}{n}\right)^{n+1}.$$

因为 $\lim\limits_{n\to\infty}\left(1+\dfrac{1}{n}\right)^n=\mathrm{e}$，显然，当 $x\to+\infty$ 时，有 $n\to+\infty$. 而

$$\lim_{n\to+\infty}\left(1+\frac{1}{n+1}\right)^n=\lim_{n\to+\infty}\left(1+\frac{1}{n+1}\right)^{n+1}\cdot\frac{1}{1+\dfrac{1}{n+1}}=\mathrm{e},$$

$$\lim_{n\to+\infty}\left(1+\frac{1}{n}\right)^{n+1}=\lim_{n\to+\infty}\left(1+\frac{1}{n}\right)^n\left(1+\frac{1}{n}\right)=\mathrm{e}.$$

故由夹逼定理知

$$\lim_{x\to+\infty}\left(1+\frac{1}{x}\right)^x=\mathrm{e}.$$

再证 $\lim\limits_{x\to-\infty}\left(1+\dfrac{1}{x}\right)^x=\mathrm{e}$. 令 $y=-x$，则当 $x\to-\infty$ 时 $y\to+\infty$，于是

$$\lim_{x\to-\infty}\left(1+\frac{1}{x}\right)^x=\lim_{y\to+\infty}\left(1-\frac{1}{y}\right)^{-y}=\lim_{y\to+\infty}\left(\frac{y-1}{y}\right)^{-y}$$

$$=\lim_{y\to+\infty}\left(1+\frac{1}{y-1}\right)^y=\lim_{y\to+\infty}\left(1+\frac{1}{y-1}\right)^{(y-1)}\left(1+\frac{1}{y-1}\right)=\mathrm{e},$$

故得

$$\lim_{x\to\infty}\left(1+\frac{1}{x}\right)^x=\mathrm{e}. \tag{1.26}$$

在式(1.26)中令 $\dfrac{1}{x}=t\to 0(x\to\infty)$，于是得 $\lim\limits_{t\to 0}(1+t)^{\frac{1}{t}}=\mathrm{e}$，即

$$\lim_{x\to 0}(1+x)^{\frac{1}{x}}=\mathrm{e}. \tag{1.27}$$

例 1.36   求 $\lim\limits_{x\to 0}\dfrac{a^x-1}{x}(0<a<1)$.

解   令 $a^x-1=t\to 0(x\to 0)$，则 $x=\dfrac{\ln(1+t)}{\ln a}$，于是

$$\lim_{x\to 0}\frac{a^x-1}{x}=\lim_{t\to 0}\frac{t}{\dfrac{\ln(1+t)}{\ln a}}=\lim_{t\to 0}\frac{\ln a}{\dfrac{1}{t}\ln(1+t)}=\lim_{t\to 0}\frac{\ln a}{\ln(1+t)^{\frac{1}{t}}}=\frac{\ln a}{\ln\mathrm{e}}=\ln a.$$

1.3.6   连续复利

复利可以按年计算，也可以按月计算，甚至可以按天计算. 如果年复利率 r 不变，月利率

就是 $\dfrac{r}{12}$,日利率就是 $\dfrac{r}{365}$(一年按 365 天计算). 作为第二个重要极限的应用,我们介绍复利公式. 利息是借款者向贷款者支付的报酬,它是根据本金的金额按一定比例计算出来的. 有单利和复利两种情形.

设初始本金为 A_0(元),银行年利率为 r,存款期数为 t(年). 如果每年结算一次,按复利付息,则

第 1 年末本利和为:$S_1 = A_0 + rA_0 = A_0(1+r)$,

第 2 年末本利和为:$S_2 = A_0(1+r) + rA_0(1+r) = A_0(1+r)^2$,

……

第 t 年末本利和为:$S_t = A_0(1+r)^t$.

若把每一年均分为 m 期计息,这时每期的利率可以认为是 $\dfrac{r}{m}$,于是推得 t 年末的本利和为

$$S_t = A_0 \left(1 + \frac{r}{m}\right)^{mt}.$$

如果计息期无限缩短,则期数 $m \to \infty$,于是得到连续复利计算公式为

$$S_t = \lim_{m \to \infty} A_0 \left(1 + \frac{r}{m}\right)^{mt} = A_0 \lim_{m \to \infty} \left(1 + \frac{r}{m}\right)^{\frac{m}{r} \cdot rt} = A_0 e^{rt}.$$

复利的结果是非常惊人的,假设你在 25 岁时投资 1000 元,利率为 18%,40 年以后你将得到 1024000 元,成为一个百万富翁. 要正确地理解和运用复利,就要了解复利的三要素:投入资金的数额、实现的收益率和投资时间的长短.

对复利概念理解和运用复利的最充分的行业是保险公司,他们推出的各种保险业务品种,就是针对不同的客户对象,运用复利概念精心设计的,不仅对客户提供了最大的保证,也为公司获得了最大的收益.

1.3.7　函数极限与数列极限的关系

定理 1.19(Heine 定理)　$\lim\limits_{x \to x_0} f(x) = A$ 的充要条件是:对任何以 x_0 为极限的数列 $\{x_n\}(x_n \neq x_0)$,有 $\lim\limits_{n \to \infty} f(x_n) = A$.

证　必要性:由 $\lim\limits_{x \to x_0} f(x) = A$ 得,$\forall \varepsilon > 0$,$\exists \delta > 0$,当 $0 < |x - x_0| < \delta$ 时,有 $|f(x) - A| < \varepsilon$.

设 $\lim\limits_{n \to \infty} x_n = x_0 \ (x_n \neq x_0)$,则对于上述的 $\delta > 0$,存在正整数 N,当 $n > N$ 时,有 $0 < |x_n - x_0| < \delta$. 于是对数列 $\{f(x_n)\}$,当 $n > N$ 时,有

$$|f(x_n) - A| < \varepsilon,$$

故 $\lim\limits_{n \to \infty} f(x_n) = A$.

充分性:用反证法. 设 $f(x)$ 在 x_0 处的极限不为 A,用"ε-δ"语言描述为:$\exists \varepsilon_0 > 0$,对于任意的 $\delta > 0$,都存在满足 $0 < |x - x_0| < \delta$ 的 x,使得

$$|f(x) - A| \geq \varepsilon_0.$$

取一系列的 $\delta_n = \dfrac{1}{n}$,则存在满足 $0 < |x_n - x_0| < \dfrac{1}{n}$ 的 x_n 使得

$$|f(x_n)-A|\geqslant \varepsilon_0. \tag{1.28}$$

由 $0<|x_n-x_0|<\dfrac{1}{n}$ 知：$\lim\limits_{n\to\infty}x_n=x_0$，数列 $\{x_n\}$ $(x_n\neq x_0)$ 以 x_0 为极限，但从式（1.28）知 $\lim\limits_{n\to\infty}f(x_n)\neq A$，这样就得到矛盾.

注　因以 x_0 为极限的数列有无限多个，所以用此定理来证明函数在 x_0 的极限存在没有什么意义. 但该定理证明函数在 x_0 的极限不存在却很有效. 事实上，以下两种情形都能说明函数 $f(x)$ 在 x_0 的极限不存在：

（1）若存在以 x_0 为极限的数列 $\{x_n\}$，使得 $\lim\limits_{n\to\infty}f(x_n)$ 不存在，则 $f(x)$ 在 x_0 的极限不存在；

（2）若存在以 x_0 为极限的两个数列 $\{x_n\}$ 与 $\{y_n\}$，使得 $\lim\limits_{n\to\infty}f(x_n)$ 与 $\lim\limits_{n\to\infty}f(y_n)$ 都存在，但 $\lim\limits_{n\to\infty}f(x_n)\neq\lim\limits_{n\to\infty}f(y_n)$，则 $f(x)$ 在 x_0 的极限不存在.

例 1.37　证明极限 $\lim\limits_{x\to 0}\cos\dfrac{1}{x}$ 和 $\lim\limits_{x\to 0}\sin\dfrac{1}{x}$ 不存在.

证　令 $f(x)=\cos\dfrac{1}{x}$，取

$$x_n=\frac{1}{2n\pi},n=1,2,3,\cdots,\text{则}\lim_{n\to\infty}f(x_n)=\lim_{n\to\infty}\cos 2n\pi=1;$$

$$y_n=\frac{1}{2n\pi+\frac{\pi}{2}},n=1,2,3,\cdots,\text{则}\lim_{n\to\infty}f(y_n)=\lim_{n\to\infty}\cos\left(2n\pi+\frac{\pi}{2}\right)=0;$$

故 $\lim\limits_{x\to 0}\cos\dfrac{1}{x}$ 不存在. 同理可证明 $\lim\limits_{x\to 0}\sin\dfrac{1}{x}$ 不存在.

习题 1.3

A 组

1. 求下列极限：

（1）$\lim\limits_{h\to 0}\dfrac{(x+h)^2-x^2}{h}$；

（2）$\lim\limits_{x\to\infty}\dfrac{(2x+1)^{50}}{(3x+2)^{30}(5x-2)^{20}}$；

（3）$\lim\limits_{x\to 16}\dfrac{\sqrt[4]{x}-2}{\sqrt{x}-4}$；

（4）$\lim\limits_{x\to 0}\dfrac{(1+x)(1+2x)(1+3x)-1}{3x}$；

（5）$\lim\limits_{x\to 1}\dfrac{x^{n+1}-(n+1)x+n}{(x-1)^2}$；

（6）$\lim\limits_{x\to\infty}\left(\dfrac{x^3}{2x^2-1}-\dfrac{x^2}{2x+1}\right)$；

（7）$\lim\limits_{x\to 0}\dfrac{\tan 3x}{\sin 2x}$；

（8）$\lim\limits_{x\to\frac{\pi}{3}}\dfrac{1-2\cos x}{2\sin\left(x-\frac{\pi}{3}\right)}$；

（9）$\lim\limits_{x\to\frac{1}{2}}\dfrac{\arcsin(1-2x)}{4x^2-1}$；

（10）$\lim\limits_{x\to 0^-}\dfrac{\sqrt{1-\cos 2x}}{x}$；

（11）$\lim\limits_{x\to 0^+}\dfrac{\sqrt{1-\cos 2x}}{x}$；

（12）$\lim\limits_{x\to 1}\dfrac{\sin^2(1-x)}{(x^2-1)^2}$；

（13）$\lim\limits_{x\to 0}(1+3x)^{\frac{2}{\sin x}}$；

（14）$\lim\limits_{x\to 0}\dfrac{\sqrt[n]{1+x}-1}{\frac{x}{n}}$.

2. 求曲线 $y=x\sin\dfrac{1}{x}$ 的水平渐近线.

3. 求 $f(x)=\dfrac{|x|}{x}$ 在 $x\to0$ 的左、右极限,并说明它在 $x\to0$ 时的极限是否存在.

4. 某企业计划发行期限为 10 年的企业债券,规定以年利率 6.5% 的连续复利计息,每份债券的本金 500 元,到期后,一次偿还本息多少元?

B 组

1. 用函数极限的定义证明:

(1) $\lim\limits_{x\to3}(3x-1)=8$; (2) $\lim\limits_{x\to-\frac{1}{2}}\dfrac{1-4x^2}{2x+1}=2$.

2. 求下列函数的极限:

(1) $\lim\limits_{x\to0^+}\left(\dfrac{a^x+b^x}{2}\right)^{\frac{1}{x}}\ (a,b>0)$ $\left(\text{提示:用重要极限和}\lim\limits_{x\to0}\dfrac{a^x-1}{x}=\ln a\right)$;

(2) $\lim\limits_{x\to\infty}\left(\dfrac{x+2a}{x-a}\right)^x$; (3) $\lim\limits_{x\to2^+}\dfrac{\sqrt{x}-\sqrt{2}+\sqrt{x-2}}{\sqrt{x^2-4}}$;

(4) $\lim\limits_{x\to+\infty}\dfrac{\sqrt{x+\sqrt{x+\sqrt{x}}}}{\sqrt{x+1}}$; (5) $\lim\limits_{x\to0}(\sec^2x)^{\cot^2x}$;

(6) $\lim\limits_{x\to-\infty}x(\sqrt{x^2+1}-x)$; (7) $\lim\limits_{x\to+\infty}x(\sqrt{x^2+1}-x)$;

(8) $\lim\limits_{n\to\infty}\left(\dfrac{n+x}{n-1}\right)^n$; (9) $\lim\limits_{x\to a}\left(\dfrac{\sin x}{\sin a}\right)^{\frac{1}{x-a}}$.

3. 当 $x\to2$ 时,$y=x^2\to2$,问 δ 等于多少,使得 $|x-2|<\delta$ 时,$|y-4|<0.001$?
(提示:因为 $x\to2$,不妨设 $1<x<3$.)

1.4 无穷小量与无穷大量

1.4.1 无穷小量

1. 无穷小量的定义

简单地说:无穷小量是在自变量的某一变化过程中,极限为零的函数.因为无穷小量是相对于自变量的某个变化过程来说的,有可能一个函数在自变量的某一个变化过程中是无穷小,但在另一个变化过程中就可能不是无穷小.如:$x\to1$ 时 $f(x)=2x-2$ 是无穷小,但在 $x\to3$ 时 $f(x)=2x-2$ 就不是无穷小.

用 $\varepsilon-\delta$ 或者 $\varepsilon-N$ 语言来描述无穷小量,即为下面的表达形式:

定义 1.13 如果 $\forall\varepsilon>0$,$\exists\delta=\delta(\varepsilon)>0$,当 $0<|x-x_0|<\delta$ 时,有
$$|f(x)|<\varepsilon,$$
则称 $f(x)$ 为 $x\to x_0$ 时的无穷小量,简称无穷小.

定义 1.14 如果 $\forall\varepsilon>0$,$\exists X=X(\varepsilon)>0$,当 $|x|>X$ 时,有
$$|f(x)|<\varepsilon,$$

则称 $f(x)$ 为 $x\to\infty$ 时的无穷小量.

定义 1.15 如果 $\forall \varepsilon > 0$，∃正整数 $N = N(\varepsilon)$，当 $n > N$ 时，有

$$|x_n| < \varepsilon,$$

则称数列 $\{x_n\}$ 为无穷小数列.

需要指出的是：无穷小量不是很小很小的数，是一个极限为零的函数，在数里面只有零是无穷小量.

2. 无穷小量与极限的关系

定理 1.20 $\lim\limits_{x \to x_0} f(x) = A$ 的充要条件是 $f(x) = A + \alpha (\lim\limits_{x \to x_0} \alpha = 0)$.

证 先证必要性：因为 $\lim\limits_{x \to x_0} f(x) = A$，所以 $\forall \varepsilon > 0$，$\exists \delta = \delta(\varepsilon) > 0$，当 $0 < |x - x_0| < \delta$ 时，有

$$|f(x) - A| < \varepsilon.$$

令 $\alpha = f(x) - A$，则 $\forall \varepsilon > 0$，$\exists \delta = \delta(\varepsilon) > 0$，当 $0 < |x - x_0| < \delta$ 时，有 $|\alpha| < \varepsilon$，所以 $\lim\limits_{x \to x_0} \alpha = 0$. 再由 $\alpha = f(x) - A$ 得出

$$f(x) = A + \alpha (\lim_{x \to x_0} \alpha = 0).$$

再证充分性：因为 $\lim\limits_{x \to x_0} \alpha = 0$，所以 $\forall \varepsilon > 0$，$\exists \delta = \delta(\varepsilon) > 0$，当 $0 < |x - x_0| < \delta$ 时，有 $|\alpha| < \varepsilon$.

又因为 $f(x) = A + \alpha$，所以 $\alpha = f(x) - A$，所以 $\forall \varepsilon > 0$，$\exists \delta = \delta(\varepsilon) > 0$，当 $0 < |x - x_0| < \delta$ 时，有

$$|f(x) - A| < \varepsilon,$$

所以 $\lim\limits_{x \to x_0} f(x) = A$.

由于无穷小量是极限存在（为零）的一种特殊情况，所以凡是函数极限或者是数列极限满足的性质，对于无穷小量来说也成立.

3. 无穷小量的性质

定理 1.21 有限个无穷小量的和仍是无穷小量.

我们以两个无穷小量之和是无穷小量为例进行证明. 即若 $\lim\limits_{x \to x_0} \alpha = 0$，$\lim\limits_{x \to x_0} \beta = 0$，则有 $\lim\limits_{x \to x_0} (\alpha + \beta) = 0$.

证 因为 $\lim\limits_{x \to x_0} \alpha = 0$，$\lim\limits_{x \to x_0} \beta = 0$，根据极限的四则运算法则有

$$\lim_{x \to x_0} (\alpha + \beta) = \lim_{x \to x_0} \alpha + \lim_{x \to x_0} \beta = 0 + 0 = 0.$$

注：无穷多个无穷小量之和不一定是无穷小量. 如 $\lim\limits_{n \to \infty} (\underbrace{\dfrac{1}{n} + \dfrac{1}{n} + \cdots + \dfrac{1}{n}}_{n \uparrow}) = 1$，每一项都是无穷小，由于项数趋于无穷大，因此是无穷多个无穷小量之和，但极限不为 0，所以不是无穷小量.

定理 1.22 有限个无穷小量的乘积仍是无穷小量.

证 考虑两个无穷小量的积，即：若 $\lim\limits_{x \to x_0} \alpha = 0$，$\lim\limits_{x \to x_0} \beta = 0$，则有 $\lim\limits_{x \to x_0} (\alpha\beta) = 0$.

证明 因为 $\lim\limits_{x\to x_0}\alpha=0,\lim\limits_{x\to x_0}\beta=0$,根据极限的四则运算法则有

$$\lim\limits_{x\to x_0}\alpha\beta=\lim\limits_{x\to x_0}\alpha\cdot\lim\limits_{x\to x_0}\beta=0,$$

所以 $\lim\limits_{x\to x_0}(\alpha\beta)=0$.

定理 1.23 有界变量与无穷小量的乘积仍是无穷小. 即

$|\alpha|\leqslant M,x\in\mathring{U}(x_0,\delta_1),\lim\limits_{x\to x_0}\beta=0$,则 $\lim\limits_{x\to x_0}\alpha\beta=0$.

证 $\forall\varepsilon>0$,因为 $|\alpha|\leqslant M,x\in\mathring{U}(x_0,\delta_1)$. 由 $\lim\limits_{x\to x_0}\beta=0$ 得对 $\dfrac{\varepsilon}{M}>0$,$\exists\delta_2>0$,当 $0<|x-x_0|<\delta_2$ 时,有 $|\beta|<\dfrac{\varepsilon}{M}$. 所以 $\forall\varepsilon>0$,取 $\delta=\min\{\delta_1,\delta_2\}$,当 $0<|x-x_0|<\delta$ 时,有

$$|\alpha\beta|=|\alpha||\beta|<M\cdot\dfrac{\varepsilon}{M}=\varepsilon,$$

故 $\lim\limits_{x\to x_0}\alpha\beta=0$.

例 1.38 求 $\lim\limits_{x\to 0}x\cos\dfrac{1}{x}$.

解 因 $\lim\limits_{x\to 0}x=0$,又因为 $\left|\cos\dfrac{1}{x}\right|\leqslant 1$,所以 $\lim\limits_{x\to 0}x\cos\dfrac{1}{x}=0$.

例 1.39 求 $\lim\limits_{x\to 0}(5x+x^2)\sin x$.

解 因 $\lim\limits_{x\to 0}(5x+x^2)=0$,又因为 $|\sin x|\leqslant 1$,所以 $\lim\limits_{x\to 0}(5x+x^2)\sin x=0$.

例 1.40 求 $\lim\limits_{x\to\infty}\dfrac{\arctan x}{x}$.

解 因 $\lim\limits_{x\to\infty}\dfrac{1}{x}=0$,又因为 $|\arctan x|\leqslant\dfrac{\pi}{2}$,所以 $\lim\limits_{x\to 0}\dfrac{\arctan x}{x}=0$.

4. 无穷小量的比较

无穷小量是极限为零的函数. 但同是无穷小量,它们趋近于零的速度却可能有很大的差别. 如当 $n\to\infty$ 时,$\dfrac{1}{n}$ 与 $\dfrac{1}{n^2}$ 的极限都为零,但它们趋近于零的速度相差很大,如表 1.3 所示.

表 1.3

n	10	100	1000	10000
$\dfrac{1}{n}$	0.1	0.01	0.001	0.0001
$\dfrac{1}{n^2}$	0.01	0.0001	0.000001	0.00000001

从表 1.3 可知:在自变量的同一个变化过程中,两个无穷小量趋于 0 的速度是有差异的,需要对两个无穷小量进行比较. 下面我们就两个无穷小量之比的极限存在或为无穷大来说明两个无穷小量的比较.

定义 1.16   设在自变量的同一变化过程中有 $\lim f(x)=0, \lim g(x)=0$.

(1) 若 $\lim\dfrac{f(x)}{g(x)}=0$, 则称 $f(x)$ 是比 $g(x)$ 高阶的无穷小量, 记作 $f(x)=o[g(x)]$.

(2) 若 $\lim\dfrac{f(x)}{g(x)}=c\neq 0$ 时, 则称 $f(x)$ 与 $g(x)$ 是同阶无穷小.

(3) 若 $\lim\dfrac{f(x)}{g(x)}=1$, 则称 $f(x)$ 与 $g(x)$ 是等价无穷小, 记为 $f(x)\sim g(x)$.

(4) 若 $\lim\dfrac{f(x)}{g(x)}=\infty$, 则称 $f(x)$ 是比 $g(x)$ 低阶的无穷小.

(5) 若 $\lim\dfrac{f(x)}{[g(x)]^k}=C\neq 0$, 则称 $f(x)$ 是 $g(x)$ 的 k 阶无穷小.

例 1.41   对下列无穷小量进行比较.

(1) $\sin^2 x, x(x\to 0)$;　　　　　　(2) $1-\cos x, \dfrac{x^2}{2}(x\to 0)$;

(3) $1-\cos x, x^2(x\to 0)$;　　　　　(4) $1-x, (1-x)^2(x\to 1)$.

解   (1) 因为 $\lim\limits_{x\to 0}\dfrac{\sin^2 x}{x}=\lim\limits_{x\to 0}\dfrac{\sin x}{x}\cdot\sin x=0$, 所以当 $x\to 0$ 时, $\sin^2 x$ 是 x 的高阶无穷小量.

(2) 因为

$$\lim_{x\to 0}\frac{1-\cos x}{\dfrac{x^2}{2}}=\lim_{x\to 0}\frac{2\sin^2\dfrac{x}{2}}{\dfrac{x^2}{2}}=\lim_{x\to 0}\left(\frac{\sin\dfrac{x}{2}}{\dfrac{x}{2}}\right)^2=1,$$

所以当 $x\to 0$ 时, $1-\cos x$ 与 $\dfrac{x^2}{2}$ 是等价无穷小量.

(3) 因为

$$\lim_{x\to 0}\frac{1-\cos x}{x^2}=\lim_{x\to 0}\frac{2\sin^2\dfrac{x}{2}}{x^2}=\lim_{x\to 0}\left(\frac{\sin\dfrac{x}{2}}{\dfrac{x}{2}}\right)^2\cdot\frac{1}{2}=\frac{1}{2},$$

所以当 $x\to 0$ 时, $1-\cos x$ 与 x^2 是同阶无穷小量.

(4) 因为 $\lim\limits_{x\to 1}\dfrac{1-x}{(1-x)^2}=\lim\limits_{x\to 0}\dfrac{1}{1-x}=\infty$, 所以当 $x\to 1$ 时, $1-x$ 是比 $(1-x)^2$ 低阶的无穷小量.

利用等价无穷小求极限可以使得求某些函数的极限变得特别地简单, 下面的等价无穷小替换定理就是说明如何利用等价无穷小求极限.

定理 1.24(等价无穷小量替换定理)   设在某一极限过程中, $f(x), f_1(x), g(x), g_1(x)$ 都是无穷小量, 且 $f(x)\sim f_1(x), g(x)\sim g_1(x)$, 如果

　　　　$\lim\dfrac{f(x)}{g(x)}$ 存在,　　则 $\lim\dfrac{f_1(x)}{g_1(x)}$ 也存在,　　且 $\lim\dfrac{f_1(x)}{g_1(x)}=\lim\dfrac{f(x)}{g(x)}$.

证   因为 $f(x)\sim f_1(x), g(x)\sim g_1(x)$, 所以

$$\lim\frac{f(x)}{f_1(x)}=1,\quad \lim\frac{g(x)}{g_1(x)}=1,$$

因此

$$\lim\frac{f_1(x)}{g_1(x)}=\lim\frac{f_1(x)}{f(x)}\cdot\frac{g(x)}{g_1(x)}\cdot\frac{f(x)}{g(x)}=\lim\frac{f(x)}{g(x)}.$$

利用等价无穷小求极限时,应该记住当 $x\to0$ 时的下面常见的等价无穷小:

$$\sin x\sim x,\quad \tan x\sim x,\quad 1-\cos x\sim\frac{1}{2}x^2,\quad \arcsin x\sim x,$$

$$\ln(1+x)\sim x,\quad \mathrm{e}^x-1\sim x,\quad (1+x)^\alpha-1\sim\alpha x(\alpha\ 为任意实数).$$

这里只证明最后一个结论,前面的几个等价无穷小的结论我们已经熟悉了.

证 因

$$\lim_{x\to0}\frac{(1+x)^\alpha-1}{\alpha x}=\lim_{x\to0}\frac{\mathrm{e}^{\alpha\ln(1+x)}-1}{\alpha x}=\lim_{x\to0}\frac{\alpha\ln(1+x)}{\alpha x}=\lim_{x\to0}\frac{\ln(1+x)}{x}=1,$$

所以 $(1+x)^\alpha-1\sim\alpha x(x\to0)$.

例 1.42 求极限 $\lim\limits_{x\to0}\dfrac{\tan x-\sin x}{x^3}$.

解 $\lim\limits_{x\to0}\dfrac{\tan x-\sin x}{x^3}=\lim\limits_{x\to0}\dfrac{\sin x(1-\cos x)}{x^3\cos x}=\lim\limits_{x\to0}\dfrac{x\cdot\frac{1}{2}x^2}{x^3\cdot\cos x}=\dfrac{1}{2}.$

注:利用等价无穷小求极限应该注意只有乘积因子才可以替换,加减因子不能替换.如下面做法是错误的:

$$\lim_{x\to0}\frac{\tan x-\sin x}{x^3}=\lim_{x\to0}\frac{x-x}{x^3}=0.$$

例 1.43 求极限 $\lim\limits_{x\to0}\dfrac{\sqrt{1+\tan x}-\sqrt{1-\tan x}}{\mathrm{e}^x-1}$.

解 $\lim\limits_{x\to0}\dfrac{\sqrt{1+\tan x}-\sqrt{1-\tan x}}{\mathrm{e}^x-1}=\lim\limits_{x\to0}\dfrac{2\tan x}{(\sqrt{1+\tan x}+\sqrt{1-\tan x})(\mathrm{e}^x-1)}.$

由于当 $x\to0$ 时 $\tan x\sim x,\mathrm{e}^x-1\sim x$,所以

$$原式=\lim_{x\to0}\frac{2x}{(\sqrt{1+\tan x}+\sqrt{1-\tan x})x}=1.$$

例 1.44 当 $x\to1^+$ 时,$\sqrt{3x^2-2x-1}\cdot\ln x$ 是 $(x-1)$ 的几阶无穷小?

解 因 $\sqrt{3x^2-2x-1}\cdot\ln x=\sqrt{3x+1}\cdot\sqrt{x-1}\cdot\ln[1+(x-1)]$,而当 $x\to1^+$ 时,$\ln[1+(x-1)]\sim(x-1)$,所以

$$\lim_{x\to1^+}\frac{\sqrt{3x^2-2x-1}\cdot\ln x}{(x-1)^{\frac{3}{2}}}=\lim_{x\to1^+}\frac{\sqrt{3x+1}\cdot\sqrt{x-1}\cdot\ln[1+(x-1)]}{(x-1)^{\frac{3}{2}}}=2.$$

故 $\sqrt{3x^2-2x-1}\cdot\ln x$ 是 $(x-1)$ 的 $\dfrac{3}{2}$ 阶无穷小.

1.4.2 无穷大量

与无穷小量刚好相反,在自变量的某一变化过程中,对应函数值的绝对值无限增大的函数称为无穷大量.

如函数 $f(x)=\dfrac{1}{x-1}$,当 $x\to1$ 时,其绝对值无限增大,所以当 $x\to1$ 时,$f(x)=\dfrac{1}{x-1}$ 是无

穷大量(如图 1.28 所示).

定义 1.17　如果对于任意给定的正数 M,存在 $\delta>0$,当 $0<|x-x_0|<\delta$ 时,有

$$|f(x)|>M,$$

则称 $f(x)$ 是 $x\to x_0$ 时的无穷大量. 记为 $\lim\limits_{x\to x_0}f(x)=\infty$.

同样可定义: $\lim\limits_{x\to\infty}f(x)=\infty$,$\lim\limits_{x\to x_0^-}f(x)=\infty$, $\lim\limits_{x\to x_0^+}f(x)=\infty$,$\lim\limits_{x\to x_0}f(x)=+\infty$,$\lim\limits_{x\to x_0}f(x)=-\infty$ 和 $\lim\limits_{n\to\infty}x_n=\infty$.

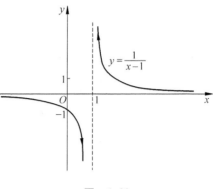

图　1.28

注:(1) 无穷大量是没有极限的变量,但无极限的变量不一定是无穷大量,如 $\lim\limits_{x\to\infty}\sin x$ 不存在,但 $x\to\infty$ 时 $\sin x$ 不是无穷大量;

(2) 无穷大量不是很大很大的常数.

例 1.45　证明 $\lim\limits_{x\to 3}\dfrac{1}{x-3}=\infty$.

分析:$\forall M>0$,要使 $\left|\dfrac{1}{x-3}\right|>M$,只要 $|x-3|<\dfrac{1}{M}$,所以可取 $\delta=\dfrac{1}{M}$.

证　$\forall M>0$,取 $\delta=\dfrac{1}{M}$,则当 $0<|x-3|<\delta=\dfrac{1}{M}$ 时,

$$\left|\frac{1}{x-3}\right|>M,$$

故 $\lim\limits_{x\to 3}\dfrac{1}{x-3}=\infty$.

从图 1.28 可以看出,$\lim\limits_{x\to 1}\dfrac{1}{x-1}=\infty$ 在几何上表示当 $x\to 1$ 时,曲线 $y=\dfrac{1}{x-1}$ 与直线 $x=1$ 无限接近,则称直线 $x=1$ 为曲线 $y=\dfrac{1}{x-1}$ 的垂直渐近线.

定义 1.18　若 $\lim\limits_{x\to a^+}f(x)=+\infty$,$\lim\limits_{x\to a^+}f(x)=-\infty$,$\lim\limits_{x\to a^-}f(x)=+\infty$ 与 $\lim\limits_{x\to a^-}f(x)=-\infty$ 有一个成立,则称直线 $x=a$ 为曲线 $y=f(x)$ 的垂直(铅直)渐近线.

需要说明的是:一个函数的垂直渐近线可以不止两条(如图 1.29 所示).如函数 $y=\dfrac{1}{x(x^2-1)}$ 就有三条垂直渐近线 $x=0$,$x=1$ 和 $x=-1$;而曲线 $y=\dfrac{x}{\sin x}$ 有无限多条垂直渐近线 $x=n\pi$,$n=\pm 1,\pm 2,\cdots$.

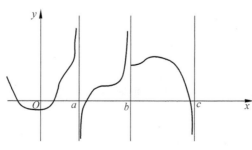

图　1.29

1.4.3　无穷大量与无穷小量的关系

尽管无穷大与无穷小之间有很大的差别,但它们之间有着密切的关系,这种关系用下面这个定理给出.

定理 1.25　在自变量的同一个变化过程中,

(1) 若 $f(x)$ 是无穷小量,且 $f(x) \neq 0$,则 $\dfrac{1}{f(x)}$ 是无穷大量;

(2) 若 $f(x)$ 是无穷大量,则 $\dfrac{1}{f(x)}$ 是无穷小量.

我们在这里仅以自变量趋于有限数时的情况给出证明.

(1) 若 $\lim\limits_{x \to x_0} f(x) = 0$,则 $\lim\limits_{x \to x_0} \dfrac{1}{f(x)} = \infty$;

(2) 若 $\lim\limits_{x \to x_0} f(x) = \infty$,则 $\lim\limits_{x \to x_0} \dfrac{1}{f(x)} = 0$.

分析:(1) $\forall M > 0$,要使 $\left| \dfrac{1}{f(x)} \right| > M$,只要 $|f(x)| < \dfrac{1}{M}$,所以再利用 $\lim\limits_{x \to x_0} f(x) = 0$ 这个条件,取 $\varepsilon = \dfrac{1}{M}$.

(3) $\forall \varepsilon > 0$,要使 $\left| \dfrac{1}{f(x)} \right| < \varepsilon$,只要 $|f(x)| > \dfrac{1}{\varepsilon}$,所以再利用 $\lim\limits_{x \to x_0} f(x) = \infty$ 这个条件,取 $M = \dfrac{1}{\varepsilon}$.

证　(1) $\forall M > 0$,因为 $\lim\limits_{x \to x_0} f(x) = 0$,取 $\varepsilon = \dfrac{1}{M} > 0$,存在 $\delta > 0$,当 $0 < |x - x_0| < \delta$ 时,有

$$|f(x)| < \varepsilon = \frac{1}{M}, \quad \text{即} \left| \frac{1}{f(x)} \right| > M.$$

所以 $\forall M > 0$,存在 $\delta > 0$,当 $0 < |x - x_0| < \delta$ 时,有 $\left| \dfrac{1}{f(x)} \right| > M$. 故

$$\lim_{x \to x_0} \frac{1}{f(x)} = \infty.$$

(2) $\forall \varepsilon > 0$,因为 $\lim\limits_{x \to x_0} f(x) = \infty$,取 $M = \dfrac{1}{\varepsilon} > 0$,存在 $\delta > 0$,当 $0 < |x - x_0| < \delta$ 时,有

$$|f(x)| > M = \frac{1}{\varepsilon}, \quad \text{即} \left| \frac{1}{f(x)} \right| < \varepsilon.$$

所以 $\forall \varepsilon > 0$,存在 $\delta > 0$,当 $0 < |x - x_0| < \delta$ 时,有 $\left| \dfrac{1}{f(x)} \right| < \varepsilon$. 故

$$\lim_{x \to x_0} \frac{1}{f(x)} = 0.$$

注:如果一个函数的极限是无穷大量,解题过程是先算出这个函数的倒数是无穷小量,再根据无穷小量的倒数为无穷大量得出结论.

例 1.46　证明:$\lim\limits_{x \to \infty} \dfrac{x^3 - 2x^2 + 1}{3x^2 - 4x} = \infty.$

证   因为 $\lim\limits_{x\to\infty}\dfrac{3x^2-4x}{x^3-2x^2+1}=\lim\limits_{x\to\infty}\dfrac{\dfrac{3}{x}-\dfrac{4}{x^2}}{1-\dfrac{2}{x}+\dfrac{1}{x^3}}=\dfrac{0}{1}=0$，所以 $\lim\limits_{x\to\infty}\dfrac{x^3-2x^2+1}{3x^2-4x}=\infty$.

例 1.47   求 $\lim\limits_{x\to-1}\left(\dfrac{1}{x+1}-\dfrac{3}{x^3+1}\right)$.

分析：由于 $\lim\limits_{x\to-1}\dfrac{1}{x+1}=\infty$ 且 $\lim\limits_{x\to-1}\dfrac{3}{x^3+1}=\infty$，不能简单地用极限的差的运算法则来计算. 即

$$\lim_{x\to-1}\left(\frac{1}{x+1}-\frac{3}{x^3+1}\right)=\lim_{x\to-1}\frac{1}{x+1}-\lim_{x\to-1}\frac{3}{x^3+1}$$

是错误的.

解   因为 $\dfrac{1}{x+1}-\dfrac{3}{x^3+1}=\dfrac{(x+1)(x-2)}{(x+1)(x^2-x+1)}=\dfrac{x-2}{x^2-x+1}$，所以

$$\lim_{x\to-1}\left(\frac{1}{x+1}-\frac{3}{x^3+1}\right)=\lim_{x\to-1}\frac{x-2}{x^2-x+1}=-1.$$

例 1.48   求下列函数的极限：

(1) $\lim\limits_{x\to\infty}\dfrac{x^2-x}{3x^2-1}$；(2) $\lim\limits_{x\to\infty}\dfrac{x^2-x}{4x^3-2}$；(3) $\lim\limits_{x\to\infty}\dfrac{x^2-x}{3x+4}$.

解   (1) $\lim\limits_{x\to\infty}\dfrac{x^2-x}{3x^2-1}=\lim\limits_{x\to\infty}\dfrac{1-\dfrac{1}{x}}{3-\dfrac{1}{x^2}}=\dfrac{1}{3}$.

(2) $\lim\limits_{x\to\infty}\dfrac{x^2-x}{4x^3-2}=\lim\limits_{x\to\infty}\dfrac{\dfrac{1}{x}-\dfrac{1}{x^2}}{4-\dfrac{2}{x^3}}=0$.

(3) 因为 $\lim\limits_{x\to\infty}\dfrac{3x+4}{x^2-x}=\lim\limits_{x\to\infty}\dfrac{\dfrac{3}{x}+\dfrac{4}{x^2}}{1-\dfrac{1}{x}}=0$，所以

$$\lim_{x\to\infty}\frac{x^2-x}{3x+4}=\infty.$$

由此例题可以归纳出如下的一般结论：

$$\lim_{x\to\infty}\frac{a_0x^m+a_1x^{m-1}+\cdots+a_{m-1}x+a_m}{b_0x^n+b_1x^{n-1}+\cdots+b_{n-1}x+b_n}=\begin{cases}\dfrac{a_0}{b_0}, & \text{当 } m=n,\\[2mm] 0, & \text{当 } m<n,\\[2mm] \infty, & \text{当 } m>n.\end{cases}$$

习题 1.4

A 组

1. 当 $x\to0$ 时，$2x-x^2$ 与 x^2-x^3 相比，哪一个是高阶无穷小？

2. 证明 $\sec x-1$ 与 $\dfrac{x^2}{2}$ 在 $x\to0$ 时是等价无穷小量.

3. 利用等价无穷小的性质,求下列极限:

(1) $\lim\limits_{x\to 0}\dfrac{\tan 5x}{2x}$;

(2) $\lim\limits_{x\to 0}\dfrac{\sin(x^n)}{(\sin x)^m}$($m,n$ 为正整数);

(3) $\lim\limits_{x\to 0}\dfrac{\sin x-\tan x}{(\sqrt[3]{1+x^2}-1)(\sqrt{1+\sin x}-1)}$;

(4) $\lim\limits_{x\to 0}\dfrac{(1+x^2)^{\frac{1}{3}}-1}{\cos x-1}$;

(5) $\lim\limits_{x\to b}\dfrac{a^x-a^b}{x-b}$.

4. 曲线 $y=\dfrac{1+\mathrm{e}^{-x^2}}{1-\mathrm{e}^{-x^2}}$ 是否有铅直渐近线?

5. 考察曲线 $y=\mathrm{e}^{1/x^2}\arctan\dfrac{x^2+1}{(x-1)(x+2)}$ 的水平和铅直渐近线共有几条.

6. 证明:若 $\alpha\sim\beta,\beta\sim\gamma$,则 $\alpha\sim\gamma$.

B 组

1. 函数 $y=x\sin x$ 在 $(-\infty,+\infty)$ 上是否有界? 又当 $x\to\infty$ 时,这个函数是否为无穷大? 为什么? $\left(\text{提示:取 } x_n^{(1)}=2n\pi, x_n^{(2)}=2n\pi+\dfrac{\pi}{2}\right)$

2. 证明:

(1) $y=\dfrac{x}{1+x}$ 当 $x\to 0$ 时为无穷小量;

(2) $y=\mathrm{e}^{\frac{1}{x}}$ 当 $x\to 0$ 时既非无穷大量,又非无穷小量.(提示:计算函数在 $x=0$ 点的左右极限)

3. 已知当 $x\to 0$ 时,$(1+ax^2)^{\frac{1}{3}}-1$ 与 $\cos x-1$ 是等价无穷小,求常数 a.

4. 证明当 $x\to 0$ 时,$\alpha(x)-\beta(x)$ 是关于 x 的二阶无穷小,设

(1) $\alpha(x)=\dfrac{1}{1+x}$,$\beta(x)=1-x$;

(2) $\alpha(x)=\sqrt{a^2+x}$,$\beta(x)=a+\dfrac{1}{2a}x$($a>0$).

5. 设

$$f(x)=\begin{cases} x\sin\dfrac{1}{x}, & -\infty<x<0, \\ \sin\dfrac{1}{x}, & 0<x<+\infty, \end{cases}$$

求 $\lim\limits_{x\to 0^-}f(x)$,并利用 Heine 定理说明 $\lim\limits_{x\to 0^+}f(x)$ 不存在. $\left(\text{提示:取 } x_n^{(1)}=\dfrac{1}{2n\pi}, x_n^{(2)}=\dfrac{1}{2n\pi+\dfrac{\pi}{2}}\right)$

1.5 函数的连续性与间断点

自然界中的许多现象,如时间的变化、温度的变化、流体的流动等,都是在连续的变化,这种现象在函数关系上的反映就是函数的连续性.

1.5.1　连续函数的概念

观察图 1.30，曲线 $y=f(x)$ 上的两点 $(x_0,f(x_0))$ 与 $(x_1,f(x_1))$，曲线在 $(x_0,f(x_0))$ 处没有断开，我们称函数 $y=f(x)$ 在 $x=x_0$ 是连续的；曲线在 $(x_1,f(x_1))$ 处断开，函数值有一个跳跃，则称函数 $y=f(x)$ 在 $x=x_1$ 是不连续的.

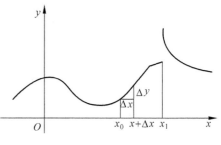

图　　1.30

从图 1.30 可以看出，在 x_0 附近，当自变量的改变量 $\Delta x \to 0$ 时，函数的改变量 $\Delta y \to 0$，即 $\lim\limits_{\Delta x \to 0} \Delta y = 0$，这就是函数在一点连续的本质，有下述定义.

定义 1.19　设函数 $f(x)$ 在点 x_0 的某一个邻域 $U(x_0,\delta)$ 内有定义，如果当自变量的改变量 $\Delta x \to 0$ 时，函数的改变量 $\Delta y = f(x_0+\Delta x) - f(x_0) \to 0$，即

$$\lim_{\Delta x \to 0} \Delta y = 0, \tag{1.29}$$

则称函数 $f(x)$ 在点 x_0 连续.

由式(1.29)得

$$\lim_{\Delta x \to 0}(f(x_0+\Delta x) - f(x_0)) = \lim_{\Delta x \to 0} f(x_0+\Delta x) - f(x_0) = 0,$$

所以

$$\lim_{\Delta x \to 0} f(x_0+\Delta x) = f(x_0). \tag{1.30}$$

令 $x = x_0 + \Delta x$，则 $\Delta x = x - x_0$，于是当 $\Delta x \to 0$ 时 $x \to x_0$，所以式(1.30)变为

$$\lim_{x \to x_0} f(x) = f(x_0). \tag{1.31}$$

这样就得到函数在一点连续的等价定义：

定义 1.20　设函数 $f(x)$ 在点 x_0 的某 δ 邻域 $(U(x_0,\delta))$ 内有定义，若 $\lim\limits_{x \to x_0} f(x) = f(x_0)$，则称函数 $f(x)$ 在点 x_0 连续.

函数 $f(x)$ 在点 x_0 连续必须满足下面三个条件：

(1) $f(x)$ 在点 x_0 处有定义；

(2) 极限 $\lim\limits_{x \to x_0} f(x)$ 存在；

(3) $\lim\limits_{x \to x_0} f(x) = f(x_0)$ 成立.

若以上三个条件中有一个不成立，则函数 $f(x)$ 在点 x_0 处不连续.

由函数在某一点连续的定义可以看出，连续是一种特殊的极限，但极限不要求函数在 x_0 有定义，连续要求函数在 x_0 点一定有定义，把定义 1.19 和定义 1.20 分别用 $\varepsilon-\delta$ 语言描述得到定义 1.21 和定义 1.22.

定义 1.21　若 $\forall \varepsilon > 0$，$\exists \delta > 0$，当 $|\Delta x| < \delta$ 时，有 $|\Delta y| < \varepsilon$，则称函数 $y=f(x)$ 在 x_0 点连续.

定义 1.22　若 $\forall \varepsilon > 0$，$\exists \delta > 0$，当 $|x - x_0| < \delta$ 时，有 $|f(x) - f(x_0)| < \varepsilon$，则称函数 $y=f(x)$ 在 x_0 点连续.

例 1.49　证明 $f(x) = \sin x$ 在 $(-\infty, +\infty)$ 内任意一点处连续.

证　任取 $x_0 \in (-\infty, +\infty)$，$\forall \varepsilon > 0$，要使

$$\mid \sin x - \sin x_0 \mid = \left| 2\sin\frac{x-x_0}{2}\cos\frac{x+x_0}{2} \right| \leqslant 2\left| \sin\frac{x-x_0}{2} \right| \leqslant \mid x-x_0 \mid < \varepsilon,$$

只要 $\mid x-x_0 \mid < \varepsilon$，所以可取 $\delta = \varepsilon$. 所以 $\forall \varepsilon > 0, \exists \delta = \varepsilon$，当 $\mid x-x_0 \mid < \delta$ 时，有 $\mid \sin x - \sin x_0 \mid < \varepsilon$. 所以函数 $y = \sin x$ 在 x_0 点连续，则 $f(x) = \sin x$ 在 $(-\infty, +\infty)$ 内任意一点处连续.

我们也可以证明 $f(x) = \cos x$ 在 $(-\infty, +\infty)$ 内任意一点处连续.

例 1.50　考察函数 $f(x) = \begin{cases} x^2\sin\dfrac{1}{x}, & x \neq 0, \\ 0, & x = 0 \end{cases}$ 在 $x = 0$ 点的连续性.

解　因为 $\lim\limits_{x\to 0} f(x) = \lim\limits_{x\to 0} x^2\sin\dfrac{1}{x} = 0 = f(0)$. 所以 $f(x)$ 在 $x = 0$ 点连续.

函数在某一点 x_0 的极限存在就是 x 从 x_0 的左边或右边趋于 x_0 时的极限存在且相等. 类似地，若函数的自变量 x 从 x_0 的左边趋于 x_0 时的极限等于函数在该点的函数值 $f(x_0)$ 时，则称函数在该点左连续；函数在 x 从 x_0 的右边趋于 x_0 时的极限等于函数在该点的函数值 $f(x_0)$ 时，则称函数在该点右连续. 左、右连续的定义如下.

定义 1.23　设函数 $f(x)$ 在 x_0 某 δ 左邻域 $x_0 - \delta < x \leqslant x_0$ 内有定义，若 $\lim\limits_{x\to x_0^-} f(x) = f(x_0)$，则称函数 $f(x)$ 在点 x_0 处左连续；设函数 $f(x)$ 在 x_0 某 δ 右邻域 $x_0 \leqslant x < x_0 + \delta$ 内有定义，若 $\lim\limits_{x\to x_0^+} f(x) = f(x_0)$，则称函数 $f(x)$ 在点 x_0 处右连续.

把定义 1.23 用 $\varepsilon - \delta$ 语言描述为定义 1.24.

定义 1.24（左、右连续的 $\varepsilon - \delta$ 定义）

(1) 若 $\forall \varepsilon > 0, \exists \delta > 0$，当 $x_0 - \delta < x \leqslant x_0$ 时，有 $\mid f(x) - f(x_0) \mid < \varepsilon$，则称函数 $f(x)$ 在点 x_0 处左连续；

(2) 若 $\forall \varepsilon > 0, \exists \delta > 0$，当 $x_0 \leqslant x < x_0 + \delta$ 时，有 $\mid f(x) - f(x_0) \mid < \varepsilon$，则称函数 $f(x)$ 在点 x_0 处右连续.

定理 1.26　函数 $f(x)$ 在点 $x = x_0$ 处连续的充要条件是 $f(x)$ 在点 x_0 处既左连续又右连续.（即 $\lim\limits_{x\to x_0} f(x) = f(x_0) \Leftrightarrow \lim\limits_{x\to x_0^-} f(x) = \lim\limits_{x\to x_0^+} f(x) = f(x_0)$）

证明　必要性：因为 $f(x)$ 在点 x_0 处连续，所以 $\forall \varepsilon > 0, \exists \delta > 0$，当 $\mid x-x_0 \mid < \delta$ 时，有 $\mid f(x) - f(x_0) \mid < \varepsilon$.

又因为 $\{x \mid \mid x-x_0 \mid < \delta\} = \{x \mid x_0 - \delta < x \leqslant x_0\} \bigcup \{x \mid x_0 \leqslant x < x_0 + \delta\}$，所以

$$\forall \varepsilon > 0, \exists \delta > 0, \text{当 } x_0 - \delta < x \leqslant x_0 \text{ 时，有 } \mid f(x) - f(x_0) \mid < \varepsilon;$$

$$\forall \varepsilon > 0, \exists \delta > 0, \text{当 } x_0 \leqslant x < x_0 + \delta \text{ 时，有 } \mid f(x) - f(x_0) \mid < \varepsilon;$$

所以 $\lim\limits_{x\to x_0^-} f(x) = f(x_0)$，$\lim\limits_{x\to x_0^+} f(x) = f(x_0)$，所以 $f(x)$ 在点 x_0 处既左连续又右连续.

充分性：因为 $\lim\limits_{x\to x_0^-} f(x) = f(x_0)$，所以 $\forall \varepsilon > 0, \exists \delta_1 > 0$，当 $x_0 - \delta_1 < x \leqslant x_0$ 时，有

$$\mid f(x) - f(x_0) \mid < \varepsilon. \tag{1.32}$$

又因为 $\lim\limits_{x\to x_0^+} f(x) = f(x_0)$，所以 $\forall \varepsilon > 0, \exists \delta_2 > 0$，当 $x_0 \leqslant x < x_0 + \delta_2$ 时，有

$$\mid f(x) - f(x_0) \mid < \varepsilon. \tag{1.33}$$

$\forall \varepsilon > 0$,取 $\delta = \min\{\delta_1, \delta_2\}$,式 (1.32) 和式 (1.33) 同时成立,所以 $\forall \varepsilon > 0$,$\exists \delta = \min\{\delta_1, \delta_2\}$,当 $|x - x_0| < \delta$ 时,有 $|f(x) - f(x_0)| < \varepsilon$.所以 $f(x)$ 在点 x_0 处连续.

在微积分中所遇到的函数,通常函数的连续点的集合往往是一个区间,因此需要研究函数在一个区间连续的概念.

定义 1.25   如果函数 $f(x)$ 在开区间 (a, b) 内的每一点都连续,则称函数 $f(x)$ 在开区间 (a, b) 内连续.

定义 1.26   如果函数 $f(x)$ 在开区间 (a, b) 内的每一点都连续,且在左端点右连续(即 $\lim\limits_{x \to a^+} f(x) = f(a)$),在右端点左连续(即 $\lim\limits_{x \to b^-} f(x) = f(b)$),则称函数 $f(x)$ 在闭区间 $[a, b]$ 上连续.

1.5.2 连续函数的运算与初等函数的连续性

1. 连续函数的四则运算

定理 1.27   设函数 $f(x)$ 与 $g(x)$ 在 $x = x_0$ 连续,则它们的和(差)$f(x) \pm g(x)$、积 $f(x)g(x)$ 及商 $\dfrac{f(x)}{g(x)}$($g(x_0) \neq 0$)在 x_0 都连续.

证   因为 $f(x)$ 与 $g(x)$ 在 x_0 连续,所以 $\lim\limits_{x \to x_0} f(x) = f(x_0)$,$\lim\limits_{x \to x_0} g(x) = g(x_0)$,所以有

$$\lim_{x \to x_0}(f(x) + g(x)) = \lim_{x \to x_0} f(x) + \lim_{x \to x_0} g(x) = f(x_0) + g(x_0);$$
$$\lim_{x \to x_0}(f(x) - g(x)) = \lim_{x \to x_0} f(x) - \lim_{x \to x_0} g(x) = f(x_0) - g(x_0);$$

由此得出:$f(x) + g(x)$,$f(x) - g(x)$ 在 x_0 连续.

同理可证 $f(x)g(x)$ 及商 $\dfrac{f(x)}{g(x)}$($g(x_0) \neq 0$)在 x_0 点连续.

例 1.51   线性函数 $y = ax + b$($a \neq 0$)在 $(-\infty, +\infty)$ 内连续.

例 1.52   有理函数 $f(x) = \dfrac{P(x)}{Q(x)}$ 在其定义域 $D = \{x \in R \mid Q(x) \neq 0\}$ 上连续.

例 1.53   正切函数 $y = \tan x$ 在 $\left(n\pi - \dfrac{\pi}{2}, n\pi + \dfrac{\pi}{2}\right)$ 上连续,余切函数 $y = \cot x$ 在 $(n\pi, n\pi + \pi)$ 连续.

2. 反函数与复合函数的连续性

定理 1.28(反函数的连续性定理)   设函数 $y = f(x)$ 在 $[a, b]$ 上单调增加(减少)且连续,$f(a) = \alpha$,$f(b) = \beta$,则其反函数 $x = f^{-1}(y)$ 在 $[\alpha, \beta]$($[\beta, \alpha]$)上单调增加(减少)且连续.

证明略.

例 1.54   反三角函数在它们的定义域连续.

由于正弦函数 $y = \sin x$ 在 $\left[-\dfrac{\pi}{2}, \dfrac{\pi}{2}\right]$ 上单调递增且连续,所以 $y = \arcsin x$ 在 $[-1, 1]$ 上单调递增且连续;

余弦函数 $y = \cos x$ 在 $[0, \pi]$ 上单调递减且连续,所以 $y = \arccos x$ 在 $[-1, 1]$ 上单调递减

且连续；

正切函数 $y = \tan x$ 在 $\left(-\dfrac{\pi}{2}, \dfrac{\pi}{2}\right)$ 上单调增加且连续，所以 $y = \arctan x$ 在 $(-\infty, +\infty)$ 内单调增加且连续；

余切函数 $y = \cot x$ 在 $(0, \pi)$ 上单调递减且连续，所以 $y = \operatorname{arccot} x$ 在 $(-\infty, +\infty)$ 内单调递减且连续.

定理 1.29（复合函数的极限定理）　设 $\lim\limits_{u \to u_0} f(u) = f(u_0)$，$u = g(x)$ 且 $u_0 = \lim\limits_{x \to x_0} g(x)$，则
$$\lim_{x \to x_0} f[g(x)] = f(\lim_{x \to x_0} g(x)) = f(u_0).$$

证　由 $\lim\limits_{u \to u_0} f(u) = f(u_0)$ 知：

$\forall \varepsilon > 0, \exists \eta = \eta(\varepsilon) > 0$，当 $|u - u_0| < \eta$ 时有　$|f(u) - f(u_0)| < \varepsilon.$

又 $\lim\limits_{x \to x_0} g(x) = u_0$，对于上述的 $\eta > 0$，$\exists \delta > 0$，当 $0 < |x - x_0| < \delta$ 时，有
$$|g(x) - u_0| < \eta \quad 即 \quad |u - u_0| < \eta.$$

又 $u = g(x)$，所以 $\forall \varepsilon > 0, \exists \delta > 0$，当 $0 < |x - x_0| < \delta$ 时，有
$$|f(g(x)) - f(u_0)| < \varepsilon.$$

即 $\lim\limits_{x \to x_0} f(g(x)) = f(u_0) = f(\lim\limits_{x \to x_0} g(x)).$

上面定理表明：外函数连续，内函数极限存在，则复合过程与极限过程可以交换.

推论（复合函数连续性定理）　设 $\lim\limits_{u \to u_0} f(u) = f(u_0)$，$u = g(x)$ 且 $\lim\limits_{x \to x_0} g(x) = g(x_0)$，则
$$\lim_{x \to x_0} f[g(x)] = f(\lim_{x \to x_0} g(x)) = f(g(x_0)).$$

该推论表明：外函数连续，内函数连续，则其复合函数也是连续的.

我们可以根据定义证明指数函数 $y = a^x (0 < a \neq 1)$ 在它的定义域 $(-\infty, +\infty)$ 单调且连续，于是由定理 1.28 可得：对数函数 $y = \log_a x (0 < a \neq 1)$ 在定义域 $(0, +\infty)$ 内是连续的；幂函数 $y = x^\mu$ 的定义域随 μ 的取值而异，但无论 μ 取何值时，在区间 $(0, +\infty)$ 内总是有定义的. 事实上在 $(0, +\infty)$ 内 $y = x^\mu = e^{\mu \ln x}$ 是由 $y = e^v$，$v = \mu \ln x$ 复合而成的，根据复合函数连续性定理，$y = x^\mu$ 在其定义域 $(0, +\infty)$ 内连续.

定理 1.30　基本初等函数在定义域内都连续.

定理 1.31　初等函数在其定义区间内连续.

注：初等函数只能说是在定义区间内连续，不能说在定义域内连续. 如：$f(x) = \sqrt{\sin x - 1} + \sqrt{1 - \sin x}$ 只在 $x = 2n\pi + \dfrac{\pi}{2}$ 的点有定义，在这些点局部去心邻域内没有定义，但函数极限可以在该点没有定义，但在该点的某去心邻域内要有定义，因此该函数在所定义的点不能谈极限，更不能谈连续了.

例 1.55　求极限 $\lim\limits_{x \to 0} \dfrac{\log_a(1+x)}{x}$.

解　设 $y = \dfrac{\log_a(1+x)}{x} = \log_a (1+x)^{\frac{1}{x}}$，令 $u = (1+x)^{\frac{1}{x}}$，则 $y = \log_a u$. 由于
$$\lim_{x \to 0} (1+x)^{\frac{1}{x}} = e,$$

而 $y = \log_a u$ 在 $u = e$ 连续，所以

$$\lim_{x \to 0} \frac{\log_a(1+x)}{x} = \lim_{x \to 0} \log_a(1+x)^{\frac{1}{x}} = \log_a\left[\lim_{x \to 0}(1+x)^{\frac{1}{x}}\right] = \log_a e = \frac{1}{\ln a}.$$

特别地,当 $a = e$ 时,有

$$\lim_{x \to 0} \frac{\ln(1+x)}{x} = 1.$$

例 1.56 求下列函数的极限.

(1) $\lim\limits_{x \to 0} \cos(1+x)^{\frac{1}{x}}$;   (2) $\lim\limits_{x \to 1} \sin x^{\frac{1}{1-x}}$.

解 (1) $\lim\limits_{x \to 0} \cos(1+x)^{\frac{1}{x}} = \cos\lim\limits_{x \to 0}(1+x)^{\frac{1}{x}} = \cos e$;

(2) $\lim\limits_{x \to 1} \sin x^{\frac{1}{1-x}} = \sin\lim\limits_{x \to 1} x^{\frac{1}{1-x}} = \sin\lim\limits_{x \to 1}\left\{\left[1+(x-1)\right]^{\frac{1}{(x-1)}}\right\}^{(-1)} = \sin e^{-1}$.

例 1.57 考察函数 $f(x) = \lim\limits_{n \to \infty} \sqrt[n]{1+x^{2n}}$ 在其定义域内的连续性.

解 当 $|x| = 1$ 时,$f(x) = \lim\limits_{n \to \infty} \sqrt[n]{2} = 1$;当 $|x| < 1$ 时,$f(x) = \lim\limits_{n \to \infty}(1+x^{2n})^{\frac{1}{n}} = 1$;当

$|x| > 1$ 时,$f(x) = \lim\limits_{n \to \infty} x^2 \sqrt[n]{1+\left(\frac{1}{x}\right)^{2n}} = x^2$;所以

$$f(x) = \begin{cases} 1, & |x| \leqslant 1, \\ x^2, & |x| > 1. \end{cases}$$

函数在 $(-\infty, -1), (-1, 1), (1, +\infty)$ 都是连续的,在分界点的情况如下:

当 $x = -1$ 时,$\lim\limits_{x \to -1^-} f(x) = \lim\limits_{x \to -1^-} x^2 = 1 = f(-1)$,$\lim\limits_{x \to -1^+} f(x) = \lim\limits_{x \to -1^+} 1 = f(-1)$.

所以 $\lim\limits_{x \to -1} f(x) = f(-1)$,故 $f(x)$ 在 $x = -1$ 处连续.

当 $x = +1$ 时,$\lim\limits_{x \to 1^-} f(x) = \lim\limits_{x \to 1^-} 1 = 1 = f(1)$,$\lim\limits_{x \to 1^+} f(x) = \lim\limits_{x \to 1^+} x^2 = 1 = f(1)$.

因此 $\lim\limits_{x \to 1} f(x) = f(1)$,故 $f(x)$ 在 $x = 1$ 点连续.所以函数 $f(x)$ 在其定义域内都是连续的.

1.5.3 闭区间上连续函数的性质

定理 1.32(最大值与最小值定理) 若函数 $f(x)$ 在闭区间 $[a, b]$ 上连续,则 $f(x)$ 在 $[a, b]$ 上必取到最大值 M 与最小值 m.

定理 1.32 的意思是说:存在 $x_1, x_2 \in [a, b]$,有 $f(x_1) = M, f(x_2) = m$,对 $\forall x \in [a, b]$,$f(x_2) \leqslant f(x) \leqslant f(x_1)$(如图 1.31 所示).

注:如果函数在开区间内连续或函数在闭区间上有间断点,那么函数在该区间上不一定有最大值和最小值.如函数 $y = \tan x$ 在 $\left(-\frac{\pi}{2}, \frac{\pi}{2}\right)$ 内连续,但它在该区间内既无最大值也无最小值;函数

$$y = f(x) = \begin{cases} -x+1, & 0 \leqslant x < 1, \\ 1, & x = 1, \\ -x+3, & 1 < x \leqslant 2 \end{cases}$$

在闭区间 $[0, 2]$ 上有不连续点 $x = 1$,函数在 $[0, 2]$ 上既无最大值也无最小值(如图 1.32 所示).

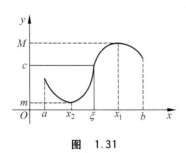

图 1.31

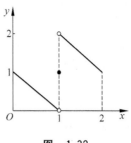

图 1.32

推论 若函数 $f(x)$ 在闭区间 $[a,b]$ 上连续,则 $f(x)$ 在 $[a,b]$ 上有界.

证 因为 $f(x)$ 在闭区间 $[a,b]$ 上连续,所以 $f(x)$ 在 $[a,b]$ 上必能取到最大值 m_1 与最小值 m_2,取 $M=\max\{|m_1|,|m_2|\}$,则 $\forall x\in[a,b]$,有 $|f(x)|\leqslant M$,即 $f(x)$ 在 $[a,b]$ 上有界.

例 1.58 设 $f(x)$ 在 (a,b) 内连续,且 $\lim\limits_{x\to a^+}f(x),\lim\limits_{x\to b^-}f(x)$ 存在,证明: $f(x)$ 在 (a,b) 内有界.

证 作

$$F(x)=\begin{cases}\lim\limits_{x\to a^+}f(x), & x=a,\\ f(x), & a<x<b,\\ \lim\limits_{x\to b^-}f(x), & x=b.\end{cases}$$

因为 $f(x)$ 在 (a,b) 内连续,且 $\lim\limits_{x\to a^+}f(x),\lim\limits_{x\to b^-}f(x)$ 存在,所以 $F(x)$ 在闭区间 $[a,b]$ 上连续,所以 $\forall x\in[a,b]$,有 $|F(x)|\leqslant M$.

特别地: $\forall x\in(a,b)$,有 $|F(x)|\leqslant M$,即: $\forall x\in(a,b)$,有 $|f(x)|\leqslant M$. 所以 $f(x)$ 在 (a,b) 内有界.

定理 1.33(零点定理或根的存在性定理) 设函数 $f(x)$ 在闭区间 $[a,b]$ 上连续,且 $f(a)f(b)<0$,则存在 $\xi\in(a,b)$,使得 $f(\xi)=0$.

我们可从几何角度上去理解此定理: $f(a)f(b)<0$ 表示端点值异号,$(a,f(a)),(b,f(b))$ 分别在 x 轴的上方和下方(下方和上方),$f(x)$ 在闭区间 $[a,b]$ 上连续就表示一条连绵不断的曲线,这条曲线从 x 轴的上方(下方)连绵不断地达到下方(上方),函数曲线必至少穿过 x 轴一次,即方程 $f(x)=0$ 在开区间 (a,b) 内至少有一个实根 ξ(如图 1.33(a),(b)所示).

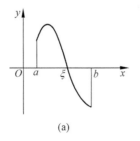

(a)

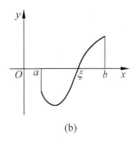

(b)

图 1.33

定理 1.34（介值定理）   若函数 $f(x)$ 在闭区间 $[a,b]$ 上连续，$f(a) \neq f(b)$，则对于介于 $f(a)$ 与 $f(b)$ 之间的任意常数 c，存在 $\xi \in (a,b)$，使得 $f(\xi) = c$.

证   不妨设 $f(a) < c < f(b)$，则 $f(a) - c < 0$，$f(b) - c > 0$. 设 $F(x) = f(x) - c$，则 $F(a) = f(a) - c < 0$，$F(b) = f(b) - c > 0$，所以

$$F(a)F(b) < 0.$$

又因为 $f(x)$ 在闭区间 $[a,b]$ 上连续，所以 $F(x)$ 在闭区间 $[a,b]$ 上连续. 根据根的存在定理得：存在 $\xi \in (a,b)$，使得 $F(\xi) = 0$ 即：$f(\xi) = c$.

介值定理表明：闭区间上的连续函数可以取得介于两个端点值之间的任意值，在几何上表示连续曲线弧 $y = f(x)$ 与水平直线 $y = c$ 至少交于一点（如图 1.34(a)，(b) 所示）.

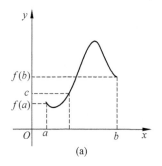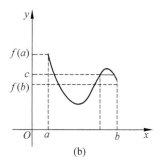

图   1.34

推论   闭区间上的连续函数必取得最大值与最小值之间的一切实数.

证   设 x_1 与 x_2 分别是 $f(x)$ 在 $[a,b]$ 上的最大值点与最小值点，不妨设 $x_1 < x_2$. 因为 $f(x)$ 在 $[a,b]$ 上连续，所以 $f(x)$ 在 $[x_1,x_2] \subset [a,b]$ 上连续. 根据介值定理，对于介于 $f(x_1)$ 与 $f(x_2)$ 之间的任意常数 c，存在 $\xi \in (x_1,x_2)$，使得 $f(\xi) = c$.（图 1.35）

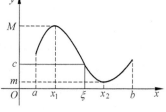

例 1.59   证明：方程 $2x^3 - 3x^2 + 2x - 3 = 0$ 在区间 $(1,2)$ 至少存在一个实根.

证   令 $f(x) = 2x^3 - 3x^2 + 2x - 3$，$f(x)$ 在 $[1,2]$ 上连续；而 $f(1) = -2 < 0$，$f(2) = 5 > 0$，所以由根的存在定理知 $f(x) = 2x^3 - 3x^2 + 2x - 3 = 0$ 在区间 $(1,2)$ 至少存在一个实根.

图   1.35

例 1.60   证明：方程 $x^3 + px + q = 0$ 至少有一个实根.

证   设 $f(x) = x^3 + px + q = x^3\left(1 + \dfrac{p}{x^2} + \dfrac{q}{x^3}\right)$，因为 $\lim\limits_{x \to +\infty} f(x) = +\infty$，$\lim\limits_{x \to -\infty} f(x) = -\infty$，由 $\lim\limits_{x \to +\infty} f(x) = +\infty$ 知，存在 $X_1 > 0$，当 $x > X_1$ 时，$f(x) > 0$，取 $x_1 > X_1$，则 $f(x_1) > 0$；由 $\lim\limits_{x \to -\infty} f(x) = -\infty$ 知，存在 $X_2 > 0$，当 $x < -X_2$ 时，$f(x) < 0$，取 $x_2 < -X_2$，则 $f(x_2) < 0$；由于多项式 $f(x)$ 在 $[x_2,x_1]$ 上连续，故由根的存在定理知 $f(x) = 0$ 在 (x_2,x_1) 内至少存在一个实根. 即方程 $x^3 + px + q = 0$ 至少有一个实根.

例 1.61   设 $f(x)$ 在闭区间 $[a,b]$ 上连续，并且 $a \leqslant f(x) \leqslant b$，证明在 $[a,b]$ 上至少存在一点 $\xi \in [a,b]$，使得 $f(\xi) = \xi$.

证 令 $F(x)=f(x)-x$，显然 $F(x)$ 在 $[a,b]$ 上连续，且 $F(a)=f(a)-a\geqslant0,F(b)=f(b)-b\leqslant0$.

若 $F(a)=0$ 或者 $F(b)=0$，即 $f(a)=a$ 或者 $f(b)=b$，则 $\xi=a$ 或者 $\xi=b$ 即满足 $f(\xi)=\xi$.

若 $F(a)>0$ 且 $F(b)<0$，则由根的存在定理知，存在 $\xi\in(a,b)$，使得 $F(\xi)=0$ 即 $f(\xi)=\xi$.

1.5.4 函数的间断点

函数的不连续点称为函数的间断点. 我们已经知道 $f(x)$ 在 x_0 点连续包含三个条件：

(1) $f(x)$ 在点 x_0 处有定义；

(2) $f(x)$ 点 x_0 处的极限要存在；

(3) 极限值要等于函数在该点的函数值.

只要上述这三个条件有一个不成立，函数在该点不连续，此点称为函数的间断点.

1. 第一类间断点

两个单侧极限 $f(x_0-0)$ 与 $f(x_0+0)$ 都存在的间断点 x_0 称为函数 $f(x)$ 的第一类间断点. 第一类间断点包括可去间断点和跳跃间断点.

左右极限存在且相等（即 $f(x_0-0)=f(x_0+0)$）的间断点 x_0 为函数 $f(x)$ 的**可去间断点**. 此时函数在此点间断的原因是函数在该点无意义或函数在该点有定义但极限值不等于函数值，只要补充或改变函数在该点的函数值为函数在该点的极限值，函数在该点就连续了.

若 x_0 为函数 $f(x)$ 的可去间断点，则函数

$$F(x)=\begin{cases}f(x), & x\neq x_0,\\ \lim\limits_{x\to x_0}f(x), & x=x_0\end{cases}$$

在 x_0 点连续.

左右极限存在但不等（$f(x_0-0)\neq f(x_0+0)$）的间断点 $x=x_0$ 为函数 $f(x)$ 的**跳跃间断点**.

例 1.62 考察函数 $f(x)=\dfrac{x^2-1}{x-1}$ 的间断点，并判断间断点的类型.

解 函数 $f(x)=\dfrac{x^2-1}{x-1}$ 在 $x=1$ 点没有定义，因而函数在 $x=1$ 点间断，由于 $\lim\limits_{x\to1}f(x)=2$，所以 $x=1$ 为函数的第一类间断点中的可去间断点.

注：只需要补充函数在 $x=1$ 点的值为其极限值，函数在该点就连续了，即

$$F(x)=\begin{cases}\dfrac{x^2-1}{x-1}, & x\neq1,\\ 2, & x=1.\end{cases}$$

例 1.63 考察函数 $f(x)=\begin{cases}\dfrac{\sin x}{x}, & x\neq0,\\ 0, & x=0\end{cases}$ 的间断点，并指明间断点的类型.

解 函数在 $x=0$ 处有定义,且 $f(0)=0$,但因 $\lim\limits_{x\to 0}f(x)=\lim\limits_{x\to 0}\dfrac{\sin x}{x}=1\neq f(0)$,所以 $x=0$ 为函数 $f(x)$ 的第一类间断点中的可去间断点.

注:只要改变函数在 $x=0$ 处的值为函数的极限值,函数在 $x=0$ 处就连续了,即

$$F(x)=\begin{cases} \dfrac{\sin x}{x}, & x\neq 0, \\ 1, & x=0. \end{cases}$$

例 1.64 考察函数 $f(x)=\begin{cases} x+1, & x>0, \\ 0, & x=0, \\ x-1, & x<0 \end{cases}$ 的间断点,并指明间断点的类型.

解 由于 $\lim\limits_{x\to 0^+}f(x)=\lim\limits_{x\to 0^+}(x+1)=1$,$\lim\limits_{x\to 0^-}f(x)=\lim\limits_{x\to 0^-}(x-1)=-1$,$\lim\limits_{x\to 0^+}f(x)\neq \lim\limits_{x\to 0^-}f(x)$,所以 $x=0$ 为函数的跳跃间断点.

2. 第二类间断点

两个单侧极限 $f(x_0-0)$ 与 $f(x_0+0)$ 只要有一个不存在,则称 x_0 为函数 $f(x)$ 的**第二类间断点**.

例 1.65 考察函数 $y=\tan x$ 的间断点,并判断间断点的类型.

解 因为函数在 $x=\dfrac{\pi}{2}$ 处没有定义,所以 $x=\dfrac{\pi}{2}$ 是函数 $y=\tan x$ 的间断点.

因为 $\lim\limits_{x\to \frac{\pi}{2}}\tan x=\infty$,所以 $x=\dfrac{\pi}{2}$ 是函数 $y=\tan x$ 的第二类间断点.

例 1.66 考察函数 $f(x)=\mathrm{e}^{\frac{1}{x}}$ 的间断点,并说明间断点的类型.

解 函数在 $x=0$ 点无定义,显然 $x=0$ 为其间断点,因 $\lim\limits_{x\to 0^+}\mathrm{e}^{\frac{1}{x}}=+\infty$,所以 $x=0$ 为 $f(x)$ 的第二类间断点.

注:只要有一个单侧极限为 ∞ 的间断点称为函数的**无穷间断点**.

例 1.67 考察函数 $f(x)=\sin\dfrac{1}{x}$ 的间断点,并说明间断点的类型.

解 函数在 $x=0$ 点无定义,显然 $x=0$ 为其间断点,因 $f(x_0-0)$ 与 $f(x_0+0)$ 都不存在,且不为无穷大,所以 $x=0$ 为 $f(x)$ 的第二类间断点.

注:由于函数 $f(x)=\sin\dfrac{1}{x}$ 的图像在 $x=0$ 点附近呈现一种震荡现象,这种间断点称为 $f(x)$ 的**振荡间断点**(如图 1.36 所示).

需要指出的是:无穷间断点和震荡间断点是第二类间断点,并没说第二类间断点只有无穷间断点和震荡间断点两种间断点.

例 1.68 函数 $f(x)=\dfrac{\tan x}{x}$ 有哪些点间断,说明间断点的类型,如果是可去间断点,则重新定义函数在该点的函数值使之连续.

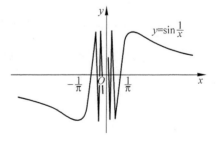

图 1.36

解　函数的间断点为 $x=0$, $x=k\pi+\dfrac{\pi}{2}(k=0,\pm1,\pm2,\cdots)$. 由于 $\lim\limits_{x\to0}\dfrac{\tan x}{x}=1$, 故 $x=0$ 为可去间断点. 若令 $f(0)=1$, 则函数 $f(x)$ 在 $x=0$ 处连续. 又由于 $\lim\limits_{x\to k\pi+\frac{\pi}{2}}\dfrac{\tan x}{x}=\infty$, 所以 $x=k\pi+\dfrac{\pi}{2}(k=0,\pm1,\pm2\cdots)$ 是第二类间断点中的无穷间断点.

习题 1.5

A 组

1. a 为何值时, 函数 $f(x)=\begin{cases}\dfrac{x^2-4}{x-2}, & x\neq2,\\ a, & x=2\end{cases}$ 在 $x=2$ 处连续.

2. 若 $f(x)=\begin{cases}\mathrm{e}^x(\sin x+\cos x), & x>0,\\ 2x+a, & x\leqslant0\end{cases}$ 是 $(-\infty,+\infty)$ 上的连续函数, 求 a 的值.

3. 设 $f(x)=\begin{cases}a+bx^2, & x\leqslant0,\\ \dfrac{\sin bx}{x}, & x>0\end{cases}$ 在 $x=0$ 处连续, 求 a 与 b 的关系.

4. 求下列函数的间断点, 并指出间断点的类型.

(1) $f(x)=\dfrac{\sin x}{x^2-1}$;　　　　　　　(2) $f(x)=\dfrac{x-1}{|x-1|}$;

(3) $f(x)=\dfrac{\tan x}{1+x^2}$;　　　　　　　(4) $f(x)=\begin{cases}0, & x<0,\\ x, & 0\leqslant x<1,\\ -x^2+4x-2, & 1\leqslant x<3,\\ 4x, & x\geqslant3.\end{cases}$

5. 证明方程 $x\cdot2^x=1$ 至少有一个小于 1 的正根.

6. 设 $f(x),g(x)$ 在 $[a,b]$ 上连续, 且 $f(a)>g(a),f(b)<g(b)$, 试证: 存在一点 $\xi\in(a,b)$, 使得 $f(\xi)=g(\xi)$.

B 组

1. 若 $f(x)$ 在点 x_0 连续, 则 $f^2(x)$ 与 $|f(x)|$ 在点 x_0 也连续. 反之, 若 $f^2(x)$ 与 $|f(x)|$ 在点 x_0 连续, 能否断言 $f(x)$ 在点 x_0 连续? (提示: 举反例说明 $f(x)$ 在点 x_0 不连续)

2. 若 $f(x)$ 在 $[a,b]$ 内连续, $a<x_1<x_2<\cdots<x_n<b$, 证明在 (a,b) 内必有 ξ, 使

$$f(\xi)=\frac{f(x_1)+f(x_2)+\cdots+f(x_n)}{n}.$$

成立(提示: 设 $f(x_j)=\min\limits_{1\leqslant i\leqslant n}(f(x_i)),f(x_k)=\max\limits_{1\leqslant i\leqslant n}(f(x_i))$, 将 $f(x)$ 在 $[x_j,x_k]$ 上用介值定理, 需要讨论)

3. 若函数 $f(x)$ 与 $g(x)$ 在 $[a,b]$ 上连续, 则 $\max\{f,g\}$ 与 $\min\{f,g\}$ 在 $[a,b]$ 上连续, 其中

$$\max\{f,g\}=\max\{f(x),g(x)\},x\in[a,b],$$
$$\min\{f,g\}=\min\{f(x),g(x)\},x\in[a,b].$$

$\left(\text{提示：} \max(f,g) = \dfrac{f(x)+g(x)}{2} + \dfrac{|f(x)-g(x)|}{2}, \min(f,g) = \dfrac{f(x)+g(x)}{2} - \dfrac{|f(x)-g(x)|}{2}\right)$

4. 当 $x \neq 0$ 时，$f(x) = \dfrac{x}{2^{\frac{1}{x}}+1}$，并且 $f(x)$ 在 $x=0$ 处连续，求 $f(0)$ 的值.

5. 求下列函数的间断点，并指出间断点的类型.

(1) $f(x) = \dfrac{1}{1-\mathrm{e}^{\frac{x}{1-x}}}$；

(2) $f(x) = \dfrac{x^2-x}{|x-1|\sin x}$.

6. 讨论函数 $f(x) = \lim\limits_{n\to\infty} \dfrac{\ln(\mathrm{e}^n + x^n)}{n}$ $(x>0)$ 在定义域内是否连续.

$\left(\text{提示：先求出 } f(x) = \begin{cases} 1, & 0<x\leqslant \mathrm{e}, \\ \ln x, & x>\mathrm{e}, \end{cases} \text{再考察函数在分界点的连续性}\right)$.

总习题 1

1. 填空题

(1) 已知 $x\to 0$ 时，$(1+kx^2)^{\frac{1}{2}}-1$ 与 $\cos x - 1$ 是等价无穷小，则 $k=$ _____ .

(2) 设 $f(x) = \begin{cases} a+\mathrm{e}^{-\frac{1}{x}}, & x>0, \\ b+1, & x=0, \\ \dfrac{\sin 3x}{x}, & x<0 \end{cases}$ 在 $x=0$ 处连续，则 $a=$ _____ ，$b=$ _____ .

(3) $\lim\limits_{x\to\infty} \dfrac{x-\sin x}{x} =$ _____ .

(4) 设 $f(x) = \lim\limits_{n\to\infty} \left(\dfrac{n+x}{n+1}\right)^n$，则 $f(x) =$ _____ .

(5) $\lim\limits_{x\to 0} \dfrac{x^2 \sin \dfrac{1}{x}}{\ln(1+2x)} =$ _____ .

(6) $\lim\limits_{x\to\infty} \dfrac{3x-5}{x^3 \sin \dfrac{1}{x^2}} =$ _____ .

2. 选择题

(1) $\lim\limits_{x\to\infty} \dfrac{x^2+2x-\sin x}{2x^2+\sin x} = ($ $)$.

(A) 不存在   (B) 0   (C) 2   (D) $\dfrac{1}{2}$

(2) 设 $f(x) = \dfrac{\mathrm{e}^{\frac{1}{x}}+1}{2\mathrm{e}^{-\frac{1}{x}}+1}$，则 $\lim\limits_{x\to 0} f(x) = ($ $)$.

(A) ∞ (B) 不存在   (C) 0   (D) $\dfrac{1}{2}$

(3) 设 $\lim\limits_{x\to+\infty}(\alpha x+\sqrt{x^2-x+1}-\beta)=0$，则（　　）.

(A) $\alpha=1,\beta=-\dfrac{1}{2}$ \qquad\qquad (B) $\alpha=-1,\beta=\dfrac{1}{2}$

(C) $\alpha=-1,\beta=-\dfrac{1}{2}$ \qquad\qquad (D) $\alpha=\beta=0$

(4) 当 $x\to0$ 时，$\sin 2x-2\sin x$ 与 x^k 是同阶无穷小量，则 $k=$（　　）.
(A) 4 \qquad (B) 3 \qquad (C) 2 \qquad (D) 1

3. 已知 $f\left(\tan x+\dfrac{1}{\tan x}\right)=\tan^2 x+\dfrac{1}{\tan^2 x}+3$，求 $f(x)$ 的表达式.

4. 设 $f\left(\sin\dfrac{x}{2}\right)=\cos x+1$，求 $f(x)$.

5. 求下列极限：

(1) 设 $x_1>0,a>0,x_{n+1}=\dfrac{1}{3}\left(2x_n+\dfrac{a}{x_n^2}\right),n=1,2,\cdots$，求 $\lim\limits_{n\to\infty}x_n$；

(2) $\lim\limits_{n\to\infty}(1+x)(1+x^2)\cdots(1+x^{2^{n-1}}),|x|<1$；

(3) $\lim\limits_{x\to0}\dfrac{(x^{10}+2)(\cos x^2-1)}{(e^x-1)\ln^2(1+x)\cdot\tan x}$；

(4) $\lim\limits_{n\to\infty}\left(\dfrac{\sqrt[n]{a}+\sqrt[n]{b}}{2}\right)^n$，其中 $a>0,b>0$；

(5) $\lim\limits_{x\to0}\dfrac{\sqrt[3]{1-2x}-\sqrt[4]{1+2x}}{\sin 3x}$；

(6) $\lim\limits_{x\to0}\dfrac{\sqrt{1+\sin x}-\sqrt{1-\sin x}}{\ln(1-2x)}$.

6. 讨论函数 $f(x)=\begin{cases}\dfrac{1}{x+2}, & x<0,\\ 0, & x=0,\text{的连续性.}\\ x\arctan\dfrac{1}{x}, & x>0\end{cases}$

7. 设 $f(x)=\sin x,g(x)=\begin{cases}x-\pi, & x\leqslant0,\\ x+\pi, & x>0,\end{cases}$ 试讨论 $f[g(x)]$ 在 $x=0$ 的连续性.

8. 求下列函数的间断点，并判断其类型.

(1) $f(x)=\begin{cases}\dfrac{2^{\frac{1}{x}}-1}{2^{\frac{1}{x}}+1}, & x\neq0,\\ 1, & x=0;\end{cases}$ \qquad (2) $y=\dfrac{1}{e^{\frac{1}{x-1}}-2}$.

9. 设 $f(x)=\begin{cases}x\sin\dfrac{1}{x}, & x<0,\\ k+1, & x=0,\text{在定义域内连续，求 }k.\\ \dfrac{1}{x}\sin x-1, & x>0\end{cases}$

10. 设 $f(x)=\lim\limits_{n\to\infty}\dfrac{x^{2n-1}+ax^2+bx}{x^{2n}+1}$，其中 $|b|\geqslant|a|$.

(1) 求 $f(x)$；

(2) 当 $f(x)$ 连续时，求 a,b 的值.

11. 研究函数 $f(x)=\lim\limits_{n\to\infty}\dfrac{x+x^2\mathrm{e}^{nx}}{1+\mathrm{e}^{nx}}$ 的连续性，并作出图形.

12. 证明：若 $f(x)$ 在 $[a,b]$ 上连续，且不存在任何 $x\in[a,b]$，使 $f(x)=0$，则 $f(x)$ 在 $[a,b]$ 上恒正(或恒负).

13. 设函数 $f(x)$ 在 $[0,2a]$ 上连续，且 $f(0)=f(2a)$，试证在 $[0,a]$ 上至少存在一点 ξ，使得 $f(\xi)=f(\xi+a)$.

14. 证明：若 $f(x)$ 是以 2π 为周期的连续函数，则存在 ξ，使 $f(\xi+\pi)=f(\xi)$.

15. 设函数 $f(x)$ 在闭区间 $[0,1]$ 上连续. 又设 $f(x)$ 只取有理数，且 $f\left(\dfrac{1}{2}\right)=2$，试证在闭区间 $[0,1]$ 上，$f(x)$ 恒等于 2.

16. 设 $f(x)$ 在 $[a,b]$ 上连续，且 $a<c<d<b$，试证：在 $[a,b]$ 上必存在 ξ，使
$$mf(c)+nf(d)=(m+n)f(\xi),\quad m,n>0.$$

17. 设函数 $f(x)$ 在 $[0,a]$ 上连续，且 $f(0)=f(a)=0$，当 $0<x<a$ 时，$f(x)>0$；又设 $x=l$ 为 $(0,a)$ 内任一点，求证：在 $(0,a)$ 内至少存在一点 ξ，使得 $f(\xi)=f(\xi+l)$. (提示：令 $F(x)=f(x+l)-f(x)$，$x\in[0,a-l]$)

18. 一片森林现有木材 a(单位：m^3)，若以年增长率 1.2% 均匀增长，问 t 年时这片森林有木材多少？

19. 假如你打算在银行存入一笔资金，你需要这笔投资 10 年后的价值为 12000 元，如果银行以年利率 9%、每年支付复利四次的方式付息，你应该投资多少元？ 如果复利是连续的，应投资多少元？

第 2 章

导数与微分

导数与微分是微积分的重要组成部分,它在物理、生物、工程及经济管理等众多领域得到了广泛的应用,有着丰富的实际应用背景.导数的本质是函数的瞬时变化率——平均变化率的极限.本章我们主要讨论导数和微分的概念及它们的计算方法;以导数概念为基础,介绍经济学中两个很重要的概念:边际与弹性,并通过具体例子说明它们的简单应用.至于导数的应用,将在第 3 章讨论.

2.1 导数的概念

2.1.1 概念的导出

为了说明微分学的基本概念——导数.我们先讨论两个问题:速度问题和切线问题,这两个问题与导数概念的形成有着密切的关系.

问题 1 变速直线运动的瞬时速度

设一物体沿一直线作变速直线运动,在时刻 t 的位移函数为 $s=s(t)$,求该物体在时刻 t_0 的瞬时速度.

解 物体在 $[0,t_0]$ 所走过的路程为 $s(t_0)$,在 $[0,t_0+\Delta t]$ 走过的路程为 $s(t_0+\Delta t)$,在 $[t_0,t_0+\Delta t]$ 物体所走过的路程为

$$\Delta s = s(t_0+\Delta t) - s(t_0),$$

物体在 $[t_0,t_0+\Delta t]$ 这一段时间内的平均速度 $\bar{v}$ 为

$$\bar{v} = \frac{\Delta s}{\Delta t} = \frac{s(t_0+\Delta t)-s(t_0)}{\Delta t}.$$

上式中,对于匀速直线运动,无论 t_0 取哪一点,时间间隔 Δt 取多长,平均速度 $\bar{v}$ 总是一个常数,此时 $\bar{v}$ 就是物体在时刻 t_0 的瞬时速度.

对于变速直线运动,t_0 和 Δt 不同,平均速度 $\bar{v} = \frac{\Delta s}{\Delta t}$ 也不相同,此时 $\bar{v}$ 不能作为物体在时刻 t_0 的瞬时速度.但当 Δt 很小时,这段时间内的运动可以近似地看作匀速运动,因而就可以用这段时间的平均速度 $\bar{v} = \frac{\Delta s}{\Delta t}$ 来近似代替 t_0 时刻的瞬时速度,Δt 取得越小,近似程度越高.我们进一步观察当 $\Delta t \to 0$ 时,$\bar{v} = \frac{\Delta s}{\Delta t}$ 的变化趋势,如果 $\bar{v} = \frac{\Delta s}{\Delta t}$ 存在极限,我们就把该极限作为物体在时刻 t_0 的瞬时速度,即

$$v(t_0) = \lim_{\Delta t \to 0} \frac{\Delta s}{\Delta t} = \lim_{\Delta t \to 0} \frac{s(t_0+\Delta t)-s(t_0)}{\Delta t}. \tag{2.1}$$

问题 2 切线问题

有许多的实际问题都与切线有关,例如运动的方向问题、光线的入射角和反射角问题,等等.因此,合理地定义切线是十分必要的.下面我们给出切线的定义.

设有曲线 C 及 C 上的一点 M(如图 2.1 所示),在点 M 外取 C 上一点 N,作割线 MN. 当点 N 沿曲线 C 趋于点 M 时,若割线 MN 绕点 M 旋转而趋于极限位置 MT,直线 MT 称为曲线 C 在点 M 处的切线.

设 $M(x_0, y_0)$ 是曲线 $C(y=f(x))$ 上的一个点(如图 2.2 所示),求该曲线在点 M 的切线的斜率.

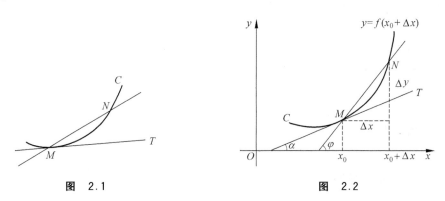

图 2.1   图 2.2

解 在曲线 C 上取一异于 M 的点 $N(x_0+\Delta x, y_0+\Delta y)$,于是割线 MN 的斜率为

$$\bar{k} = \tan\varphi = \frac{\Delta y}{\Delta x} = \frac{f(x_0+\Delta x) - f(x_0)}{\Delta x}.$$

当 Δx 越小时,割线的斜率越接近 $M(x_0, y_0)$ 点的切线斜率,但不管 Δx 多么小,只要 Δx 一确定,$\bar{k} = \dfrac{\Delta y}{\Delta x}$ 还是割线 MN 的斜率,不是切线 MT 的斜率.要得到切线 MT 的斜率,我们要让 $\Delta t \to 0$,对割线斜率 $\bar{k} = \dfrac{\Delta y}{\Delta x}$ 取极限,如果极限 $\lim\limits_{\Delta x \to 0} \bar{k} = \lim\limits_{\Delta x \to 0} \dfrac{\Delta y}{\Delta x}$ 存在,我们就把该极限定义为曲线在点 M 的切线的斜率,即

$$k = \tan\alpha = \lim_{\Delta x \to 0} \frac{\Delta y}{\Delta x} = \lim_{\Delta x \to 0} \frac{f(x_0+\Delta x) - f(x_0)}{\Delta x}. \tag{2.2}$$

尽管式(2.1)和式(2.2)所反映的背景不同,但它们的计算都可归结为求函数的增量除以自变量的增量,再让自变量的增量趋于 0 取极限,我们把这种极限抽象出来作为函数在某一点导数的定义.

2.1.2 导数的定义

定义 2.1 设函数 $y=f(x)$ 在点 x_0 处的某邻域 $U(x_0, \delta)$ 内有定义,如果极限

$$\lim_{\Delta x \to 0} \frac{\Delta y}{\Delta x} = \lim_{\Delta x \to 0} \frac{f(x_0+\Delta x) - f(x_0)}{\Delta x} \tag{2.3}$$

存在,则称函数 $y=f(x)$ 在点 x_0 的导数存在(或可导),且此极限值称为函数 $y=f(x)$ 在点 x_0 处的导数,记为 $f'(x_0)$,或 $\dfrac{\mathrm{d}y}{\mathrm{d}x}\big|_{x=x_0}$,即

$$f'(x_0) = \lim_{\Delta x \to 0} \frac{\Delta y}{\Delta x} = \lim_{\Delta x \to 0} \frac{f(x_0 + \Delta x) - f(x_0)}{\Delta x}.$$

令 $x = x_0 + \Delta x$,则 $\Delta x = x - x_0$,且当 $\Delta x \to 0$ 时 $x \to x_0$,于是 $f'(x_0)$ 又可以写成如下等价的形式:

$$f'(x_0) = \lim_{x \to x_0} \frac{f(x) - f(x_0)}{x - x_0}. \tag{2.4}$$

有了导数的概念后,瞬时速度是路程对时间的导数,即 $v(t_0) = \dfrac{\mathrm{d}s}{\mathrm{d}t}\big|_{t=t_0} = f'(t_0)$;切线的斜率 $k = f'(x_0)$.

式(2.3)或式(2.4)是函数在一点导数的定义,函数在点 x 的导数 $f'(x)$ 会随着 x 的变化而变化,此时 $f'(x)$ 实际上是 x 的函数,称它为函数 $y = f(x)$ 的导函数,简称为导数.根据导数的定义求函数在某一个区间内的导函数采用下面的公式:

$$f'(x) = \lim_{\Delta x \to 0} \frac{\Delta y}{\Delta x} = \lim_{\Delta x \to 0} \frac{f(x + \Delta x) - f(x)}{\Delta x}. \tag{2.5}$$

定义 2.2 如果函数 $f(x)$ 在 (a,b) 内的每一点都可导,则称 $f(x)$ 在 (a,b) 内可导.

注: 导函数 $f'(x)$ 的定义域与函数 $f(x)$ 的定义域有可能不同.导函数 $f'(x)$ 仍然是 x 的函数,而函数 $f(x)$ 在某一确定点 x_0 的导数 $f'(x_0)$ 是一个确定的常数.

例 2.1 求函数 $f(x) = x|x|$ 在 $x = 0$ 点的导数.

解 $f'(0) = \lim_{\Delta x \to 0} \dfrac{\Delta y}{\Delta x} = \lim_{\Delta x \to 0} \dfrac{f(0 + \Delta x) - f(0)}{\Delta x} = \lim_{\Delta x \to 0} \dfrac{\Delta x |\Delta x| - 0}{\Delta x} = \lim_{\Delta x \to 0} |\Delta x| = 0.$

例 2.2 讨论 $f(x) = \begin{cases} x^\alpha \sin \dfrac{1}{x}, & x \neq 0, \\ 0, & x = 0 \end{cases}$ 在点 $x = 0$ 处的导数.

解 $\lim_{x \to 0} \dfrac{f(x) - f(0)}{x} = \lim_{x \to 0} \dfrac{x^\alpha \sin \dfrac{1}{x} - 0}{x} = \lim_{x \to 0} x^{\alpha - 1} \sin \dfrac{1}{x}.$

当 $\alpha > 1$ 时,因 $\lim_{x \to 0} x^{\alpha - 1} = 0$,$\left| \sin \dfrac{1}{x} \right| \leqslant 1$,所以 $\lim_{x \to 0} x^{\alpha - 1} \sin \dfrac{1}{x} = 0$,故

$$f'(0) = 0.$$

当 $\alpha \leqslant 1$ 时,$\lim_{x \to 0} x^{\alpha - 1} \sin \dfrac{1}{x}$ 不存在,即 $f'(0)$ 不存在.

例 2.3 设 $f(x)$ 在点 x_0 处可导,求 $\lim_{h \to 0} \dfrac{f(x_0 + ah) - f(x_0 - bh)}{h}$.

解 $\lim_{h \to 0} \dfrac{f(x_0 + ah) - f(x_0 - bh)}{h}$

$= \lim_{h \to 0} \dfrac{[f(x_0 + ah) - f(x_0)] - [f(x_0 - bh) - f(x_0)]}{h}$

$= \lim_{h \to 0} \left[\dfrac{f(x_0 + ah) - f(x_0)}{ah} \cdot a + \dfrac{f(x_0 - bh) - f(x_0)}{-bh} \cdot b \right]$

$= a f'(x_0) + b f'(x_0) = (a + b) f'(x_0).$

例 2.4 设 $f(x)$ 在 $x = 2$ 处连续,且 $\lim_{x \to 2} \dfrac{f(x) - 2}{x - 2} = 3$,求 $f'(2)$.

解 分子的极限必为 0,于是 $\lim_{x \to 2} (f(x) - 2) = 0$,所以 $\lim_{x \to 2} f(x) = 2$. 又因为 $f(x)$ 在 $x = 2$

处连续,从而 $f(2)=2$. 故

$$f'(2) = \lim_{x\to 2}\frac{f(x)-f(2)}{x-2} = \lim_{x\to 2}\frac{f(x)-2}{x-2} = 3.$$

例 2.5 求常数 $y=C$ 的导数.

解 因 $\Delta y = f(x+\Delta x)-f(x)=C-C=0$,所以

$$\frac{\mathrm{d}C}{\mathrm{d}x} = \lim_{\Delta x\to 0}\frac{\Delta y}{\Delta x} = 0.$$

例 2.6 求幂函数 $y=x^n$ 的导数.

解 因 $\Delta y = f(x+\Delta x)-f(x)=(x+\Delta x)^n-x^n=nx^{n-1}\Delta x+o(\Delta x)$,所以

$$y'=\frac{\mathrm{d}y}{\mathrm{d}x}=\lim_{\Delta x\to 0}\frac{\Delta y}{\Delta x}=\lim_{\Delta x\to 0}\frac{nx^{n-1}\Delta x+o(\Delta x)}{\Delta x}=\lim_{\Delta x\to 0}\left(nx^{n-1}+\frac{o(\Delta x)}{\Delta x}\right)=nx^{n-1}.$$

一般地,$(x^\mu)'=\mu x^{\mu-1}$,特别地,$(\sqrt{x})'=\dfrac{1}{2\sqrt{x}}$,$\left(\dfrac{1}{x}\right)'=-\dfrac{1}{x^2}$.

例 2.7 求 $y=a^x$ $(a>0$ 且 $a\neq 1)$ 的导数.

解 因为 $\Delta y = f(x+\Delta x)-f(x)=a^{x+\Delta x}-a^x=a^x(a^{\Delta x}-1)$,所以

$$y'=\frac{\mathrm{d}y}{\mathrm{d}x}=\lim_{\Delta x\to 0}\frac{\Delta y}{\Delta x}=\lim_{\Delta x\to 0}\frac{a^x(a^{\Delta x}-1)}{\Delta x}=a^x\ln a.$$

即

$$(a^x)'=a^x\ln a.$$

特别地,$(\mathrm{e}^x)'=\mathrm{e}^x\ln\mathrm{e}=\mathrm{e}^x.$

例 2.8 求对数函数 $y=\log_a x$ $(0<a\neq 1)$ 的导数.

解 因 $\Delta y = f(x+\Delta x)-f(x)=\log_a x+\Delta x-\log_a x=\log_a\dfrac{x+\Delta x}{x}=\log_a\left(1+\dfrac{\Delta x}{x}\right)$,所以

$$y'=\frac{\mathrm{d}y}{\mathrm{d}x}=\lim_{\Delta x\to 0}\frac{\Delta y}{\Delta x}=\lim_{\Delta x\to 0}\frac{\log_a\left(1+\dfrac{\Delta x}{x}\right)}{\Delta x}=\lim_{\Delta x\to 0}\log_a\left(1+\frac{\Delta x}{x}\right)\frac{1}{\Delta x}$$

$$=\lim_{\Delta x\to 0}\frac{1}{x}\log_a\left(1+\frac{\Delta x}{x}\right)\frac{x}{\Delta x}=\frac{1}{x}\log_a\mathrm{e}=\frac{1}{x\ln a}.$$

即

$$(\log_a x)'=\frac{1}{x\ln a}.$$

特别地,$(\ln x)'=\dfrac{1}{x}$.

例 2.9 求正弦函数 $y=\sin x$ 的导数.

解 因 $\Delta y = f(x+\Delta x)-f(x)=\sin(x+\Delta x)-\sin x=2\sin\dfrac{\Delta x}{2}\cos\dfrac{2x+\Delta x}{2}$,所以

$$y'=\frac{\mathrm{d}y}{\mathrm{d}x}=\lim_{\Delta x\to 0}\frac{\Delta y}{\Delta x}=\lim_{\Delta x\to 0}\frac{2\sin\dfrac{\Delta x}{2}\cos\dfrac{2x+\Delta x}{2}}{\Delta x}=\lim_{\Delta x\to 0}\frac{\sin\dfrac{\Delta x}{2}\cos\dfrac{2x+\Delta x}{2}}{\dfrac{\Delta x}{2}}=\cos x.$$

即 $(\sin x)'=\cos x$.

用类似的方法可求出 $(\cos x)'=-\sin x$.

2.1.3 导数的几何意义

由前面切线问题可知,如果函数 $f(x)$ 在点 x_0 处可导,则曲线 $y=f(x)$ 在点 $(x_0,f(x_0))$ 处的切线斜率为 $f'(x_0)$,因此函数 $y=f(x)$ 在点 x_0 的导数 $f'(x_0)$ 就表示曲线 $y=f(x)$ 在点 $(x_0,f(x_0))$ 处的切线斜率,这就是导数的几何意义.

根据导数的几何意义并应用直线的点斜式方程,可知曲线 $y=f(x)$ 在点 $(x_0,f(x_0))$ 处的切线方程为

$$y-f(x_0)=f'(x_0)(x-x_0). \tag{2.6}$$

如果 $f'(x_0)\neq 0$,则 $y=f(x)$ 在点 $(x_0,f(x_0))$ 的法线方程为

$$y-f(x_0)=-\frac{1}{f'(x_0)}(x-x_0). \tag{2.7}$$

例 2.10　求曲线 $f(x)=\sqrt{x}$ 在点 $(4,2)$ 处的切线方程.

解　根据导数的几何意义知道所求切线斜率为

$$k=y'\mid_{x=4},$$

由于 $f'(x)=\dfrac{1}{2\sqrt{x}}$,于是 $k=f'(4)=\dfrac{1}{4}$,故所求切线方程为

$$y-2=\frac{1}{4}(x-4),\quad 即\ x-4y+4=0.$$

2.1.4 单侧导数

函数 $y=f(x)$ 在点 x_0 处的导数

$$f'(x_0)=\lim_{\Delta x\to 0}\frac{\Delta y}{\Delta x}=\lim_{\Delta x\to 0}\frac{f(x_0+\Delta x)-f(x_0)}{\Delta x}$$

是一个特殊的极限,而极限存在的充要条件是左、右极限存在且相等.

定义 2.3　(1) 如果单侧极限 $\lim\limits_{\Delta x\to 0^-}\dfrac{\Delta y}{\Delta x}$ 存在,则称此极限为 $y=f(x)$ 在点 x_0 的左导数,记为 $f'_-(x_0)$,即

$$f'_-(x_0)=\lim_{\Delta x\to 0^-}\frac{\Delta y}{\Delta x}=\lim_{\Delta x\to 0^-}\frac{f(x_0+\Delta x)-f(x_0)}{\Delta x}=\lim_{x\to x_0^-}\frac{f(x)-f(x_0)}{x-x_0}. \tag{2.8}$$

(2) 如果单侧极限 $\lim\limits_{\Delta x\to 0^+}\dfrac{\Delta y}{\Delta x}$ 都存在,则称此极限为 $y=f(x)$ 在点 x_0 的右导数,记为 $f'_+(x_0)$.

$$f'_+(x_0)=\lim_{\Delta x\to 0^+}\frac{\Delta y}{\Delta x}=\lim_{\Delta x\to 0^+}\frac{f(x_0+\Delta x)-f(x_0)}{\Delta x}=\lim_{x\to x_0^+}\frac{f(x)-f(x_0)}{x-x_0}. \tag{2.9}$$

定理 2.1　$f'(x_0)$ 存在的充分必要条件是 $f'_-(x_0)=f'_+(x_0)$.

例 2.11　考察函数 $f(x)=|x|$ 在 $x=0$ 处的导数是否存在.

解　因为 $f'_-(0)=\lim\limits_{\Delta x\to 0^-}\dfrac{f(\Delta x)-f(0)}{\Delta x}=\lim\limits_{\Delta x\to 0^-}\dfrac{|\Delta x|-0}{\Delta x}=\lim\limits_{\Delta x\to 0^-}\dfrac{-\Delta x}{\Delta x}=-1$,

$$f'_+(0)=\lim_{\Delta x\to 0^+}\frac{f(\Delta x)-f(0)}{\Delta x}=\lim_{\Delta x\to 0^+}\frac{|\Delta x|-0}{\Delta x}=\lim_{\Delta x\to 0^-}\frac{\Delta x}{\Delta x}=1,$$

$$f'_-(0)\neq f'_+(0),$$

所以 $f(x)=|x|$ 在 $x=0$ 处的导数不存在.

定义 2.4 如果函数 $f(x)$ 在区间 (a,b) 内可导,且 $f'_+(a),f'_-(b)$ 都存在,则称 $f(x)$ 在闭区间 $[a,b]$ 内可导.

2.1.5 函数的可导性与连续性的关系

定理 2.2 若函数 $f(x)$ 在点 x_0 处可导,则 $f(x)$ 在点 x_0 处连续.

证 因为 $f(x)$ 在点 x_0 处可导,所以

$$f'(x_0) = \lim_{\Delta x \to 0} \frac{\Delta y}{\Delta x}.$$

进而 $\lim\limits_{\Delta x \to 0}\Delta y = \lim\limits_{\Delta x \to 0}\Delta x \cdot \dfrac{\Delta y}{\Delta x} = 0 \cdot f'(x_0) = 0$,故 $f(x)$ 在点 x_0 处连续.

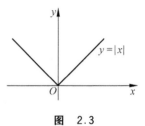

图 2.3

注:$f(x)$ 在点 x_0 处连续不能保证函数 $f(x)$ 在点 x_0 处可导. 如函数 $y=|x|$ 在点 $x=0$ 处连续,但在点 $x=0$ 处不可导. 此例的结论在几何上看是显然的,如图 2.3 所示.

习题 2.1

A 组

1. 求函数 $f(x)=\begin{cases} x^2, & x \leqslant 0, \\ xe^x, & x > 0 \end{cases}$ 在 $x=0$ 的左、右导数.

2. 按导数定义求 $f(x)=x^{\frac{1}{n}}$ 的导数(n 为正整数).

3. 已知 $f'(3)=2$,求下列各式的值:

(1) $\lim\limits_{x \to 3}\dfrac{f(x)-f(3)}{x-3}$;　　(2) $\lim\limits_{\Delta x \to 0}\dfrac{f(3-\Delta x)-f(3)}{\Delta x}$;

(3) $\lim\limits_{h \to 0}\dfrac{f(3-h)-f(3)}{2h}$;　　(4) $\lim\limits_{h \to 0}\dfrac{f(3+h)-f(3-h)}{h}$.

4. 设 $\phi(x)$ 是连续函数,$f(x)=(x-a)\phi(x)$,求 $f'(a)$(提示:用导数的定义).

5. 讨论函数 $y=|\sin x|$ 在 $x=0$ 处的连续性与可导性.

6. 函数 $f(x)=\begin{cases} x^2, & x \leqslant 1, \\ ax+b, & x > 1. \end{cases}$ 为了使 $f(x)$ 在点 $x=1$ 处可导,应当如何选择系数 a 和 b?

B 组

1. 设函数 $f(x)$ 为 $|x|<\gamma(\gamma>0)$ 上的偶函数,且 $f'(0)$ 存在,试证明 $f'(0)=0$.

2. 确定函数 $f(x)=(x^2-x-2)|x^3-x|$ 不可导点的个数.

3. 设 $f(x)$ 是可导的函数,且

$$f(0)=f'(0)=0, \quad g(x)=\begin{cases} f(x)\sin\dfrac{1}{x}, & x \neq 0, \\ 0, & x=0, \end{cases}$$

求 $g'(0)$.

4. 设 $F(x)=\begin{cases} \dfrac{f(x)}{x}, & x\neq 0 \\ f(0), & x=0, \end{cases}$ 其中 $f(x)$ 在 $x=0$ 处可导,$f'(0)\neq 0$,$f(0)=0$,考察 $x=0$ 是 $F(x)$ 的间断点的类型.

5. 设 $f(x)$ 可导,$F(x)=f(x)(1+|\sin x|)$,证明:$f(0)=0$ 是 $F(x)$ 在 $x=0$ 处可导的充分必要条件.(提示:根据函数在某点可导的充要条件是函数在该点的左右导数存在且相等)

6. 选择题

(1) 设 $f(x)$ 在 $x=a$ 的某个邻域内有定义,则 $f(x)$ 在 $x=a$ 处可导的一个充分条件是(   ).

(A) $\lim\limits_{h\to +\infty} h\left[f\left(a+\dfrac{1}{h}\right)-f(a)\right]$ 存在   (B) $\lim\limits_{h\to 0}\dfrac{f(a+2h)-f(a+h)}{h}$ 存在

(C) $\lim\limits_{h\to 0}\dfrac{f(a+2h)-f(a+h)}{2h}$ 存在   (D) $\lim\limits_{h\to 0}\dfrac{f(a)-f(a-h)}{h}$ 存在

(2) 设函数 $f(x)$ 在区间 $(-\delta,\delta)$ 内有定义,若当 $x\in(-\delta,\delta)$ 时,恒有 $|f(x)|\leqslant x^2$,则 $x=0$ 必是 $f(x)$ 的(   ).

(A) 间断点   (B) 连续而不可导的点

(C) 可导的点,且 $f'(0)=0$ (D) 可导的点,且 $f'(0)\neq 0$

$\left(\text{提示:令 } x=0,\text{得到 } f(0)=0, 0\leqslant\left|\dfrac{f(x)}{x}\right|\leqslant|x|\right)$

2.2 求导法则

利用导数的定义求函数的导数是比较复杂的,本节介绍求导数的几个基本法则,借助于这些求导法则和基本初等函数的导数公式,就能比较方便地求出常见初等函数的导数.

2.2.1 导数的四则运算法则

定理 2.3 设 $u(x)$ 与 $v(x)$ 在点 x 处可导,则 $u(x)+v(x)$ 与 $u(x)-v(x)$ 在点 x 处也可导,且

$$[u(x)+v(x)]'=u'(x)+v'(x); \quad [u(x)-v(x)]'=u'(x)-v'(x).$$

证明
$$[u(x)+v(x)]'=\lim_{\Delta x\to 0}\frac{[u(x+\Delta x)+v(x+\Delta x)]-[u(x)+v(x)]}{\Delta x}$$
$$=\lim_{\Delta x\to 0}\frac{[u(x+\Delta x)-u(x)]+[v(x+\Delta x)-v(x)]}{\Delta x}$$
$$=\lim_{\Delta x\to 0}\frac{\Delta u+\Delta v}{\Delta x}=\lim_{\Delta x\to 0}\left(\frac{\Delta u}{\Delta x}+\frac{\Delta v}{\Delta x}\right)=\lim_{\Delta x\to 0}\frac{\Delta u}{\Delta x}+\lim_{\Delta x\to 0}\frac{\Delta v}{\Delta x}=u'+v';$$
$$[u(x)-v(x)]'=\lim_{\Delta x\to 0}\frac{[u(x+\Delta x)-v(x+\Delta x)]-[u(x)-v(x)]}{\Delta x}$$
$$=\lim_{\Delta x\to 0}\frac{\Delta u-\Delta v}{\Delta x}=\lim_{\Delta x\to 0}\left(\frac{\Delta u}{\Delta x}-\frac{\Delta v}{\Delta x}\right)=\lim_{\Delta x\to 0}\frac{\Delta u}{\Delta x}-\lim_{\Delta x\to 0}\frac{\Delta v}{\Delta x}=u'-v'.$$

定理 2.4 设 $u(x)$ 与 $v(x)$ 在点 x 处可导,则 $u(x)\cdot v(x)$ 在点 x 处也可导,且

$$(uv)'=u'v+uv'.$$

特别地
$$(cu)' = cu' \quad (\text{其中 } c \text{ 为常数}).$$

证明　$$[u(x)v(x)]' = \lim_{\Delta x \to 0} \frac{u(x+\Delta x)v(x+\Delta x) - u(x)v(x)}{\Delta x}$$

$$= \lim_{\Delta x \to 0} \frac{u(x+\Delta x)v(x+\Delta x) - u(x)v(x+\Delta x) + u(x)v(x+\Delta x) - u(x)v(x)}{\Delta x}$$

$$= \lim_{\Delta x \to 0} \frac{[u(x+\Delta x) - u(x)]v(x+\Delta x) + u(x)[v(x+\Delta x) - v(x)]}{\Delta x}$$

$$= \lim_{\Delta x \to 0} \left[\frac{\Delta u}{\Delta x} \cdot v(x+\Delta x) + u(x) \cdot \frac{\Delta v}{\Delta x} \right]$$

$$= u'(x)v(x) + u(x)v'(x).$$

两个函数乘积求导法则可以推广到有限个函数乘积的求导情形. 即有
$$(uvw)' = u'vw + uv'w + uvw',$$
$$(u_1 u_2 \cdots u_n)' = u_1' u_2 \cdots u_n + u_1 u_2' \cdots u_n + \cdots + u_1 u_2 \cdots u_n'.$$

例 2.12　$f(x) = x(x-1)(x-2)\cdots(x-40)$，求 $f'(0)$.

解　$f'(x) = (x-1)(x-2)\cdots(x-40) + x(x-2)\cdots(x-40) + \cdots + x(x-1)\cdots(x-39)$，
$f'(0) = (-1)(-2)\cdots(-40) = 40!.$

定理 2.5　设 $u(x)$ 与 $v(x)$ 在点 x 处可导，且 $v(x) \neq 0$，则 $\dfrac{u(x)}{v(x)}$ 在点 x 处也可导，且
$$\left(\frac{u}{v} \right)' = \frac{u'v - uv'}{v^2}.$$

证明　$$\left[\frac{u(x)}{v(x)} \right]' = \lim_{\Delta x \to 0} \frac{\dfrac{u(x+\Delta x)}{v(x+\Delta x)} - \dfrac{u(x)}{v(x)}}{\Delta x}$$

$$= \lim_{\Delta x \to 0} \frac{u(x+\Delta x)v(x) - u(x)v(x+\Delta x)}{v(x+\Delta x)v(x)\Delta x}$$

$$= \lim_{\Delta x \to 0} \frac{[u(x+\Delta x) - u(x)]v(x) - u(x)[v(x+\Delta x) - v(x)]}{v(x+\Delta x)v(x)\Delta x}$$

$$= \lim_{\Delta x \to 0} \frac{\dfrac{\Delta u}{\Delta x}v(x) - u(x)\dfrac{\Delta v}{\Delta x}}{v(x+\Delta x)v(x)} = \frac{u'v - uv'}{v^2}.$$

例 2.13　求 $y = \tan x$ 的导数.

解　$(\tan x)' y' = \left(\dfrac{\sin x}{\cos x} \right) = \dfrac{(\sin x)'\cos x - \sin x(\cos x)'}{\cos^2 x} = \dfrac{\cos^2 x + \sin^2 x}{\cos^2 x} = \dfrac{1}{\cos^2 x} = \sec^2 x,$

所以得
$$(\tan x)' = \sec^2 x.$$

例 2.14　求 $y = \cot x$ 的导数.

解　$(\cot x)' = \left(\dfrac{\cos x}{\sin x} \right)' = \dfrac{-\sin^2 x - \cos^2 x}{\sin^2 x} = -\dfrac{1}{\sin^2 x} = -\csc^2 x,$

所以得 $(\cot x)' = -\csc^2 x$.

例 2.15　求 $y = \sec x$ 的导数.

解　$(\sec x)' = \left(\dfrac{1}{\cos x} \right)' = \dfrac{-1 \cdot (\cos x)'}{\cos^2 x} = \dfrac{\sin x}{\cos^2 x} = \sec x \tan x,$

所以得 $(\sec x)' = \sec x \tan x$.

例 2.16 求 $y = \csc x$ 的导数.

解 $(\csc x)' = \left(\dfrac{1}{\sin x}\right)' = \dfrac{-1 \cdot (\sin x)'}{\sin^2 x} = -\dfrac{1}{\sin x} \cdot \dfrac{\cos x}{\sin x} = -\csc x \cot x,$

所以 $(\csc x)' = -\csc x \cot x.$

例 2.17 求下列函数的导数:

(1) $y = \dfrac{\cos x}{x}$;　　　　　　　　(2) $y = x \sec x - \dfrac{\tan x}{x}.$

解 (1) $y' = \left(\dfrac{\cos x}{x}\right)' = \dfrac{(\cos x)' x - \cos x \cdot x'}{x^2} = \dfrac{-x \sin x - \cos x}{x^2}.$

(2) $y' = (x \sec x)' - \left(\dfrac{\tan x}{x}\right)' = 1 \cdot \sec x + x \cdot \sec x \cdot \tan x - \dfrac{\sec^2 x \cdot x - \tan x}{x^2}$

$\qquad = \sec x + x \cdot \sec x \cdot \tan x - \dfrac{x \sec^2 x - \tan x}{x^2}.$

2.2.2　反函数的求导法则

定理 2.6 设函数 $y = f(x)$ 在 (a,b) 内连续且单调增加(减少),又在点 $x_0 \in (a,b)$ 具有非零导数 $f'(x_0) \neq 0$,则其反函数 $x = \varphi(y)$ 在点 $y_0 = \varphi(x_0)$ 可导并且

$$\varphi'(y_0) = \dfrac{1}{f'(x_0)} \quad 或者 \quad f'(x_0) = \dfrac{1}{\varphi'(y_0)}.$$

证明 由于函数 $y = f(x)$ 在 (a,b) 内连续且单调增加,则由反函数存在定理与反函数连续性定理知函数 $y = f(x)$ 的反函数 $x = \varphi(y)$ 存在、单调增加且连续.

在点 $x_0 \in (a,b)$ 处,增量 Δx 与 Δy 可以表示为

$$\Delta x = x - x_0 = \varphi(y) - \varphi(y_0), \quad \Delta y = y - y_0 = f(x) - f(x_0),$$

显然有 $\Delta x \to 0$ 与 $\Delta y \to 0$ 是等价的. 于是

$$\varphi'(y_0) = \lim_{\Delta y \to 0} \dfrac{\Delta x}{\Delta y} = \lim_{\Delta x \to 0} \dfrac{1}{\dfrac{\Delta y}{\Delta x}} = \dfrac{1}{f'(x_0)}.$$

反函数的导数公式也可以表示为

$$\dfrac{\mathrm{d}x}{\mathrm{d}y} = \dfrac{1}{\dfrac{\mathrm{d}y}{\mathrm{d}x}} \quad 或 \quad \dfrac{\mathrm{d}y}{\mathrm{d}x} = \dfrac{1}{\dfrac{\mathrm{d}x}{\mathrm{d}y}}.$$

例 2.18 求 $y = \arcsin x$ 的导数.

解 $y = \arcsin x$ 的反函数为 $x = \sin y, y \in \left[-\dfrac{\pi}{2}, \dfrac{\pi}{2}\right],$

$$(\arcsin x)' = \dfrac{\mathrm{d}y}{\mathrm{d}x} = \dfrac{1}{\dfrac{\mathrm{d}x}{\mathrm{d}y}} = \dfrac{1}{(\sin y)'} = \dfrac{1}{\cos y} = \dfrac{1}{\sqrt{1 - \sin^2 y}} = \dfrac{1}{\sqrt{1 - x^2}}.$$

所以 $(\arcsin x)' = \dfrac{1}{\sqrt{1 - x^2}}.$

例 2.19 求 $y = \arccos x$ 的导数.

解 $y = \arccos x$ 的反函数为 $x = \cos y, y \in [0, \pi],$

$$(\arccos x)' = \frac{\mathrm{d}y}{\mathrm{d}x} = \frac{1}{\frac{\mathrm{d}x}{\mathrm{d}y}} = \frac{1}{(\cos y)'} = -\frac{1}{\sin y} = -\frac{1}{\sqrt{1-\cos^2 y}} = -\frac{1}{\sqrt{1-x^2}}.$$

所以 $(\arccos x)' = -\dfrac{1}{\sqrt{1-x^2}}$.

例 2.20 求 $y = \arctan x$ 的导数.

解 $y = \arctan x$ 的反函数为: $x = \tan y, y \in \left(-\dfrac{\pi}{2}, \dfrac{\pi}{2}\right)$,

$$(\arctan x)' = \frac{\mathrm{d}y}{\mathrm{d}x} = \frac{1}{\frac{\mathrm{d}x}{\mathrm{d}y}} = \frac{1}{(\tan y)'} = \frac{1}{\sec^2 y} = \frac{1}{1+\tan^2 y} = \frac{1}{1+x^2}.$$

所以 $(\arctan x)' = \dfrac{1}{1+x^2}$.

例 2.21 求 $y = \text{arccot} x$ 的导数.

解 $y = \text{arccot} x$ 的反函数为: $x = \cot y, y \in \left(-\dfrac{\pi}{2}, \dfrac{\pi}{2}\right)$,

$$(\text{arccot} x)' = \frac{\mathrm{d}y}{\mathrm{d}x} = \frac{1}{\frac{\mathrm{d}x}{\mathrm{d}y}} = \frac{1}{(\cot y)'} = -\frac{1}{\csc^2 y} = -\frac{1}{1+\cot^2 y} = -\frac{1}{1+x^2}.$$

所以 $(\text{arccot} x)' = -\dfrac{1}{1+x^2}$.

2.2.3 复合函数的求导法则

定理 2.7 设 $u = \varphi(x)$ 在点 x 处可导, $y = f(u)$ 在 $u = \varphi(x)$ 可导, 则复合函数 $y = f(\varphi(x))$ 在点 x 处也可导, 且其导数为

$$[f(\varphi(x))]' = f'[\varphi(x)]\varphi'(x) \quad \text{或者} \quad \frac{\mathrm{d}y}{\mathrm{d}x} = \frac{\mathrm{d}y}{\mathrm{d}u} \cdot \frac{\mathrm{d}u}{\mathrm{d}x}.$$

此定理表明: 复合函数对自变量求导是将函数先对中间变量求导再乘以中间变量对自变量求导.

证明 因 $y = f(u)$ 可导, 所以

$$\lim_{\Delta u \to 0} \frac{\Delta y}{\Delta u} = f'(u) \text{ 存在},$$

根据极限与无穷小的关系有

$$\frac{\Delta y}{\Delta u} = f'(u) + \alpha,$$

其中 $\Delta u \neq 0$, 且 $\lim\limits_{\Delta u \to 0} \alpha = 0$. 由上式得

$$\Delta y = f'(u)\Delta u + \alpha \Delta u, \tag{2.10}$$

α 是 Δu 的函数, 当 $\Delta u = 0$ 时, α 是没有定义的, 但因 $\lim\limits_{\Delta u \to 0} \alpha = 0$, 所以可以补充定义当 $\Delta u = 0$ 时, $\alpha = 0$. 于是当 $\Delta u = 0$ 时, 式(2.10)也成立. 从而

$$\Delta y = f[\varphi(x + \Delta x)] - f[\varphi(x)] = f'(u)\Delta u + \alpha \Delta u,$$

所以

$$\frac{\Delta y}{\Delta x} = f'(u)\frac{\Delta u}{\Delta x} + \alpha\frac{\Delta u}{\Delta x}, \tag{2.11}$$

其中 $\Delta u = \varphi(x+\Delta x) - \varphi(x)$，根据函数在某点可导必在该点连续的性质知道：

当 $\Delta x \to 0$ 时，$\Delta u \to 0$，将式 (2.11) 两端同时取极限得

$$\frac{dy}{dx} = \lim_{\Delta x \to 0}\frac{\Delta y}{\Delta x} = \lim_{\Delta x \to 0}\left[f'(u)\frac{\Delta u}{\Delta x} + \alpha\frac{\Delta u}{\Delta x}\right] = f'(u)\varphi'(x) = f'[\varphi(x)]\varphi'(x).$$

注：$\Delta u = \varphi(x+\Delta x) - \varphi(x)$ 作为 $u = \varphi(x)$ 的改变量，有可能为零，如

$$u = \begin{cases} x^2\sin\dfrac{1}{x}, & x \neq 0, \\ 0, & x = 0. \end{cases}$$

当 $\Delta x = \dfrac{1}{n\pi}$ 时，$\Delta u = u(\Delta x) - u(0) = \left(\dfrac{1}{n\pi}\right)^2\sin n\pi - 0 = 0$.

例 2.22 求 $y = (2x^2+3)^{10}$ 的导数.

解 $y = (2x^2+3)^{10}$ 可看成 $y = u^{10}, u = 2x^2+3$ 的复合，于是

$$y' = \frac{dy}{dx} = \frac{dy}{du}\frac{du}{dx} = 10u^9 \cdot 4x = 40x(2x^2+3)^9.$$

例 2.23 设 $y = f(x) = \sqrt{1+x^2}$，求 y'.

解 $y = f(x) = \sqrt{1+x^2}$ 可看成 $y = u^{\frac{1}{2}}, u = 1+x^2$ 的复合，所以

$$y' = \frac{dy}{dx} = \frac{dy}{du}\frac{du}{dx} = \frac{1}{2\sqrt{u}} \cdot 2x = \frac{x}{\sqrt{1+x^2}}.$$

复合函数的求导法则可以推广到多个中间变量的情形. 如

$y = f(u), u = \varphi(v), v = \phi(x)$，则 $y = f(\varphi(\phi(x)))$ 的导数为

$$\frac{dy}{dx} = \frac{dy}{du} \cdot \frac{du}{dv} \cdot \frac{dv}{dx} = f'(\varphi(\phi(x))\varphi'(\phi(x))\phi'(x)).$$

例 2.24 求 $y = \sin^2 x^2$ 的导数.

解 $y = \sin^2 x^2$ 由 $y = u^2, u = \sin v, v = x^2$ 复合而成，所以

$$y' = \frac{dy}{dx} = \frac{dy}{du}\frac{du}{dv}\frac{dv}{dx} = 2u\cos v \cdot 2x = 2\sin x^2\cos x^2 \cdot 2x = 2x\sin 2x^2.$$

但我们熟练以后没有必要把中间变量写出来，一般采用下面的表达过程：

$$y' = 2\sin x^2(\sin x^2)' = 2\sin x^2\cos x^2(x^2)' = 2x\sin 2x^2.$$

例 2.25 求 $y = \ln|x|\ (x \neq 0)$ 的导数.

解 $y = \ln|x| = \begin{cases} \ln x, & x > 0, \\ \ln(-x), & x < 0. \end{cases}$

当 $x > 0$ 时，$(\ln|x|)' = [\ln x]' = \dfrac{1}{x}$；

当 $x < 0$ 时，$(\ln|x|)' = [\ln(-x)]' = \dfrac{-1}{-x} = \dfrac{1}{x}$.

故 $(\ln|x|)' = \dfrac{1}{x}$.

例 2.26 证明：可导的奇函数其导函数为偶函数.

证 设 $f(x)$ 为奇函数，则有 $f(-x) = -f(x)$，两边同时对 x 求导得到 $-f'(-x) =$

$-f'(x)$，于是 $f'(-x)=f'(x)$，所以 $f'(x)$ 为偶函数.

例 2.27　若 $f(t)=\lim\limits_{x\to\infty}t\left(1+\dfrac{1}{x}\right)^{2tx}$，求 $f'(t)$.

解　$f(t)=\lim\limits_{x\to\infty}t\left(1+\dfrac{1}{x}\right)^{2tx}=t\lim\limits_{x\to\infty}\left[\left(1+\dfrac{1}{x}\right)^{x}\right]^{2t}=te^{2t}$.

$$f'(t)=e^{2t}+2te^{2t}=e^{2t}(2t+1).$$

例 2.28　证明：$x>0,(x^{\mu})'=\mu x^{\mu-1}$.

解　因为 $x^{\mu}=(e^{\ln x})^{\mu}=e^{\mu\ln x}$，所以

$$(x^{\mu})'=(e^{\mu\ln x})'=e^{\mu\ln x}(\mu\ln x)'=x^{\mu}\mu\dfrac{1}{x}=\mu x^{\mu-1}.$$

至此为止，我们利用导数的定义、导数的四则运算法则、反函数的求导法则及复合函数的求导法则把基本初等函数的导数已全部求出，现把这些基本初等函数的导数公式列于表 2.1，要求读者熟记每一个公式.

表 2.1　基本初等函数导数公式表

(1) $c'=0$	(9) $(\tan x)'=\sec^2 x$
(2) $(x^a)'=ax^{a-1}$	(10) $(\cot x)'=-\csc^2 x$
(3) $(a^x)'=a^x\ln a$	(11) $(\sec x)'=\sec x\tan x$
(4) $(e^x)'=e^x$	(12) $(\csc x)'=-\csc x\cot x$
(5) $(\log_a x)'=\dfrac{1}{x\ln a}$	(13) $(\arcsin x)'=\dfrac{1}{\sqrt{1-x^2}}$
(6) $(\ln\lvert x\rvert)'=\dfrac{1}{x}$	(14) $(\arccos x)'=-\dfrac{1}{\sqrt{1-x^2}}$
(7) $(\sin x)'=\cos x$	(15) $(\arctan x)'=\dfrac{1}{1+x^2}$
(8) $(\cos x)'=-\sin x$	(16) $(\text{arccot}x)'=-\dfrac{1}{1+x^2}$

2.2.4　隐函数的求导法则

隐函数求导只需将方程中的 y 看成 x 的函数，将方程两端同时对 x 求导就可以求出 $y'(x)$.

例 2.29　设 $x^2+y^2=4$，求：

(1) $\dfrac{\mathrm{d}y}{\mathrm{d}x}$；(2) 圆 $x^2+y^2=4$ 在点 $(1,-\sqrt{3})$ 的切线方程和法线方程.

解　(1) 方程 $x^2+y^2=4$ 两端同时对 x 求导，得

$$2x+2y\cdot\dfrac{\mathrm{d}y}{\mathrm{d}x}=0,$$

所以 $\dfrac{\mathrm{d}y}{\mathrm{d}x}=-\dfrac{x}{y}$.

(2) 圆 $x^2+y^2=4$ 在点 $(1,-\sqrt{3})$ 的切线斜率为

$$k=\dfrac{\mathrm{d}y}{\mathrm{d}x}\Big|_{(1,-\sqrt{3})}=\dfrac{1}{\sqrt{3}},$$

故切线方程为

$$y+\sqrt{3}=\frac{1}{\sqrt{3}}(x-1).$$

法线方程为 $y+\sqrt{3}=-\sqrt{3}(x-1)$,即 $y=-\sqrt{3}x$.

例 2.30　设函数 $y=y(x)$ 由方程 $x^3+y^3=6xy$ 确定.

(1) 求 $x'(y)$,

(2) 求曲线 $x^3+y^3=6xy$ 在点 $(3,3)$ 处的切线方程.

解　(1) 方程 $x^3+y^3=6xy$ 两端同时对 x 求导,得

$$3x^2+3y^2\cdot y'=6y+6xy',$$

变形得

$$(y^2-2x)y'=2y-x^2,$$

所以 $y'=\dfrac{2y-x^2}{y^2-2x}$,故 $x'(y)=\dfrac{y^2-2x}{2y-x^2}$.

注:求 x 对 y 的导数有两种方法:第一种方法是把方程中的 x 看成 y 的函数,将方程两端同时对 y 求导就可以求出 $x'(y)$;第二种方法是先求出 y 对 x 的导数,然后根据反函数的求导法则得到 $x'(y)=\dfrac{1}{y'(x)}$.

(2) 当 $x=3,y=3$ 时,

$$y'=\frac{2\cdot 3-3^2}{3^2-2\cdot 3}=-1,$$

即曲线在点 $(3,3)$ 处的切线斜率为 $k=-1$,所以曲线 $x^3+y^3=6xy$ 在点 $(3,3)$ 处的切线方程为

$$y-3=-(x-3),\quad 即\ x+y=6.$$

例 2.31　设 $\sin(x+y)=y^2\cos x$,求 y'.

解　方程 $\sin(x+y)=y^2\cos x$ 两端同时对 x 求导,得

$$\cos(x+y)\cdot(1+y')=2y\cdot y'\cos x+y^2(-\sin x),$$

整理得 $[2y\cos x-\cos(x+y)]y'=\cos(x+y)+y^2\sin x$. 所以

$$y'=\frac{\cos(x+y)+y^2\sin x}{2y\cos x-\cos(x+y)}.$$

2.2.5　对数法求导

在某些时候利用对数法求导比用通常的方法简便一些,这种方法是将 $y=f(x)$ 的两边同时取对数,然后把 y 看成是 x 的函数,根据隐函数的求导法则即可求出函数的导数.我们通过下面的例子来说明这种求导方法.

例 2.32　$f(x)=x(x+1)(x+2)\cdots(x+40)$,求 $f'(1)$.

解　等式两边取对数,得

$$\ln f(x)=\ln x+\ln(x+1)+\ln(x+2)+\cdots+\ln(x+40).$$

上式两边同时对 x 求导,得

$$\frac{f'(x)}{f(x)}=\frac{1}{x}+\frac{1}{x+1}+\frac{1}{x+2}+\cdots+\frac{1}{x+40},$$

于是

$$f'(x) = f(x)\left(\frac{1}{x} + \frac{1}{x+1} + \frac{1}{x+2} + \cdots + \frac{1}{x+40}\right),$$

$$f'(1) = 41!\left(1 + \frac{1}{2} + \frac{1}{3} + \cdots + \frac{1}{41}\right).$$

例 2.33　$y = x^{\sin x}$，求 y'.

解　两边对数得

$$\ln y = \sin x \ln x.$$

两边同时对 x 求导，得到 $\dfrac{1}{y}y' = \cos x \ln x + \sin x \dfrac{1}{x}$，于是 $y' = y\left(\cos x \ln x + \dfrac{\sin x}{x}\right)$，即

$$y' = x^{\sin x}\left(\cos x \ln x + \frac{\sin x}{x}\right)$$

例 2.34　$y = \left(\dfrac{x}{1+x}\right)^x$，求 y'.

解　等式两边取对数得 $\ln y = x\ln\dfrac{x}{1+x}$，两边同时对 x 求导数，得

$$\frac{y'}{y} = \ln\frac{x}{1+x} + x(\ln x - \ln(1+x))' = \ln\frac{x}{1+x} + x\frac{1}{x(1+x)},$$

于是

$$y' = y\left(\ln\frac{x}{1+x} + \frac{1}{1+x}\right) = \left(\frac{x}{1+x}\right)^x\left(\ln\frac{x}{1+x} + \frac{1}{1+x}\right).$$

例 2.35　$y = \dfrac{\sqrt[3]{(x+2)^2\,(x+5)^5}}{\sqrt{(x-3)(x-4)^3}}$，求 y'.

解　两边同时取对数

$$\ln y = \frac{1}{3}\left[2\ln(x+2) + 5\ln(x+5)\right] - \frac{1}{2}\left[\ln(x-3) + 3\ln(x-4)\right],$$

两边同时对 x 求导

$$\frac{y'}{y} = \frac{1}{3}\left(\frac{2}{x+2} + \frac{5}{x+5}\right) - \frac{1}{2}\left(\frac{1}{x-3} + \frac{3}{x-4}\right),$$

$$y' = y\left[\frac{1}{3}\left(\frac{2}{x+2} + \frac{5}{x+5}\right) - \frac{1}{2}\left(\frac{1}{x-3} + \frac{3}{x-4}\right)\right],$$

$$y' = \frac{\sqrt[3]{(x+2)^2\,(x+5)^5}}{\sqrt{(x-3)\,(x-4)^3}}\left[\frac{1}{3}\left(\frac{2}{x+2} + \frac{5}{x+5}\right) - \frac{1}{2}\left(\frac{1}{x-3} + \frac{3}{x-4}\right)\right].$$

例 2.36　求 $y = \sqrt{e^{\frac{1}{x}}\sqrt{x\,\sqrt{\sin x}}}$ 的导数.

解　两边取对数得

$$\ln y = \frac{1}{2x} + \frac{1}{4}\ln x + \frac{1}{8}\ln\sin x,$$

将等式两端同时对 x 求导，得

$$\frac{1}{y}y' = -\frac{1}{2x^2} + \frac{1}{4x} + \frac{1}{8}\cot x,$$

于是 $y' = \left(-\dfrac{1}{2x^2} + \dfrac{1}{4x} + \dfrac{1}{8}\cot x\right)\sqrt{e^{\frac{1}{x}}\sqrt{x\,\sqrt{\sin x}}}$.

2.2.6 参数方程求导

参数方程

$$\begin{cases} x = \varphi(t), \\ y = \psi(t), \end{cases} \quad \alpha \leqslant t \leqslant \beta \tag{2.12}$$

表示平面上的一条曲线,对于参数 $t \in [\alpha, \beta]$ 的每一个值,上面的参数方程就确定了一对 x 和 y 的值,因而就确定了平面上的一个点 (x, y). 当函数 $x = \varphi(t)$ 的反函数 $t = \varphi^{-1}(x)$ 存在时,将 $t = \varphi^{-1}(x)$ 代入 $y = \psi(t)$,就得变量 y 是变量 x 的函数 $y = \psi[\varphi^{-1}(x)]$. 现要求这个复合函数的导数,为此假定 $x = \varphi(t)$,$y = \psi(t)$ 都可导,且 $\varphi'(t) \neq 0$,于是根据复合函数的求导法则与反函数的求导法则,就有

$$\frac{\mathrm{d}y}{\mathrm{d}x} = \frac{\mathrm{d}y}{\mathrm{d}t} \cdot \frac{\mathrm{d}t}{\mathrm{d}x} = \frac{\mathrm{d}y}{\mathrm{d}t} \cdot \frac{1}{\dfrac{\mathrm{d}x}{\mathrm{d}t}} = \frac{\psi'(t)}{\varphi'(t)}.$$

即

$$\frac{\mathrm{d}y}{\mathrm{d}x} = \frac{\psi'(t)}{\varphi'(t)}. \tag{2.13}$$

式(2.13)表明参数方程的导数是将因变量对参数求导除以自变量对参数求导.

例 2.37 设 $y = y(x)$ 由参数方程

$$\begin{cases} x = a\cos t, \\ y = b\sin t \end{cases}$$

确定,求 $\dfrac{\mathrm{d}y}{\mathrm{d}x}$.

解 $\dfrac{\mathrm{d}y}{\mathrm{d}x} = \dfrac{(b\sin t)'}{(a\cos t)'} = -\dfrac{b\cos t}{a\sin t} = -\dfrac{b}{a}\cot t.$

例 2.38 求曲线 $\begin{cases} x = a(t - \sin t), \\ y = a(1 - \cos t) \end{cases}$ 在 $t = \pi$ 处的切线方程.

解 当 $t = \pi$ 时,

$$x = a(\pi - \sin \pi) = a\pi, \quad y = a(1 - \cos \pi) = 2a.$$

又

$$\frac{\mathrm{d}y}{\mathrm{d}x} = \frac{[a(1 - \cos t)]'}{[a(t - \sin t)]'} = \frac{\sin t}{1 - \cos t},$$

所以斜率为

$$k = \frac{\mathrm{d}y}{\mathrm{d}x}\Big|_{t=\pi} = \frac{\sin t}{1 - \cos t}\Big|_{t=\pi} = 0.$$

故所求切线的方程为:$y - 2a = 0 \cdot (x - a\pi)$,即 $y = 2a$.

例 2.39 设 $y = y(x)$ 由 $\begin{cases} x = \arctan t, \\ 2y - ty^2 + \mathrm{e}^t = 5 \end{cases}$ 所确定,求 $\dfrac{\mathrm{d}y}{\mathrm{d}x}$.

解 因为 $\dfrac{\mathrm{d}x}{\mathrm{d}t} = \dfrac{1}{1 + t^2}$,又由隐函数求导法可得 $\dfrac{\mathrm{d}y}{\mathrm{d}t} = \dfrac{y^2 - \mathrm{e}^t}{2(1 - ty)}$,因而

$$\frac{\mathrm{d}y}{\mathrm{d}x} = \frac{\dfrac{\mathrm{d}y}{\mathrm{d}t}}{\dfrac{\mathrm{d}x}{\mathrm{d}t}} = \frac{(y^2 - \mathrm{e}^t)(1 + t^2)}{2(1 - ty)}.$$

习题 2.2

A 组

1. 利用导数的四则运算法则求下列函数的导数：

(1) $y = 3x^3 - 2x + 10$；

(2) $y = x\tan x + \sin \dfrac{\pi}{3}$；

(3) $y = \dfrac{\sin x}{x}$；

(4) $y = (\sqrt{x} + 1)\left(\dfrac{1}{\sqrt{x} - 1}\right)$；

(5) $y = \dfrac{x^3 + \cot x}{\ln x}$；

(6) $y = \dfrac{x^2}{x^2 + 1} - \dfrac{3\sin x}{x}$.

2. 求下列函数的导数值：

(1) $f(x) = \dfrac{1}{2x - 1}$，求 $f'(0), f'(-2)$；

(2) $f(t) = \dfrac{t^2 - 5t + 1}{t^3}$，求 $f'(-1), f'(1)$.

3. 求曲线 $y = \arctan x$ 在横坐标 1 的点处的切线方程和法线方程.

4. 求曲线 $\begin{cases} x = \cos^3 t, \\ y = \sin^3 t \end{cases}$ 上对应于 $t = \dfrac{\pi}{6}$ 点处的法线方程.

5. 已知曲线 $y = x^3 + bx^2 + cx$ 通过点 $(-1, -4)$，且在横坐标 $x = 1$ 的点处具有水平切线，求 b, c 及曲线的方程.

6. 曲线 $y = ax^2 + bx$ 上点 $(1, 2)$ 处的切线倾角为 $\dfrac{\pi}{4}$，求 a, b.

7. 若 $f(x) = \begin{cases} \mathrm{e}^{ax}, & x < 0, \\ b + \sin 2x, & x \geqslant 0 \end{cases}$ 在 $x = 0$ 处可导，则 a, b 的值应为多少？

8. 求下列函数的导数：

(1) $y = \sqrt{1 + \ln^2 x}$；

(2) $2^{\sin \frac{1}{x}}$；

(3) $y = \cos(\mathrm{e}^{\sqrt{x}})$；

(4) $y = A\sin(\omega t + \varphi_0)$（$A$、$\omega$、$\varphi_0$ 皆是常数）；

(5) $y = \sqrt{\sin \dfrac{x}{2}}$；

(6) $y = \dfrac{1}{\sqrt{4 - x^2}}$；

(7) $y = \log_2 \cos x^2$；

(8) $y = [\arctan(1 + x^2)]^2$；

(9) $y = \dfrac{1}{\sqrt[3]{x} + \sqrt{x}}$.

9. 求下列函数的导数：

(1) $y = \sqrt{1 + x^2} \ln(x + \sqrt{1 + x^2})$；

(2) $y = \arctan 2^x + \operatorname{arccot} x^2$；

(3) $y = \dfrac{\sin 2x}{1 + \cos 2x}$；

(4) $y = \ln(\sec x + \tan x)$；

(5) $y=\sin^2 x \cdot \sin x^2$；
(6) $y=x\arcsin\dfrac{x}{2}+\sqrt{4-x^2}$.

10. 求下列隐函数的导数 $\dfrac{\mathrm{d}y}{\mathrm{d}x}$：

(1) $y+x\mathrm{e}^y=1$；
(2) $xy^2+\mathrm{e}^y=\cos(x+y^2)$；

(3) $x\cos y=\sin(x+y)$；
(4) $\arcsin x\cdot\ln y+\tan y=\mathrm{e}^{2x}$.

11. 求下列函数的导数：

(1) $y=(\sin x)^{\cos x}$；
(2) $y=x\sqrt{\dfrac{1-x}{1+x^2}}$；

(3) $y=(1+x)^{\frac{1}{2x}}$；
(4) $y=\left(\dfrac{a}{b}\right)^x\left(\dfrac{b}{x}\right)^a\left(\dfrac{x}{a}\right)^b$.

12. 求由下列参数方程所确定的函数的导数 $\dfrac{\mathrm{d}y}{\mathrm{d}x}$.

(1) $\begin{cases}x=at\cos t,\\ y=at\sin t;\end{cases}$
(2) $\begin{cases}x=\dfrac{1}{2}\left(t+\dfrac{1}{t}\right),\\ y=\dfrac{1}{2}\left(t-\dfrac{1}{t}\right);\end{cases}$

(3) $\begin{cases}x=\mathrm{e}^t\sin t,\\ y=\mathrm{e}^t\cos t,\end{cases}$ 在 $t=\dfrac{\pi}{4}$ 处；
(4) $\begin{cases}x=\ln(1+t^2),\\ y=t-\arctan t,\end{cases}$ $t\in(0,+\infty)$.

B 组

1. 已知 $f(x)=\cos^2 2x$，求 $f'(2x)$ 与 $[f(2x)]'$.

2. 求下列函数对于 x 的导数（$f(x)$ 为可导函数）：

(1) $y=\sqrt{f(x)}$；
(2) $y=f(\mathrm{e}^x)\mathrm{e}^{f(x)}$；
(3) $y=f(\cos\sqrt{x})$；

(4) $y=f[f(x)]$；
(5) $y=f(f(\mathrm{e}^{2x}))$；
(6) $y=\left(\dfrac{1}{f(x)}\right)$.

3. 求下列函数的导数：

(1) $y=3\cot x-\dfrac{1}{\ln x}$；
(2) $y=\dfrac{x^2}{x^2+1}-\dfrac{3\sin x}{x}$；

(3) $y=x^2\cos x+\dfrac{2+x^2}{\sqrt{x}}$；
(4) $y=x(1+x^2)\tan x$.

4. 曲线 $y=ax^2+1$ 在点 $x=1$ 处的切线与直线 $y=\dfrac{1}{2}x+1$ 垂直，求 a 的值.

5. 求对数螺线 $\beta=\mathrm{e}^\theta$ 在点 $(\beta,\theta)=\left(\mathrm{e}^{\pi/2},\dfrac{\pi}{2}\right)$ 处的切线的直角坐标方程.

6. 设函数 $y=y(x)$ 由方程 $\mathrm{e}^{x+y}+\cos(xy)=2$ 确定，求 $y=y(x)$ 在 $x=0$ 处的切线方程.

7. 设 $y=y(x)$ 是由方程 $\sin y+x\mathrm{e}^y=1$ 所确定的隐函数. 求函数曲线 $y=y(x)$ 在点 $M(1,0)$ 处的切线方程.

8. 试证：抛物线 $x^{\frac{1}{2}}+y^{\frac{1}{2}}=a^{\frac{1}{2}}$ 上任一点的切线所截两坐标轴截距之和等于 a.

9. 求经过点 $(-5,5)$ 且与直线 $3x+4y-20=0$ 相切于点 $(4,2)$ 的圆的方程.

10. 求曲线 $\begin{cases}x=\mathrm{e}^t\sin 2t,\\ y=\mathrm{e}^t\cos t\end{cases}$ 在点 $(0,1)$ 处的法线方程.

2.3　高阶导数

2.3.1　高阶导数的概念

由导数的定义知,变速直线运动的速度 $v(t)$ 是位置函数 $s(t)$ 对时间的导数,即 $v(t) = \dfrac{\mathrm{d}s}{\mathrm{d}t}$,而加速度 $a(t)$ 是速度对时间的导数,即 $a(t) = \dfrac{\mathrm{d}v}{\mathrm{d}t} = \dfrac{\mathrm{d}}{\mathrm{d}t}\left(\dfrac{\mathrm{d}s}{\mathrm{d}t}\right)$. 这种导数的导数 $\dfrac{\mathrm{d}}{\mathrm{d}t}\left(\dfrac{\mathrm{d}s}{\mathrm{d}t}\right)$ 就称为 s 对 t 的二阶导数,记作 $s''(t)$ 或 $\dfrac{\mathrm{d}^2 s}{\mathrm{d}t^2}$.

一般地,函数 $y = f(x)$ 的导函数 $y' = f'(x)$ 仍然是自变量 x 的函数,若它关于 x 的导数还存在,则把 y' 的导数称为 y 的二阶导数,记为 y'' 或 $\dfrac{\mathrm{d}^2 y}{\mathrm{d}x^2}$;如果 y'' 关于 x 的导数还存在,则把 y'' 的导数称为 y 的三阶导数,记为 y''' 或 $\dfrac{\mathrm{d}^3 y}{\mathrm{d}x^3}$,或 $y^{(3)}$;$\cdots$;如果 y 的 $n-1$ 阶导数 $y^{(n-1)}$ 的导数还存在,则称 $y^{(n-1)}$ 的导数为 y 的 n 阶导数,记为 $y^{(n)}$ 或 $\dfrac{\mathrm{d}^n y}{\mathrm{d}x^n}$. 为方便,以后也把 y 记为 $y^{(0)}$,y' 记为 $y^{(1)}$,等等. 如

$$y = x^6, \quad y' = 6x^5 \quad y'' = (y')' = 30x^4, \quad y''' = (y'')' = 120x^3,$$
$$y^{(4)} = (y''')' = 360x^2, \quad y^{(5)} = \left[y^{(4)}\right]' = 720x.$$

函数 $y = f(x)$ 具有 n 阶导数,也称函数 $y = f(x)$ 是 n 阶可导,如果函数 $y = f(x)$ 在 x 处具有 n 阶导数,则函数 $y = f(x)$ 在点 x 的某一邻域内必定具有一切低于 n 阶的导数,二阶及二阶以上的导数统称为**高阶导数**. 高阶导数的计算,从理论上讲不需要新的知识,只需一阶一阶的求导就行了.

例 2.40　设某质点的位置函数为
$$s(t) = 2t^3 - 5t^2 + 3t + 4,$$
其中 s 的单位为 cm,时间 t 的单位为 s. 求 2s 时的加速度.

解　因为 $v(t) = \dfrac{\mathrm{d}s}{\mathrm{d}t} = 6t^2 - 10t + 3$,$a(t) = \dfrac{\mathrm{d}v}{\mathrm{d}t} = \dfrac{\mathrm{d}^2 s}{\mathrm{d}t^2} = 12t - 10$,所以 2s 时的加速度为 $a(2) = 12 \times 2 - 10 = 14(\text{cm/s}^2)$.

例 2.41　设 $y = \sin x$,求 $y^{(n)}$.

解　$y' = \cos x = \sin\left(\dfrac{\pi}{2} + x\right)$,

$$y'' = -\sin x = \sin\left(2 \cdot \dfrac{\pi}{2} + x\right),$$

$$y''' = -\cos x = \sin\left(3 \cdot \dfrac{\pi}{2} + x\right),$$

$$y^{(4)} = \sin x = \sin\left(4 \cdot \dfrac{\pi}{2} + x\right),$$

$$\vdots$$

$$y^{(n)} = \sin\left(\dfrac{n\pi}{2} + x\right).$$

同理可得 $(\cos x)^{(n)} = \cos\left(x + n \cdot \dfrac{\pi}{2}\right)$.

例 2.42 设 $y = a^x$，求 $y^{(n)}$.

解 因为 $y' = a^x \ln a$，$y'' = a^x (\ln a)^2$，$y''' = a^x (\ln a)^3$，$\cdots$，所以 $y^{(n)} = a^x (\ln a)^n$.

例 2.43 设 $y = x^m$（m 为自然数），求 $y^{(n)}$.

解 $y' = mx^{m-1}$，

$$y'' = m(m-1)x^{m-2},$$
$$\vdots$$
$$y^{(n)} = m(m-1)\cdots(m-n+1)x^{m-n} \ (n \leqslant m),$$

特别地，当 $n = m$ 时，有 $y^{(m)} = m!$，

当 $n > m$ 时，$y^{(n)} = 0$.

所以

$$y^{(n)} = \begin{cases} m(m-1)(m-2)\cdots(m-n+1)x^{m-n}, & n \leqslant m, \\ 0, & n > m. \end{cases}$$

利用上述结论，我们可以得到多项式的各阶导数.

例 2.44 设 $y = \dfrac{1}{x+a}$，求 $y^{(n)}$.

解 $y' = [(x+a)^{-1}]' = (-1)(x+a)^{-2} = -\dfrac{1}{(x+a)^2}$，

$$y'' = [(-1)(x+a)^{-2}]' = (-1)(-2)(x+a)^{-3} = \dfrac{2!}{(x+a)^3},$$
$$\vdots$$
$$y^{(n)}(x) = \dfrac{(-1)^n n!}{(x+a)^{n+1}}.$$

同理，若 $y = \dfrac{1}{x-a}$，则 $y^{(n)}(x) = \dfrac{(-1)^n n!}{(x-a)^{n+1}}$.

如果函数 $u = u(x)$ 和 $v = v(x)$ 都在 x 点具有 n 阶导数，那么 $u(x) + v(x)$ 和 $u(x) - v(x)$ 在 x 点也具有 n 阶导数，且 $(u(x) \pm v(x))^{(n)} = u(x)^{(n)} \pm v(x)^{(n)}$.

例 2.45 $y = \dfrac{1}{x^2 - 2x - 3}$，求 $y^{(n)}$.

解 $y = \dfrac{1}{x^2 - 2x - 3} = \dfrac{1}{(x-3)(x+1)} = \dfrac{1}{4}\left(\dfrac{1}{x-3} - \dfrac{1}{x+1}\right)$，根据例 2.44 的结果有

$$y^{(n)} = \dfrac{1}{4}\left[\left(\dfrac{1}{x-3}\right)^{(n)} - \left(\dfrac{1}{x+1}\right)^{(n)}\right] = \dfrac{1}{4}\left[\dfrac{(-1)^n n!}{(x-3)^{n+1}} - \dfrac{(-1)^n n!}{(x+1)^{n+1}}\right]$$
$$= \dfrac{(-1)^n n!}{4}\left[\dfrac{1}{(x-3)^{n+1}} - \dfrac{1}{(x+1)^{n+1}}\right].$$

2.3.2 莱布尼茨高阶导数公式

莱布尼茨(Leibniz)高阶导数公式用来求两个函数乘积 $u(x)v(x)$ 的高阶导数.

由 $(uv)' = u'v + uv'$，得

$$(uv)'' = (u'v + uv')' = u''v + 2u'v' + uv'',$$
$$(uv)''' = u'''v + 3u''v' + 3u'v'' + uv''',$$
$$\vdots$$

这几个式子与二项式展开定理非常相似. 比较

$$(u + v)^3 = u^3 v^0 + 3u^2 v + 3uv^2 + u^0 v^3,$$
$$(uv)^{(3)} = u^{(3)} v^{(0)} + 3u^{(2)} v^{(1)} + 3u^{(1)} v^{(2)} + u^{(0)} v^{(3)},$$

可以看出：$(uv)^{(3)}$ 与 $(u+v)^3$ 之间有完全对应的关系. 唯一值得注意的是 $u^0 = 1$, 而 u 的零阶导数 $u^{(0)} = u$. 于是我们得到莱布尼茨公式

$$(uv)^{(n)} = \sum_{k=0}^{n} C_n^k u^{(n-k)} v^{(k)} = u^{(n)} v + nu^{(n-1)} v' + \frac{n(n-1)}{2!} u^{(n-2)} v'' + \cdots + uv^{(n)}.$$

例 2.46　设 $y = x^3 \sin x$, 求 $y^{(10)}$.

解　由莱布尼茨公式得

$$y^{(10)} = (\sin x)^{(10)} x^3 + 10 (\sin x)^{(9)} (x^3)' + \frac{10 \times 9}{2!} (\sin x)^{(8)} (x^3)'' + \frac{10 \times 9 \times 8}{3!} (\sin x)^{(7)} (x^3)'''$$

$$= -x^3 \sin x + 30x^2 \cos x + 270x \sin x - 720 \cos x.$$

2.3.3　参数方程的高阶导数

设 $y = y(x)$ 是由参数方程 $\begin{cases} x = \varphi(t), \\ y = \psi(t) \end{cases}$ 确定的函数, 由于 y 的 n 阶导数 $y^{(n)}$ 是将 $y^{(n-1)}$ 对 x 求导, 而 $y^{(n-1)}$ 是参数 t 的函数, 于是 $y^{(n)}$ 是将 $y^{(n-1)}$ 先对中间变量 t 求导, 再乘以中间变量 t 对自变量 x 求导. 我们以求二阶导数为例说明这种求高阶导数的方法.

$$y' = \frac{\mathrm{d}y}{\mathrm{d}x} = \frac{\psi'(t)}{\varphi'(t)},$$

$$y'' = \frac{\mathrm{d}^2 y}{\mathrm{d}x^2} = \frac{\mathrm{d}}{\mathrm{d}x}\left(\frac{\mathrm{d}y}{\mathrm{d}x}\right) = \frac{\mathrm{d}y'}{\mathrm{d}x} = \frac{\mathrm{d}y'}{\mathrm{d}t} \frac{\mathrm{d}t}{\mathrm{d}x}$$

$$= \frac{\psi''(t)\varphi'(t) - \psi'(t)\varphi''(t)}{[\varphi'(t)]^2} \frac{1}{\varphi'(t)}$$

$$= \frac{\psi''(t)\varphi'(t) - \psi'(t)\varphi''(t)}{[\varphi'(t)]^3}.$$

例 2.47　椭圆的参数方程为 $\begin{cases} x = a\cos t, \\ y = b\sin t \end{cases}$ $(0 \leqslant t \leqslant 2\pi)$, 求 y'''.

$$y' = \frac{\mathrm{d}y}{\mathrm{d}x} = \frac{(b\sin t)'}{(a\cos t)'} = -\frac{b\cos t}{a\sin t} = -\frac{b}{a}\cot t,$$

$$y'' = \frac{\mathrm{d}y'}{\mathrm{d}t} \frac{\mathrm{d}t}{\mathrm{d}x} = -\frac{b}{a}\csc^2 t \cdot \frac{1}{-a\sin t} = -\frac{b}{a^2 \sin^3 t},$$

$$y''' = \frac{\mathrm{d}y''}{\mathrm{d}t} \frac{\mathrm{d}t}{\mathrm{d}x} = -\frac{b}{a^2} \frac{(-3 \sin^2 t \cos t)}{\sin^6 t} \left(-\frac{1}{a\sin t}\right) = -\frac{3b\cos t}{a^3 \sin^5 t}.$$

2.3.4　隐函数的高阶导数

隐函数的高阶导数 $y^{(n)}$ 只需要将 $y^{(n-1)}$ 的表达式中的 $y, y', \cdots, y^{(n-2)}$ 均看成 x 的函数,

根据导数的求导法则就可以得到 $y^{(n)}$，但最后都要换成 x, y 的表达式. 一般非数学专业的学生只要求到二阶导数. 下面以例子说明隐函数的二阶导数求法.

例 2.48 设 $y=y(x)$ 是由方程 $x^3+y^3-3xy=0$ 确定的函数，求 y''.

解 原方程两端同时对 x 求导数，得

$$3x^2+3y^2y'-3(y+xy')=0,$$

解得

$$y'=\frac{y-x^2}{y^2-x}.$$

所以

$$
\begin{aligned}
y''&=\frac{(y'-2x)(y^2-x)-(y-x^2)(2yy'-1)}{(y^2-x)^2}\\
&=\frac{(2x^2y-x-y^2)y'+(x^2+y-2xy^2)}{(y^2-x)^2}\\
&=\frac{(2x^2y-x-y^2)\dfrac{y-x^2}{y^2-x}+(x^2+y-2xy^2)}{(y^2-x)^2}\\
&=\frac{(2x^2y-x-y^2)(y-x^2)+(x^2+y-2xy^2)(y^2-x)}{(y^2-x)^3}.
\end{aligned}
$$

习题 2.3

A 组

1. 求下列函数的二阶导数：

(1) $y=\mathrm{e}^{\sin x}$;

(2) $y=\sin x^3$;

(3) $y=\mathrm{e}^{-x^2}$;

(4) $y=\dfrac{\ln x}{x}$.

2. 设 $y=\mathrm{e}^{2x}\sin 3x$，求 $y'(0), y''(0), y'''(0)$.

3. 设 $f(x)$ 三阶可导，求下列函数的三阶导数：

(1) $y=f(x^2)$;

(2) $y=[f(x)]^2$.

4. 求下列函数的高阶导数：

(1) $y=(x^2+x+1)\sin x$，求 $y^{(15)}$;

(2) $y=\dfrac{x^3}{x^2-3x-4}$，求 $y^{(n)}$.

5. 求由方程 $\sqrt{x^2+y^2}=\mathrm{e}^{\arctan\frac{y}{x}}$ 所确定的隐函数 $y=y(x)$ 的二阶导数.

6. 求由方程 $y=\tan(x+y)$ 所确定的隐函数 $y=y(x)$ 的二阶导数.

7. 求下列由参数方程给定的函数的二阶导数 $\dfrac{\mathrm{d}^2y}{\mathrm{d}x^2}$:

(1) $\begin{cases}x=1+t^2,\\ y=\cos t;\end{cases}$

(2) $\begin{cases}x=t-\ln(1+t),\\ y=t^3+t^2;\end{cases}$

(3) $\begin{cases}x=\ln(1+t^2),\\ y=\arctan x;\end{cases}$

(4) $\begin{cases}x=t\cos t,\\ y=t\sin t.\end{cases}$

8. 求摆线 $\begin{cases}x=t-\sin t,\\ y=1-\cos t\end{cases}$ $(0\leqslant t\leqslant 2\pi)$ 在 $t=\pi$ 处的二阶导数 $\dfrac{\mathrm{d}^2y}{\mathrm{d}^2x}$ 的值.

B 组

1. 选择题

(1) 已知函数 $f(x)$ 具有任意阶导数，且 $f'(x)=[f(x)]^2$，则当 n 为大于 2 的正整数时，$f(x)$ 的 n 阶导数 $f^{(n)}(x)$ 是(　　).

(A) $n![f(x)]^{n+1}$ (B) $n[f(x)]^{n+1}$

(C) $[f(x)]^{2n}$ (D) $n![f(x)]^{2n}$

(2) 设 $f(x)=3x^3+x^2|x|$，则使 $f^{(n)}(0)$ 存在的最高阶数 n 为(　　).

(A) 0   (B) 1   (C) 2   (D) 3

2. 求由下列参数方程所确定的函数的二阶导数：

(1) $\begin{cases} x=\arcsin t, \\ y=\ln(1-t^2), \end{cases} t\in(-1,1);$

(2) $\begin{cases} x=f'(t), \\ y=tf'(t)-f(t), \end{cases}$ 其中 $f''(t)$ 存在，且 $f''(t)\neq0.$

3. 求 $y=\sin^4 x+\cos^4 x$ 的 n 阶导数.

4. 求下列函数的二阶导数：

(1) $y=\arcsin x;$ (2) $y=\log_2\sqrt[3]{1-x^2}.$

5. 利用反函数的导数公式 $\dfrac{\mathrm{d}x}{\mathrm{d}y}=\dfrac{1}{y'}$，证明：

(1) $\dfrac{\mathrm{d}^2 x}{\mathrm{d}y^2}=-\dfrac{y''}{(y')^3};$ (2) $\dfrac{\mathrm{d}^3 x}{\mathrm{d}y^3}=\dfrac{3(y'')^2-y'y'''}{(y')^5}.$

6. 设 $u=u(x)$ 与 $v=v(x)$ 都是二阶可导函数，$y=\sqrt{u^2+v^2}$，求 y''.

7. 设 $f(x)=(x-a)^n\varphi(x)$，其中 $\varphi(x)$ 在点 a 的邻域内有 $n-1$ 阶连续导数，求 $f^{(n)}(a)$.

8. 设 $y=(\arcsin x)^2$，试证：$(1-x^2)y^{(n+1)}-(2n-1)xy^{(n)}-(n-1)^2y^{(n-1)}=0.$

2.4　微分

2.4.1　微分的概念

先分析一个具体的问题，一块边长为 x_0 的正方形金属薄片均匀受热，受热膨胀后的正方形的边长为 $x_0+\Delta x$（如图 2.4 所示），问此薄片的面积改变多少？

设 s 表示正方形的面积，Δs 表示面积的改变量，根据题意

$$\begin{aligned}\Delta s&=s(x_0+\Delta x)-s(x_0)\\&=(x_0+\Delta x)^2-x_0^2\\&=2x_0\Delta x+\Delta x^2.\end{aligned}\quad(2.14)$$

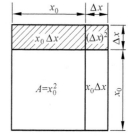

图　2.4

从式（2.14）可以看出：面积增量 Δs 分成两个部分：第一部分 $2x_0\Delta x$ 是 Δx 的线性函数，占增量的主要部分；第二部分是 Δx 的高阶无穷小部分（$o(\Delta x)$），当 $|\Delta x|$ 很小时，面积的改变量 Δs 可近

似地用第一部分 $2x_0\Delta x$ 来代替.

一般地,如果函数 $y=f(x)$ 在 x_0 处的增量 Δy 可以表示成

$$\Delta y = f(x_0 + \Delta x) - f(x_0) = A\Delta x + o(\Delta x),$$

其中 A 是不依赖于 Δx 的常数,当 $|\Delta x|$ 很小时,函数在 x_0 点的改变量 Δy 可以近似地用线性主部 $A\Delta x$ 来近似代替.

定义 2.5 设函数 $y=f(x)$ 在 x_0 点的某邻域内有定义,如果函数的改变量 $\Delta y = f(x_0+\Delta x)-f(x_0)$ 可表示为

$$\Delta y = A\Delta x + o(\Delta x),$$

其中 A 是不依赖于 Δx 的常数,则称函数 $y=f(x)$ 在点 $x=x_0$ 处可微,称 $A\Delta x$ 为函数 $y=f(x)$ 在点 $x=x_0$ 处的微分,记为 $\mathrm{d}y$,即 $\mathrm{d}y=A\Delta x$.

特别地,当 $y=x$ 时,$\Delta x=1\cdot\Delta x+0=1\cdot\Delta x+o(\Delta x)$,根据可微的定义得到 $\mathrm{d}x=\Delta x$,即自变量的微分等于自变量的增量.

2.4.2 可微与可导的关系

定理 2.8 $y=f(x)$ 在 x_0 点可微的充要条件是 $y=f(x)$ 在点 $x=x_0$ 处可导.

证明 必要性:因为 $y=f(x)$ 在点 $x=x_0$ 处可微,所以

$$\Delta y = A\Delta x + o(\Delta x). \tag{2.15}$$

将式(2.15)两边同时除以 Δx,得

$$\frac{\Delta y}{\Delta x} = A + \frac{o(\Delta x)}{\Delta x}. \tag{2.16}$$

将式(2.16)两边同时取极限得 $\lim\limits_{\Delta x\to 0}\dfrac{\Delta y}{\Delta x}=\lim\limits_{\Delta x\to 0}\left(A+\dfrac{o(\Delta x)}{\Delta x}\right)=A$,即

$$A = f'(x_0).$$

所以函数 $y=f(x)$ 在 x_0 点可导.

充分性:由于 $y=f(x)$ 在点 $x=x_0$ 处可导,则

$$f'(x_0) = \lim_{\Delta x\to 0}\frac{\Delta y}{\Delta x} = \lim_{\Delta x\to 0}\frac{f(x_0+\Delta x)-f(x_0)}{\Delta x}.$$

根据极限与无穷小的关系有

$$\frac{\Delta y}{\Delta x} = f'(x_0) + \alpha \quad (\text{其中}\lim_{\Delta x\to 0}\alpha = 0),$$

于是

$$\Delta y = f'(x_0)\Delta x + \alpha\Delta x.$$

又因为 $\lim\limits_{\Delta x\to 0}\dfrac{\alpha\Delta x}{\Delta x}=\lim\limits_{\Delta x\to 0}\alpha=0$,所以 $\alpha\Delta x=o(\Delta x)$,即

$$\Delta y = f'(x_0)\Delta x + o(\Delta x).$$

所以函数 $y=f(x)$ 在点 $x=x_0$ 处可微.

必要性的证明过程得出 $\mathrm{d}y=f'(x)\mathrm{d}x$,从而 $\dfrac{\mathrm{d}y}{\mathrm{d}x}=f'(x)$,即函数的微分 $\mathrm{d}y$ 与自变量的微分 $\mathrm{d}x$ 之商等于该函数的导数.因此导数也称为微商.

例 2.49 设 $y=f(x)=3x^2-4x+5$,(1)求 $\Delta y,\mathrm{d}y$ 和 $\Delta y-\mathrm{d}y$;(2)当 $x=3,\Delta x=0.01$ 时,求 $\Delta y,\mathrm{d}y$ 和 $\Delta y-\mathrm{d}y$.

解　(1) $\Delta y = f(x + \Delta x) - f(x)$

$\qquad\qquad = 3\,(x + \Delta x)^2 - 4(x + \Delta x) + 5 - (3x^2 - 4x + 5)$

$\qquad\qquad = (6x - 4)\Delta x + 3\,(\Delta x)^2,$

$\qquad\quad \mathrm{d}y = f'(x)\Delta x = (6x - 4)\Delta x,$

所以

$$\Delta y - \mathrm{d}y = 3\,(\Delta x)^2.$$

上式是 Δx 的高阶无穷小.

(2) 当 $x = 3, \Delta x = 0.01$ 时,

$$\Delta y = (18 - 4) \times 0.01 + 3\,(0.01)^2 = 0.1403,$$

$$\mathrm{d}y = (18 - 4) \times 0.01 = 0.14,$$

$$\Delta y - \mathrm{d}y = 0.1403 - 0.14 = 0.0003.$$

2.4.3　微分的几何意义

在直角坐标系中,函数 $y = f(x)$ 的图形是一条曲线,对于某一固定的 x_0 点,曲线上有一个确定的点 $M(x_0, y_0)$,当自变量 x 有微小的增量 Δx 时,就得到曲线上另一点 $N(x_0 + \Delta x,$ $y_0 + \Delta y)$. 从图 2.5 可知:

$$MQ = \Delta x, \quad QN = \Delta y,$$

过点 M 作曲线的切线 MT,它与 x 轴的夹角为 α,则

$$QP = MQ \cdot \tan\alpha = \Delta x \cdot f'(x_0).$$

即 $\mathrm{d}y = QP$.

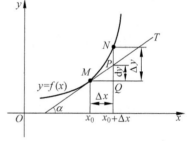

由此可见:微分 $\mathrm{d}y = f'(x_0)\Delta x$ 在几何上表示曲线 $y = f(x)$ 在点 $(x_0, f(x_0))$ 处的切线的纵坐标相应于 Δx 的改变量.

图　2.5

2.4.4　微分的运算

微分与导数有着密切的关系,从微分的公式 $\mathrm{d}y = f'(x)\mathrm{d}x$ 可以看出,只要算出导数,便可立即得到微分.根据导数的运算法则,很容易得到微分的运算法则:

$$\mathrm{d}[u(x) \pm v(x)] = \mathrm{d}u(x) \pm \mathrm{d}v(x),$$

$$\mathrm{d}[u(x)v(x)] = v(x)\mathrm{d}u(x) + u(x)\mathrm{d}v(x),$$

$$\mathrm{d}\left[\frac{u(x)}{v(x)}\right] = \frac{v(x)\mathrm{d}u(x) - u(x)\mathrm{d}v(x)}{v^2(x)}.$$

这里只证明乘积的微分公式

$$\mathrm{d}[u(x)v(x)] = [u(x)v(x)]'\mathrm{d}x = [u'(x)v(x) + u(x)v'(x)]\mathrm{d}x$$

$$= u'(x)v(x)\mathrm{d}x + u(x)v'(x)\mathrm{d}x = v(x)\mathrm{d}u(x) + u(x)\mathrm{d}v(x).$$

根据反函数的求导法则,也可得到反函数的微分公式.

设函数 $y = f(x)$ 在 x 点可微,且 $f'(x) \neq 0$;$y = f(x)$ 的反函数为 $x = \varphi(y)$,则 $x = \varphi(y)$ 在对应的点 $y = f(x)$ 处也可微,$\mathrm{d}x = \varphi'(y)\mathrm{d}y$,而 $\varphi'(y) = \dfrac{1}{f'(x)}$,于是我们得到反函数的微

分公式 $dx = \dfrac{1}{f'(x)} dy$.

根据基本初等函数的导数公式,立即得到基本初等函数的微分公式,列于表 2.2.

表 2.2　基本初等函数的导数和微分公式对照表

基本初等函数的导数公式	基本初等函数的微分公式
$(c)' = 0$	$dc = 0 \cdot dx = 0$
$(x^a)' = ax^{a-1}$	$dx^a = ax^{a-1}dx$
$(a^x)' = a^x \ln a$	$d(a^x) = a^x \ln a\,dx$
$(\log_a^x)' = \dfrac{1}{x\ln a}$	$d(\log_a^x) = \dfrac{1}{x\ln a}dx$
$(\sin x)' = \cos x$	$d\sin x = \cos x\,dx$
$(\cos x)' = -\sin x$	$d\cos x = -\sin x\,dx$
$(\tan x)' = \sec^2 x$	$d\tan x = \sec^2 x\,dx$
$(\cot x)' = -\csc^2 x$	$d\cot x = -\csc^2 x\,dx$
$(\sec x)' = \sec x\tan x$	$d\sec x = \sec x\tan x\,dx$
$(\csc x)' = -\csc x\cot x$	$d\csc x = -\csc x\cot x\,dx$
$(\arcsin x)' = \dfrac{1}{\sqrt{1-x^2}}$	$d\arcsin x = \dfrac{1}{\sqrt{1-x^2}}dx$
$(\arccos x)' = -\dfrac{1}{\sqrt{1-x^2}}$	$d\arccos x = -\dfrac{1}{\sqrt{1-x^2}}dx$
$(\arctan x)' = \dfrac{1}{1+x^2}$	$d\arctan x = \dfrac{1}{1+x^2}dx$
$(\text{arccot}\,x)' = -\dfrac{1}{1+x^2}$	$d\,\text{arccot}\,x = -\dfrac{1}{1+x^2}dx$

2.4.5　复合函数的微分法则

设 $y = f(u)$, u 是自变量,则
$$dy = f'(u)du. \tag{2.17}$$
设 $y = f(u)$ 与 $u = \varphi(x)$ 都是可微函数(u 为中间变量),于是 $y = f[\varphi(x)]$ 也可微,且
$$dy = (f[\varphi(x)])'dx = f'[\varphi(x)]\varphi'(x)dx,$$
由于 $d\varphi(x) = \varphi'(x)dx$,所以
$$dy = f'[\varphi(x)]d\varphi(x),$$
即
$$dy = f'(u)du. \tag{2.18}$$
由式(2.17)和式(2.18)可见,不管 u 是自变量还是中间变量,微分形式 $dy = f'(u)du$ 保持不变,这一性质称为微分形式的不变性.

例 2.50　设 $y = \cos(x^2 + 1)$,求 dy.

解　$dy = -\sin(x^2+1) \cdot 2x\,dx = -2x\sin(x^2+1)dx.$

或者由微分形式不变性得

$$\mathrm{d}y = -\sin(x^2+1)\mathrm{d}(x^2+1) = -2x\sin(x^2+1)\mathrm{d}x.$$

利用微分的形式不变性,还可以方便地计算隐函数的导数.

例 2.51 设 $y=y(x)$ 是由方程 $x^3+y^3-3xy=0$ 确定的函数,求 y'.

解 原方程两端同时取微分得

$$\mathrm{d}x^3 + \mathrm{d}y^3 - \mathrm{d}(3xy) = 0,$$

即

$$3x^2\mathrm{d}x + 3y^2\mathrm{d}y - 3(y\mathrm{d}x + x\mathrm{d}y) = 0,$$

即

$$(y^2-x)\mathrm{d}y + (x^2-y)\mathrm{d}x = 0,$$

故

$$y' = \frac{\mathrm{d}y}{\mathrm{d}x} = \frac{y-x^2}{y^2-x}.$$

*2.4.6 微分在近似计算中的应用

在微积分中,引入微分的主要目的是为了研究函数的改变量 Δy. 根据微分的定义:

$$\Delta y = \mathrm{d}y + o(\Delta x) = f'(x_0)\Delta x + o(\Delta x).$$

在进行近似计算时,用线性主部 $\mathrm{d}y = f'(x_0)\Delta x$ 近似代替函数的增量 Δy,即

$$\Delta y \approx \mathrm{d}y,$$

即

$$f(x_0+\Delta x) - f(x_0) \approx f'(x_0)\Delta x,$$

于是得

$$f(x_0+\Delta x) \approx f(x_0) + f'(x_0)\Delta x.$$

$f(x_0+\Delta x)$ 表示曲线 $y=f(x)$ 在横坐标为 $x_0+\Delta x$ 时对应的纵坐标,而 $f(x_0)+f'(x_0)\Delta x$ 表示曲线 $y=f(x)$ 在点 $(x_0, f(x_0))$ 处的切线在横坐标为 $x_0+\Delta x$ 时对应的纵坐标. 即在点 $(x_0, f(x_0))$ 的附近,我们用切线的纵坐标来近似代替曲线的纵坐标,在几何上就是用切线来近似代替曲线,这就是微积分中著名的"以直代曲". 这种思想在数学上称作"线性化",这是一种非常重要的数学方法.

例 2.52 测得某一球体的直径为 16cm,测量的最大误差不超过 ± 0.01cm. 试利用微分估计在计算球体的体积与表面积时的最大误差.

解 设球体的半径为 r,直径为 D,则球体的体积公式为

$$V = \frac{4}{3}\pi r^3 = \frac{1}{6}\pi D^3,$$

球的表面积公式为

$$S = 4\pi r^2 = \pi D^2,$$

所以

$$\frac{\mathrm{d}V}{\mathrm{d}D} = \frac{1}{2}\pi D^2, \quad \text{从而 } \mathrm{d}V = \frac{1}{2}\pi D^2 \mathrm{d}D,$$

并且

$$\frac{\mathrm{d}S}{\mathrm{d}D} = 2\pi D, \quad \text{从而} \quad \mathrm{d}S = 2\pi D \mathrm{d}D.$$

当 $D=16\text{cm}$，$|dD|\leqslant0.01\text{cm}$ 时，体积的最大误差近似为

$$|\Delta V|\approx|dV|=\frac{1}{2}\pi D^2|dD|\leqslant\frac{1}{2}\pi\times16^2\times0.01=1.28\pi(\text{cm}^3).$$

表面积的最大误差近似为

$$|\Delta S|\approx|dS|=|2\pi DdD|=2\pi D|dD|\leqslant2\pi\times16\times0.01=0.32\pi(\text{cm}^2).$$

例 2.53 计算 $\tan48°$ 的近似值.

解 $48°=48°\times\dfrac{\pi}{180°}=\dfrac{4\pi}{15}$. 令 $f(x)=\tan x$，取 $x_0=\dfrac{\pi}{4}$，$x_0+\Delta x=\dfrac{4\pi}{15}$，所以 $\Delta x=\dfrac{4\pi}{15}-$

$\dfrac{\pi}{4}=\dfrac{\pi}{60}$.

由公式 $f(x_0+\Delta x)\approx f(x_0)+f'(x_0)\Delta x$ 得

$$\tan48°=f(x_0+\Delta x)\approx f(x_0)+f'(x_0)\Delta x=\tan\frac{\pi}{4}+\sec^2\frac{\pi}{4}\cdot\frac{\pi}{60}\approx1.105.$$

例 2.54 计算 $\sqrt{397}$ 的近似值.

解 $\sqrt{397}=\sqrt{400-3}=20\sqrt{1-\dfrac{3}{400}}$.

设 $f(x)=\sqrt{x}$，取 $x_0=1$，$\Delta x=-\dfrac{3}{400}$，于是

$$\sqrt{1-\frac{3}{400}}=f(x_0+\Delta x)\approx f(x_0)+f'(x_0)\Delta x=1+\frac{1}{2\sqrt{1}}\left(-\frac{3}{400}\right)=0.99625,$$

所以

$$\sqrt{397}=20\sqrt{1-\frac{3}{400}}\approx20\times0.99625=19.925.$$

习题 2.4

A 组

1. 求下列函数的微分：

(1) $y=(\arcsin x)^2$；　　　(2) $y=e^{\cos\frac{1}{x}}$；　　　(3) $y=\dfrac{\cos2x}{1+\sin x}$；

(4) $y=\dfrac{\sin2x}{x}$；　　　(5) $y=\ln(\sec t+\tan t)$；　　　(6) $y=\arccos\dfrac{1}{|x|}$.

2. $y=x^2+1$，对于 $x=1$，$\Delta x=0.01$，试计算 dy，Δy 及 $\Delta y-dy$.

3. 证明：若函数 $y=f(x)$ 有 $f'(x_0)=\dfrac{1}{2}$，则当 $\Delta x\to0$ 时，该函数在 $x=x_0$ 处的微分 dy 是与 Δx 同阶的无穷小. 若 $f'(x_0)=0$ 时，结论是否还成立？

B 组

1. 在下列括号中，填入适当的函数，使等式成立.

(1) $d(\quad)=xdx$；　　　(2) $d(\quad)=\dfrac{1}{x}dx$；　　　(3) $d(\quad)=\dfrac{dx}{x^2}$；

(4) $d(\quad)=\cos2xdx$；　　　(5) $d(\quad)=\tan xdx$；　　　(6) $d(\quad)=\dfrac{dx}{\sqrt{x}}$.

(7) $\mathrm{d}(\quad)=x\mathrm{e}^{x^2}\mathrm{d}x.$

2. 计算：$\dfrac{\mathrm{d}}{\mathrm{d}(x^2)}\left(\dfrac{\ln x}{x}\right).$

3. 有一批半径为 1cm 的铁球，为改变球面的光度，要镀上一层铜，其厚度为 0.01cm，试估计每个球需要多少克铜（铜的比重为 $8.9\mathrm{g/cm}^3$）.

4. 计算下列各式的计近值：

(1) $\sqrt[3]{1.02}$；　　　　　　(2) $\arctan 0.97$；　　　　　　(3) $\ln 1.01.$

2.5　导数在经济分析中的应用

由导数的概念知道：函数在某点的导数就是函数在该点处的瞬时变化率. 在经济分析中，经常需要使用变化率的概念来描述一个变量 y 关于另一个变量 x 的变化情况. 而变化率又分为平均变化率与瞬时变化率. 平均变化率是表示变量 x 在某一个范围内取值时 y 的变化情况，瞬时变化率是表示变量 x 在某一取值边缘上变化时 y 的变化情况，即当 x 在某一给定值附近发生微小变化时，y 的变化情况. 也称函数 y 在该定值处的边际.

2.5.1　边际的概念

定义 2.6　设 $y=f(x)$ 为可导的经济函数，其导函数 $f'(x)$ 称为 $f(x)$ 的**边际函数**，导数 $f'(x_0)$ 称为 $f(x)$ 在点 x_0 处的边际函数值.

设经济函数 $f(x)$，经济变量 x 在点 x_0 处有一个改变量 Δx，则经济变量 y 在 $y_0=f(x_0)$ 处有相应的改变量

$$\Delta y = f(x_0 + \Delta x) - f(x_0).$$

如果函在点 x_0 处可微，则

$$\Delta y \approx \mathrm{d}y\big|_{x=x_0} = f'(x_0)\Delta x.$$

假设 $\Delta x=1$，则 $\Delta y\approx f'(x_0)$，这个式子表明，当经济变量 x 在 x_0 点改变"一个单位"时，y 相应地近似改变 $f'(x_0)$ 个单位. 在实际应用中，经济学家常常略去近似，直接称变量 y 改变 $f'(x_0)$ 个单位，这就是边际函数值的经济含义.

2.5.2　经济学中常见的边际函数

1. 边际成本

总成本函数 $C=C(Q)$ 的导数称为**边际成本**，记作 MC，即

$$MC = C'(Q) = \lim_{\Delta Q\to 0}\frac{C(Q+\Delta Q)-C(Q)}{\Delta Q}.$$

对于大多数的实际问题，产品的产量只取整数单位，一个单位的变化是最小的变化. 边际成本 $C'(Q)$ 在经济学中解释为，当生产量为 Q 个单位时，再生产一个单位（$\Delta Q=1$）产品所增加的总成本近似等于边际成本，即

$$\Delta C = C(Q+\Delta Q) - C(Q) \approx C'(Q).$$

例 2.55　某机械厂生产某种机器配件的最大生产能力为每日 100 件，假设日产品的总

成本 C(元)与日产量 Q（件）的函数为

$$C(Q) = \frac{1}{4}Q^2 + 60Q + 2050.$$

求：（1）日产量为 75 件时的总成本和平均成本；

（2）当日产量由 75 件提高到 90 件时，总成本的平均改变量；

（3）当日产量为 75 件时的边际成本.

解 （1）日产量为 75 件时的总成本为

$$C(75) = \frac{1}{4} \times 75^2 + 60 \times 75 + 2050 = 7956.25 （元），$$

平均成本为：$\dfrac{C(75)}{75} = \dfrac{7956.25}{75} = 106.08$（元/件）.

（2）当日产量由 75 件提高到 90 件时，总成本的平均改变量

$$\frac{\Delta C}{\Delta Q} = \frac{C(90) - C(75)}{90 - 75} = 101.25（元/件）.$$

（3）当日产量为 75 件时的边际成本

$$C'(75) = C'(Q)\big|_{Q=75} = \left(\frac{1}{2}Q + 60\right)_{Q=75} = 97.5（元）.$$

2. 边际收益

总收益函数 $R = R(Q)$ 的导数称为**边际收益**，记作 MR，即

$$MR = R'(Q) = \lim_{\Delta Q \to 0} \frac{R(Q + \Delta Q) - R(Q)}{\Delta Q}.$$

它在经济学中解释为，当销售量为 Q 时，再销售一个单位（$\Delta Q = 1$）商品所增加的总收益近似等于边际收益：

$$\Delta R = R(Q + \Delta Q) - R(Q) \approx R'(Q).$$

例 2.56 某企业产品的市场需求函数为 $P + 0.1Q = 80$，其中 P 为价格，Q 为销售量.

（1）求总收益函数与边际收益函数；

（2）分别计算 $Q = 200$ 和 $Q = 450$ 时的边际收益，并解释其经济意义.

解 （1）总收益函数为 $R = R(Q) = PQ = 80Q - 0.1Q^2$，边际收益函数为 $R'(Q) = 80 - 0.2Q$.

（2）计算 $Q = 200$ 和 $Q = 450$ 时的边际收益分别为

$$R'(200) = 80 - 0.2 \times 200 = 40, \quad R'(450) = 80 - 0.2 \times 450 = -10.$$

即当 $Q = 200$ 个单位时，边际收益为 40，其经济意义是销售量在 200 个单位的基础上多销售一个单位产品时，收益将增加 40 个单位；而当 $Q = 450$ 单位时，边际收益为 -10，其经济意义是销售量在 450 个单位的基础上多销售一个单位产品时，收益将减少 10 个单位.

3. 边际利润

总利润函数 $L = L(Q)$ 的导数称为**边际利润函数**，记作 ML，即

$$ML = L'(Q) = \lim_{\Delta Q \to 0} \frac{L(Q + \Delta Q) - L(Q)}{\Delta Q}.$$

由 $L = R(Q) - C(Q)$ 知，$ML = MR - MC$，即边际利润等于边际收益与边际成本的差.

例 2.57　某糕点加工厂生产 A 类糕点的总成本函数和总收益函数分别是 $C(Q)=100+2Q+0.02Q^2$ 和 $R(Q)=7Q+0.01Q^2$，求边际利润函数和当日产量分别是 200kg，250kg 和 300kg 时的边际利润，并说明其经济意义.

解　(1) 总利润函数为 $L=R(Q)-C(Q)=5Q-100-0.01Q^2$，边际利润函数为 $L'(Q)=5-0.02Q$.

(2) 当日产量是 200kg、250kg 和 300kg 时的边际利润分别是

$$L'(200)=L'(Q)|_{Q=200}=1,$$
$$L'(250)=L'(Q)|_{Q=250}=0,\quad L'(300)=L'(Q)|_{Q=300}=-1.$$

其经济意义：在日产量为 200kg 的基础上再生产 1kg，则总利润增加 1 元；在日产量为 250kg 的基础上再生产 1kg，则总利润并不增加；在日产量为 300kg 的基础上再生产 1kg，则总利润反而亏损 1 元.

4. 边际需求

若 $Q=f(P)$ 是需求函数，则需求量 Q 对价格 P 的导数

$$\frac{\mathrm{d}Q}{\mathrm{d}P}=f'(P)=\lim_{\Delta P\to 0}\frac{f(P+\Delta P)-f(P)}{\Delta P}$$

称为**边际需求函数**.

$Q=f(P)$ 的反函数 $P=f^{-1}(Q)$ 也称为价格函数，价格对需求的导数

$$\frac{\mathrm{d}P}{\mathrm{d}Q}=(f^{-1}(Q))'=\frac{1}{\dfrac{\mathrm{d}Q}{\mathrm{d}P}}=\frac{1}{f'(P)}$$

称为**边际价格函数**，它与边际需求函数互为倒数.

边际需求函数 $f'(P)$ 的经济意义是：当产品的价格在 P 的基础上上涨（或下降）一个单位时，需求量 Q 将减少（或增加）$|f'(P)|$ 个单位.

例 2.58　某商品的需求函数为 $Q=Q(P)=\mathrm{e}^{-\frac{P}{5}}$，求 $P=5$ 时的边际需求，并说明其经济含义.

解　$Q'(P)=\dfrac{\mathrm{d}Q}{\mathrm{d}P}=-\dfrac{1}{5}\mathrm{e}^{-\frac{P}{5}}$，则 $P=5$ 的边际需求为

$$Q'(P)|_{P=5}=\frac{\mathrm{d}Q}{\mathrm{d}P}\Big|_{P=5}=-\frac{1}{5}\mathrm{e}^{-\frac{P}{5}}\Big|_{P=5}=-\frac{1}{5\mathrm{e}}=-0.074.$$

其经济含义是：价格为 5 时，价格上涨（下降）1 个单位时，需求量将减少（或增加）0.074 个单位.

2.5.3　弹性分析

在边际分析中对函数的变化率与函数的改变量都属于绝对数范围的讨论. 而在经济问题中，仅仅用绝对数的概念是不足以深入分析问题的. 如 A 种商品单价为 10 元，涨价 1 元；B 种商品单价是 1000 元，也涨价 1 元. 两种商品的价格绝对改变量都是 1 元，但相对改变量却相差很多. 与各自的原价相比，它们涨价的比率分别是 10%，0.1%，差别很大，因此有必要讨论相对改变量与相对变化率. 为此引入下面定义.

定义 2.7　设函数 $y=f(x)$ 在点 $x_0(x_0\neq 0)$ 的某邻域内有定义，且 $y_0=f(x_0)\neq 0$，函数

的相对改变量 $\dfrac{\Delta y}{y_0} = \dfrac{\left[f(x_0+\Delta x)-f(x_0)\right]}{y_0}$ 与自变量的相对改变量 $\Delta x/x_0$ 之比

$$\frac{\Delta y/y_0}{\Delta x/x_0}$$

称为函数 $y=f(x)$ 在 x_0 与 $x_0+\Delta x$ 两点之间的平均相对变化率,经济上也叫做点 x_0 与 $x_0+\Delta x$ 两点间的弹性.

如果极限

$$\lim_{\Delta x \to 0}\frac{\Delta y/f(x_0)}{\Delta x/x_0} = \lim_{\Delta x \to 0}\frac{\Delta y}{\Delta x}\cdot\frac{x_0}{y_0}$$

存在,则称此极限值为函数 $y=f(x)$ 在点 x_0 处的点弹性,记为 $\left.\dfrac{Ey}{Ex}\right|_{x=x_0}$.

函数在 x_0 处的弹性反映在 x_0 处随 x 的变化,$f(x)$ 的变化幅度的大小,也就是 $f(x)$ 对 x 的变化的强烈程度或灵敏度.

因为 $\left.\dfrac{Ey}{Ex}\right|_{x=x_0} = \lim\limits_{\Delta x \to 0}\dfrac{\Delta y/f(x_0)}{\Delta x/x_0}$,当 Δx 比较小时,则

$$\left.\frac{Ey}{Ex}\right|_{x=x_0} \approx \frac{\Delta y/f(x_0)}{\Delta x/x_0}.$$

特别地,当 $\dfrac{\Delta x}{x_0}=1\%$ 时,有

$$\frac{\Delta y}{y_0} \approx \left(\left.\frac{Ey}{Ex}\right|_{x=x_0}\right)\%.$$

即当自变量函数 x 在 x_0 点增加 1% 时,因变量 y 在 $y_0=f(x_0)$ 处近似改变 $\left.\dfrac{Ey}{Ex}\right|_{x=x_0}$ 个百分点,或简单地说成改变 $\left.\dfrac{Ey}{Ex}\right|_{x=x_0}$ 个百分点. 这就是弹性概念的经济意义.

如果函数 $y=f(x)$ 可导,则

$$\frac{Ey}{Ex} = \lim_{\Delta x \to 0}\frac{\Delta y/y}{\Delta x/x} = \lim_{\Delta x \to 0}\frac{\Delta y}{\Delta x}\cdot\frac{x}{y} = y'\frac{x}{y}.$$

它是 x 的函数,称为 $f(x)$ 的弹性函数. 当弹性函数为常数时,称为不变弹性函数.

2.5.4 经济学中常见的弹性函数

1. 需求价格弹性

设需求函数 $Q=f(P)$,这里 P 表示产品的价格. 于是需求价格弹性的计算方法如下:

$$\eta = \frac{EQ}{EP} = \lim_{\Delta P \to 0}\frac{\Delta Q/Q}{\Delta P/P} = \lim_{\Delta P \to 0}\frac{\Delta Q}{\Delta P}\cdot\frac{P}{Q} = P\cdot\frac{f'(P)}{f(P)}.$$

需求弹性反映了商品需求量 Q 对价格 P 的敏感程度. 一般地,需求函数是价格的递减函数,故需求弹性是负值,其经济意义为:当商品价格上升 1% 时,市场需求量减少 $|\eta|\%$;当价格下降 1% 时,市场需求量增加 $|\eta|\%$.

当 $\left|\dfrac{EQ}{EP}\right|>1$ 时,称为富有弹性,此时商品需求量的相对变化大于价格的相对变化,降价可使需求量有较大幅度的上升.

当 $\left|\dfrac{EQ}{EP}\right|=1$ 时,称为单位弹性,此时商品需求量的相对变化与价格的相对变化基本相等.

当 $\left|\dfrac{EQ}{EP}\right|<1$ 时,称为缺乏弹性,此时价格的变化只能引起需求量的微小的变化.

例 2.59 某种商品需求量 Q 与价格 P(单位:千元)之间有函数关系 $Q=20\mathrm{e}^{-\frac{P}{4}}$,$P\in[0,10]$,求当价格为 8 千元时的需求弹性.

解 $\dfrac{EQ}{EP}=\dfrac{P}{Q}\dfrac{\mathrm{d}Q}{\mathrm{d}P}=-\dfrac{P}{20\mathrm{e}^{-\frac{P}{4}}}\times 5\mathrm{e}^{-\frac{P}{4}}=-\dfrac{P}{4}.$

因此当 $P=8$ 时的需求弹性 $\eta(8)=-2$.说明该物品当市场价格为 $P=8$ 千元时,需求对价格富有弹性,并且在 8 千元单价的基础上再上涨 1%,需求量将减少 2%,若降价 1%,需求量将增加 2%,因此此时市场经营者应采用降价促销手段,薄利多销,增加收入.

2. 供给价格弹性

设供给函数 $S=S(P)$,这里 P 表示产品的价格.于是该产品在价格为 P 时的供给价格弹性计算如下:

$$\eta=\frac{ES}{EP}=\lim_{\Delta P\to 0}\frac{\Delta S/S}{\Delta P/P}=\lim_{\Delta P\to 0}\frac{\Delta S}{\Delta P}\cdot\frac{P}{S}=P\cdot\frac{S'(P)}{S(P)}. \tag{2.19}$$

由于供给函数 $S=S(P)$ 一般是单调增函数,故供给弹性一般为正值,它反映了供给量对市场价格变化的敏感程度.

例 2.60 设某商品的供给函数 $S=10P^2$,求供给弹性.

解 所求供给弹性为

$$\eta=\frac{ES}{EP}=P\cdot\frac{S'(P)}{S(P)}=20P\frac{P}{10P^2}=2.$$

上述结果表明,无论价格 P 在什么水平,当 P 上涨(下跌)1% 时,供给量 S 总是保持增加(减少)2%.

3. 收益弹性

借助于弹性的定义,可定义收益的价格弹性、收益的销售弹性如下:

收益的价格弹性 $\dfrac{ER}{EP}=\dfrac{\mathrm{d}R}{\mathrm{d}P}\cdot\dfrac{P}{R}$;

收益的销售弹性 $\dfrac{ER}{EQ}=\dfrac{\mathrm{d}R}{\mathrm{d}Q}\cdot\dfrac{Q}{R}$.

例 2.61 设 P 为商品价格,Q 为商品需求量,且需求函数 $Q=f(P)$ 可导,求

(1) 边际收益 $R'(P)$ 与需求弹性 $\dfrac{EQ}{EP}$ 的关系;

(2) 收益弹性与需求弹性之间的关系.

解 (1) 以价格 P 销售 Q 个单位的产品,所得总收益为

$$R=R(P)=PQ=Pf(P).$$

从而边际收益为

$$R'(P) = f(P) + Pf'(P) = f(P)\left[1 + f'(P)\frac{P}{f(P)}\right] = f(P)\left[1 + \frac{EQ}{EP}\right],$$

即

$$R'(P) = f(P)\left[1 + \frac{EQ}{EP}\right], \tag{2.20}$$

这就是边际收益 $R'(P)$ 与需求弹性 $\frac{EQ}{EP}$ 之间的关系式.

（2）由函数弹性的定义,可得收益弹性为

$$\frac{ER}{EP} = R'(P)\frac{P}{R(P)} = f(P)\left[1 + \frac{EQ}{EP}\right]\frac{P}{Pf(P)} = 1 + \frac{EQ}{EP},$$

即

$$\frac{ER}{EP} = 1 + \frac{EQ}{EP} \quad 或 \quad \frac{ER}{EP} - \frac{EQ}{EP} = 1. \tag{2.21}$$

这就是收益弹性和需求弹性之间的关系式.它表明: 在任何价格水平上,收益弹性与需求弹性之差等于 1.

根据式(2.20),式(2.21)可得如下结论:

（1）若 $\left|\frac{EQ}{EP}\right| < 1$,则收益弹性 $\frac{ER}{EP} > 0$,边际收益 $R'(P) > 0$,说明当需求变化幅度小于价格变化幅度时,总收益 R 随着价格 P 的上涨而增加.因此价格 P 上涨(下跌)1%,收益将增加(减少) $\left(1 + \frac{EQ}{EP}\right)$%.

（2）若 $\left|\frac{EQ}{EP}\right| > 1$,则收益弹性 $\frac{ER}{EP} < 0$,边际收益 $R'(P) < 0$,说明当需求变化幅度大于价格变化幅度时,总收益 R 随着价格 P 的下降而增加.因此价格 P 下降(上涨)1%,收益将增加(减少) $\left(1 + \frac{EQ}{EP}\right)$%.

（3）若 $\left|\frac{EQ}{EP}\right| = 1$,则收益弹性 $\frac{ER}{EP} = 0$,边际收益 $R'(P) = 0$,说明当需求变化幅度等于价格变化幅度时,总收益并不改变.此时,总收益函数 $R(P)$ 在满足 $R'(P) = 0$ 的相应点 P_0 处有最大值.

综上所述,总收益的变化受需求弹性的制约,随商品需求弹性的变化而变化.

例 2.62 已知某企业的某种产品的需求弹性在 $-3.5 \sim -1.4$ 之间,如果该企业准备明年将价格降低 10%,那么这种商品的需求量将有什么变化? 总收益将会有什么变化?

解 由需求弹性 $\frac{EQ}{EP} = \lim\limits_{\Delta P \to 0}\frac{\Delta Q/Q}{\Delta P/P}$,得

$$\frac{\Delta Q}{Q} \approx \frac{EQ}{EP}\frac{\Delta P}{P}.$$

再由 $\Delta R \approx \left(1 + \frac{EQ}{EP}\right)Q\Delta P$ 及 $R = PQ$,得

$$\frac{\Delta R}{R} \approx \left(1 + \frac{EQ}{EP}\right)\frac{\Delta P}{P}.$$

于是当 $\frac{EQ}{EP} = -1.4, \frac{\Delta P}{P} = -10\%$ 时,有

$$\frac{\Delta Q}{Q} \approx (-1.4) \times (-0.1) = 14\%,$$

$$\frac{\Delta R}{R} \approx (1-1.4) \times (-0.1) = 4\%.$$

当 $\frac{EQ}{EP} = -3.5, \frac{\Delta P}{P} = -10\%$ 时,有

$$\frac{\Delta Q}{Q} \approx (-3.5) \times (-0.1) = 35\%,$$

$$\frac{\Delta R}{R} \approx (1-3.5) \times (-0.1) = 25\%.$$

可见,明年降价 10% 时,企业销售量预期将增加 $14\% \sim 35\%$;总收益预期将增加 $4\% \sim 25\%$.

习题 2.5

A 组

1. 设某商品的需求函数和成本函数分别为

$$P + 0.1Q = 80, \quad C(Q) = 5000 + 20Q,$$

其中 Q 为销售量(产量),P 为价格. 求边际利润函数,并计算 $Q=150$ 和 $Q=400$ 时的边际利润,解释所得结果的经济意义.

2. 某种商品的需求量 Q 与价格 P(单位:元)的关系式为:$Q = f(P) = 1600 \left(\frac{1}{4} \right)^P$.

(1) 求需求弹性函数 $\frac{EQ}{EP}$;

(2) 当价格 $P=10$ 元时,再增加 1%,该商品的需求量 Q 如何变化?

3. 设某种商品的销售额 Q 是价格 P(单位:元)的函数,$Q = f(P) = 300P - 2P^2$.

分别求价格 $P=50$ 元及 $P=120$ 元时,销售额对价格 P 的弹性,并说明其经济意义.

4. 设某商品的需求弹性在 $-2.0 \sim -1.5$ 之间,现打算明年将该商品的价格下调 12%,那么明年该商品的需求量和总收益将如何变化? 变化多少?

B 组

1. 解释下列特殊的价格弹性的含义:

(1) 需求的价格弹性等于 0;

(2) 需求的价格弹性为无穷大;

(3) 单位弹性;

(4) 需求曲线是一条倾斜直线.

2. 设某产品的需求函数为 $Q = 100 - 2P (0 < P \leqslant 50)$,其中 P 为价格,Q 为需求量.

(1) 当 $P=10$,且价格上涨 1% 时,需求量 Q 是增加还是减少?

(2) 讨论商品价格变化时需求量的变化情况.

3. 设某产品的需求函数为 $P = 10 - \frac{Q}{5}$,其中 P 为价格,Q 为销售量.

(1) 求当 $P=4$ 时需求的价格弹性,并说明其经济含义;

(2) 当 $P=4$ 时,若价格提高 1% 时,总收益是增加还是减少,变化百分之几?

总习题 2

1. 填空题

(1) 设对任意的 x,都有 $f(-x)=f(x)$,且 $f'(-x_0)=-k\neq0$,则 $f'(x_0)=$ _____;

(2) 函数 $f(x)=x|\sin x|$ 在点 $x=0$ 处的导数为 _____;

(3) 设 $f(x)=\begin{cases}\sin x, & x\geqslant0, \\ 2x, & x<0,\end{cases}$ 则 $f'(x)=$ _____;

(4) 设 $y=f(\sec x)$,且 $f'(x)=x$,则 $\left.\dfrac{\mathrm{d}y}{\mathrm{d}x}\right|_{x=\frac{\pi}{4}}=$ _____;

(5) 在横坐标 $x=$ _____ 处曲线 $y=x^2$ 与曲线 $y=x^3$ 的切线相互垂直;

(6) 若 $f'(0)=1$,则极限 $\lim\limits_{h\to0}\dfrac{f(0)-f(-h)}{3h}=$ _____;

(7) 设 $f(x)=\lim\limits_{n\to\infty}\dfrac{x}{1+x^{2n}}$,则 $f'(0)=$ _____.

2. 选择题

(1) 若 $f(x)$ 在点 x_0 处有导数,而 $g(x)$ 在点 x_0 处导数不存在,则 $F(x)=f(x)g(x)$ 在点 x_0 处(   ).

(A) 一定有导数 (B) 一定没有导数
(C) 导数可能存在 (D) 一定连续但导数不存在

(2) 设 $f(x)=\begin{cases}\dfrac{|x^2-1|}{x-1}, & x\neq1, \\ 2, & x=1,\end{cases}$ 则在 $x=1$ 处函数 $f(x)$(   ).

(A) 不连续 (B) 连续,但不可导
(C) 可导,但导数不连续 (D) 可导,且导函数连续

(3) 设 $f(x)$ 是奇函数,且 $f'(0)$ 存在,则 $x=0$ 是 $F(x)=\dfrac{f(x)}{x}$ 的(   ).

(A) 无穷间断点 (B) 可去间断点
(C)   连续点 (D) 振荡间断点

(4) 设 $f(x)$ 可导,则 $\lim\limits_{\Delta x\to0}\dfrac{f^2(x+\Delta x)-f^2(x)}{\Delta x}=$(   ).

(A) 0 (B) $2f(x)$
(C) $2f'(x)$ (D) $2f(x)f'(x)$

3. 设函数 $f(x)$ 在 $x=0$ 处可导,且 $f(0)=0$,对于函数

$$g(x)=\begin{cases}\dfrac{f(x)}{x}, & x\neq0, \\ a, & x=0,\end{cases}$$

确定 a 的值,使 $g(x)$ 在 $(-\infty,+\infty)$ 上连续.

4. 讨论函数 $f(x)=\begin{cases} \dfrac{x}{1-\mathrm{e}^{\frac{1}{x}}}, & x\neq 0, \\ 0, & x=0 \end{cases}$ 在 $x=0$ 处的连续性与可导性.

5. 设 $f(x)=\begin{cases} \dfrac{\ln(1+x^2)}{x}, & x\neq 0, \\ 0, & x=0, \end{cases}$ 求 $f'(x)$.

6. 在什么条件下,函数 $f(x)=\begin{cases} x^a \sin\dfrac{1}{x}, & x\neq 0, \\ 0, & x=0 \end{cases}$

(1) 在点 $x=0$ 处连续;

(2) 在 $x=0$ 处可导;

(3) 在点 $x=0$ 处导数连续.

7. 求下列函数的导数 y':

(1) $y=\arcsin\sqrt{\dfrac{1-x}{1+x}}$;
(2) $y=\cos^2 x^3$;

(3) $y=\arctan\sqrt{x^2-1}-\dfrac{\ln x}{\sqrt{x^2-1}}$;
(4) $y=\dfrac{1}{[\arcsin(1-x)]^2}$;

(5) $y=x^{x^x}+x^x+x$;
(6) $y=a^{x^x}+x^{a^x}+x^{x^a}$.

8. 已知函数 $y=\mathrm{e}^{ax}\sin bx\ (b\neq 0)$ 对一切 x 均满足方程 $y''+y'+y=0$,求实数 a,b.

9. 设 $\varphi(u)$ 为二阶可导函数,且 $y=\ln[\varphi(x^2)]$,求 y''.

10. 求与直线 $2x-6y+1=0$ 垂直且与曲线 $y=x^3+3x^2-5$ 相切的直线方程.

11. 在哪一点,抛物线 $y=x^2-2x+5$ 的切线与第一象限的角平分线垂直?

12. (1) 求曲线 $y=\dfrac{x^2+1}{x+1}$ 上点 $(1,1)$ 处的切线方程;

(2) 设这条切线与 x 轴,y 轴的交点分别是 A,B,坐标原点是 O,求 $\triangle OAB$ 的面积.

13. 设 $f(x)$ 在 $x=a$ 处可微,试以 $f(a)$ 与 $f'(a)$ 表示 $\lim\limits_{x\to a}\dfrac{x^2 f(x)-a^2 f(a)}{x-a}$.

14. 对于函数 $f(x)$,设 $f'(0)=2$,求极限 $\lim\limits_{n\to\infty}n^2\left[f\left(\dfrac{3}{n}\right)-f(0)\right]^2$.

15. 设 $\begin{cases} x=2t+|t|, \\ y=5t^2+4t|t|, \end{cases}$ 求当 $t=0$ 时的导数 $\dfrac{\mathrm{d}y}{\mathrm{d}x}$.

16. 设可导函数对于任意 x_1,x_2,有 $f(x_1+x_2)=f(x_1)f(x_2)$,且 $f'(0)=1$,试证 $f'(x)=f(x)$.

17. 设 $f(x)$ 在 $(-\infty,+\infty)$ 上有定义且在 $x=0$ 处连续,又对任意 x_1,x_2 均有 $f(x_1+x_2)=f(x_1)+f(x_2)$.

(1) 证明 $f(x)$ 在 $(-\infty,+\infty)$ 上连续;

(2) 又设 $f'(0)=a$(常数),证明 $f(x)=ax$.

18. 设 $f(x)=\begin{cases} \mathrm{e}^x, & x<0, \\ ax^2+bx+c, & x\geqslant 0, \end{cases}$ 确定 a,b,c,使 $f''(0)$ 存在.

19. 设函数 $f(1+x)=af(x)$,且 $f'(0)=b(a,b\neq 0)$,问 $f'(1)$ 是否存在? 若存在求

其值.

20. 设 $f(x)$ 在 $(-\infty,+\infty)$ 上有定义,对任意 $x,y\in(-\infty,+\infty)$ 均有 $f(x+y)=f(x)+f(y)+xy$,且 $f'(0)=1$,求 $f'(x)$.

21. 已知函数 $f(x)$ 可导,且对任何实数 x,y 满足 $f(x+y)=\mathrm{e}^x f(y)+\mathrm{e}^y f(x)$,且 $f'(0)=\mathrm{e}$,证明 $f'(x)=f(x)+\mathrm{e}^{x+1}$.

22. 求直线方程,使它与曲线 $(y-2)^2=x+5$ 相切,并与该曲线在点 $(-4,3)$ 处的切线垂直.

23. 在 (a,b) 内 $f(x)$ 有定义,且对区间内任意 x_1,x_2 恒有 $|f(x_2)-f(x_1)|\leqslant(x_2-x_1)^2$.

求证:$f(x)$ 在该区间内是一个常数.

24. 设 $f(x)$ 在 $[a,b]$ 上连续,且 $f(a)=f(b)=0$,$f'(a)f'(b)>0$,试证方程 $f(x)=0$ 在 (a,b) 内至少存在一个实根.

25. 设某产品的成本函数和收益函数分别为 $C(x)=100+5x+2x^2$,$R(x)=200x+x^2$,其中 x 表示产品的产量.

(1) 求边际成本函数、边际收益函数和边际利润函数.

(2) 已生产并销售 25 个单位产品,第 26 个单位产品会有多少利润?

26. 设某商品的需求量 Q 与价格 P 的函数关系为 $Q=150-2P^2$.求:

(1) 当 $P=6$ 时的边际需求,并说明其经济含义.

(2) 当 $P=6$ 时的需求弹性,并说明其经济含义.

(3) 当 $P=6$ 时,若价格下降 2%,总收益变化百分之几? 是增加还是减少?

第 3 章
中值定理与导数的应用

在第 2 章里,从分析实际问题中因变量相对于自变量的变化快慢出发,引入了导数的概念,并讨论了导数的计算方法.在本章中,我们将应用导数来研究函数及函数曲线的某些性态,如函数的增减性及极值,函数图形的凹凸性与拐点,曲线的曲率等,并利用这些知识解决一些实际问题.为此先介绍微分学的几个微分中值定理,它们是导数应用的理论基础.

3.1 微分中值定理

3.1.1 罗尔定理

为了使读者比较容易地理解和掌握罗尔定理,我们首先介绍费马引理,为使费马引理表述得较为简单,先引入极值的概念.

1. 极值的定义

(1) **极大值**:函数 $f(x)$ 在 x_0 点的某个邻域 $U(x_0,\delta)$ 内有定义,若对 $\forall x \in \overset{\circ}{U}(x_0,\delta)$ 时,有 $f(x) < f(x_0)$,则称 $f(x_0)$ 为 $f(x)$ 的极大值,x_0 为 $f(x)$ 的极大值点,如图 3.1 所示.

(2) **极小值**:函数 $f(x)$ 在 x_0 点的某个邻域 $U(x_0,\delta)$ 内有定义,若对 $\forall x \in \overset{\circ}{U}(x_0,\delta)$ 时,有 $f(x) > f(x_0)$,则称 $f(x_0)$ 为 $f(x)$ 的极小值,x_0 为 $f(x)$ 的极小值点,如图 3.2 所示.

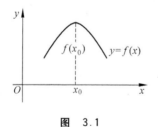

图 3.1   图 3.2

极大值和极小值统称为极值,极大值点和极小值点统称为极值点.

注:极值是一个局部概念,不是整体概念,有可能函数的极大值比极小值还小.如图 3.3 中极大值 $f(x_2)$ 比极小值 $f(x_5)$ 还小.

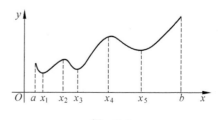

图 3.3

2. 费马引理

费马(Fermat)引理 若：(1)$f(x_0)$为极值，(2)$f'(x_0)$存在，则 $f'(x_0)=0$.

证明 由于$f'(x_0)$存在，所以 $f'_+(x_0)$，$f'_-(x_0)$存在且相等.

又因为 $f(x_0)$为极值，不妨设 $f(x_0)$为极大值，则$\exists\delta>0$，当 $x\in \mathring{U}(x_0,\delta)$时，有 $f(x)<f(x_0)$，即 $f(x)-f(x_0)<0$. 所以当 $x\in(x_0,x_0+\delta)$时，有

$$\frac{f(x)-f(x_0)}{x-x_0}<0, \tag{3.1}$$

将式(3.1)的两边同时取极限得

$$f'_+(x_0)=\lim_{x\to x_0^+}\frac{f(x)-f(x_0)}{x-x_0}\leqslant 0.$$

当 $x\in(x_0-\delta,x_0)$时，有

$$\frac{f(x)-f(x_0)}{x-x_0}>0, \tag{3.2}$$

将式(3.2)的两边同时取极限得

$$f'_-(x_0)=\lim_{x\to x_0^-}\frac{f(x)-f(x_0)}{x-x_0}\geqslant 0.$$

因此有 $0\leqslant f'_-(x_0)=f'(x_0)=f'_+(x_0)\leqslant 0$，由此得到 $0\leqslant f'(x_0)\leqslant 0$，故

$$f'(x_0)=0.$$

此引理表明，可导函数在极值点的导数等于0. 其几何解释是：连续光滑曲线 $y=f(x)$在局部最高(或最低)点$(x_0,f(x_0))$的切线必平行于 x 轴(如图3.4所示). 称 $f'(x_0)=0$ 的点 x_0 为函数 $f(x)$的**驻点**.

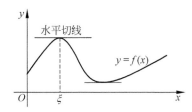

图 3.4

3. 罗尔(Rolle)定理

定理3.1 设函数 $f(x)$满足

(1)在闭区间$[a,b]$上连续，(2)在开区间(a,b)内可导，(3)$f(a)=f(b)$，则在开区间(a,b)内至少存在一点 ξ，使得 $f'(\xi)=0$.

证 因为$f(x)$在闭区间$[a,b]$上连续，由闭区间上连续函数的性质，函数 $f(x)$在$[a,b]$上必取得最大值 M 和最小值 m.

若 $M=m$，则 $f(x)$在$[a,b]$上恒为常数，即$f(x)=m$，从而有 $f'(x)=0$，由此可取(a,b)内任意一点作为 ξ，都有 $f'(\xi)=0$；

若 $M\neq m$，因为$f(a)=f(b)$，所以 M 和 m 至少有一个在(a,b)内取得，不妨设 $M\neq f(a)$，即$\exists\xi\in(a,b)$，使 $f(\xi)=M$，因此$\forall x\in(a,b)$，$f(x)\leqslant f(\xi)$，$f(\xi)$为极大值.

又因为$f(x)$在闭区间(a,b)内可导，所以 $f'(\xi)$存在. 根据费马引理可知 $f'(\xi)=0$.

注：(1)罗尔定理的三个条件缺少一个条件可能导致罗尔中值定理的结论不成立.

例3.1 $f(x)=\begin{cases} x, & 0\leqslant x<1, \\ 0, & x=1 \end{cases}$ 在闭区间$[0,1]$上不连续，不满足罗尔定理的第一个条件. $f(x)$在$(0,1)$内的导数恒等于1，不具有罗尔定理的结论.

例 3.2　$f(x)=|x|,-1\leqslant x\leqslant1$ 在 $(-1,1)$ 内的点 $x=0$ 处不可导,不满足罗尔定理的第二个条件. $f(x)$ 在 $(-1,1)$ 内不存在导数等于 0 的点,不具有罗尔定理的结论.

例 3.3　$f(x)=x(0\leqslant x\leqslant1)$ 在端点值不等,不满足罗尔定理的第三个条件. $f(x)$ 在 $(0,1)$ 内的导数恒等于 1,不具有罗尔定理的结论.

(2) 罗尔定理的三个条件只是罗尔定理结论的充分条件,不是必要条件. 即有罗尔定理的结论,不一定满足罗尔定理的条件.

例 3.4　$f(x)=\begin{cases}|x|, & -1\leqslant x\leqslant1,\\(x-3)^2, & 1<x\leqslant5\end{cases}$ 在 $[-1,5]$ 上不满足罗尔定理的三个条件. 但 $\exists\xi=3\in(-1,5)$,使得 $f'(3)=0$,具有罗尔定理的结论.

4. 罗尔定理的几何意义

$f(x)$ 在闭区间 $[a,b]$ 上连续,在几何上表示 $f(x)$ 在 $[a,b]$ 上是一条连绵不断的曲线; $f(x)$ 在开区间 (a,b) 内可导,在几何上表示 $f(x)$ 在开区间 (a,b) 内处处具有不垂直于 x 轴的切线(导数等于 ∞ 的点也是不可导的点),端点值相等表示 $f(x)$ 的端点值在同一个水平线上. $\exists\xi\in(a,b)$,使得 $f'(\xi)=0$,表示 (a,b) 内存在一点 ξ,使曲线在 $(\xi,f(\xi))$ 点具有平行于 x 轴的切线(如图 3.5 所示).

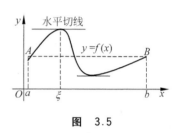

图　3.5

例 3.5　验证罗尔定理对于函数 $f(x)=\dfrac{3}{2x^2+1}$ 在区间 $[-1,1]$ 上的正确性.

证　$f(x)$ 在 $[-1,1]$ 上连续,在 $(-1,1)$ 内可导, $f(-1)=f(1)$. 故 $f(x)=\dfrac{3}{2x^2+1}$ 在 $[-1,1]$ 上满足罗尔定理的条件.

又 $f'(x)=\dfrac{-12x}{(2x^2+1)^2}$,令 $f'(x)=\dfrac{-12x}{(2x^2+1)^2}=0$,得 $x=0$. 所以存在 $\xi=0\in(-1,1)$,有 $f'(\xi)=0$,即罗尔定理的结论成立.

例 3.6　证明:存在 $\xi\in(0,1)$,使得 $4a\xi^3+3b\xi^2+2c\xi-(a+b+c)=0$.

证　设 $f(x)=ax^4+bx^3+cx^2-(a+b+c)x$,因为 $f(x)$ 在 $[0,1]$ 上连续,在开区间 $(0,1)$ 内可导, $f(0)=f(1)=0$,满足罗尔定理的条件. 根据罗尔定理, $\exists\xi\in(0,1)$,使得 $f'(\xi)=0$,即存在 $\xi\in(0,1)$,使得 $4a\xi^3+3b\xi^2+2c\xi-(a+b+c)=0$.

3.1.2　拉格朗日中值定理

罗尔定理的条件 $f(a)=f(b)$ 相当特殊,它使得罗尔定理的应用受到极大的限制. 实际问题中满足这个条件的函数相当少,一般函数在端点的值不等(见图 3.6),但拉格朗日从罗尔定理得到启发,不把罗尔定理的几何意义看成是存在一个内点,使得函数在该点的切线平行于 x 轴,而是把该点的切线看成是平行于端点的连线.

设 A,B 的坐标为 $(a,f(a)),(b,f(b))$,则弦 $\overline{AB}$ 的斜率为 $k_{AB}=\dfrac{f(b)-f(a)}{b-a}$, $(\xi,f(\xi))$ 点的切线斜率为 $f'(\xi)$,两条直线平行的充要条件是斜率相等,于是得到 $f'(\xi)=$

$\dfrac{f(b)-f(a)}{b-a}$，这就得到拉格朗日中值定理的结论，取消罗尔中值定理中的 $f(a)=f(b)$ 这个条件，但仍保留其余两个条件，于是得到微分学中十分重要的拉格朗日中值定理.

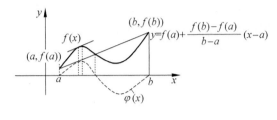

图 3.6

定理 3.2（拉格朗日中值定理） 设函数 $f(x)$ 满足（1）在闭区间 $[a,b]$ 上连续，（2）在开区间 (a,b) 内可导，则在开区间 (a,b) 内至少存在一点 ξ，使 $f(b)-f(a)=f'(\xi)(b-a)$.

拉格朗日中值定理是由罗尔定理得到启发的，自然想到用罗尔定理来证明拉格朗日中值定理，但罗尔定理要求端点的函数值相等，在拉格朗日中值定理中函数在端点值一般是不等的，因此需要设置一个函数，使其在端点值相等. 从图 3.6 中我们可以看出：函数 $f(x)$ 和端点连线的直线函数 $y=f(a)+\dfrac{f(b)-f(a)}{b-a}(x-a)$ 在端点值是相等的，把这两个函数相减得到辅助函数 $\varphi(x)=f(x)-f(a)-\dfrac{f(b)-f(a)}{b-a}(x-a)$（如图 3.6 中的虚线所示）.

证 作辅助函数 $\varphi(x)=f(x)-f(a)-\dfrac{f(b)-f(a)}{b-a}(x-a)$. 显然 $\varphi(x)$ 在 $[a,b]$ 上连续，在 (a,b) 内可导，且 $\varphi(a)=\varphi(b)=0$，由罗尔定理得：在 (a,b) 内至少存在一点 ξ，使 $\varphi'(\xi)=0$.

又

$$\varphi'(x)=f'(x)-\dfrac{f(b)-f(a)}{b-a},$$

所以 $f'(\xi)-\dfrac{f(b)-f(a)}{b-a}=0$，由此得到

$$f'(\xi)=\dfrac{f(b)-f(a)}{b-a}.$$

所以 $f(b)-f(a)=f'(\xi)(b-a)$.

显然公式 $f(b)-f(a)=f'(\xi)(b-a)$ 对于 $b<a$ 也是成立的，该公式称为拉格朗日中值公式.

在拉格朗日中值定理中，如果 $f(a)=f(b)$，那么就有 $f'(\xi)=0$，故罗尔定理是拉格朗日中值定理的特殊情况.

拉格朗日中值公式还有以下几种不同的形式：

（1）$f(b)-f(a)=f'(a+\theta(b-a))(b-a)$ $(0<\theta<1)$.

（2）如果把区间 $[a,b]$ 换成 $[x,x+\Delta x]$，则公式变为

$$f(x+\Delta x)-f(x)=f'(x+\theta\Delta x)\Delta x \quad (0<\theta<1).$$

（3）记 $y=f(x)$，则拉格朗日中值公式可写为 $\Delta y=f'(x+\theta\Delta x)\Delta x$.

注：函数在 x 处的微分 $\mathrm{d}y=f'(x)\Delta x$ 是函数在 x 处的增量 Δy 的近似表达式，一般来

说,以 dy 近似代替 Δy 时所产生的误差只有当 $\Delta x \to 0$ 时才趋于零;而 $f'(x+\theta\Delta x)\Delta x$ 是在 Δx 为有限时函数增量 Δy 的准确表达式.

例 3.7   设 $f(x)$ 在 $[a,b]$ 上连续,在 (a,b) 内二阶可导,过点 $A(a,f(a))$ 与 $B(b,f(b))$ 的直线与曲线 $y=f(x)$ 相交于 $C(c,f(c))$,证明:在 (a,b) 内至少存在一点 ξ,使得 $f''(\xi)=0$.

证   设函数的图像如图 3.7 所示. $f(x)$ 在 $[a,c]$ 上连续,在 (a,c) 内可导.根据拉格朗日中值定理,存在 $\xi_1 \in (a,c)$,使得

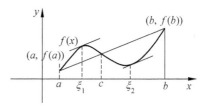

$$f'(\xi_1) = \frac{f(c)-f(a)}{c-a} = \frac{f(b)-f(a)}{b-a}.$$

同理 $f(x)$ 在 $[c,b]$ 上连续,在 (c,b) 内可导.根据拉格朗日中值定理,得到存在 $\xi_2 \in (c,b)$,使得

图   3.7

$$f'(\xi_2) = \frac{f(b)-f(c)}{b-c} = \frac{f(b)-f(a)}{b-a}.$$

又因为 $f'(x)$ 在 $[\xi_1,\xi_2]$ 上连续,在 (ξ_1,ξ_2) 内可导,且 $f'(\xi_1)=f'(\xi_2)$,根据罗尔定理有:存在 $\xi \in (\xi_1,\xi_2)$,使得 $f''(\xi)=0$.

作为拉格朗日中值定理的一个应用,我们来导出以后学习积分学时很有用的两个推论.

推论 1   如果函数 $f(x)$ 在区间 (a,b) 内的导数恒为零,那么 $f(x)$ 在区间 (a,b) 内恒为常数.

证明   在区间 (a,b) 内任取两点 x_1,x_2(不妨设 $x_1 < x_2$),则 $f(x)$ 在 $[x_1,x_2]$ 上满足拉格朗日中值定理的条件,于是 $\exists x_0 \in (x_1,x_2)$,使得

$$f(x_2)-f(x_1)=f'(x_0)(x_2-x_1)=0(因为 f'(x)=0,所以 f'(x_0)=0).$$

故 $f(x_1)=f(x_2)$,由 x_1,x_2 的任意性知 $f(x)$ 在区间 (a,b) 恒为一个常数.

推论 2   设可导函数 $f(x)$ 及 $g(x)$ 在区间 (a,b) 内满足 $f'(x)=g'(x)$,则在区间 (a,b) 内有 $f(x)=g(x)+c$.

证明   由 $f'(x)=g'(x)$,有 $[f(x)-g(x)]'=0$,再由推论 1 知:
$$f(x)-g(x)=c, \quad 即 f(x)=g(x)+c.$$

例 3.8   证明恒等式 $\arcsin x + \arccos x = \dfrac{\pi}{2}(-1 \leqslant x \leqslant 1)$.

证明   令 $f(x)=\arcsin x + \arccos x$,则

$$f'(x) = \frac{1}{\sqrt{1-x^2}} - \frac{1}{\sqrt{1-x^2}} = 0 \quad (-1 < x < 1),$$

故 $f(x)=c(-1<x<1)$.而 $c=f(0)=\arcsin 0 + \arccos 0 = \dfrac{\pi}{2}$,且 $f(1)=f(-1)=\dfrac{\pi}{2}$,所以

$$f(x)=\arcsin x + \arccos x = \frac{\pi}{2}(-1 \leqslant x \leqslant 1).$$

例 3.9   证明下列不等式:

(1) 当 $x>0$ 时,$\dfrac{x}{1+x} < \ln(1+x) < x$;

(2) $|\sin b - \sin a| \leqslant |b-a|$.

证明   (1) 设 $f(t)=\ln(1+t)$,$f(t)$ 在 $[0,x]$ 上满足拉格朗日中值定理的条件,故

$$f(x)-f(0)=f'(\xi)x \quad (0 < \xi < x).$$

由于 $f(0)=0$,$f'(x)=\dfrac{1}{1+x}$,所以 $\ln(1+x)=\dfrac{x}{\xi+1}$. 又 $0<\xi<x$,因此有

$$1<1+\xi<1+x, \qquad \frac{1}{1+x}<\frac{1}{1+\xi}<1,$$

故 $\dfrac{x}{x+1}<\dfrac{x}{\xi+1}<x$,即 $\dfrac{x}{1+x}<\ln(1+x)<x$.

(2) 设 $f(x)=\sin x$,$f(x)$ 在闭区间 $[a,b]$ 上连续,在 (a,b) 内可导,且 $f'(x)=\cos x$,由拉格朗日中值定理,至少存在一点 $x_0\in(a,b)$,使得

$$f(b)-f(a)=f'(x_0)(b-a),$$

即

$$\sin b-\sin a=(b-a)\cos x_0.$$

因为 $|\cos x_0|\leqslant 1$,所以 $|\sin b-\sin a|=|\cos x_0||b-a|\leqslant|b-a|$.

3.1.3 柯西中值定理

拉格朗日中值定理的几何解释是:若曲线在一闭区间上处处具有不平行于 y 轴的切线,则曲线上至少存在一个内点,函数在该点的切线平行于曲线弧端点的弦. 柯西把拉格朗日中值定理的函数用参数方程来表示,其方程设为

$$\begin{cases} X=F(x), \\ Y=f(x), \end{cases} a\leqslant x\leqslant b,$$

曲线弧的端点 A 对应参数 $x=a$,A 点的坐标为 $(F(a),$ $f(a))$,端点 B 对应参数 $x=b$,B 点的坐标为 $(F(b),$ $f(b))$. 如图 3.8 所示,弦 $\overline{AB}$ 的斜率是 $k=\dfrac{f(b)-f(a)}{F(b)-F(a)}$,设在曲线弧上 C 点处的切线平行于弦 $\overline{AB}$,记点 C 所对应的参数值为 $x=\xi(\xi\in(a,b))$,根据参数方程的求导法则知:C 点处的切线斜率为 $\dfrac{f'(\xi)}{F'(\xi)}$,于是有 $\dfrac{f'(\xi)}{F'(\xi)}=$

图 3.8

$\dfrac{f(b)-f(a)}{F(b)-F(a)}$. 这便是柯西中值定理的结论,条件与拉格朗日中值定理的条件类似,$f(x)$,$F(x)$ 在闭区间上连续,开区间内可导,只是补充 $F'(x)\neq 0$,下面给出柯西中值定理.

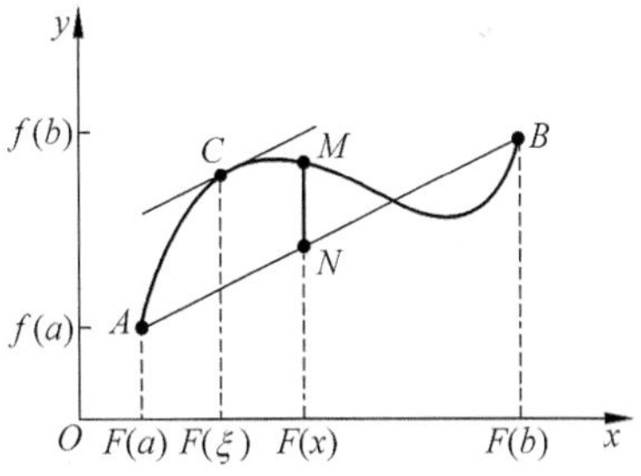

定理 3.3(柯西中值定理) 如果函数 $f(x)$ 和 $F(x)$ 满足条件:(1)$f(x)$、$F(x)$ 在闭区间 $[a,b]$ 上连续,(2)$f(x)$、$F(x)$ 在开区间 (a,b) 内可导,且 $F'(x)\neq 0$,则在开区间 (a,b) 内至少存在一点 ξ,使 $\dfrac{f'(\xi)}{F'(\xi)}=\dfrac{f(b)-f(a)}{F(b)-F(a)}$.

类似于拉格朗日中值定理的证明,我们还是用曲线的纵坐标减去端点连线的纵坐标得到端点值相等的辅助函数,再用罗尔定理便可得到结论. 因为端点连线的直线函数为 $Y-f(a)=\dfrac{f(b)-f(a)}{F(b)-F(a)}(F(x)-F(a))$,即 $Y=f(a)+\dfrac{f(b)-f(a)}{F(b)-F(a)}(F(x)-F(a))$,所以辅助函

数设为 $\phi(x)=f(x)-f(a)-\dfrac{f(b)-f(a)}{F(b)-F(a)}(F(x)-F(a))$.

证明　因为 $F(x)$ 在闭区间 $[a,b]$ 上连续,在开区间 (a,b) 内可导,且 $F'(x)\neq0$,所以根据拉格朗日中值定理有:存在 $\eta\in(a,b)$,使得 $F(b)-F(a)=F'(\eta)(b-a)$,因为 $F'(\eta)\neq0$,$b-a\neq0$,所以 $F(b)-F(a)\neq0$.

作辅助函数 $\phi(x)=f(x)-f(a)-\dfrac{f(b)-f(a)}{F(b)-F(a)}(F(x)-F(a))$,显然 $\phi(x)$ 在 $[a,b]$ 上连续,(a,b) 内可导,且 $\phi(a)=\phi(b)=0$,由罗尔定理知,存在 ξ 使 $\phi'(\xi)=0$.

又 $\phi'(x)=f'(x)-\dfrac{f(b)-f(a)}{F(b)-F(a)}F'(x)$,所以 $\phi'(\xi)=f'(\xi)-\dfrac{f(b)-f(a)}{F(b)-F(a)}F'(\xi)=0$,由于 $F'(x)\neq0$,因此 $F'(\xi)\neq0$,故

$$\frac{f'(\xi)}{F'(\xi)}=\frac{f(b)-f(a)}{F(b)-F(a)}.$$

在定理中如果取 $F(x)=x$,则柯西中值公式变为拉格朗日中值公式,即

$$f(b)-f(a)=f'(\xi)(b-a).$$

由此可以看出:拉格朗日中值定理是柯西中值定理的特殊情况.

例 3.10　设 $0<a<b$,若 $f(x)$ 在 $[a,b]$ 上连续,在 (a,b) 内可导,试证明存在 $\xi\in(a,b)$ 使 $f(b)-f(a)=\xi f'(\xi)\ln\dfrac{b}{a}$ 成立.

证　记 $F(x)=\ln x$,则 $f(x)$、$F(x)$ 在 $[a,b]$ 上连续,在 (a,b) 内可导,且 $F'(x)=\dfrac{1}{x}\neq0$,由柯西中值定理得 $\dfrac{f(b)-f(a)}{\ln b-\ln a}=\dfrac{f'(\xi)}{\frac{1}{\xi}}$,$\xi\in(a,b)$,即 $f(b)-f(a)=\xi f'(\xi)\ln\dfrac{b}{a}$.

习题 3.1

A 组

1. 验证拉格朗日中值定理对函数 $y=4x^3-5x^2+x-2$ 在区间 $[0,1]$ 上的正确性.

2. 证明方程 $x^3-2x^2+C=0$ 在区间 $[0,1]$ 上不可能有两个不同的实根(C 为任意常数).

3. 若方程 $a_0x^n+a_1x^{n-1}+\cdots+a_{n-1}x=0$ 有一个正根 $x=x_0$,证明方程 $a_0nx^{n-1}+a_1(n-1)x^{n-2}+\cdots+a_{n-1}=0$ 必有一个小于 x_0 的正根.

4. 若 $3a^2-5b<0$,证明方程 $x^5+2ax^3+3bx+4c=0$ 有唯一的实根.

5. 设 $a>b>0$,证明:$\dfrac{a-b}{a}<\ln\dfrac{a}{b}<\dfrac{a-b}{b}$.

6. 证明:当 $x>1$ 时,$e^x>e\cdot x$.

7. 若函数 $f(x)$ 在 $[a,b]$ 上连续,在 (a,b) 内可导,则存在 $\xi\in(a,b)$,使

$$\frac{f(\xi)-f(a)}{b-\xi}=f'(\xi).$$

8. 设函数 $f(x)$ 连续,在 (a,b) 内可导,证明在 (a,b) 内至少存在一点 ξ,使得

$$\frac{bf(b) - af(a)}{b - a} = f(\xi) + \xi f'(\xi).$$

9. 若函数 $f(x)$ 在 (a,b) 内具有二阶导数,且 $f(x_1) = f(x_2) = f(x_3)$,其中 $a < x_1 < x_2 < x_3 < b$,证明:在 (x_1, x_3) 内至少有一点 x_0,使得 $f''(x_0) = 0$.

B 组

1. 证明不等式 $\dfrac{1}{1+n} < \ln\left(1 + \dfrac{1}{n}\right) < \dfrac{1}{n}$ (n 为正整数).

2. 设 $f(x)$ 在 $[0,1]$ 上可导,且 $0 < f(x) < 1$,对于 $(0,1)$ 内的 x,$f'(x) \neq 1$,证明在 $(0,1)$ 内仅有一点 x_0,使 $f(x_0) = x_0$.

3. 设 $f(x)$ 在 $[a,b]$ 上连续,在 (a,b) 内可导,如果 $f(x) = 0$ 在 $[a,b]$ 上有 n 个不同的实根,证明 $f'(x) = 0$ 在 (a,b) 内至少有 $n-1$ 个不同的实根.

4. 设函数 $y = f(x)$ 在 $x = 0$ 的某邻域内具有 n 阶导数,且 $f(0) = f'(0) = \cdots = f^{(n-1)}(0) = 0$,试用柯西中值定理证明 $\dfrac{f(x)}{x^n} = \dfrac{f^{(n)}(\theta x)}{n!}$ $(0 < \theta < 1)$.

5. 设 $f(x)$ 在 $[a,b]$ 上连续,在 (a,b) 内可导,且 $f(a) = f(b) = 1$,试证明:存在 ξ,$\eta \in (a,b)$ 使得 $e^{\eta - \xi}[f(\eta) + f'(\eta)] = 1$.

6. 设函数 $f(x)$ 连续,在 (a,b) 内可导,且 $f'(x) \neq 0$,试证明存在 ξ,$\eta \in (a,b)$ 使得 $\dfrac{f'(\xi)}{f'(\eta)} = \dfrac{e^b - e^a}{b - a} \cdot e^{-\eta}$.

7. 设在 $[0,1]$ 上 $f''(x) > 0$,比较 $f'(0)$,$f'(1)$,$f(1) - f(0)$ 或 $f(0) - f(1)$ 的大小顺序.

8. 利用中值定理求极限:$\lim\limits_{x \to +\infty} x^2[\ln\arctan(x+1) - \ln\arctan x]$.

9. $f(x)$ 在 $[0,1]$ 上连续,在 $(0,1)$ 内可导,$f(0) = f(1) = 0$,证明:对任意的常数 k,存在 $\xi \in (0,1)$,使得 $f'(\xi) - kf(\xi) = 0$.

10. 假设 $\phi(x)$ 在 $[0,1]$ 可微,并且 $\phi(0) = 0$,$\phi(1) = 1$,a,b 是两个正数.证明:

(1) 存在一个数 $c \in (0,1)$,使得 $\phi(c) = \dfrac{a}{a+b}$.

(2) 存在两个不同的数 ξ,$\eta \in (0,1)$,满足 $\dfrac{a}{\phi'(\xi)} + \dfrac{b}{\phi'(\eta)} = a + b$.

3.2 洛必达法则

在第 1 章我们曾遇到过两个无穷小之比"$\dfrac{0}{0}$"型或两个无穷大之比"$\dfrac{\infty}{\infty}$"的极限问题,由于这类极限有可能存在 $\left(\text{如}: \lim\limits_{x \to 0} \dfrac{\sin x}{x} = 1, \lim\limits_{x \to \infty} \dfrac{2x^2 + x + 5}{3x^2 + 1} = \dfrac{2}{3}\right)$,也有可能不存在 $\left[\text{如} \lim\limits_{x \to 0} \dfrac{x^2 \sin\frac{1}{x}}{\sin^2 x}, \lim\limits_{x \to \infty} \dfrac{x^2 + 1}{2x - 5} \text{不存在}\right]$,因此称这类极限为"未定式",未定式除 $\dfrac{0}{0}$,$\dfrac{\infty}{\infty}$ 型外,还有 $0 \cdot \infty$,$\infty - \infty$,1^∞,0^0,∞^0 等.下面介绍求这类极限的一个简便而又重要的方法——洛必达法则.

3.2.1 $\dfrac{0}{0}$ 型未定式（洛必达法则）

定理 3.4　设（1）当 $x \to a$ 时，函数 $f(x)$ 及 $g(x)$ 的极限都为零；

（2）存在 $\mathring{U}(a,\delta)$，使得 $\forall\, x \in \mathring{U}(a,\delta)$，$f'(x)$ 及 $g'(x)$ 都存在，且 $g'(x) \neq 0$；

（3）$\lim\limits_{x \to a} \dfrac{f'(x)}{g'(x)} = A$（$A$ 为有限数或 ∞），

则 $\lim\limits_{x \to a} \dfrac{f(x)}{g(x)} = \lim\limits_{x \to a} \dfrac{f'(x)}{g'(x)} = A$.

证明　令

$$
F(x) = \begin{cases} f(x), & x \in \mathring{U}(a,\delta), \\ 0, & x = a, \end{cases} \qquad G(x) = \begin{cases} g(x), & x \in \mathring{U}(a,\delta), \\ 0, & x = a, \end{cases}
$$

显然函数 $F(x)$、$G(x)$ 在 $U(a,\delta)$ 内连续，设 x 是 $\mathring{U}(a,\delta)$ 内的一点，则 $F(x)$、$G(x)$ 在区间 $[a,x]$（或 $[x,a]$）上满足柯西中值定理的条件，因此存在 $\xi \in (a,x)$（或 $\xi \in (x,a)$），使得

$$
\frac{f(x)}{g(x)} = \frac{F(x)}{G(x)} = \frac{F(x)-F(a)}{G(x)-G(a)} = \frac{F'(\xi)}{G'(\xi)} = \frac{f'(\xi)}{g'(\xi)},
$$

由于 $a < \xi < x$（或 $x < \xi < a$），所以根据夹逼准则，由 $x \to a$ 可以推出 $\xi \to a$. 所以

$$
\lim_{x \to a} \frac{f(x)}{g(x)} = \lim_{\xi \to a} \frac{f'(\xi)}{g'(\xi)} = \lim_{x \to a} \frac{f'(x)}{g'(x)} = A.
$$

如果 $\dfrac{f'(x)}{g'(x)}$ 当 $x \to a$ 时仍属 $\dfrac{0}{0}$ 型，且 $f'(x)$，$g'(x)$ 满足洛必达法则的条件，则可以继续使用洛必达法则，即 $\lim\limits_{x \to a} \dfrac{f(x)}{g(x)} = \lim\limits_{x \to a} \dfrac{f'(x)}{g'(x)} = \lim\limits_{x \to a} \dfrac{f''(x)}{g''(x)}$，且可以依次类推.

例 3.11　求极限 $\lim\limits_{x \to 0} \dfrac{a^x - b^x}{x}$.

解　$\lim\limits_{x \to 0} \dfrac{a^x - b^x}{x} = \lim\limits_{x \to 0} \dfrac{a^x \ln a - b^x \ln b}{1} = \ln \dfrac{a}{b}$.

在运用洛必达法则时，有时使用等价无穷小替换可对问题进行简化.

例 3.12　求极限 $\lim\limits_{x \to 0} \dfrac{x - \sin x}{x(1 - \cos x)}$.

解　当 $x \to 0$ 时，$1 - \cos x \sim \dfrac{1}{2} x^2$，故

$$
\lim_{x \to 0} \frac{x - \sin x}{x(1-\cos x)} = \lim_{x \to 0} \frac{x - \sin x}{\frac{1}{2}x^3} \overset{\frac{0}{0}}{=\!=} \lim_{x \to 0} \frac{1-\cos x}{\frac{3}{2}x^2} = \lim_{x \to 0} \frac{\frac{1}{2}x^2}{\frac{3}{2}x^2} = \frac{1}{3}.
$$

例 3.13　求极限 $\lim\limits_{x \to \infty} x \left[\sin\ln\left(1 + \dfrac{3}{x}\right) - \sin\ln\left(1 + \dfrac{1}{x}\right) \right]$.

解　令 $\dfrac{1}{x} = t$，则 $t \to 0$（$x \to \infty$），$x = \dfrac{1}{t}$.

$$
\lim_{x \to \infty} x \left[\sin\ln\left(1 + \frac{3}{x}\right) - \sin\ln\left(1 + \frac{1}{x}\right) \right] = \lim_{t \to 0} \frac{\sin\ln(1+3t) - \sin\ln(1+t)}{t}
$$

$$
\overset{\frac{0}{0}}{=\!=} \lim_{t \to 0} \frac{\dfrac{3\cos\ln(1+3t)}{1+3t} - \dfrac{\cos\ln(1+t)}{1+t}}{1} = 3 - 1 = 2.
$$

例 3.14 如果函数 $f(x)$ 存在二阶导数,试证 $\lim\limits_{h\to 0}\dfrac{f(x+h)+f(x-h)-2f(x)}{h^2}=f''(x)$.

证明 $\lim\limits_{h\to 0}\dfrac{f(x+h)+f(x-h)-2f(x)}{h^2}\xlongequal{\frac{0}{0}}\lim\limits_{h\to 0}\dfrac{f'(x+h)-f'(x-h)}{2h}$

$=\dfrac{1}{2}\lim\limits_{h\to 0}\dfrac{f'(x+h)-f'(x)-(f'(x-h)-f'(x))}{h}$

$=\dfrac{1}{2}\left(\lim\limits_{h\to 0}\dfrac{f'(x+h)-f'(x)}{h}-\lim\limits_{h\to 0}\dfrac{f'(x-h)-f'(x)}{h}\right)$

$=\dfrac{1}{2}\left(\lim\limits_{h\to 0}\dfrac{f'(x+h)-f'(x)}{h}+\lim\limits_{-h\to 0}\dfrac{f'(x-h)-f'(x)}{-h}\right)$

$=\dfrac{1}{2}(f''(x)+f''(x))=f''(x)$.

例 3.15 设 $\lim\limits_{x\to 0}\dfrac{\ln(1+x)-(ax+bx^2)}{x^2}=2$,求 a,b.

解 $\lim\limits_{x\to 0}\dfrac{\ln(1+x)-(ax+bx^2)}{x^2}=\lim\limits_{x\to 0}\dfrac{\dfrac{1}{1+x}-(a+2bx)}{2x}$.

因为 $\lim\limits_{x\to 0}2x=0$,所以 $\lim\limits_{x\to 0}\left[\dfrac{1}{1+x}-(a+2bx)\right]=0$,即 $1-a=0$,故 $a=1$. 又

$$\lim\limits_{x\to 0}\dfrac{\ln(1+x)-(x+bx^2)}{x^2}=\lim\limits_{x\to 0}\dfrac{\dfrac{1}{1+x}-1-2bx}{2x}=\dfrac{-2b-1}{2}=2,\quad \text{故 } b=-\dfrac{5}{2}.$$

我们指出,对于 $x\to x_0^+,x\to x_0^-,x\to\infty,x\to+\infty,x\to-\infty$ 情形的未定式 $\dfrac{0}{0}$ 也有相应的

洛必达法则,如对于 $x\to\infty$ 时的未定式 $\dfrac{0}{0}$ 有下面的定理.

定理 3.5 设(1)当 $x\to\infty$ 时,函数 $f(x)$ 及 $g(x)$ 的极限都为零;

(2) $f'(x)$ 及 $g'(x)$ 当 $|x|>X$ 时都存在,且 $g'(x)\neq 0$;

(3) $\lim\limits_{x\to\infty}\dfrac{f'(x)}{g'(x)}=A$($A$ 为有限数或 ∞),

那么 $\lim\limits_{x\to\infty}\dfrac{f(x)}{g(x)}=\lim\limits_{x\to\infty}\dfrac{f'(x)}{g'(x)}=A$.

证明 令 $x=\dfrac{1}{t}$,则 $t=\dfrac{1}{x}\to 0(x\to\infty)$,则

$$\lim\limits_{x\to\infty}\dfrac{f(x)}{g(x)}=\lim\limits_{t\to 0}\dfrac{f\left(\dfrac{1}{t}\right)}{g\left(\dfrac{1}{t}\right)}=\lim\limits_{t\to 0}\dfrac{f'\left(\dfrac{1}{t}\right)\cdot\left(-\dfrac{1}{t^2}\right)}{g'\left(\dfrac{1}{t}\right)\cdot\left(-\dfrac{1}{t^2}\right)}=\lim\limits_{x\to\infty}\dfrac{f'(x)}{g'(x)}=A.$$

例 3.16 求极限 $\lim\limits_{x\to\infty}\dfrac{\arctan\dfrac{1}{x}}{\sin\dfrac{1}{x}}$.

解 令 $\dfrac{1}{x}=t$,则 $t\to 0(x\to\infty)$,则 $\lim\limits_{x\to\infty}\dfrac{\arctan\dfrac{1}{x}}{\sin\dfrac{1}{x}}=\lim\limits_{t\to 0}\dfrac{\arctan t}{\sin t}\xlongequal{\frac{0}{0}}\lim\limits_{t\to 0}\dfrac{\dfrac{1}{1+t^2}}{\cos t}=1$.

3.2.2 $\dfrac{\infty}{\infty}$型未定式

定理 3.6   设(1)当 $x \to a$ 时,函数 $f(x)$ 及 $g(x)$ 都趋于无穷大;

(2) 存在 $\mathring{U}(a,\delta)$,使得 $f'(x)$ 和 $g'(x)$ 存在,且 $g'(x) \neq 0$;

(3) $\lim\limits_{x \to a} \dfrac{f'(x)}{g'(x)} = A$($A$ 为有限数或 ∞),

则 $\lim\limits_{x \to a} \dfrac{f(x)}{g(x)} = \lim\limits_{x \to a} \dfrac{f'(x)}{g'(x)} = A.$

定理请读者自证.

例 3.17   计算 $\lim\limits_{x \to +\infty} \dfrac{\ln x}{x^n}$ $(n > 0)$.

解 $\lim\limits_{x \to +\infty} \dfrac{\ln x}{x^n} = \lim\limits_{x \to +\infty} \dfrac{\dfrac{1}{x}}{n x^{n-1}} = \lim\limits_{x \to +\infty} \dfrac{1}{n x^n} = 0.$

例 3.18   计算 $\lim\limits_{x \to +\infty} \dfrac{x^n}{\mathrm{e}^{\lambda x}}$($n$ 为正整数,$\lambda > 0$).

解 $\lim\limits_{x \to +\infty} \dfrac{x^n}{\mathrm{e}^{\lambda x}} = \lim\limits_{x \to +\infty} \dfrac{n x^{n-1}}{\lambda \mathrm{e}^{\lambda x}} = \lim\limits_{x \to +\infty} \dfrac{n(n-1) x^{n-2}}{\lambda^2 \mathrm{e}^{\lambda x}} = \cdots = \lim\limits_{x \to +\infty} \dfrac{n!}{\lambda^n \mathrm{e}^{\lambda x}} = 0.$

3.2.3 其他类型的未定式

除 $\dfrac{0}{0}$ 型和 $\dfrac{\infty}{\infty}$ 型外,其他尚有一些形如 $0 \cdot \infty, \infty - \infty, 0^0, \infty^0, 1^\infty$ 型的未定式,一般可化为 $\dfrac{0}{0}$ 型或 $\dfrac{\infty}{\infty}$ 型,下面举例说明.

例 3.19   求极限 $\lim\limits_{x \to 0^+} x \ln x.$ $(0 \cdot \infty$型$)$

解 $\lim\limits_{x \to 0^+} x \ln x = \lim\limits_{x \to 0^+} \dfrac{\ln x}{\dfrac{1}{x}} \overset{\frac{\infty}{\infty}}{=} \lim\limits_{x \to 0^+} \dfrac{\dfrac{1}{x}}{-\dfrac{1}{x^2}} = -\lim\limits_{x \to 0^+} x = 0.$

注:若把本题的极限化为: $\lim\limits_{x \to 0^+} \dfrac{x}{\dfrac{1}{\ln x}} \overset{\frac{0}{0}}{=} \lim\limits_{x \to 0^+} \dfrac{1}{-\dfrac{1}{x}\Big/\dfrac{1}{\ln^2 x}} = -\lim\limits_{x \to 0^+} x \ln^2 x$,这种化法越化越复杂,

因此若化成 $\dfrac{0}{0}$ 型求不出极限,应转换成 $\dfrac{\infty}{\infty}$ 型来求其极限;反之亦然.

例 3.20   计算 $\lim\limits_{x \to 0} \left(\dfrac{1}{\ln(1+x)} - \dfrac{1}{x} \right).$ $(\infty - \infty$型$)$

解 $\lim\limits_{x \to 0} \left(\dfrac{1}{\ln(1+x)} - \dfrac{1}{x} \right) = \lim\limits_{x \to 0} \dfrac{x - \ln(1+x)}{x \ln(1+x)} \overset{\frac{0}{0}}{=} \lim\limits_{x \to 0} \dfrac{1 - \dfrac{1}{1+x}}{\ln(1+x) + \dfrac{x}{1+x}}$

$= \lim\limits_{x \to 0} \dfrac{x}{(1+x)\ln(1+x) + x} \overset{\frac{0}{0}}{=} \lim\limits_{x \to 0} \dfrac{1}{\ln(1+x) + 1 + 1} = \dfrac{1}{2}.$

例 3.21 求极限 $\lim\limits_{x \to 0^+} x^x$. ($0^0$ 型)

解 $\lim\limits_{x \to 0^+} x^x = \lim\limits_{x \to 0^+} \mathrm{e}^{x\ln x} = \mathrm{e}^{\lim\limits_{x \to 0^+} x\ln x} = \mathrm{e}^0 = 1$.

例 3.22 求 $\lim\limits_{x \to 0^+} (\cos x)^{\frac{1}{x}}$. ($1^\infty$ 型)

解 $\lim\limits_{x \to 0^+} (\cos x)^{\frac{1}{x}} = \lim\limits_{x \to 0^+} \mathrm{e}^{\frac{\ln\cos x}{x}} = \mathrm{e}^{\lim\limits_{x \to 0^+} \frac{\ln\cos x}{x}} \overset{\frac{0}{0}}{=} \mathrm{e}^{\lim\limits_{x \to 0^+} \frac{-\sin x}{\cos x}} = \mathrm{e}^0 = 1$.

例 3.23 求极限 $\lim\limits_{x \to +\infty} (1+x)^{\frac{1}{x}}$. ($\infty^0$ 型)

解 $\lim\limits_{x \to +\infty} (1+x)^{\frac{1}{x}} = \mathrm{e}^{\lim\limits_{x \to +\infty} \frac{\ln(1+x)}{x}} \overset{(\frac{\infty}{\infty})}{=} \mathrm{e}^{\lim\limits_{x \to +\infty} \frac{\frac{1}{1+x}}{1}} = \mathrm{e}^0 = 1$.

例 3.24 求极限 $\lim\limits_{n \to \infty} \sqrt[n]{n}$ (∞^0 型).

解 令 $\dfrac{1}{n} = t$, 则 $t \to 0^+ (n \to \infty)$, $n = \dfrac{1}{t}$, 故

$$\lim_{n \to \infty} \sqrt[n]{n} = \lim_{n \to \infty} n^{\frac{1}{n}} = \lim_{t \to 0^+} \left(\frac{1}{t}\right)^t = \lim_{t \to 0^+} t^{-t} = \lim_{t \to 0^+} \mathrm{e}^{-t\ln t} = \mathrm{e}^{-\lim\limits_{t \to 0^+} t\ln t} = \mathrm{e}^0 = 1.$$

注: 洛必达法则为求极限带来了很大的方便, 但如果 $\lim \dfrac{f'(x)}{g'(x)}$ 不存在, 并不能由此判定 $\lim \dfrac{f(x)}{g(x)}$ 也不存在, 只能说明此时不能使用洛必达法则, 而需用其他方法讨论 $\lim \dfrac{f(x)}{g(x)}$. 如以下例题所示.

例 3.25 求极限 $\lim\limits_{x \to 0} \dfrac{x^2 \sin \dfrac{1}{x}}{\sin x}$.

解 $\lim\limits_{x \to 0} \dfrac{x^2 \sin \dfrac{1}{x}}{\sin x} = \lim\limits_{x \to 0} \dfrac{x \sin \dfrac{1}{x}}{\dfrac{\sin x}{x}} = \dfrac{\lim\limits_{x \to 0} x \sin \dfrac{1}{x}}{\lim\limits_{x \to 0} \dfrac{\sin x}{x}} = \dfrac{0}{1} = 0$.

注: 求这个极限如果采用洛必达法则有 $\lim\limits_{x \to 0} \dfrac{x^2 \sin \dfrac{1}{x}}{\sin x} = \lim\limits_{x \to 0} \dfrac{2x \sin \dfrac{1}{x} - \cos \dfrac{1}{x}}{\cos x}$, 分子中 $\cos \dfrac{1}{x}$ 的极限是不存在的, 因此不能用洛必达法则.

例 3.26 求 $\lim\limits_{x \to \infty} \dfrac{x + \sin x}{x + \cos x}$.

解 $\lim\limits_{x \to \infty} \dfrac{x + \sin x}{x + \cos x} = \lim\limits_{x \to \infty} \dfrac{1 + \dfrac{\sin x}{x}}{1 + \dfrac{\cos x}{x}} = 1$.

例 3.27 求极限 $\lim\limits_{x \to +\infty} \dfrac{\mathrm{e}^x - \mathrm{e}^{-x}}{\mathrm{e}^x + \mathrm{e}^{-x}}$.

解 $\lim\limits_{x \to +\infty} \dfrac{\mathrm{e}^x - \mathrm{e}^{-x}}{\mathrm{e}^x + \mathrm{e}^{-x}} = \lim\limits_{x \to +\infty} \dfrac{1 - \mathrm{e}^{-2x}}{1 + \mathrm{e}^{-2x}} = 1$.

注: 如果此题采用洛必达法则得出 $\lim\limits_{x \to +\infty} \dfrac{\mathrm{e}^x - \mathrm{e}^{-x}}{\mathrm{e}^x + \mathrm{e}^{-x}} = \lim\limits_{x \to +\infty} \dfrac{\mathrm{e}^x + \mathrm{e}^x}{\mathrm{e}^x - \mathrm{e}^{-x}} = \lim\limits_{x \to +\infty} \dfrac{\mathrm{e}^x - \mathrm{e}^{-x}}{\mathrm{e}^x + \mathrm{e}^{-x}}$, 这是一

个循环的结果,因此本题不能采用洛必达法则.

习题 3.2

A 组

1. 用洛必达法则求下列极限:

(1) $\lim\limits_{x\to 0}\dfrac{e^x+e^{-x}-2}{1-\cos x}$;

(2) $\lim\limits_{x\to +\infty}\dfrac{\dfrac{\pi}{2}-\arctan x}{\dfrac{1}{x}}$;

(3) $\lim\limits_{x\to 0}\dfrac{e^x-\cos x}{x\sin x}$;

(4) $\lim\limits_{x\to 0}\cot x\left(\dfrac{1}{\sin x}-\dfrac{1}{x}\right)$;

(5) $\lim\limits_{x\to 0}\dfrac{(1+x)^{\frac{1}{x}}-e}{x}$;

(6) $\lim\limits_{x\to 0^+}\left(\dfrac{\sin x}{x}\right)^{\frac{1}{x^2}}$;

(7) $\lim\limits_{x\to 0}\left(\dfrac{1}{\sin x}-\dfrac{1}{x}\right)$;

(8) $\lim\limits_{x\to 0^+}x^{\sin x}$;

(9) $\lim\limits_{x\to \infty}\left(1+\dfrac{a}{x}\right)^x$;

(10) $\lim\limits_{n\to \infty}\sqrt[n]{n}$ (n 为正整数).

2. 已知 $\lim\limits_{x\to 1}\dfrac{x^2+bx+c}{\sin \pi x}=5$,求 b,c 的值.

B 组

1. 求下列极限:

(1) $\lim\limits_{x\to 0}\dfrac{xe^{2x}+xe^x-2e^{2x}+2e^x}{(e^x-1)(1-\cos x)}$;

(2) $\lim\limits_{x\to +\infty}\left(\dfrac{2}{\pi}\cdot \arctan x\right)^x$;

(3) $\lim\limits_{x\to 0^+}(\cot x)^{\frac{1}{\ln x}}$;

(4) $\lim\limits_{x\to 0}\left(\dfrac{a^{x+1}+b^{x+1}+c^{x+1}}{a+b+c}\right)^{\frac{1}{x}}$;

(5) $\lim\limits_{x\to 1}\dfrac{x^x-x}{\ln x-x+1}$. (提示:$x^x$ 的导数要用对数法求导)

(6) $\lim\limits_{x\to \infty}\left[\left(a_1^{\frac{1}{x}}+a_2^{\frac{1}{x}}+\cdots+a_n^{\frac{1}{x}}\right)/n\right]^{nx}$ $(a_1,a_2,\cdots,a_n>0)$.

2. 讨论函数 $f(x)=\begin{cases}\left[\dfrac{(1+x)^{\frac{1}{x}}}{e}\right]^{\frac{1}{x}}, & x>0,\\ 0, & x\leqslant 0\end{cases}$ 在点 $x=0$ 处的连续性.

3.3　泰勒公式

3.3.1　问题的提出

对于一些较复杂的函数,我们希望用简单函数来近似表达,由于多项式函数是最简单的一类函数,因此我们通常用多项式函数来近似地表达复杂函数.

设 $f(x)$ 在 x_0 的某个邻域 $U(x_0,\delta)$ 内具有直到 $n+1$ 阶导数,找出一个关于 $x-x_0$ 的 n 次多项式 $p_n(x)$ 来近似表达 $f(x)$,要求 $f(x)$ 与 $p_n(x)$ 之差是比 $(x-x_0)^n$ 高阶的无穷小,并

给出误差的表达形式.

为了寻找这个多项式函数,首先假设函数本身是一个多项式函数,即
$$f(x) = a_0 + a_1(x - x_0) + a_2(x - x_0)^2 + \cdots + a_n(x - x_0)^n.$$

观察 $f(x)$ 在 x_0 点的各阶导数与多项式函数系数之间的关系,为此先求出函数的各阶导数如下:
$$f(x) = a_0 + a_1(x - x_0) + a_2(x - x_0)^2 + \cdots + a_n(x - x_0)^n,$$
$$f'(x) = a_1 + 2a_2(x - x_0) + 3a_3(x - x_0)^2 + \cdots + na_n(x - x_0)^{n-1},$$
$$f''(x) = 2!a_2 + 3 \times 2a_3(x - x_0) + 4 \times 3a_4(x - x_0)^2 + \cdots + n(n-1)a_n(x - x_0)^{n-2},$$
$$f'''(x) = 3 \times 2 \times 1a_3 + 4 \times 3 \times 2a_4(x - x_0) + \cdots + n(n-1)(n-2)a_n(x - x_0)^{n-3},$$
$$\vdots$$
$$f^{(n)}(x) = n!a_n.$$

现将 $x = x_0$ 代入上面各式得到

$$\begin{cases} f(x_0) = a_0, \\ f'(x_0) = a_1, \\ f''(x_0) = 2!a_2, \\ \vdots \\ f^{(n)}(x_0) = n!a_n, \end{cases} \quad \text{由此可得} \begin{cases} a_0 = f(x_0), \\ a_1 = f'(x_0), \\ a_2 = \dfrac{f''(x_0)}{2!}, \\ \vdots \\ a_n = \dfrac{f^{(n)}(x_0)}{n!}. \end{cases}$$

此时多项式函数 $f(x)$ 可以写成
$$f(x) = f(x_0) + f'(x_0)(x - x_0) + \frac{f''(x_0)}{2!}(x - x_0)^2 + \cdots + \frac{f^{(n)}(x_0)}{n!}(x - x_0)^n. \tag{3.3}$$

如果 $f(x)$ 不是一个多项式函数,在 x_0 的某个邻域 $U(x_0, \delta)$ 内具有直到 $n+1$ 阶导数,我们可以先求出函数 $f(x)$ 在 x_0 点的各阶导数 $f(x_0), f'(x_0), f''(x_0), \cdots, f^{(n)}(x_0)$,然后仿照式(3.3)的右端作出一个多项式函数
$$f(x_0) + f'(x_0)(x - x_0) + \frac{f''(x_0)}{2!}(x - x_0)^2 + \cdots + \frac{f^{(n)}(x_0)}{n!}(x - x_0)^n,$$

用这个多项式函数来近似代替函数 $f(x)$ 就会产生一个误差 $R_n(x)$,这个误差由泰勒中值定理给出.

3.3.2　泰勒中值定理

定理 3.7(泰勒(Taylor)中值定理)　若函数 $f(x)$ 在含有 x_0 的某个邻域 $U(x_0, \delta)$ 内具有直到 $n+1$ 阶导数,则对 $\forall x \in U(x_0, \delta)$,有
$$f(x) = f(x_0) + f'(x_0)(x - x_0) + \frac{f''(x_0)}{2!}(x - x_0)^2 + \cdots + \frac{f^{(n)}(x_0)}{n!}(x - x_0)^n + R_n(x),$$
$$\tag{3.4}$$

其中
$$R_n(x) = \frac{f^{(n+1)}(\xi)}{(n+1)!}(x - x_0)^{n+1}, \tag{3.5}$$

这里 ξ 是 x_0 与 x 之间的某个值.

证　(1) 当 $x = x_0$ 时,式(3.4)显然成立.

(2) 当 $x \in \mathring{U}(x_0, \delta)$ 时,记

$$p_n(x) = f(x_0) + f'(x_0)(x - x_0) + \frac{f''(x_0)}{2!}(x - x_0)^2 + \cdots + \frac{f^{(n)}(x_0)}{n!}(x - x_0)^n,$$

显然有

$$f(x_0) = p_n(x_0), f'(x_0) = p'_n(x_0), f''(x_0) = p''_n(x_0), \cdots, f^{(n)}(x_0) = p_n^{(n)}(x_0).$$

令 $R_n(x) = f(x) - p_n(x)$. 只需证明 $R_n(x) = \frac{f^{(n+1)}(\xi)}{(n+1)!}(x - x_0)^{n+1}$($\xi$ 在 x 与 x_0 之间).

由假设知 $R_n(x)$ 在 $U(x_0, \delta)$ 内具有直到 $n+1$ 阶导数,且

$$R_n(x_0) = R'_n(x_0) = R''_n(x_0) = \cdots = R_n^{(n)}(x_0) = 0,$$

对于函数 $R_n(x)$ 和 $(x - x_0)^{n+1}$,在以 x 及 x_0 为端点的区间上应用柯西中值定理得

$$\frac{R_n(x)}{(x - x_0)^{n+1}} = \frac{R_n(x) - R_n(x_0)}{(x - x_0)^{n+1} - 0} = \frac{R'_n(\xi_1)}{(n+1)(\xi_1 - x_0)^n} \quad (\xi_1 \text{ 在 } x \text{ 与 } x_0 \text{ 之间});$$

再对函数 $R'_n(x)$ 和 $(n+1)(x - x_0)^n$ 在以 ξ_1 及 x_0 为端点的区间上应用柯西中值定理得

$$\frac{R'_n(\xi_1)}{(n+1)(\xi_1 - x_0)^n} = \frac{R'_n(\xi_1) - R'_n(x_0)}{(n+1)(\xi_1 - x_0)^n - 0} = \frac{R''_n(\xi_2)}{n(n+1)(\xi_2 - x_0)^{n-1}} (\xi_2 \text{ 在 } \xi_1 \text{ 与 } x_0 \text{ 之间});$$

照此方法继续下去,经过 $n+1$ 次后,得

$$\frac{R_n(x)}{(x - x_0)^{n+1}} = \frac{R_n^{(n+1)}(\xi)}{(n+1)!} \quad (\xi \text{ 在 } x \text{ 与 } x_0 \text{ 之间}).$$

注意:由 $p_n^{(n+1)}(x) = 0$ 得 $R_n^{(n+1)}(x) = f^{(n+1)}(x)$,$R_n^{(n+1)}(\xi) = f^{(n+1)}(\xi)$. 所以有

$$\frac{R_n(x)}{(x - x_0)^{n+1}} = \frac{f^{(n+1)}(\xi)}{(n+1)!},$$

故

$$R_n(x) = \frac{f^{(n+1)}(\xi)}{(n+1)!}(x - x_0)^{n+1} \quad (\xi \text{ 在 } x \text{ 与 } x_0 \text{ 之间}),$$

由 $R_n(x) = f(x) - p_n(x)$ 得 $f(x) = p_n(x) + R_n(x)$,即式(3.4)成立.

式(3.4)称为函数 $f(x)$ 按 $x - x_0$ 的幂展开到 n 阶的泰勒公式,而 $R_n(x)$ 的表达式(3.5)称为拉格朗日型余项.

当 $n = 0$ 时,泰勒公式变成拉格朗日中值公式

$$f(x) = f(x_0) + f'(\xi)(x - x_0) \quad (\xi \text{ 在 } x \text{ 与 } x_0 \text{ 之间}).$$

因此泰勒中值定理是拉格朗日中值定理的推广.

由泰勒中值定理可知,以多项式 $p_n(x)$ 近似表达函数 $f(x)$ 时,其误差为 $|R_n(x)|$,如果对于某个固定的 n,当 x 在 $U(x_0, \delta)$ 内变动时,$|f^{(n+1)}(x)| \leqslant M$,则有估计

$$|R_n(x)| = \left| \frac{f^{(n+1)}(\xi)}{(n+1)!}(x - x_0)^{n+1} \right| \leqslant \frac{M}{(n+1)!}|x - x_0|^{n+1}$$

及 $\lim\limits_{x \to x_0} \dfrac{R_n(x)}{(x - x_0)^n} = 0$.

由此可见,误差 $|R_n(x)|$ 在 $x \to x_0$ 时是比 $(x - x_0)^n$ 高阶的无穷小,即 $R_n(x) = o((x - x_0)^n)$,此式称为皮亚诺余项.

在不需要余项的精确表达式时,n 阶泰勒公式也可以写成

$$f(x) = f(x_0) + f'(x_0)(x - x_0) + \frac{f''(x_0)}{2!}(x - x_0)^2 + \cdots$$

$$+ \frac{f^{(n)}(x_0)}{n!}(x - x_0)^n + o[(x - x_0)^n]. \tag{3.6}$$

式(3.6)称为函数 $f(x)$ 按 $x - x_0$ 的幂展开带有皮亚诺型余项的 n 阶泰勒公式.

在泰勒公式(3.4)中,如果令 $x_0 = 0$,则 ξ 在 0 与 x 之间,令 $\xi = \theta \cdot x(0 < \theta < 1)$,泰勒公式变成麦克劳林(Maclaurin)公式:

$$f(x) = f(0) + f'(0)x + \frac{f''(0)}{2!}x^2 + \cdots + \frac{f^{(n)}(0)}{n!}x^n + \frac{f^{(n+1)}(\theta x)}{(n+1)!}x^{n+1}, 0 < \theta < 1. \tag{3.7}$$

由此得到近似公式

$$f(x) \approx f(0) + f'(0)x + \frac{f''(0)}{2!}x^2 + \cdots + \frac{f^{(n)}(0)}{n!}x^n,$$

误差估计相应地变成 $|R_n(x)| \leqslant \dfrac{M}{(n+1)!}|x|^{n+1}$,及 $\lim\limits_{x \to 0} \dfrac{R_n(x)}{x^n} = 0$,即当 $x \to 0$ 时 $R_n(x) = o(x^n)$.故带有皮亚诺型余项的 n 阶麦克劳林公式可写为

$$f(x) = f(0) + f'(0)x + \frac{f''(0)}{2!}x^2 + \cdots + \frac{f^{(n)}(0)}{n!}x^n + o(x^n). \tag{3.8}$$

例 3.28 写出函数 $f(x) = e^x$ 的 n 阶麦克劳林公式.

解 因为 $f'(x) = f''(x) = \cdots = f^{(n)}(x) = e^x$,所以

$$f(0) = f'(0) = f''(0) = \cdots = f^{(n)}(0) = e^0 = 1.$$

把这些值代入式(3.7),并注意到 $f^{(n+1)}(\theta x) = e^{\theta x}$,便得

$$e^x = 1 + x + \frac{1}{2!}x^2 + \cdots + \frac{1}{n!}x^n + \frac{e^{\theta x}}{(n+1)!}x^{n+1}, \quad 0 < \theta < 1.$$

由这个公式可得 e^x 用 n 次多项式表达的近似式

$$e^x \approx 1 + x + \frac{1}{2!}x^2 + \cdots + \frac{1}{n!}x^n.$$

这时所产生的误差(设 $x > 0$):

$$|R_n(x)| = \left| \frac{e^{\theta x}}{(n+1)!}x^{n+1} \right| \leqslant \frac{e^x}{(n+1)!}x^{n+1} \quad (0 < \theta < 1).$$

如果取 $x = 1$,则得无理数 e 的近似值为

$$e \approx 1 + 1 + \frac{1}{2!} + \cdots + \frac{1}{n!},$$

其误差 $|R_n(x)| < \dfrac{e}{(n+1)!} < \dfrac{3}{(n+1)!}$.

当 $n = 10$ 时,可算出 $e \approx 2.718281$,其误差不超过百万分之一.

例 3.29 求函数 $f(x) = \sin x$ 的 n 阶麦克劳林公式.

解 因为 $f^{(n)}(x) = \sin\left(x + \dfrac{n\pi}{2}\right), f^{(n)}(0) = \sin\dfrac{n\pi}{2}$,

$$f(0) = 0, \quad f'(0) = 1, \quad f''(0) = 0, \quad f'''(0) = -1, \quad f^{(4)}(0) = 0, \cdots,$$

它们顺序循环地取四个数 $0, 1, 0, -1$,于是按式(3.7)得

$$\sin x = x - \frac{1}{3!}x^3 + \frac{1}{5!}x^5 + \cdots + (-1)^{m-1}\frac{1}{(2m-1)!}x^{2m-1} + R_{2m}(x),$$

其中 $R_{2m}(x) = \dfrac{\sin[\theta x+(2m+1)\pi/2]}{(2m+1)!}x^{2m+1}(0<\theta<1)$.

如果取 $m=1$，则得近似公式 $\sin x \approx x$，这时误差为

$$|R_2(x)| = \left|\frac{\sin\left(\theta x+\dfrac{3\pi}{2}\right)}{3!}x^3\right| \leqslant \frac{1}{6}|x|^3 \quad (0<\theta<1).$$

如果 m 分别取 2 和 3，则可得 $\sin x$ 的 3 次和 5 次近似多项式：

$$\sin x \approx x-\frac{1}{3!}x^3 = x-\frac{1}{6}x^3,$$

$$\sin x \approx x-\frac{1}{3!}x^3+\frac{1}{5!}x^5 = x-\frac{1}{6}x^3+\frac{1}{120}x^5,$$

其误差的绝对值依次不超过 $\dfrac{1}{5!}|x|^5$ 和 $\dfrac{1}{7!}|x|^7$，以上三个近似多项式及正弦函数的图形如图 3.9 所示.

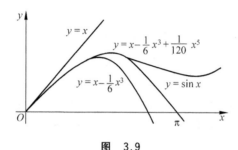

图   3.9

例 3.30   求函数 $f(x)=\ln(1+x)$ 的 n 阶麦克劳林公式，写出其拉格朗日型余项.

解 $f(x)=\ln(1+x)$，$f^{(n)}(x)=[\ln(1+x)]^{(n)}=(-1)^{n-1}\dfrac{(n-1)!}{(1+x)^n}$，即

$$f(0)=0,\, f^{(n)}(0)=(-1)^{n-1}(n-1)!.$$

于是

$$f(x)=f(0)+f'(0)x+\frac{f''(0)}{2!}x^2+\cdots+\frac{f^{(n)}(0)}{n!}x^n+\frac{f^{(n+1)}(\xi)}{(n+1)!}x^{n+1},$$

即

$$\ln(1+x)=x-\frac{1}{2!}x^2+\frac{2!}{3!}x^3-\frac{3!}{4!}x^4+\cdots+\frac{(-1)^{n-1}(n-1)!}{n!}x^n+\frac{f^{(n+1)}(\xi)}{(n+1)!}x^{n+1}$$

$$=x-\frac{x^2}{2}+\frac{x^3}{3}-\frac{x^4}{4}+\cdots+\frac{(-1)^{n-1}x^n}{n}+\frac{f^{(n+1)}(\xi)}{(n+1)!}x^{n+1}.$$

因为 $f^{(n+1)}(\xi)=(-1)^n\dfrac{n!}{(1+\xi)^{n+1}}$，所以拉格朗日型余项为

$$R_n(x)=\frac{f^{(n+1)}(\xi)}{(n+1)!}x^{n+1}=\frac{(-1)^n}{n+1}\cdot\frac{x^{n+1}}{(1+\xi)^{n+1}},\, \xi \text{ 在 } 0 \text{ 与 } x \text{ 之间}.$$

例 3.31   求函数 $y=(1+x)^a$ 的 n 阶麦克劳林公式，写出其拉格朗日型余项.

解   **步骤 1**   求出函数的各阶导函数.

$$f(x) = (1+x)^\alpha,$$

$$f'(x) = \alpha(1+x)^{\alpha-1},$$

$$f''(x) = \alpha(\alpha-1)(1+x)^{\alpha-2},$$

$$\vdots$$

$$f^{(n)}(x) = \alpha(\alpha-1)(\alpha-2)\cdots(\alpha-n+1)(1+x)^{\alpha-n},$$

$$f^{(n+1)}(x) = \alpha(\alpha-1)(\alpha-2)\cdots(\alpha-n+1)(\alpha-n)(1+x)^{\alpha-n-1}.$$

步骤 2 求出各阶导函数在 $x=0$ 处的值.

$$f(0) = 1, \quad f'(0) = \alpha, \quad f''(0) = \alpha(\alpha-1), \cdots, f^{(n)}(0) = \alpha(\alpha-1)(\alpha-2)\cdots(\alpha-n+1).$$

步骤 3 写出函数的 n 阶麦克劳林公式.

$$(1+x)^\alpha = f(0) + f'(0)x + \frac{f''(0)}{2!}x^2 + \cdots + \frac{f^{(n)}(0)}{n!}x^n + \frac{f^{(n+1)}(1+\theta x)}{(n+1)!}x^{n+1} \quad (0 < \theta < 1)$$

$$= 1 + \alpha x + \frac{\alpha(\alpha-1)}{2!}x^2 + \cdots + \frac{\alpha(\alpha-1)\cdots(\alpha-n+1)}{n!}x^n$$

$$+ \frac{\alpha(\alpha-1)\cdots(\alpha-n+1)(\alpha-n)(1+\theta x)^{\alpha-n-1}}{(n+1)!}x^{n+1}.$$

例 3.32 求 $\lim\limits_{x \to +\infty}\left[x - x^2 \ln\left(1 + \dfrac{1}{x}\right)\right]$.

解 令 $u = \dfrac{1}{x}$,则当 $x \to +\infty$ 时,$u \to 0^+$.

$$原式 = \lim_{u \to 0^+}\left[\frac{1}{u} - \frac{1}{u^2}\ln(1+u)\right] = \lim_{u \to 0^+}\frac{u - \ln(1+u)}{u^2}.$$

因为分母的次数为 2,所以将 $\ln(1+u)$ 展开成二次多项式:$\ln(1+u) = u - \dfrac{1}{2}u^2 + o(u^2)$,故

$$原式 = \lim_{u \to 0^+}\frac{u - \ln(1+u)}{u^2} = \lim_{u \to 0^+}\frac{u - u + \dfrac{1}{2}u^2 - o(u^2)}{u^2} = \frac{1}{2}.$$

例 3.33 求极限 $\lim\limits_{x \to 0}\dfrac{\sin x - x + \dfrac{x^3}{3!} - \dfrac{x^5}{5!} + \dfrac{x^7}{7!} - \dfrac{x^9}{9!}}{x^{11}}$.

解 因为

$$\sin x = x - \frac{x^3}{3!} + \frac{x^5}{5!} - \frac{x^7}{7!} + \frac{x^9}{9!} - \frac{x^{11}}{11!} + o(x^{11}),$$

所以

$$\lim_{x \to 0}\frac{\sin x - x + \dfrac{x^3}{3!} - \dfrac{x^5}{5!} + \dfrac{x^7}{7!} - \dfrac{x^9}{9!}}{x^{11}} = \lim_{x \to 0}\left(-\frac{1}{11!} + \frac{o(x^{11})}{x^{11}}\right) = -\frac{1}{11!}.$$

例 3.34 $\lim\limits_{x \to 0}\dfrac{\sqrt{1+x} + \sqrt{1-x} - 2}{x^2}$.

解 根据 $(1+x)^\alpha$ 的麦克劳林公式,可得

$$\sqrt{1+x} = 1 + \frac{1}{2}x + \frac{\dfrac{1}{2}\left(\dfrac{1}{2} - 1\right)}{2!}x^2 + o(x^2) = 1 + \frac{1}{2}x - \frac{1}{8}x^2 + o_1(x^2),$$

$$\sqrt{1-x} = 1 - \frac{1}{2}x + \frac{\frac{1}{2}\left(\frac{1}{2}-1\right)}{2!}x^2 + o(x^2) = 1 - \frac{1}{2}x - \frac{1}{8}x^2 + o_2(x^2),$$

所以

$$\lim_{x\to 0}\frac{\sqrt{1+x}+\sqrt{1-x}-2}{x^2} = \lim_{x\to 0}\frac{-\frac{1}{4}x^2+o(x^2)}{x^2} = -\frac{1}{4}.$$

3.3.3　常见函数的麦克劳林公式

常用函数的麦克劳林公式需要记住,现列举如下:

(1) $e^x = 1 + x + \frac{1}{2!}x^2 + \cdots + \frac{1}{n!}x^n + R_n(x), R_n(x) = \frac{e^{\theta x}}{(n+1)!}x^{n+1}\ (0<\theta<1).$

(2) $\sin x = x - \frac{1}{3!}x^3 + \frac{1}{5!}x^5 + \cdots + (-1)^{m-1}\frac{1}{(2m-1)!}x^{2m-1} + R_{2m}(x),$

$$R_{2m}(x) = \frac{\sin[\theta x + (2m+1)\pi/2]}{(2m+1)!}x^{2m+1} \quad (0<\theta<1).$$

(3) $\cos x = 1 - \frac{1}{2!}x^2 + \frac{1}{4!}x^4 + \cdots + (-1)^m\frac{1}{(2m)!}x^{2m} + R_{2m+1}(x),$

$$R_{2m+1}(x) = \frac{\cos[\theta x + (m+1)\pi]}{(2m+2)!}x^{2m+2} \quad (0<\theta<1).$$

(4) $\frac{1}{1+x} = 1 - x + x^2 - x^3 + \cdots + (-1)^n x^n + R_{n+1}(x),$

$$R_n(x) = \frac{(-1)^{n+1}}{(1+\theta x)^{n+2}}x^{n+1} \quad (0<\theta<1).$$

(5) $\ln(1+x) = x - \frac{1}{2}x^2 + \frac{1}{3}x^3 + \cdots + (-1)^{n-1}\frac{1}{n}x^n + R_n(x),$

$$R_n(x) = \frac{(-1)^n}{(n+1)(1+\theta x)^{n+1}}x^{n+1} \quad (0<\theta<1).$$

(6) $(1+x)^a = 1 + \alpha x + \frac{\alpha(\alpha-1)}{2!}x^2 + \cdots + \frac{\alpha(\alpha-1)\cdots(\alpha-n+1)}{n!}x^n + R_n(x),$

$$R_n(x) = \frac{\alpha(\alpha-1)\cdots(\alpha-n)}{(n+1)!}(1+\theta x)^{\alpha-n-1}x^{n+1} \quad (0<\theta<1).$$

习题 3.3

A 组

1. 求函数 $f(x)=\sqrt{x}$ 按 $x-4$ 的幂展开的带有拉格朗日型余项的 3 阶泰勒展开式.

2. 求函数 $f(x)=xe^x$ 的带有皮亚诺型余项的 n 阶麦克劳林展开式.

3. 利用泰勒公式求下列极限:

(1) $\lim\limits_{x\to 0}\dfrac{\cos x - e^{-x^2/2}}{x^4}$;

(2) $\lim\limits_{x\to +\infty}(\sqrt[3]{x^3+3x^2}-\sqrt[4]{x^4-2x^3})$.

4. 设 $\lim\limits_{x\to 0}\dfrac{f(x)}{x}=1$,且 $f''(x)>0$,证明 $f(x)\geqslant x$.

B 组

1. 求函数 $f(x)=\ln x$ 按 $x-2$ 的幂展开的带有皮亚诺型余项的 n 阶泰勒展开式.

2. 求函数 $f(x)=\dfrac{1}{x}$ 按 $x+1$ 的幂展开的带有拉格朗日型余项的 n 阶泰勒展开式.

3. 证明 $\sqrt{1+x}=1+\dfrac{1}{2}x-\dfrac{1}{8}x^2+\dfrac{x^3}{16(1+\theta x)^{\frac{5}{2}}}(0<\theta<1)$.

4. 设 $f(x)$ 在 $[0,1]$ 上具有二阶导数,且满足条件 $|f(x)|\leqslant a$, $|f''(x)|\leqslant b$,其中 a,b 都是非负常数,c 是 $(0,1)$ 内任意一点.

(1) 写出 $f(x)$ 在点 $x=c$ 处带拉格朗日型余项的一阶泰勒公式;

(2) 证明 $|f'(c)|\leqslant 2a+\dfrac{b}{2}$.

5. 设 $f(x)=xe^{-x}$,求 $f^{(10)}(0)$.

6. 求 $\sqrt[3]{30}$,使之精确到 10^{-4}.

3.4 函数的单调性

第 1 章已介绍过函数在区间上单调的概念,但用单调增减的定义判断函数的单调性对有些函数有较大的难度.下面利用导数来研究函数的单调性.

一单调递增且可导的函数 $y=f(x)$(如图 3.10 所示),我们从几何图形上可以观察到曲线上任意点处的切线与 x 轴正向的夹角 α 为锐角(有可能在个别点为零),即函数曲线的切线斜率 $k=\tan\alpha\geqslant0$;由导数的几何意义可知:单调递增且可导的函数具有 $f'(x)=\tan\alpha\geqslant0$ 的特点;同理,对于一单调递减且可导的函数 $y=f(x)$(图 3.11 所示),曲线上任意点处的切线与 x 轴正向夹角 α 为钝角(有可能在个别点为零),函数曲线的切线斜率 $k=\tan\alpha\leqslant0$,由此得到单调递减且可导的函数具有 $f'(x)=\tan\alpha\leqslant0$ 的特点.

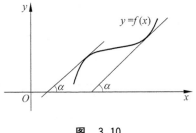

图 3.10

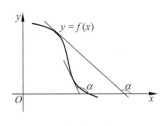

图 3.11

以上的分析说明函数的单调性与导数的符号有密切的联系,我们自然会想到用导数的符号来判定函数的单调性.

定理 3.8 设 $y=f(x)$ 在 $[a,b]$ 上连续,在 (a,b) 内可导.

(1) 若在 (a,b) 内 $f'(x)>0$,则 $f(x)$ 在 $[a,b]$ 上单调增加;

(2) 若在 (a,b) 内 $f'(x)<0$,则 $f(x)$ 在 $[a,b]$ 上单调减少.

证 在 $[a,b]$ 上任取两点 x_1,x_2,且 $x_1<x_2$,因为 $f(x)$ 在 $[x_1,x_2]\subseteq[a,b]$ 上连续,在开区间 $(x_1,x_2)\subseteq[a,b]$ 内可导,根据拉格朗日中值定理得,$\exists\xi\in(x_1,x_2)$,使得

$$f(x_2) - f(x_1) = f'(\xi)(x_2 - x_1). \tag{3.9}$$

(1) 因为 $f(x)$ 在 (a,b) 内 $f'(x) > 0$, 所以在式 (3.9) 中 $f'(\xi) > 0$, 由于 $x_2 - x_1 > 0$, 所以 $f(x_2) - f(x_1) = f'(\xi)(x_2 - x_1) > 0$, 因此有

$$f(x_2) - f(x_1) > 0, \quad 即 f(x_1) < f(x_2).$$

所以 $\forall x_1, x_2 \in [a,b]$, 且 $x_1 < x_2$, 都有 $f(x_1) < f(x_2)$. 故函数 $y = f(x)$ 在 $[a,b]$ 上单调增加.

(2) 因为 $f(x)$ 在 (a,b) 内 $f'(x) < 0$, 所以在式 (3.9) 中 $f'(\xi) < 0$, 由于 $x_2 - x_1 > 0$, 所以 $f(x_2) - f(x_1) = f'(\xi)(x_2 - x_1) < 0$, 因此有

$$f(x_2) - f(x_1) < 0, \quad 即 f(x_1) > f(x_2).$$

所以 $\forall x_1, x_2 \in [a,b]$, 且 $x_1 < x_2$, 都有 $f(x_1) > f(x_2)$. 故函数 $y = f(x)$ 在 $[a,b]$ 上单调减少.

单调递增且可导的函数在任意点的导数不一定都大于 0, 单调递减且可导的函数在任意点的导数不一定都小于 0. 如 $y = x^3 (y = -x^3)$ 在其定义域内是一个单调递增 (递减) 的函数, 但它在 $x = 0$ 点的导数等于 0, 但函数导数等于零的点不构成区间. 因此把定理 3.8 的条件减弱得到定理 3.9.

定理 3.9 设 $y = f(x)$ 在 $[a,b]$ 上连续, 在 (a,b) 内可导.

(1) 若在 (a,b) 内 $f'(x) \geqslant 0$, 但 $f'(x) = 0$ 的点不构成区间, 则 $f(x)$ 在 $[a,b]$ 上单调增加;

(2) 若在 (a,b) 内 $f'(x) \leqslant 0$, 但 $f'(x) = 0$ 的点不构成区间, 则 $f(x)$ 在 $[a,b]$ 上单调减少.

定理 3.8 和定理 3.9 的闭区间换成其他类型的区间 (包括无穷区间), 结论也成立.

例 3.35 讨论函数 $f(x) = 2x^3 - 9x^2 + 12x - 3$ 的增减性.

解 函数定义域为 $(-\infty, +\infty)$. $f'(x) = 6x^2 - 18x + 12 = 6(x-1)(x-2)$, 令 $f'(x) = 0$, 得驻点 $x_1 = 1, x_2 = 2$. 用驻点 $x_1 = 1, x_2 = 2$ 把函数的定义域 $(-\infty, +\infty)$ 分成 3 个区间, 考察导函数在每个区间的符号, 从而可得出函数的单调区间如表 3.1 所示. (表中 "↗" 表示单调增加, "↘" 表示单调减少.)

表 3.1   函数的单调区间

x	$(-\infty, 1)$	$(1, 2)$	$(2, +\infty)$
$f'(x)$	$+$	$-$	$+$
$f(x)$	↗	↘	↗

因此函数在 $(-\infty, 1]$, $[2, +\infty)$ 内单调递增, 在 $(1, 2)$ 内单调递减 (如图 3.12 所示).

例 3.36 确定函数 $y = \sqrt[3]{x^2}$ 的单调区间.

解 函数定义域为 $(-\infty, +\infty)$. 当 $x \neq 0$ 时 $y' = \dfrac{2}{3\sqrt[3]{x}}$, 当 $x = 0$ 时, 函数的导数不存在, $f(x)$ 在 $(-\infty, +\infty)$ 内无驻点. 用导数不存在的点 $x = 0$ 把函数的定义域分成两个区间, 考察导数在每一个区间内的符号 (如表 3.2 所示), 从而得到函数的单调区间.

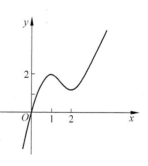

图   3.12

表 3.2   函数单调性表

x	$(-\infty,0)$	$(0,+\infty)$
$f'(x)$	$-$	$+$
$f(x)$	↘	↗

因此原函数在 $(-\infty,0)$ 内单调递减,在 $(0,+\infty)$ 内单调递增,如图 3.13 所示.

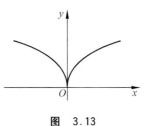

图   3.13

从例 3.35 和例 3.36 可归纳出求函数单调区间的步骤:

步骤 1   找出函数的驻点和导数不存在的点;

步骤 2   用步骤 1 的点把函数的定义域分隔成若干个区间;

步骤 3   考察导函数在每个区间内的符号,从而得出函数的单调区间.

例 3.37   利用导数证明:当 $x>1$ 时,$\dfrac{\ln(1+x)}{\ln x}>\dfrac{x}{1+x}$.

分析   要证明原不等式,只需要证明 $(1+x)\ln(1+x)>x\ln x$,即证明 $(1+x)\ln(1+x)-x\ln x>0$,记 $f(x)=(1+x)\ln(1+x)-x\ln x$,由于 $f(1)=2\ln2>0$,因此只要证明 $x>1$ 时,$f(x)>f(1)>0$,根据单调性的定义,需要证明 $f(x)$ 单调递增,即证明 $f'(x)>0$.

证明   令 $f(x)=(1+x)\ln(1+x)-x\ln x$,因为 $f'(x)=\ln\left(1+\dfrac{1}{x}\right)>0\,(x>1)$,所以 $f(x)$ 在 $[1,+\infty)$ 内为增函数. 所以 $x>1$ 时有:$f(x)>f(1)=2\ln2>0$,得出 $f(x)>0$. 即

$$(1+x)\ln(1+x)-x\ln x>0,$$

从而得

$$\frac{\ln(1+x)}{\ln x}>\frac{x}{1+x},\quad x>1.$$

例 3.38   比较 e^{π} 与 π^{e} 的大小,并说明理由.

分析   根据对数恒等式 $\mathrm{e}^{\pi}=\mathrm{e}^{\pi\ln\mathrm{e}}$,$\pi^{\mathrm{e}}=\mathrm{e}^{\mathrm{e}\ln\pi}$,这时我们只需要比较 $\pi\ln\mathrm{e}$ 与 $\mathrm{e}\ln\pi$ 的大小,进而需要比较 $\dfrac{\ln\mathrm{e}}{\mathrm{e}}$ 与 $\dfrac{\ln\pi}{\pi}$ 的大小,这两个值刚好是 $f(x)=\dfrac{\ln x}{x}$ 在 $x=\mathrm{e}$ 和 $x=\pi$ 点的函数值,此时把比较 $\dfrac{\ln\mathrm{e}}{\mathrm{e}}$ 与 $\dfrac{\ln\pi}{\pi}$ 的大小问题转化为判断 $f(x)=\dfrac{\ln x}{x}$ 的单调性问题.

证   设 $f(x)=\dfrac{\ln x}{x}$,因为 $f'(x)=\dfrac{1-\ln x}{x^2}<0\,(x>\mathrm{e})$,所以在 $x>\mathrm{e}$ 时,$f(x)$ 是单调递增,所以 $\mathrm{e}<\pi$ 时有 $f(\mathrm{e})<f(\pi)$,即

$$\frac{\ln\mathrm{e}}{\mathrm{e}}<\frac{\ln\pi}{\pi},$$

由此得出:$\pi\ln\mathrm{e}<\mathrm{e}\ln\pi$,所以 $\mathrm{e}^{\pi}<\pi^{\mathrm{e}}$.

例 3.39   若 $f(0)=0$,$f'(x)$ 在 $[0,+\infty)$ 内单调增加,证明:函数 $F(x)=\dfrac{f(x)}{x}$ 在 $(0,+\infty)$ 内单调增加.

证   因为 $F'(x)=\dfrac{xf'(x)-f(x)}{x^2}$,因为 $f(x)$ 在 $[0,x]$ 上连续,在 $(0,x)$ 内可导,根据拉格朗日中值定理有 $\exists\xi\in(0,x)$,使得

$$f'(\xi)=\frac{f(x)-f(0)}{x-0}.$$

又因为 $f(0)=0$,所以 $f(x)=xf'(\xi)$,所以

$$F'(x)=\frac{xf'(x)-f(x)}{x^2}=\frac{xf'(x)-xf'(\xi)}{x^2}=\frac{f'(x)-f'(\xi)}{x}.$$

又因为 $f'(x)$ 单调增加,$x>0$,$0<\xi<x$,所以 $f'(\xi)<f'(x)$,因而有 $F'(x)>0$,即 $F(x)$ 在 $(0,+\infty)$ 内单调增加.

例 3.40　设 $x\in(0,1)$,证明:

(1) $(1+x)\ln^2(1+x)\leqslant x^2$;　(2) $\dfrac{1}{\ln 2}-1<\dfrac{1}{\ln(1+x)}-\dfrac{1}{x}<\dfrac{1}{2}$.

证　(1) 令 $\phi(x)=(1+x)\ln^2(1+x)-x^2$,则有

$$\phi(0)=0,\quad \phi'(x)=\ln^2(1+x)+2\ln(1+x)-2x,\quad \phi'(0)=0.$$

因为当 $x\in(0,1)$ 时,$\phi''(x)=\dfrac{2}{1+x}[\ln(1+x)-x]<0$,所以 $\phi'(x)$ 单调递减,所以 $0<x<1$ 时,$\phi'(x)<\phi'(0)=0$.由此得到 $\phi(x)$ 单调递减,$0<x<1$ 时,$\phi(x)<\phi(0)=0$,即

$$(1+x)\ln^2(1+x)-x^2<0,\quad 即 (1+x)\ln^2(1+x)<x^2.$$

(2) 令 $f(x)=\dfrac{1}{\ln(1+x)}-\dfrac{1}{x}$,$x\in(0,1]$,因为

$$f'(x)=\frac{(1+x)\ln^2(1+x)-x^2}{x^2(1+x)\ln^2(1+x)},$$

分母是大于 0,分子由(1)知是小于 0,所以 $f'(x)<0$.所以当 $x\in(0,1)$ 时,$f(x)$ 单调减少,$f(1)<f(x)<\lim\limits_{x\to 0^+}f(x)$.

又 $f(1)=\dfrac{1}{\ln 2}-1$,

$$\lim_{x\to 0^+}f(x)=\lim_{x\to 0^+}\frac{x-\ln(1+x)}{x\ln(1+x)}=\lim_{x\to 0^+}\frac{x-\ln(1+x)}{x^2}=\lim_{x\to 0^+}\frac{x}{2x(1+x)}=\frac{1}{2},$$

所以

$$\frac{1}{\ln 2}-1<\frac{1}{\ln(1+x)}-\frac{1}{x}<\frac{1}{2}.$$

习题 3.4

A 组

1. 讨论下列函数的单调性:

(1) $y=2x^3-6x^2-18x-7$;　　　　　(2) $y=2x^2-\ln x$.

2. 证明下列不等式:

(1) 当 $x>1$ 时,$2\sqrt{x}>3-\dfrac{1}{x}$;

(2) 当 $x>0$ 时,$e^x-1>(1+x)\ln(1+x)$;

(3) 当 $x>0$ 时,有 $x-\dfrac{x^3}{6}<\sin x<x$;

(4) 当 $x\geqslant 0$ 时,$\ln(1+x)\geqslant\dfrac{\arctan x}{1+x}$.

B 组

1. 讨论下列函数的单调性:

(1) $y = 2x + \dfrac{8}{x}$ $(x > 0)$;   (2) $y = x^n e^{-x}$ $(n > 0, x \geqslant 0)$.

2. 证明下列不等式:

(1) 当 $0 < x < \dfrac{\pi}{2}$ 时, $\sin x + \tan x > 2x$;

(2) $\dfrac{|a+b|}{1+|a+b|} \leqslant \dfrac{|a|}{1+|a|} + \dfrac{|b|}{1+|b|}$;

(3) 当 $x > 4$ 时, $2^x > x^2$.

3. 设 $f''(x) < 0, f(0) = 0$, 证明对任何 $x_1 > 0, x_2 > 0$, 有 $f(x_1 + x_2) < f(x_1) + f(x_2)$.

4. 单调函数的导函数是否必为单调函数?

5. 证明在区间 $[1,2]$ 上用 $\dfrac{2(x-1)}{x+1}$ 近似 $\ln x$ 的误差不超过 $\dfrac{1}{4}(x-1)^3$.

3.5 函数的极值与最大值最小值

3.5.1 函数极值的求法

在本章 3.1 节已经给出函数的极值及极值点的定义,由费马引理可知,可导函数在极值点的导数等于 0,这就是可导函数取得极值的必要条件,现将此结论叙述成如下定理.

定理 3.10(极值存在的必要条件) 若函数 $f(x)$ 在点 x_0 处可导,在 x_0 处取得极值,则 $f(x)$ 在 x_0 处的导数 $f'(x_0) = 0$.

定理 3.10 说明可导函数的极值点必定是它的驻点,但反过来,函数的驻点却不一定是极值点.例如函数 $f(x) = x^3$,其导数 $f'(x) = 3x^2$,于是 $f'(0) = 0$,即 $x = 0$ 是这个可导函数的驻点,但 $x = 0$ 却不是这函数的极值点,因该函数是严格单调增加的,它不可能有极值点(如图 3.14 所示),所以函数的驻点只是可能的极值点.

函数在它的导数不存在的点也可能取得极值,如 $f(x) = |x|$ 在 $x = 0$ 处的导数 $f'(0)$ 不存在,但函数在 $x = 0$ 处有极小值 $f(0) = 0$(见图 3.15).但导数不存在的点也可能不是极值点,如函数 $f(x) = \begin{cases} 2x, & x \geqslant 0, \\ x, & x < 0 \end{cases}$ 在 $x = 0$ 点的导数 $f'(0)$ 不存在,由于函数单调增加,因此在 $x = 0$ 点不取得极值.

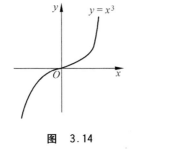

图 3.14

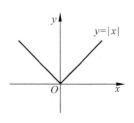

图 3.15

由以上讨论可知,函数极值点的嫌疑点是驻点和导数不存在的点.判断驻点和导数不存在的点是否为极值点,需要用到极值判定的两个充分判别条件.

定理 3.11(极值的第一充分判别条件)   设函数 $f(x)$ 在 x_0 处连续,在 x_0 的某去心邻域 $\mathring{U}(x_0,\delta)$ 内可导.

(1) 若 $x\in(x_0-\delta,x_0)$ 时,$f'(x)>0$;当 $x\in(x_0,x_0+\delta)$ 时 $f'(x)<0$,则 $f(x)$ 在 x_0 处取得极大值;

(2) 若 $x\in(x_0-\delta,x_0)$ 时,$f'(x)<0$;当 $x\in(x_0,x_0+\delta)$ 时 $f'(x)>0$,则 $f(x)$ 在 x_0 处取得极小值.

证   (1) 因为 $x\in(x_0-\delta,x_0)$ 时,$f'(x)>0$,所以 $f(x)$ 单调递增,所以 $x\in(x_0-\delta,x_0)$ 时有 $f(x)<f(x_0)$;

又因为 $x\in(x_0,x_0+\delta)$ 时,$f'(x)<0$,所以 $f(x)$ 单调递减,所以 $x\in(x_0,x_0+\delta)$ 时有 $f(x)<f(x_0)$.

所以 $\forall x\in\mathring{U}(x_0,\delta)$ 时,都有 $f(x)<f(x_0)$.所以 $f(x)$ 在 x_0 处取得极大值.

(2) 因为 $x\in(x_0-\delta,x_0)$ 时,$f'(x)<0$,所以 $f(x)$ 单调递减,所以 $x\in(x_0-\delta,x_0)$ 时有 $f(x)>f(x_0)$;

又因为 $x\in(x_0,x_0+\delta)$ 时 $f'(x)>0$,所以 $f(x)$ 单调递增,$x\in(x_0,x_0+\delta)$ 时有 $f(x)>f(x_0)$.

所以 $\forall x\in\mathring{U}(x_0,\delta)$ 时,都有 $f(x)>f(x_0)$.所以 $f(x)$ 在 x_0 处取得极小值.

定理 3.11 表明:

(1) 函数在驻点或导数不存在的点 x_0 的两边的符号相异,函数在该点取得极值;

(2) 如果从 x_0 的左边到右边,导数的符号由正变负,则函数在该点取得极大值(见图 3.16);

(3) 如果从 x_0 的左边到右边,导数的符号由负变正,则函数在该点取得极小值(见图 3.17).

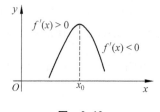

图   3.16

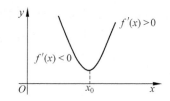

图   3.17

例 3.41   求函数 $f(x)=(x-1)^2(x-2)^3$ 的极值.

解 $f'(x)=(x-1)(x-2)^2(5x-7)$,令 $f'(x)=0$,即 $(x-1)(x-2)^2(5x-7)=0$,得 $x=1,x=\dfrac{7}{5},x=2$.

函数没有导数不存在的点,因此用驻点把函数的定义域分隔成若干个区间,考察导函数在每个区间的符号,从而得到函数的单调性和极值(见表 3.3).

表 3.3 单调性与极值表

x	$(-\infty,1)$	1	$\left(1,\dfrac{7}{5}\right)$	$\dfrac{7}{5}$	$\left(\dfrac{7}{5},2\right)$	2	$(2,+\infty)$
$f'(x)$	>0	0	<0	0	>0	0	>0
$f(x)$	↗	极大值	↘	极小值	↗	非极值	↗

由表 3.3 可知,极大值为 $f(1)=0$;极小值为 $f\left(\dfrac{7}{5}\right)=-\dfrac{108}{5^5}$.

例 3.42 讨论 $y=(x-1)\sqrt[3]{x^2}$ 的极值.

解 $y'=x^{\frac{2}{3}}+\dfrac{2}{3}(x-1)\cdot x^{-\frac{1}{3}}=\dfrac{5x-2}{3\sqrt[3]{x}}$.

令 $y'=0$,得到 $x=\dfrac{2}{5}$,函数在 $x=0$ 点的导数不存在.这两个点 $x=\dfrac{2}{5}$,$x=0$ 是极值点的嫌疑点.现列表于 3.4.

表 3.4 单调性与极值表

x	$(-\infty,0)$	0	$\left(0,\dfrac{2}{5}\right)$	$\dfrac{2}{5}$	$\left(\dfrac{2}{5},+\infty\right)$
y'	>0	不存在	<0	0	>0
y	↗	极大值	↘	极小值	↗

由表 3.4 可知:函数的极大值为 $f(0)=0$;函数的极小值为 $f\left(\dfrac{2}{5}\right)=-\dfrac{3}{5}\sqrt[3]{\dfrac{4}{25}}$.

函数的图像如图 3.18 所示.

例 3.43 设常数 $k>0$,确定函数 $f(x)=\ln x-\dfrac{x}{e}+k$ 在 $(0,+\infty)$ 内零点的个数.

解 $f'(x)=\dfrac{1}{x}-\dfrac{1}{e}=\dfrac{e-x}{xe}$,令 $f'(x)=0$,得 $x=e$.

当 $x>e$ 时 $f'(x)<0$,函数单调递减;当 $0<x<e$ 时 $f'(x)>0$,函数单调递增.所以函数在 $x=e$ 取得极大值,又 $f(e)=k>0$,极大值在 x 轴的上方.

又 $\lim\limits_{x\to 0^+}f(x)=-\infty$,$\lim\limits_{x\to+\infty}f(x)=-\infty$,其图像如图 3.19 所示,所以在 $(0,e)$ 和 $(e,+\infty)$ 内 $f(x)$ 分别有一个零点,所以 $f(x)$ 在 $(0,+\infty)$ 内仅有两个零点.

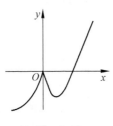

图 3.18

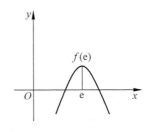

图 3.19

定理 3.11 判定函数的极值,需要考察导数在驻点的左、右邻域的符号,有时使用起来不大方便,如果函数在驻点的二阶导数存在且不为 0,也可以用下面极值的第二充分判别条件来判断.

定理 3.12(极值的第二充分判别条件) 设 $f(x)$ 在 x_0 点处有二阶导数,且 $f'(x_0)=0$,$f''(x_0)\neq0$,则:

(1) 当 $f''(x_0)<0$ 时,函数 $f(x)$ 在 x_0 处取得极大值;

(2) 当 $f''(x_0)>0$ 时,函数 $f(x)$ 在 x_0 处取得极小值.

证 由于 $f'(x_0)=0$,根据二阶导数的定义有

$$f''(x_0) = \lim_{x \to x_0} \frac{f'(x) - f'(x_0)}{x - x_0} = \lim_{x \to x_0} \frac{f'(x)}{x - x_0}.$$

(1) 当 $f''(x_0)<0$ 时,$\lim\limits_{x \to x_0}\dfrac{f'(x)}{x - x_0}=f''(x_0)<0$,根据函数极限的局部保号性得存在 $\delta>0$,当 $x\in\mathring{U}(x_0,\delta)$ 时,有 $\dfrac{f'(x)}{x - x_0}<0$.

当 $x\in(x_0-\delta,x_0)$ 时,$f'(x)>0$;当 $x\in(x_0,x_0+\delta)$ 时,$f'(x)<0$.

根据极值的第一充分判别条件得 $f(x)$ 在 x_0 处取得极大值.

(2) 当 $f''(x_0)>0$ 时,$\lim\limits_{x \to x_0}\dfrac{f'(x)}{x - x_0}=f''(x_0)>0$,根据函数极限的局部保号性得存在 $\delta>0$,当 $x\in\mathring{U}(x_0,\delta)$ 时,有 $\dfrac{f'(x)}{x - x_0}>0$.

当 $x\in(x_0-\delta,x_0)$ 时,$f'(x)<0$;当 $x\in(x_0,x_0+\delta)$ 时,$f'(x)>0$.

根据极值的第一充分判别条件得 $f(x)$ 在 x_0 处取得极小值.

例 3.44 求函数 $f(x)=\mathrm{e}^{-x^2}$ 的极值.

解 因为 $f'(x)=-2x\mathrm{e}^{-x^2}$,$f''(x)=(4x^2-2)\mathrm{e}^{-x^2}$. 令 $f'(x)=0$,得函数的驻点 $x=0$,因为 $f''(0)=-2<0$,所以函数 $f(x)$ 在点 $x=0$ 处达到极大值 $f(0)=1$.

注:当驻点处有 $f''(x_0)=0$,定理 3.12 就不能用. 此时还得用极值的第一充分判别条件进行判别.

3.5.2 函数的最大值和最小值

在实际问题中,常常会遇到这样一些问题:在一定条件下,怎样使"产品最多","用料最省","成本最低","效率最高"等问题,在数学上就是归结为求某一函数的最大值和最小值问题. 函数的最大值、最小值是在某个范围内考虑,而函数的极值只是在点的邻域内考虑,因此函数的极大值或极小值不一定是它的最大值或最小值.

最大值和最小值有可能在极值点取得,也有可能在导数不存在的点取得,还有可能在边界点取得,因此求最大值和最小值的方法是首先找出函数的驻点、导数不存在的点及边界点,然后计算函数在这几种点的函数值,比较这些函数值,最大的就是最大值,最小的就是最小值. 如果是应用题目,根据题目的条件列出函数关系表达式,若该函数在定义的区间内只有一个驻点,在这种情况下,我们根据实际经验立即可得出函数在该驻点取得最大值或最小值.

例 3.45　求函数 $y=x+2\cos x$ 在区间 $\left[0,\dfrac{\pi}{2}\right]$ 上的最大值.

解　函数在区间 $\left[0,\dfrac{\pi}{2}\right]$ 上有唯一极值点 $x=\dfrac{\pi}{6}$. 边界点为 $x=0, x=\dfrac{\pi}{6}$, 没有导数不存在的点.

又因为 $f\left(\dfrac{\pi}{6}\right)=\sqrt{3}+\dfrac{\pi}{6}, f(0)=2, f\left(\dfrac{\pi}{2}\right)=\dfrac{\pi}{2}$, 比较这 3 个函数值, 得到最大值为 $f\left(\dfrac{\pi}{6}\right)=\sqrt{3}+\dfrac{\pi}{6}$.

例 3.46　求函数 $f(x)=|x^2-3x+2|$ 在 $[-3,4]$ 上的最大值与最小值.

解　$f(x)=\begin{cases} x^2-3x+2, & x\in[-3,1]\cup[2,4], \\ -x^2+3x-2, & x\in(1,2), \end{cases}$

$$f'(x)=\begin{cases} 2x-3, & x\in[-3,1)\cup(2,4], \\ -2x+3, & x\in(1,2). \end{cases}$$

令 $f'(x)=0$, 得驻点为 $x=\dfrac{3}{2}$; 不可导点为 $x=1$ 和 $x=2$. 又 $f(-3)=20, f(1)=0,$ $f\left(\dfrac{3}{2}\right)=\dfrac{1}{4}, f(2)=0, f(4)=6$, 所以最大值 $M=f(-3)=20$, 最小值 $m=f(1)=f(2)=0$.

例 3.47　求数列 $\left\{\dfrac{\sqrt{n}}{n+10^4}\right\}$ 的最大项.

解　令 $f(x)=\dfrac{\sqrt{x}}{x+10^4}(0<x<+\infty)$, 则 $f'(x)=\dfrac{10^4-x}{2\sqrt{x}(x+10^4)^2}$. 令 $f'(x)=0$ 得驻点 $x=10^4$.

当 $0<x<10^4$ 时, $f'(x)>0$; 当 $10^4<x<+\infty$ 时, $f'(x)<0$.

故 $x=10^4$ 是极大值点, 而 $f(x)$ 在定义域内只有一个驻点, 故为最大值点, 其最大值

$$f(10^4)=\dfrac{10^2}{2\times 10^4}=\dfrac{1}{200}.$$

故 $f(n)=\dfrac{\sqrt{n}}{n+10^4}$ 的最大项为 $n=10^4$ 项.

例 3.48　铁路线上 AB 段的距离为 100km, 工厂 C 距 A 处为 20km, AC 垂直于 AB (如图 3.20 所示). 为了运输需要, 要在 AB 线上选定一点 D 向工厂修筑一条公路. 已知铁路每千米运货的运费与公路每千米运货的运费之比为 $3:5$, 为了使货物从供应站 B 运到工厂 C 的运费最省, 问 D 点应选在何处?

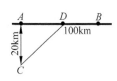

图 3.20

解　设 $AD=x$(km), 那么

$$DB=100-x, \quad CD=\sqrt{400+x^2},$$

由于铁路上每千米货运与公路上每千米的运费之比为 $3:5$, 设铁路上每千米的运费为 $3k$, 公路上每千米的运费 $5k$. 设从 B 点到 C 点需要的总运费为 y, 那么 $y=5k\cdot CD+3k\cdot(100-x)$,

$$y=5k\sqrt{400+x^2}+3k(100-x) \quad (0\leqslant x\leqslant 100),$$

$$y' = k\left(\frac{5x}{\sqrt{400+x^2}} - 3\right),$$

令 $y'=0$，得到 $x=15\text{km}$. 根据实践经验，当 $AD=x=15\text{km}$，总运费最省.

例 3.49 设 $p>1,q>1$，且 $\frac{1}{p}+\frac{1}{q}=1$，证明对任意 $x>0$，有 $\frac{1}{p}x^p+\frac{1}{q}\geqslant x$.

证 设 $f(x)=\frac{1}{p}x^p+\frac{1}{q}-x$，$x\in(0,+\infty)$，则 $f'(x)=x^{p-1}-1$. 令 $f'(x)=0$ 得唯一驻点 $x=1$.

又 $f''(1)=(p-1)x^{p-2}\big|_{x=1}=p-1>0$，知 $x=1$ 为 $f(x)$ 的极小值点，也是最小值点，且最小值为

$$f(1) = \frac{1}{p} + \frac{1}{q} - 1 = 0.$$

故对任意 $x>0$，有 $f(x)=\frac{1}{p}x^p+\frac{1}{q}-x\geqslant f(1)=0$，即 $\frac{1}{p}x^p+\frac{1}{q}\geqslant x$ 成立.

习题 3.5

A 组

1. 求下列函数的极值：

(1) $y=(x-4)\sqrt[3]{(x+1)^2}$；
(2) $y=-x^4+2x^2$.

2. 求 a，使函数 $f(x)=a\sin x+\frac{1}{3}\sin 3x$ 在 $x=\frac{\pi}{3}$ 处取得极值，并问 $x=\frac{\pi}{3}$ 是 $f(x)$ 的极大值还是极小值？再求其极值.

3. 若函数 $f(x)=\frac{ax^2+bx+a+1}{x^2+1}$ 在 $x=-\sqrt{3}$ 处取得极小值 $f(-\sqrt{3})=0$，求 a 与 b 的值，再求函数 $f(x)$ 的极大值.

4. 试求 a,b 的值，使 $f(x)=\frac{x^4}{4}+\frac{a}{3}x^3+\frac{b}{2}x^2+2x$ 在 $x=-2$ 处取得极值，在 $x=\xi(\xi\neq-2)$ 处有 $f'(\xi)=0$，但 $f(x)$ 在 $x=\xi$ 处不取得极值.

5. 求下列函数在所给定区间上的最大值和最小值：

(1) $y=x^4-2x^2+5$，$x\in[-2,2]$；
(2) $y=x+\sqrt{1-x}$，$x\in[-5,1]$.

6. 将长为 a 的铁丝切成两段，一段围成正方形，另一段围成圆形，问这两段铁丝各长多少时，正方形与圆形面积之和为最小？

B 组

1. 求下列函数的极值：

(1) $y=\mathrm{e}^x\cdot\cos x$；
(2) $y=x^{\frac{1}{x}}$.

2. 证明不等式：

(1) 若 $|x|\leqslant 2$，则 $|3x-x^3|\leqslant 2$；

(2) 若 $0\leqslant x\leqslant 1$，且 $P>1$，则 $\frac{1}{2^{P-1}}\leqslant x^P+(1-x)^P\leqslant 1$.

3. 讨论方程 $\ln x=ax$（其中 $a>0$）有几个实根.

4. 试证明：如果函数 $f(x)$ 在 x_0 处具有 n 阶连续的导数，且 $f'(x_0)=0, f''(x_0)=0, \cdots,$ $f^{(n-1)}(x_0)=0, f^{(n)}(x_0)\neq 0$，则：

(1) n 为奇数时，x_0 不是极值点；

(2) n 为偶数时，x_0 是极值点，且当 $f^{(n)}(x_0)<0$ 时，x_0 是极大值点；当 $f^{(n)}(x_0)>0$ 时，x_0 是极小值点.

利用这个结果求函数 $f(x)=3x^4-4x^3+5$ 的极值.

5. 设可导函数 $y=f(x)$ 由方程 $x^3-3xy^2+2y^3=32$ 所确定，求 $f(x)$ 的极值.

6. 实数 a 满足什么条件时方程 $e^x-2x=a$ 有实根？

7. 要做一个体积是常量 V 的有盖圆柱形铁桶，问底半径 r 多大时，铁桶表面积最小（即用料最省），并求此最小表面积.

8. 设有一小圆锥内接于确定的大圆锥内，小圆锥的顶点恰好在大圆锥底面中心，且它们的轴线重合，试证明，当小圆锥的高等于大圆锥高的三分之一时，小圆锥体积最大.

（提示：设大圆锥底面半径为 R，高为 H，内接小圆锥高为 h，底面半径为 r，R, H, r, h 均大于零，作图 3.21，利用相似三角形）.

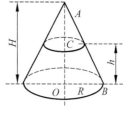

图 3.21

3.6 函数的最值在经济分析中的应用

1. 最小成本问题

例 3.50 设某厂每天生产某种产品 Q 个单位时的总成本函数为 $C(Q)=Q^2-3Q+1600$.

(1) 每天生产多少个单位产品时，可使平均成本最低？

(2) 求出该产品的边际成本，并求当平均成本最低时，边际成本与平均成本的关系.

解 (1) 设平均成本为

$$\overline{C}(Q)=\frac{C(Q)}{Q}=\frac{Q^2-3Q+1600}{Q}=Q-3+\frac{1600}{Q},$$

于是

$$C'(Q)=1-\frac{1600}{Q^2},$$

令 $C'(Q)=0$，得到唯一的驻点 $Q=40$，又

$$C''(Q)=\frac{3200}{Q^3}>0,$$

故 $Q=40$ 是 $\overline{C}(Q)$ 的极小值点，且为最小值点，因此 $Q=40$ 时，平均成本最小，最小平均成本为 $\overline{C}(40)=77$.

(2) 该产品的边际成本为 $C'(Q)=2Q-3$，当 $Q=40$ 时，$C'(40)=2\times40-3=77$. 即当平均成本最低时，其边际成本等于平均成本.

2. 最大利润问题

例 3.51 某工厂在一个月生产某产品 Q 件时，总成本费为 $C(Q)=5Q+200$（单位：万

元),得到的收益为 $R(Q)=10Q-0.01Q^2$(万元),问:一个月生产多少件产品,所获利润最大?

解 由题设知,利润为

$$L(Q)=R(Q)-C(Q)=10Q-0.01Q^2-5Q-200=5Q-0.01Q^2-200(0<Q<+\infty),$$

令 $L'(Q)=5-0.02Q=0$,得 $Q=250$. 又

$$L''(Q)=-0.02<0,$$

所以 $L(250)=425$(万元)为唯一的一个极大值,从而一个月生产 250 件产品时,可取得最大利润 425 万元.

由于 $L(Q)$ 取得最大值的必要条件为 $L'(Q)=0$,即 $R'(Q)=C'(Q)$,于是取得最大利润的必要条件为:边际收益等于边际成本.

又 $L(Q)$ 取得最大值的充分条件为 $L''(Q)<0$,即 $R''(Q)<C''(Q)$,故取得最大利润的充分条件为:边际收益的变化率<边际成本的变化率.

3. 最大收益问题

例 3.52 某商品的单价为 P,售出的商品数量 Q 可表示为 $Q=\dfrac{100}{1+P}-4$,试问:当该产品的单价 P 取何值时,其销售额最大?

解 设商品的销售额为 R,则

$$R=PQ=P\left(\frac{100}{1+P}-4\right),$$

于是有

$$R'=\frac{100}{1+P}-4-\frac{100P}{(1+P)^2}=\frac{4(24-2P-P^2)}{(1+P)^2}.$$

令 $R'=0$,得到唯一的驻点 $P_0=4$.

当 $P<4$ 时,$R'>0$,即销售额随单价 P 的增加而增加;当 $P>4$ 时,$R'<0$,即销售额随单价 P 的增加而减少. 故 $P=4$ 时,销售额取得最大值,最大的销售额 $R(4)=64$.

4. 最大税收问题

例 3.53 某种商品的平均成本为 $\bar{C}(Q)=2$,价格函数为 $P(Q)=20-4Q$(Q 为商品数量),国家向企业每件商品征税为 t.

(1) 生产商品多少时,利润最大?

(2) 在企业获取最大利润的情况下,t 为何值时,才能使总税收达到最大?

解 (1) 总成本 $C(Q)=Q\bar{C}(Q)=2Q$;总收益 $R(Q)=QP(Q)=20Q-4Q^2$;总税收 $T(Q)=tQ$;总利润 $L(Q)=R(Q)-C(Q)-T(Q)=(18-t)Q-4Q^2$.

令 $L'(Q)=18-t-8Q=0$,得

$$Q=\frac{18-t}{8},$$

又 $L''(Q)=-8<0$,所以 $L\left(\dfrac{18-t}{8}\right)=\dfrac{(18-t)^2}{16}$ 为最大利润.

(2) 获得最大利润时的税收为

$$T=tQ=\frac{18t-t^2}{8}(t>0),$$

令 $T' = \frac{9-t}{4} = 0, t=9, T'' = -\frac{1}{4} < 0$,所以当 $t=9$ 时,总税收取得最大值 $T(9) = \frac{81}{8}$,此时的总利润 $L = \frac{81}{16}$.

5. 库存问题

例 3.54 某工厂每年需要某种原料 100 万吨,且对该种原料的消耗是均匀的.已知该种原料每吨年库存费是 0.05 元,分期分批进货,每次进货费用为 1000 元,试求最经济的订货批量和年订货次数.

解 设批量(即每批进货量)为 x 万吨,则平均库存量为 $\frac{x}{2}$,一年需要按 $\frac{100}{x}$ 次分批进货,一年的库存费用为

$$E_1(x) = 0.05 \times \frac{x}{2} \times 10\,000 = \frac{500x}{2};$$

一年的采购费用为

$$E_2(x) = \frac{100}{x} \times 1000 = \frac{100\,000}{x};$$

一年内的库存费与采购费之和为

$$E(x) = 250x + \frac{100\,000}{x}.$$

令 $E'(x) = 250 - \frac{100\,000}{x^2} = 0$,得到 $x=20$ 万吨.又因为 $E''(x) = \frac{200\,000}{x^3}$, $E''(20) = 25 > 0$, $x=20$ 是函数唯一的极小值点,也是最小值点.所以,每批进货 20 万吨,可使总费用最小.此时,每年进货的次数为 $n = \frac{100}{20} = 5$(次).

习题 3.6

A 组

1. 某厂每批生产某种商品 x 个单位的费用为 $C(x) = 5x + 200$(元),得到的利润函数为 $R(x) = 10x - 0.01x^2$(元),问每批生产多少单位时才能使利润达到最大?

2. 某商品的价格 P 与需求量 Q 的关系为 $P = 10 - \frac{Q}{5}$.

(1) 求需求量为 20 及 30 时的总收益 R、平均收益 $\bar{R}$ 及边际收益;(2) Q 为多大时总收益最大?

3. 设生产某商品的总成本 $C(x) = 10\,000 + 50x + x^2$($x$ 为产量),问产量为多少时,每件产品的平均成本最低?

B 组

1. 下列假设成立:

(1) 若计划期为 T(如为一年),在计划期 T 内,对货物的需求量是确定的,记为 a;

（2）进货均匀,在计划期 T 内分 n 批进货（n 称为批数）,每批进货量为 x,即 $a=nx$,进货周期 $t=\dfrac{T}{n}$;

（3）每件货物单位时间的库存费为 C_1,每批进货费为 C_2;

（4）货物是均匀地投放市场,一旦库存为 0,立即得到货物的补充且进货瞬时完成（即不允许缺货）.

请画出库存量的变化图和总费用表达式.

2. 某企业生产一种产品时的固定成本为 5000 元,但每生产 100 台产品时直接消耗成本要增加 2500 元,市场对此商品的年需求量最高为 500 台.在此范围内产品能全部售出,销售的收入函数为 $5x-\dfrac{1}{2}x^2$（万元）.其中 x 是产品售出数量（单位：百台）.若超出此范围,产品就会积压.问：该产品年产多少台时,才能使年利润最大,从而提高该企业的经济效益?

3. 某产品的制造过程中,次品率 y 依赖于日产量 x,即 $y=y(x)$.已知

$$y(x)=\begin{cases}\dfrac{1}{101-x}, & 0\leqslant x\leqslant 100, \\ 1, & x>100,\end{cases}$$

其中 x 为整数,又知该厂每生产一件产品可盈利 A 元,但每生产一件次品就要损失 $\dfrac{A}{3}$ 元,问为了获得最大利润,该厂的日产量应为多少?

3.7   函数的凹凸性及拐点

我们已经研究了函数的单调性,借助于一阶导数的符号可以确定函数在哪个区间上单调递增,在哪个区间上单调递减,在什么地方取得极值.但仅有单调性还是不够的,如函数单调递增是图 3.22 中的 $\overset{\frown}{ACB}$ 递增的方式还是 $\overset{\frown}{ADB}$ 的递增方式呢?为更准确地把握函数图像的性态,还需要研究函数的凹凸性.称图 3.22 上的弧 $\overset{\frown}{ADB}$ 为凹（向上凹或向下凸）,弧 $\overset{\frown}{ACB}$ 为凸（向上凸或向下凹）.

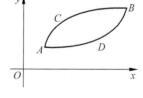

图   3.22

首先观察图 3.23 中的凹曲线,连接曲线上任意两点 $(x_1,f(x_1)),(x_2,f(x_2))$ 的弦 AB 都在曲线弧的上方,函数定义区间 I 内的任意点的函数值都小于相应点弦的纵坐标值,即 $\forall x_1,x_2\in I$,都有

$$f(\lambda x_1+(1-\lambda)x_2)<\lambda f(x_1)+(1-\lambda)f(x_2)\quad(0<\lambda<1).\qquad(3.10)$$

同理,观察图 3.24 中的凸曲线,连接曲线上任意两点 $(x_1,f(x_1)),(x_2,f(x_2))$ 的弦都在曲线弧的下方,函数在定义区间 I 内的任意点的函数值都大于相应点弦的纵坐标值,即 $\forall x_1,x_2\in I$,都有

$$f(\lambda x_1+(1-\lambda)x_2)>\lambda f(x_1)+(1-\lambda)f(x_2)\quad(0<\lambda<1).\qquad(3.11)$$

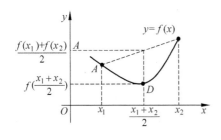 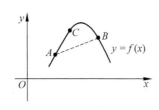

图 3.23　　　　　　　　　　　　　图 3.24

为便于读者容易理解，在式(3.10)和式(3.11)中取 $\lambda=\dfrac{1}{2}$，作为函数凹凸性的定义.

3.7.1　函数凹凸性的概念

定义 3.1　设 $f(x)$ 在$[a,b]$上连续，

(1) 若 $\forall x_1,x_2\in(a,b),x_1\neq x_2$，恒有 $f\left(\dfrac{x_1+x_2}{2}\right)<\dfrac{f(x_1)+f(x_2)}{2}$，则称 $f(x)$ 在$[a,b]$上的图形是(向上)凹的(或凹弧)；

(2) 若 $\forall x_1,x_2\in(a,b),x_1\neq x_2$，恒有 $f\left(\dfrac{x_1+x_2}{2}\right)>\dfrac{f(x_1)+f(x_2)}{2}$，则称 $f(x)$ 在$[a,b]$上的图形是(向上)凸的(或凸弧).

定义 3.2　凸弧和凹弧的分界点称为拐点.

用凹凸性定义判别函数图形的凹凸性往往比较困难，因为需要比较 $f\left(\dfrac{x_1+x_2}{2}\right)$ 与

$\dfrac{f(x_1)+f(x_2)}{2}$ 的大小，一般采用下面的判定定理进行判别.

3.7.2　函数凹凸性的判定定理

定理 3.13　设 $f(x)$ 在$[a,b]$上连续，在(a,b)内具有一阶和二阶导数.

(1) 若在(a,b)内 $f''(x)>0$，则 $f(x)$ 在$[a,b]$上的图形是凹的；

(2) 若在(a,b)内 $f''(x)<0$，则 $f(x)$ 在$[a,b]$上的图形是凸的.

证　$\forall x_1,x_2\in(a,b),x_1\neq x_2$，不妨设 $x_1<x_2$，记 $x_0=\dfrac{x_1+x_2}{2}$，并记

$$x_2-x_0=x_0-x_1=h.$$

把 $f(x_1)$ 和 $f(x_2)$ 在 x_0 点展成一阶泰勒公式，即 $\exists \xi_1\in(x_1,x_0)\subset(a,b)$，$\exists \xi_2\in(x_0,x_2)\subset$ (a,b)，使得

$$f(x_1)=f(x_0)+f'(x_0)(x_1-x_0)+\frac{f''(\xi_1)}{2!}(x_1-x_0)^2 \quad (a<x_1<\xi_1<x_0<b)$$

$$=f(x_0)-f'(x_0)h+\frac{f''(\xi_1)}{2!}h^2, \tag{3.12}$$

$$f(x_2) = f(x_0) + f'(x_0)(x_2 - x_0) + \frac{f''(\xi_2)}{2!}(x_2 - x_0)^2 \quad (a < x_0 < \xi_2 < x_2 < b)$$

$$= f(x_0) + f'(x_0)h + \frac{f''(\xi_2)}{2!}h^2. \tag{3.13}$$

将式(3.12)和式(3.13)两式相加得

$$f(x_1) + f(x_2) = 2f(x_0) + \frac{h^2}{2!}(f''(\xi_1) + f''(\xi_2)). \tag{3.14}$$

(1) 因为在(a,b)内 $f''(x) > 0$,由式(3.14)可知

$$f(x_1) + f(x_2) > 2f(x_0),$$

因此 $f(x_0) < \dfrac{f(x_1) + f(x_2)}{2}$,即 $f\left(\dfrac{x_1 + x_2}{2}\right) < \dfrac{f(x_1) + f(x_2)}{2}$,所以 $f(x)$ 在$[a,b]$上的图形是凹的.

(2) 因为在(a,b)内 $f''(x) < 0$,由式(3.14)可知

$$f(x_1) + f(x_2) < 2f(x_0),$$

因此 $f(x_0) > \dfrac{f(x_1) + f(x_2)}{2}$,即 $f\left(\dfrac{x_1 + x_2}{2}\right) > \dfrac{f(x_1) + f(x_2)}{2}$,所以 $f(x)$ 在$[a,b]$上的图形是凸的.

例 3.55 求三次曲线 $f(x) = 3x^2 - x^3$ 的凹凸区间及拐点.

解 $f'(x) = 6x - 3x^2, f''(x) = 6 - 6x = 6(1-x)$,令 $f''(x) = 0$,解得 $x = 1$,讨论结果见表 3.5.

表 3.5 凹凸性表

x	$(-\infty, 1)$	1	$(1, +\infty)$
y''	>0	0	<0
$y = f(x)$	凹	拐点	凸

所以函数 $f(x)$ 的凹区间为$(-\infty, 1)$,凸区间为$(1, +\infty)$,拐点为$(1, 2)$.

例 3.56 求曲线 $y = \sqrt[3]{x}$ 的拐点.

解 函数在$(-\infty, +\infty)$内连续,当 $x \neq 0$ 时

$$y' = \frac{1}{3\sqrt[3]{x^2}}, \quad y'' = \frac{-2}{9x\sqrt[3]{x^2}},$$

当 $x = 0$ 时,y', y'' 都不存在,用点 $x = 0$ 把$(-\infty, +\infty)$分成两个部分:$(-\infty, 0), (0, +\infty)$,讨论结果见表 3.6.所以函数 $f(x)$ 的凹区间为$(-\infty, 0)$,凸区间为$(0, +\infty)$,拐点为$(0, 0)$.

表 3.6 凹凸性表

x	$(-\infty, 0)$	0	$(0, +\infty)$
y''	>0	0	<0
$y = f(x)$	凹	拐点	凸

由以上两个例题可以看出求函数的凹凸区间及拐点的步骤.

步骤 1 找出 $f''(x) = 0$ 的点及导数不存在的点;

步骤 2 用步骤 1 的点把函数的定义域分隔成若干个区间,讨论 $f''(x)$ 在每个区间上的

符号;

步骤 3　写出函数的凹凸区间及拐点.

注:二阶导数等于 0 的点不一定是拐点,如 $y=x^4$,它的二阶导数 $y''=12x^2$ 等于 0 的点是 $x=0$,但当 $x\neq 0$ 时,$y''>0$,曲线 $y=x^4$ 在 $(-\infty,+\infty)$ 内始终是凹的,$(0,0)$ 点不是凸弧和凹弧的分界点,所以 $(0,0)$ 点不是拐点.

例 3.57　证明:$\mathrm{e}^{\frac{x+y}{2}}<\dfrac{\mathrm{e}^x+\mathrm{e}^y}{2}$ $(x\neq y)$.

证　令 $f(x)=\mathrm{e}^x$,$f''(x)=\mathrm{e}^x>0$,$x\in(-\infty,+\infty)$,故 $f(x)=\mathrm{e}^x$ 在 $(-\infty,+\infty)$ 内是凹的,由凹弧的定义,对任意 $x,y,x\neq y$ 有

$$f\left(\frac{x+y}{2}\right)<\frac{f(x)+f(y)}{2},\quad \text{即 } \mathrm{e}^{\frac{x+y}{2}}<\frac{\mathrm{e}^x+\mathrm{e}^y}{2}\quad (x\neq y).$$

习题 3.7

A 组

1. 讨论下列曲线的凹凸性和拐点:

(1) $y=3x^4-4x^3+1$;　　　　(2) $y=2x^3+3x^2-12x+14$;　　　　(3) $y=\mathrm{e}^{-x^2}$.

2. 利用函数凹凸性证明不等式:

(1) $\dfrac{1}{2}(x^n+y^n)>\left(\dfrac{x+y}{2}\right)^n$ $(x>0,y>0,x\neq y,n>1)$;

(2) $x\ln x+y\ln y>(x+y)\ln\dfrac{x+y}{2}$ $(x>0,y>0,x\neq y)$.

3. 求 a,b 的值,使点 $(1,3)$ 是曲线 $y=ax^3+bx^2$ 的拐点.

4. 求 a,b,c 的值,使 $y=x^3+ax^2+bx+c$ 有一拐点 $(1,-1)$,且在 $x=0$ 处有极大值 1.

B 组

1. 讨论下列曲线的凹凸性和拐点:

(1) $y=1+(x-1)^{\frac{1}{3}}$;　　　　　　(2) $y=\dfrac{1}{\sqrt{2\pi}\sigma}\mathrm{e}^{-\frac{(x-a)^2}{2\sigma^2}}$.

2. 求 k 的值,使曲线 $y=k(x^2-3)^2$ 的拐点处的法线通过原点.

3. 设 $y=f(x)$ 在 $x=x_0$ 的某个邻域内具有三阶连续导数,如果 $f'(x_0)=0$,$f''(x_0)=0$,而 $f'''(x_0)\neq 0$,问:

(1) $x=x_0$ 是否为极值点?为什么?

(2) $(x_0,f(x_0))$ 是否为拐点?为什么?(提示:用泰勒公式和极限的局部保号性定理.)

3.8　函数图形的描绘

3.8.1　渐近线

定义 3.3　设 P 为曲线 $y=f(x)$ 的动点,L 为一条定直线,如果当 P 沿曲线无限远离原点时,点 P 与直线 L 的距离也随之趋于零,则称直线 L 为曲线 $y=f(x)$ 的渐近线.

渐近线有三种：水平渐近线、铅直渐近线和斜渐近线. 前两种渐近线已经在第 1 章讲过（图 3.25 中函数的水平渐近线和铅直渐近线分别为 $y=0$ 和 $x=1$），本章主要讨论斜渐近线.

设曲线 $y=f(x)$ 有斜渐近线 L（见图 3.26），其方程设为

$$y = ax + b.$$

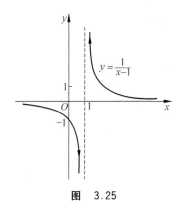

图   3.25

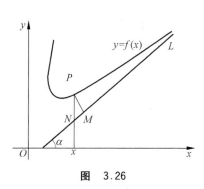

图   3.26

于是曲线 $y=f(x)$ 上任一点 $P(x,f(x))$ 到斜渐近线 L 的距离 $PM = \dfrac{|f(x)-ax-b|}{\sqrt{1+a^2}}$ 在自变量 x 趋于无穷大时的极限应该为 0，所以得到

$$\lim_{x\to\infty}[f(x)-ax-b] = 0. \tag{3.15}$$

即 $\lim\limits_{x\to\infty} x \cdot \left[\dfrac{f(x)}{x}-a-\dfrac{b}{x}\right]=0$，所以 $\lim\limits_{x\to\infty}\left(\dfrac{f(x)}{x}-a-\dfrac{b}{x}\right)=0$，得

$$a = \lim_{x\to\infty}\frac{f(x)}{x}. \tag{3.16}$$

将式(3.16)代入式(3.15)得

$$b = \lim_{x\to\infty}[f(x)-ax]. \tag{3.17}$$

由此可得函数斜渐近线的求法.

如果函数 $f(x)$ 的斜渐近线存在，可采用如下步骤求斜渐近线：

步骤 1   设函数的斜渐近线为 $y=ax+b$；

步骤 2   求 $a=\lim\limits_{x\to\infty}\dfrac{f(x)}{x}$；

步骤 3 $b=\lim\limits_{x\to\infty}[f(x)-ax]$.

例 3.58   讨论 $y=x+\arctan x$ 的斜渐近线.

解   设斜渐近线的方程为 $y=ax+b$ ，

$a = \lim\limits_{x\to\infty}\dfrac{f(x)}{x} = \lim\limits_{x\to\infty}\left(1+\dfrac{\arctan x}{x}\right)=1;$

$b = \lim\limits_{x\to\infty}[f(x)-ax] = \lim\limits_{x\to\infty}[x+\arctan x-x] = \lim\limits_{x\to\infty}\arctan x,$

$b_1 = \lim\limits_{x\to+\infty}\arctan x = \dfrac{\pi}{2}, b_2 = \lim\limits_{x\to-\infty}\arctan x = -\dfrac{\pi}{2},$

所以 $y=x+\arctan x$ 有两条斜渐近线 $y=x+\dfrac{\pi}{2}$ 及 $y=x-\dfrac{\pi}{2}$

（如图 3.27 所示）.

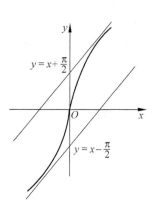

图   3.27

3.8.2 函数图形的描绘

在工程技术或科学研究中,常常需要作出函数的图形,以显示其特性,使之一目了然.我们在中学阶段只学过描点法,那是极其粗糙的一种画法,现在可以借助于一阶导数的符号确定函数图形的单调区间及极值点;借助于二阶导数的符号确定函数图形的凹凸区间及拐点,比较充分地掌握函数的性态,并能较准确地描绘出函数的图形,我们称这种作图法为微分法作图.随着现代计算机技术的发展,借助于计算机和许多数学软件,可以方便地画出各种函数的图形.但是,如何识别机器作图中的误差,如何掌握图形中的关键点,如何选择作图范围等,从而进行人工干预,还是需要微分法作图的基本知识.

利用微分法描绘函数图形的一般步骤如下:

步骤 1 确定函数的定义域;

步骤 2 考察函数的奇偶性(如果函数具有奇偶性,我们只需要作出一半的图形,另一半通过对称的方法得到);

步骤 3 考察函数的周期性(如果函数是周期函数,我们只需要作出一个周期内的图像,其他范围内的图像通过延拓的方法得到);

步骤 4 找出驻点($f'(x)=0$ 的点)、二阶导数等于 0 的点($f''(x)=0$ 的点)及导数不存在的点;

步骤 5 用步骤 4 找出的点把函数的定义域分隔成若干个区间,考察一阶导数和二阶导数在每一个区间内的符号,从而得到函数的单调区间、凹凸区间、极值点和拐点;

步骤 6 考察函数的渐近线;

步骤 7 考察特殊点(如与坐标轴的交点);

步骤 8 画出函数的图形.

例 3.59 作函数 $y=\dfrac{(x-3)^2}{4(x-1)}$ 的图形.

解 (1) 所给函数的定义域为 $(-\infty,1)$ 及 $(1,+\infty)$,且

$$y'=f'(x)=\frac{(x-3)(x+1)}{4(x-1)^2},\quad y''=f''(x)=\frac{2}{(x-1)^3}.$$

(2) 令 $f'(x)=0$ 得 $x=-1,x=3$.

点 $-1,3$ 将定义域分成 $(-\infty,-1),(-1,1),(1,3),(3,+\infty)$ 四个区间.函数在每个区间上的单调性、凹凸性等如表 3.7 所示.

表 3.7 函数性态表

x	$(-\infty,-1)$	-1	$(-1,1)$	1	$(1,3)$	3	$(3,+\infty)$
$f'(x)$	>0	0	<0	不存在	<0	0	>0
$f''(x)$	<0		<0	不存在	$>0+$		>0
$y=f(x)$	凸,递增	极大值	凸,递减		凹,递减	极小值	凹,递增

(3) 因 $\lim\limits_{x\to 1}\dfrac{(x-3)^2}{4(x-1)}=\infty$,所以直线 $x=1$ 是函数的垂直渐近线.

函数的斜渐近线设为 $y=ax+b$,

$$a = \lim_{x\to\infty} \frac{f(x)}{x} = \lim_{x\to\infty} \frac{(x-3)^2}{4x(x-1)} = \frac{1}{4};$$

$$b = \lim_{x\to\infty}[f(x)-ax] = \lim_{x\to\infty}\left[\frac{(x-3)^2}{4(x-1)} - \frac{1}{4}x\right] = -\frac{5}{4}.$$

所以斜渐近线为 $y = \frac{1}{4}x - \frac{5}{4}$.

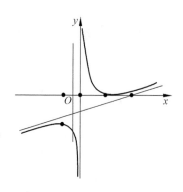

（4）算出 $x=-1, x=3$ 处的函数值：$f(-1)=-2$，$f(3)=0$，从而得到函数图形上两点 $(-1,-2)$，$(3,0)$.

（5）根据以上信息作出的图形如图 3.28 所示.

图　3.28

习题 3.8

1. 求下列函数图形的渐近线：

（1）$y = \dfrac{x^2}{1+x}$；

（2）$y = (2x-1)\mathrm{e}^{\frac{1}{x}}$；

（3）$y = x\mathrm{e}^{\frac{1}{x}}$；

（4）$y = 4 + \dfrac{5}{(x-1)^2}$；

（5）$y = x\ln\left(\mathrm{e} + \dfrac{1}{x}\right)(x>0)$.

2. 描绘下列函数的图形：

（1）$y = x^3 - x^2 - x + 1$；

（2）$y = 1 + \dfrac{36x}{(x+3)^2}$；

（3）$y = x^2 + \dfrac{1}{x}$；

（4）$y = \dfrac{x^3}{(x-1)^2}$.

3.9　曲率

在工程技术中，除考虑曲线的弯曲方向外，也常常需要考虑曲线的弯曲程度. 众所周知，铁路、公路弯曲程度太厉害，车在高速行驶转弯时，就容易引起道路交通事故；在房屋的建造中，房梁在自重和载荷作用下，要产生弯曲变形，于是设计师在设计时对弯曲程度必须有一定的限制，这就要求定量地研究梁的弯曲程度，这就是本节要研究的曲率问题.

3.9.1　弧微分

作为曲率的预备知识，先介绍弧微分的概念.

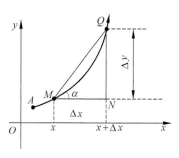

图　3.29

设有一曲线弧段 $\overset{\frown}{AB}$，曲线的方程为 $y=f(x)$，$f(x)$ 为连续函数. 在曲线弧段上选定一点 A 作为度量弧长的基点，曲线的正方向就与自变量 x 增大的方向一致. 对于此弧段上每一点 $M(x,y)$，规定 s 的绝对值等于这段弧的长度，当有向弧段 $\overset{\frown}{AM}$ 的方向与曲线的正向一致时，$s>0$；反之，$s<0$（如图 3.29）.

显然 $s=s(x)$，而且 $s(x)$ 是 x 的单调增函数，下面来求 $s(x)$ 的导数和微分.

当自变量在点 x 取得增量 Δx(先假定 $\Delta x > 0$),弧长 s 取得增量 $\Delta s(\Delta s > 0)$,在图 3.29 中 Δs 就是弧段 $\overset{\frown}{MQ}$ 的长度,即

$$s = \overset{\frown}{AM}, \quad \Delta s = \overset{\frown}{MQ}, \quad \text{即 } \Delta s = \overset{\frown}{AQ} - \overset{\frown}{AM},$$

于是

$$\left(\frac{\Delta s}{\Delta x}\right)^2 = \left(\frac{\overset{\frown}{MQ}}{\Delta x}\right)^2 = \left(\frac{\overset{\frown}{MQ}}{|MQ|}\right)^2 \cdot \frac{|MQ|^2}{(\Delta x)^2}$$

$$= \left(\frac{\overset{\frown}{MQ}}{|MQ|}\right)^2 \cdot \frac{(\Delta x)^2 + (\Delta y)^2}{(\Delta x)^2} = \left(\frac{\overset{\frown}{MQ}}{|MQ|}\right)^2 \left[1 + \left(\frac{\Delta y}{\Delta x}\right)^2\right],$$

$$\frac{\Delta s}{\Delta x} = \pm \sqrt{\left(\frac{\overset{\frown}{MQ}}{|MQ|}\right)^2 \left[1 + \left(\frac{\Delta y}{\Delta x}\right)^2\right]}.$$

令 $\Delta x \to 0$ 取极限,由于 $\Delta x \to 0$ 时,$Q \to M$,这时弧的长度与弦的长度之比的极限等于 1,即 $\lim\limits_{Q \to M} \frac{\overset{\frown}{MQ}}{|MQ|} = 1$,又 $\lim\limits_{\Delta x \to 0} \frac{\Delta y}{\Delta x} = y'$,由此得

$$\frac{\mathrm{d}s}{\mathrm{d}x} = \pm \sqrt{1 + (y')^2}.$$

由于 $s = s(x)$ 是单调增加函数,从而根号前应取正号,于是有

$$\mathrm{d}s = \sqrt{1 + (y')^2}\, \mathrm{d}x,$$

这就是弧微分公式,或表示为

$$\mathrm{d}s = \sqrt{(\mathrm{d}x)^2 + (\mathrm{d}y)^2}. \tag{3.18}$$

弧长的微分有明显的几何意义,在图 3.29 中,曲线在点 M 的切线,对于直角三角形 MNT:

$$|MT|^2 = |MN|^2 + |NT|^2 = (\mathrm{d}x)^2 + (\mathrm{d}y)^2.$$

与式(3.18)对比,可知 $\mathrm{d}s = |MT|$. 这就是说:弧长的微分等于与自变量 x 的增量相对应的切线线段的长度.

如果曲线的方程是参数方程

$$\begin{cases} x = \varphi(t), \\ y = \psi(t), \end{cases} \quad a \leqslant t \leqslant b,$$

则式(3.18)就化为

$$\mathrm{d}s = \sqrt{[\varphi'(t)]^2 + [\psi'(t)]^2}\, \mathrm{d}t. \tag{3.19}$$

根号取正号是由于假定弧长 s 随参变量 t 增大而增大,$\frac{\mathrm{d}s}{\mathrm{d}t}$ 应取正值.

如果曲线的方程是极坐标 $r = r(\theta)$,将其化为参数方程

$$\begin{cases} x = r(\theta)\cos\theta, \\ y = r(\theta)\sin\theta, \end{cases}$$

故 $x'_\theta = r'(\theta)\cos\theta - r(\theta)\sin\theta, y'_\theta = r'(\theta)\sin\theta + r(\theta)\cos\theta$.

代入式(3.19),得

$$\mathrm{d}s = \sqrt{r^2(\theta) + (r'(\theta))^2}\, \mathrm{d}\theta.$$

3.9.2   曲率及其计算公式

我们直觉地认识到：直线是不弯曲的,半径小的圆弯曲得比半径大的圆厉害些.就是同一条曲线在不同的部分也会有不同的弯曲程度,如抛物线在顶点处弯曲程度比其他地方弯曲程度要厉害些.我们如何定量地研究曲线在不同点的弯曲程度呢?

1. 曲率的定义

我们首先考察函数的弯曲程度与哪些因素有关.从图 3.30 中可以看到：当动点沿这段弧从 M_1 移动到 M_2 时,切线转过的角度为 $\Delta\alpha_1$,当动点沿这段弧从 M_2 移动到 M_3 时,切线转过的角度为 $\Delta\alpha_2$,$\Delta\alpha_1 < \Delta\alpha_2$,曲线段 $\overset{\frown}{M_1M_2}$ 不如曲线段 $\overset{\frown}{M_2M_3}$ 弯曲得厉害,说明曲线的弯曲程度与切线的转角有关.

但转角的大小还不能完全确定曲线弯曲的程度,如图 3.31 所示,两段曲线弧 $\overset{\frown}{M_1M_2}$ 及 $\overset{\frown}{N_1N_2}$ 的切线转角 $\Delta\alpha$ 相同,然而弯曲程度不同,曲线弧短的比曲线弧长的弯曲得厉害些,说明曲线的弯曲还与弧段的长度有关.

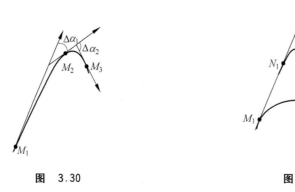

图   3.30 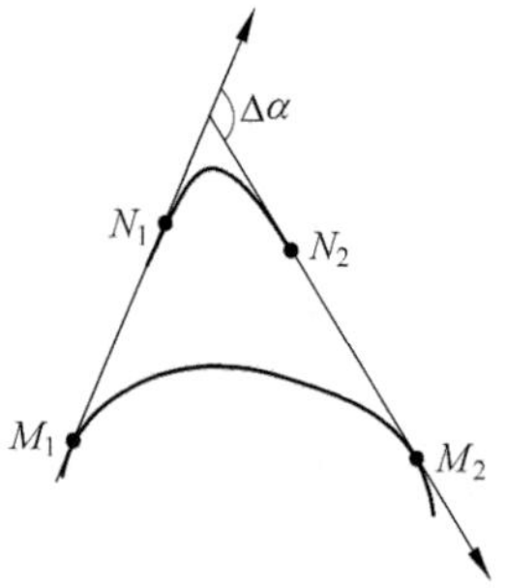   图   3.31

由此引入描述曲线弯曲程度的曲率概念如下：

设曲线 C 具有连续转动的切线,在曲线 C 上选定 M_0 作为度量弧 s 的基点.设曲线上点 M 对应于弧 s,切线的倾角为 α,曲线上另外一点 M' 对应于弧 $s+\Delta s$,切线的倾角为 $\alpha+\Delta\alpha$(如图 3.32). 弧段 $\overset{\frown}{MM'}$ 的长度为 $|\Delta s|$,当动点从 M 转动到 M' 时,切线转过的角度为 $|\Delta\alpha|$.用比值 $\dfrac{|\Delta\alpha|}{|\Delta s|}$(单位弧段上切线转角的大小)来表达弧段 $\overset{\frown}{MM'}$ 的平均弯曲程度,把这比值叫做弧段 $\overset{\frown}{MM'}$ 的平均曲率.记作 $\overline{K}$,即

$$\overline{K} = \left|\frac{\Delta\alpha}{\Delta s}\right|. \qquad (3.20)$$

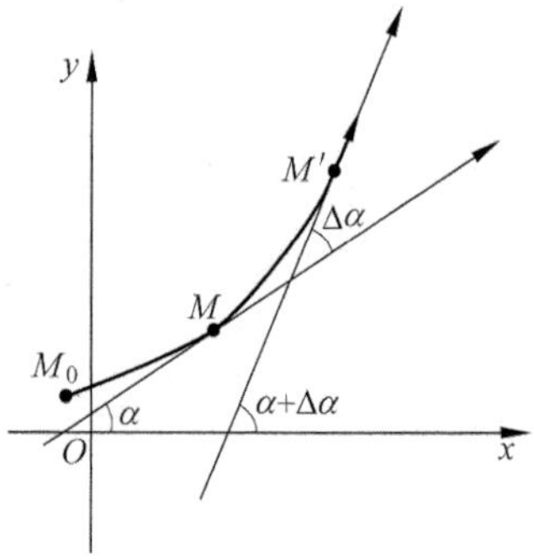

图   3.32

要得到曲线在 M 点的弯曲程度,只有将式(3.20)的平均曲率在 $\Delta s \to 0$ 时取极限,即

$$K = \lim_{\Delta s \to 0}\left|\frac{\Delta\alpha}{\Delta s}\right|.$$

当 $\lim\limits_{\Delta s \to 0} \dfrac{\Delta \alpha}{\Delta s} = \dfrac{\mathrm{d}\alpha}{\mathrm{d}s}$ 存在时，把上式的极限值称为曲线在 M 点的曲率，记作 K.

$$K = \left| \frac{\mathrm{d}\alpha}{\mathrm{d}s} \right|. \tag{3.21}$$

例 3.60 证明：直线的曲率是零.

证 对于直线来说，切线与直线本身重合，当点沿直线移动时，切线的倾角 α 不变（见图 3.33），于是 $\Delta\alpha = 0$，$\dfrac{\Delta\alpha}{\Delta s} = 0$，从而 $K = \lim\limits_{\Delta s \to 0} \left| \dfrac{\Delta\alpha}{\Delta s} \right| = 0$.

这说明直线上任意点处的曲率都等于零，与我们直觉认识到的"直线没有弯曲"一致.

例 3.61 证明：圆上各点的曲率是常数，等于半径的倒数.

证 设圆的半径为 a，由图 3.34 可见在点 M 处圆的切线与点 M' 处圆的切线所夹的角 $\Delta\alpha$ 等于中心角 $\angle MO'M'$，即 $\angle MO'M' = \Delta\alpha$. 又弧长与圆心角的关系是 $\Delta s = \angle MOM' \cdot a = \Delta\alpha \cdot a$，于是

$$\frac{\Delta\alpha}{\Delta s} = \frac{\Delta\alpha}{\Delta\alpha \cdot a} = \frac{1}{a},$$

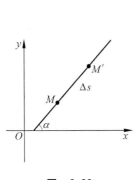

图 3.33

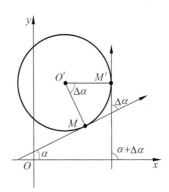

图 3.34

从而

$$K = \lim_{\Delta s \to 0} \left| \frac{\Delta\alpha}{\Delta s} \right| = \frac{1}{a}.$$

由于点 M 在圆上的任意性，可见在半径为 a 的圆上任何一点的曲率是常数，等于半径的倒数 $\dfrac{1}{a}$.

由此例可见，圆上每一点处的弯曲程度相同. 圆的半径越小，圆的弯曲程度越大. 这些结论与我们的直观感觉是一致的.

2. 曲率的计算公式

（1）设曲线的直角坐标方程为 $y = f(x)$，且 $f(x)$ 具有二阶导数，因为 $\tan\alpha = y'$，所以在等式的两边对 x 求导，得

$$\sec^2\alpha \cdot \frac{\mathrm{d}\alpha}{\mathrm{d}x} = y'', \qquad \frac{\mathrm{d}\alpha}{\mathrm{d}x} = \frac{y''}{1 + \tan^2\alpha} = \frac{y''}{1 + (y')^2},$$

于是 $\mathrm{d}\alpha = \dfrac{y''}{1+(y')^2}\mathrm{d}x$.

又因为

$$\mathrm{d}s = \sqrt{1+(y')^2}\,\mathrm{d}x,$$

从而,根据曲率 k 的公式(3.21)有

$$k = \frac{|y''|}{[1+(y')^2]^{\frac{3}{2}}}. \tag{3.22}$$

(2) 如果曲线是由参数方程 $\begin{cases} x=\varphi(t), \\ y=\psi(t) \end{cases}$ 所确定,那么将

$$\frac{\mathrm{d}y}{\mathrm{d}x} = \frac{\dfrac{\mathrm{d}y}{\mathrm{d}t}}{\dfrac{\mathrm{d}x}{\mathrm{d}t}} = \frac{\psi'(t)}{\varphi'(t)}$$

和

$$\frac{\mathrm{d}^2 y}{\mathrm{d}x^2} = \frac{\mathrm{d}}{\mathrm{d}t}\left(\frac{\mathrm{d}y}{\mathrm{d}x}\right) \cdot \frac{1}{\dfrac{\mathrm{d}x}{\mathrm{d}t}} = \frac{\varphi'(t)\psi''(t) - \varphi''(t)\psi'(t)}{[\varphi'(t)]^3}$$

代入式(3.22),得

$$k = \frac{|\varphi'(t)\psi''(t) - \varphi''(t)\psi'(t)|}{\{[\varphi'(t)]^2 + [\psi'(t)]^2\}^{3/2}}. \tag{3.23}$$

例 3.62   求曲线 $y=ax^3(a>0)$ 在点 $(0,0)$ 及点 $(1,a)$ 处的曲率.

解   先计算一阶、二阶导数 $y'=3ax^2$, $y''=6ax$. 代入式(3.22)得

$$k = \frac{6a|x|}{(1+9a^2x^4)^{\frac{3}{2}}}.$$

在点 $(0,0)$ 处的曲率 $k\big|_{x=0}=0$;在点 $(1,a)$ 处的曲率 $k\big|_{x=1}=\dfrac{6a}{(1+9a^2)^{\frac{3}{2}}}$.

例 3.63   求摆线 $\begin{cases} x=a(t-\sin t), \\ y=a(1-\cos t) \end{cases}$ $(a>0)$ 在顶点 $t=\pi$ 处的曲率.

解 $\dfrac{\mathrm{d}y}{\mathrm{d}x} = \dfrac{y'_t}{x'_t} = \dfrac{\sin t}{1-\cos t} = \cot\dfrac{t}{2}$,

$$\left[1+\left(\frac{\mathrm{d}y}{\mathrm{d}x}\right)^2\right]^{\frac{3}{2}} = \left(\csc^2\frac{t}{2}\right)^{\frac{3}{2}} = \frac{1}{\left|\sin^3\dfrac{t}{2}\right|},$$

$$\frac{\mathrm{d}^2 y}{\mathrm{d}x^2} = \frac{\mathrm{d}}{\mathrm{d}t}\left(\frac{\mathrm{d}y}{\mathrm{d}x}\right) \cdot \frac{1}{x'_t} = -\frac{1}{2}\csc^2\frac{t}{2} \cdot \frac{1}{a(1-\cos t)} = -\frac{1}{4a\sin^4\dfrac{t}{2}},$$

代入式(3.22),即得

$$k = \frac{1}{4a\left|\sin\dfrac{t}{2}\right|},$$

在顶点 $t=\pi$ 处,$k\big|_{t=\pi}=\dfrac{1}{4a}$.

例 3.64 椭圆 $\begin{cases} x = a\cos t, \\ y = b\sin t \end{cases}$ $(0 \leqslant t \leqslant 2\pi)(a > b > 0)$ 上哪一点的曲率最大？哪一点的曲率最小？

解 因为

$$\begin{cases} x'_t = -a\sin t, \\ y'_t = b\cos t, \end{cases} \quad \begin{cases} x''_t = -a\cos t, \\ y''_t = -b\sin t, \end{cases}$$

代入公式(3.23)，即得椭圆上任意点的曲率：

$$k = \left| \frac{(-a\sin t)(-b\sin t) - (-a\cos t)(b\cos t)}{[(-a\sin t)^2 + (b\cos t)^2]^{3/2}} \right| = \frac{ab}{[b^2 + (a^2 - b^2)\sin^2 t]^{3/2}}.$$

因分子为定数，当分母最小(大)时，分数最大(小)，于是当 $t = 0$ 或 $t = \pi$ 时，k 达到最大值 $k_{max} = \dfrac{a}{b^2}$；于是当 $t = \dfrac{\pi}{2}$ 或 $t = \dfrac{3\pi}{2}$ 时，k 达到最小值 $k_{min} = \dfrac{b}{a^2}$. 这就是说椭圆的长轴端点 A, A' 处曲率最大，在短轴端点 B, B' 处曲率最小(见图 3.35).

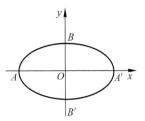

图　3.35

3.9.3　曲率圆和曲率半径

设有曲线 $y = f(x)$ 在点 $M(x, y)$ 处的曲率为 $k(k \neq 0)$，在点 M 处的法线上，在凹的一侧取一点 O'，使 $|O'M| = \dfrac{1}{k} = \rho$，以 O' 为圆心，ρ 为半径作圆(图 3.36)，我们把这个圆叫做曲线在点 M 处的曲率圆，把曲率圆的圆心 O' 叫做曲线在点 M 处的曲率中心，把曲率圆的半径 ρ 叫做曲线在点 M 处的曲率半径.

按上述规定，曲线在点 M 处的曲率 $k(k \neq 0)$ 与曲线在点 M 处的曲率半径 ρ 有如下关系

$$\rho = \frac{1}{k}, \quad k = \frac{1}{\rho}.$$

这就是说：曲线上一点的曲率半径与曲线在该点处的曲率互为倒数. 由此可见，当曲线上一点处的曲率半径比较大时，曲线在该点处的曲率比较小，即曲线在该点附近比较平坦；当曲线上一点处的曲率半径比较小时，曲线在该点处的曲率比较大，即曲线在该点附近弯曲得较厉害.

例 3.65 设工件内表面的截线为抛物线 $y = 0.4x^2$ (见图 3.37)，现在要用砂轮磨削其内表面，问用半径多大的砂轮才比较合适？

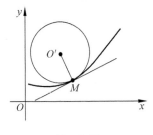

图　3.36

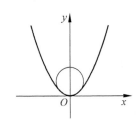

图　3.37

解 为了在磨削时不使砂轮与工件接触处附近的那部分工件磨去太多,砂轮的半径不大于抛物线在各点处曲率半径中的最小值. 于是

$$y' = 0.8x, \quad y'' = 0.8,$$

曲率半径 $R = \dfrac{(1+y'^2)^{\frac{3}{2}}}{|y''|} = \dfrac{(1+0.64x^2)^{\frac{3}{2}}}{0.8}.$

经计算可得曲率半径 R 在 $x=0$ 处取得最小值,且最小值为 $R\big|_{x=0} = \dfrac{1}{0.8} = 1.25$,所以选用砂轮的半径不得超过 1.25 单位长.

习题 3.9

1. 计算等边双曲线 $xy=1$ 在点 $(1,1)$ 处的曲率.

2. 抛物线 $y = ax^2 + bx + c\,(a \neq 0)$ 上哪一点处的曲率最大?

3. 求抛物线 $y^2 = 4x$ 上点 $P(1,2)$ 处的曲率半径.

4. 求曲线 $x = a\cos^3 t,\, y = a\sin^3 t$ 在 $t = t_0$ 相应的点处的曲率.

5. 求对数螺线 $r = ae^{n\theta}\,(a>0,\, n>0)$ 在点 $(a,0)$ 处的曲率.

6. 证明曲线 $y = a\cosh\dfrac{x}{a}$ 在点 (x,y) 处的曲率半径为 $\dfrac{y^2}{a}$.

总习题 3

一、填空题

1. 函数 $y = \ln\sin x$ 在 $\left[\dfrac{\pi}{6}, \dfrac{5\pi}{6}\right]$ 上满足罗尔定理中的 $\xi = $ _____;

2. 函数 $f(x) = x^4$,$F(x) = x^2$ 在 $[1,2]$ 上满足柯西定理中的 $\xi = $ _____;

3. 设 $y = e^{|x-3|}$,$x \in [-5,5]$,则最大值 $M = $ _____,最小值 $m = $ _____;

4. 曲线 $y = x\ln\left(e + \dfrac{1}{x}\right)(x>0)$ 的渐近线方程为_____;

5. 若记 R 为曲率半径,S 为弧长. 已知 $y = x^2\,(x \geqslant 0)$,则曲率 $K = $ _____; $\dfrac{\mathrm{d}R}{\mathrm{d}S} = $ _____;

6. 函数 $f(x) = \begin{cases} x^2, & x \leqslant 0, \\ xe^x, & x > 0 \end{cases}$ 在 $x = $ _____ 处取得极小值.

二、选择题

1. 若函数 $f(x)$ 在区间 (a,b) 内可导,x_1 和 x_2 是区间 (a,b) 内任意两点,且 $x_1 < x_2$,则至少存在一点 ξ,使(   ).

(A) $f(b) - f(a) = f'(\xi)(b-a)$,其中 $a < \xi < b$

(B) $f(b) - f(x_1) = f'(\xi)(b - x_1)$,其中 $x_1 < \xi < b$

(C) $f(x_2) - f(x_1) = f'(\xi)(x_2 - x_1)$,其中 $x_1 < \xi < x_2$

(D) $f(x_2) - f(a) = f'(\xi)(x_2 - a)$,其中 $a < \xi < x_2$

2. 当 $x>0$ 时,曲线 $y=x\sin\dfrac{1}{x}$（   ）.

(A) 有且仅有水平渐近线

(B) 有且仅有垂直渐近线

(C) 既有水平渐近线,又有垂直渐近线

(D) 既无水平渐近线,又无垂直渐近线

3. 下列各式哪些是曲线 $3x+2y+2=xy$ 的水平渐近线或垂直渐近线?

① $x=-\dfrac{3}{2}$;② $x=-2$;③ $y=-1$;④ $y=3$.

(A) 都不是　　(B) ①,②　　(C) ②,③　　(D) ②,④　　(E) 全是

4. 若 $\lim\limits_{x\to\infty}f'(x)=k$,则 $\lim\limits_{x\to\infty}[f(x+a)-f(x)]=$（   ）.

(A) ka　　　　(B) k　　　　(C) a　　　　(D) 不存在

5. 设 $f(x)$ 有二阶连续导数,且 $f'(0)=0$,$\lim\limits_{x\to0}\dfrac{f''(x)}{|x|}=1$,则（   ）.

(A) $f(0)$ 是 $f(x)$ 的极大值

(B) $f(0)$ 是 $f(x)$ 的极小值

(C) $(0,f(0))$ 是曲线 $y=f(x)$ 的拐点

(D) $f(0)$ 不是 $f(x)$ 的极大值,$(0,f(0))$ 也不是曲线 $y=f(x)$ 的拐点

三、计算题

1. 求下列极限:

(1) $\lim\limits_{x\to0}\dfrac{x\cot x-1}{x^2}$;　　　　(2) $\lim\limits_{n\to\infty}\cos^n\dfrac{\pi}{\sqrt{n}}$;

(3) $\lim\limits_{x\to0}\left[\dfrac{1}{\ln(1+x)}-\dfrac{1}{x}\right]$;　　(4) $\lim\limits_{x\to a}\dfrac{x^a-a^x}{x^x-a^a}$;

(5) $\lim\limits_{x\to0}\left(\dfrac{\sin x}{x}\right)^{\frac{1}{x^2}}$;　　　　(6) $\lim\limits_{x\to+\infty}\left(\dfrac{2}{\pi}\arctan x\right)^x$.

2. 在半径为 R 的圆内作内接矩形,何时矩形面积最大?

3. 试求曲线 $y=ax^3+bx^2+cx+d$ 中的 a,b,c,d,使得 $x=-2$ 处曲线有水平切线,$(1,-10)$ 为拐点,且点 $(-2,44)$ 在曲线上.

4. 求椭圆 $x^2-xy+y^2=3$ 上纵坐标最大和最小的点.

5. 求数列 $\{\sqrt[n]{n}\}$ 的最大项.

6. 求非零常数 a,b,使 $\lim\limits_{x\to0}\dfrac{2\arctan x-\ln\dfrac{1+x}{1-x}}{x^a}=b$.

7. 已知函数 $y=\dfrac{x^3}{(1-x)^2}$,求:

(1) 函数的增减区间及极值;

(2) 函数图形的凹凸区间及拐点;

(3) 函数图形的渐近线.

8. 某火锅店对每个周末顾客情况统计得出大致规律是:当每位顾客定价 10 元时,火锅

店爆满,顾客可达 600 人,但这时火锅刚好收支相抵无利润;当每位顾客定价提高时顾客数就以直线下降,提高到每位 40 元,已无人问津.已知火锅店对每位顾客的成本开支是相同的,问定价为多少时,火锅店赢利最多? 这时一个周末可赢利多少?

9. 设 $f(x)$ 的定义域为 $-10 < x < 10$,$f(x)$ 是二阶可导的,下图是 $f'(x)$ 的图像.

(1) 找出函数 $f(x)$ 的极大值点和极小值点,说明你的理由.

(2) 求出函数 $f(x)$ 的向上凹和向上凸的区间及拐点,用二阶导数 $f''(x)$ 说明答案的正确性.

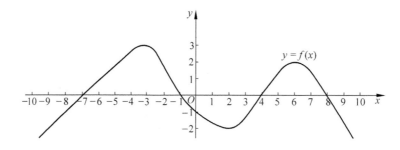

四、证明题

1. 设 $f(x)$,$g(x)$ 在 $[a,b]$ 上可微,$g'(x) \neq 0$,证明存在 $\xi \in (a,b)$,使得

$$\frac{f(a)-f(\xi)}{g(\xi)-g(b)} = \frac{f'(\xi)}{g'(\xi)}.$$

2. 设 $f(x)$ 在 $[0,1]$ 上连续,在 $(0,1)$ 内可导,且 $f(1)=0$,证明存在 $\xi \in (0,1)$,使得

$$f'(\xi) = -\frac{f(\xi)}{\xi}.$$

3. 若 $f(x)$ 在 $[a,b]$ 上连续,在 (a,b) 内可导 $(a>0)$,证明:在 (a,b) 内至少存在一点 ξ,使 $2\xi \cdot [f(b)-f(a)] = (b^2-a^2)f'(\xi)$ 成立.

4. 证明不等式:当 $x>0$ 时,$x - \dfrac{x^2}{2} < \ln(1+x) < x$.

5. 证明不等式:当 $0 < x < \dfrac{\pi}{2}$ 时,$\tan x > x + \dfrac{1}{3}x^3$.

6. 试证明对函数 $y = px^2 + qx + r$ 应用拉格朗日中值定理时所求得的 ξ 总是位于区间的正中间.

7. 试证明曲线 $y = \dfrac{x-1}{x^2+1}$ 有三个拐点位于同一直线上.

8. 设 $a_0 + \dfrac{a_1}{2} + \cdots + \dfrac{a_n}{n+1} = 0$,证明多项式 $f(x) = a_0 + a_1 x + \cdots + a_n x^n$ 在 $(0,1)$ 内至少有一个零点.

五、经济应用题

1. 某商店每年销售商品 a 个单位,每次购进的手续费为 b 元,而每个单位的库存费为每年 c 元.已知该商品的销售是均匀的,且上批销售完后,立即可进下一批货,问商店应分几批购进此种商品,才能使所有手续费及库存费总和最小?

2. 已知某厂生产 x 件产品的成本为 $C = 25\,000 + 200x + \dfrac{1}{40}x^2$.问:

（1）若要使平均成本最小,应生产多少件产品?

（2）若产品以每件 500 元售出,要使得利润最大,应生产多少件产品?

3. 设某产品的成本函数为 $C = aQ^2 + bQ + c$,需求函数为 $Q = \dfrac{1}{e}(d-p)$,其中 Q 为需求量(即产量), p 为单价, a,b,c,d,e 均为正数,且 $d > b$,求:

（1）利润最大时的产量及最大利润;

（2）需求对价格的弹性;

（3）需求对价格弹性的绝对值为 1 时的产量.

第 4 章

不 定 积 分

前面介绍了微分学,微分的逆运算是积分,积分包括不定积分和定积分两部分.本章讲述不定积分的概念、一般法则以及某些特殊类型的不定积分的计算方法.

4.1 不定积分的概念与性质

众所周知,求函数的导数或微分是微分法的基本问题.但是,在力学、物理学以及其他自然科学中,常常遇到与此相反的问题.例如,已知一质点沿直线运动的速度 $v=v(t)$,求它的运动规律,即要找质点所在的位置与运动时间的依赖关系 $s=f(t)$.从数学的角度来说,这个相反问题的实质是要找一个函数 $s=f(t)$,使得它的导数 $f'(t)$ 等于已知函数 $v(t)$,即 $f'(t)=v(t)$.这正好是微分学的逆问题,即已知函数的导数,要找出原函数,这将是本章将要讨论的中心问题.

4.1.1 原函数与不定积分的概念

定义 4.1 如果在区间 I 上,对已知的函数 $f(x)$,若 $\forall x \in I$,存在 $F(x)$,使得 $F'(x)=f(x)$ 或 $\mathrm{d}F(x)=f(x)\mathrm{d}x$,则称函数 $F(x)$ 为 $f(x)$ 在区间 I 上的一个原函数.

例 4.1 (1) $\sin x$ 在 $(-\infty,+\infty)$ 内是 $\cos x$ 的一个原函数,因为 $(\sin x)'=\cos x$.

(2) $\ln x$ 在 $(0,+\infty)$ 内是 $\dfrac{1}{x}$ 的一个原函数,因为 $(\ln x)'=\dfrac{1}{x}$.

(3) $\ln(-x)$ 在 $(-\infty,0)$ 内是 $\dfrac{1}{x}$ 的一个原函数,因为 $[\ln(-x)]'=\dfrac{1}{x}$.

关于原函数,我们可以提出如下两个问题:

(1) 函数 $f(x)$ 应满足什么条件,才能保证它的原函数一定存在? 这个问题将在下一章讨论,这里先介绍一个结论.

定理 4.1(原函数存在定理) 如果函数 $f(x)$ 在某一区间内连续,那么在该区间内它的原函数一定存在.

(2) 如果函数 $f(x)$ 在某个区间上有原函数,那么它有多少个原函数? 显然,如果函数 $F(x)$ 是 $f(x)$ 在该区间上的一个原函数,即 $F'(x)=f(x)$,那么函数族 $F(x)+C(C$ 为任意常数)也一定是 $f(x)$ 的原函数.这说明,如果函数 $f(x)$ 在某个区间上有一个原函数,那么它在该区间上就有无限多个原函数.

定理 4.2 在区间 I 上,如果函数 $F(x)$ 为 $f(x)$ 的一个原函数,则 $F(x)+C$ 是 $f(x)$ 在区间 I 上的全体原函数,其中 C 为任意常数.

证 由已知得 $F'(x)=f(x)$,从而
$$[F(x)+C]'=F'(x)=f(x),$$
所以 $F(x)+C$ 是 $f(x)$ 的原函数.

设 $\Phi(x)$ 是 $f(x)$ 的任意一个原函数,即 $\Phi'(x)=f(x)$,因为 $F'(x)=f(x)$,所以有
$$[\Phi(x)-F(x)]'=\Phi'(x)-F'(x)=f(x)-f(x)=0.$$
而导数恒为零的函数必为常数,所以 $\Phi(x)-F(x)=C$,即 $\Phi(x)=F(x)+C$.

这就证明了 $F(x)+C$ 是 $f(x)$ 的全体原函数,若要求 $f(x)$ 的所有原函数,我们只需要求出一个原函数 $F(x)$,把这个原函数加上一个任意常数就是 $f(x)$ 的全体原函数.

定义 4.2 函数 $f(x)$ 在区间 I 上的全体原函数称为 $f(x)$ 在区间 I 上的不定积分,记作 $\int f(x)\mathrm{d}x$,即
$$\int f(x)\mathrm{d}x=F(x)+C\,(C\text{ 为任意常数}),$$
其中 $F'(x)=f(x)(\forall x\in I)$,记号"$\int$"称为不定积分号,$f(x)$ 称为被积函数,$f(x)\mathrm{d}x$ 称为被积表达式,而 x 称为积分变量.

由定义 4.2,可得
$$\left(\int f(x)\mathrm{d}x\right)'=f(x)\text{ 或 }\mathrm{d}\int f(x)\mathrm{d}x=f(x)\mathrm{d}x,$$
$$\int f(x)\mathrm{d}x=F(x)+C\text{ 或 }\int \mathrm{d}F(x)=F(x)+C.$$
由此可知,微分运算与求不定积分是互逆的.

例 4.2 求 $\int \sec^2 x\mathrm{d}x$.

解 因为 $(\tan x)'=\sec^2 x$,所以 $\tan x$ 是 $\sec^2 x$ 的一个原函数,故
$$\int \sec^2 x\mathrm{d}x=\tan x+C.$$

例 4.3 求 $\int \dfrac{1}{1+x^2}\mathrm{d}x$.

解 因为 $(\arctan x)'=\dfrac{1}{1+x^2}$,所以 $\arctan x$ 是 $\dfrac{1}{1+x^2}$ 的一个原函数,故
$$\int \frac{1}{1+x^2}\mathrm{d}x=\arctan x+C.$$

例 4.4 求 $\int x^\mu \mathrm{d}x\,(\mu\neq-1)$.

解 因为 $\left(\dfrac{1}{\mu+1}x^{\mu+1}\right)'=x^\mu$,即 $\dfrac{1}{\mu+1}x^{\mu+1}$ 是 x^μ 的一个原函数,故
$$\int x^\mu \mathrm{d}x=\frac{1}{\mu+1}x^{\mu+1}+C.$$

4.1.2 不定积分的几何意义

由导数的几何意义可知,$F'(x)=f(x)$ 在几何上表示曲线 $y=F(x)$ 在 x 处的切线斜率.因此,已知 $f(x)$ 求原函数的问题,就是寻求在横坐标为 x 处切线斜率为 $f(x)$ 的曲线,这样的曲线有无穷多条,而 $y=F(x)$ 是其中之一,将它沿 y 轴上、下平移可得其余的曲线,其方

程为 $y=F(x)+C(C$ 为任意常数$)$,其中每一条曲线称为函数 $f(x)$ 的积分曲线,积分曲线全体称为 $f(x)$ 的积分曲线族.因此 $f(x)$ 的不定积分 $\int f(x)\mathrm{d}x$ 在几何上表示 $f(x)$ 的积分曲线族,其方程为 $y=F(x)+C$(见图 4.1).

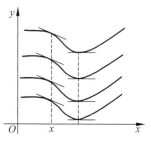

由 $[F(x)+C]'=f(x)$ 知在横坐标相同的点处,所有积分曲线的切线互相平行.

图 4.1

在一些具体问题中,通常需要求出满足一定条件的某条特殊的积分曲线(原函数),为此,就要确定积分常数 C.

例 4.5   某物体以初速度为零的速度 $v=at(a>0$ 是常数$)$作匀加速运动,且已知在时刻 $t=t_0$ 时 $s=s_0$,求该物体运动规律.

解   因为 $v=\dfrac{\mathrm{d}s}{\mathrm{d}t}=at$,所以 $s(t)$ 是 $v=at$ 的一个原函数,故

$$s(t) = \int at\,\mathrm{d}t = \frac{1}{2}at^2 + C.$$

这个运动规律概括了物体以初速度为零的速度 $v=at$ 运动的规律,现在需要在其中找出满足条件 $t=t_0$ 时 $s=s_0$ 的那个函数,为此,将条件 $t=t_0$ 时 $s=s_0$ 代入上式,得

$$s(t) = \frac{1}{2}at^2 + s_0 - \frac{1}{2}at_0^2 = \frac{1}{2}a(t^2 - t_0^2) + s_0.$$

上式即为所要求的运动规律.

例 4.6   某厂生产某种产品,每日生产的产品的总成本 y 的变化率(即边际成本)是日产量 x 的函数 $y'=7+\dfrac{25}{\sqrt{x}}$.已知固定成本为 1000,求总成本 y 与日产量 x 的关系.

解   因为 $y'=7+\dfrac{25}{\sqrt{x}}$,故 $y = \int\left(7+\dfrac{25}{\sqrt{x}}\right)\mathrm{d}x = 7x + 50\sqrt{x} + C.$

又已知固定成本为 1000,即当 $x=0$ 时 $y=1000$,代入上式得 $C=1000$.所以总成本 y 与日产量 x 的关系为 $y=7x+50\sqrt{x}+1000(x\geqslant0)$.

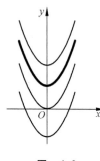

例 4.7   设曲线通过点 $(1,2)$,且其上任一点处的切线斜率等于这点横坐标的两倍,求此曲线的方程.

解   设所求曲线方程为 $y=f(x)$.按题设,得 $\dfrac{\mathrm{d}y}{\mathrm{d}x}=2x$,即 $y=f(x)$ 是 $2x$ 的一个原函数,故

$$y = \int 2x\,\mathrm{d}x = x^2 + C.$$

所求曲线是 $y=x^2+C$ 中的一条.又曲线通过点 $(1,2)$,故 $2=1+C$,从而 $C=1$,即所求曲线为 $y=x^2+1$,如图 4.2 所示.

图 4.2

4.1.3   基本积分公式表

下面给出一些常见函数的积分,见表 4.1.

表 4.1 基本初等函数积分公式表

(1)	$\int k\mathrm{d}x = kx + C(k$ 为常数$)$	(9)	$\int a^x\,\mathrm{d}x = \dfrac{1}{\ln a}a^x + C$
(2)	$\int x^\mu\,\mathrm{d}x = \dfrac{1}{\mu+1}x^{\mu+1} + C(\mu \neq -1)$	(10)	$\int \mathrm{e}^x\,\mathrm{d}x = \mathrm{e}^x + C$
(3)	$\int \sin x\mathrm{d}x = -\cos x + C$	(11)	$\int \dfrac{1}{x}\mathrm{d}x = \ln\mid x\mid + C$
(4)	$\int \cos x\mathrm{d}x = \sin x + C$	(12)	$\int \dfrac{1}{\sqrt{1-x^2}}\mathrm{d}x = \arcsin x + C = -\arccos x + C$
(5)	$\int \dfrac{1}{\cos^2 x}\mathrm{d}x = \int \sec^2 x\mathrm{d}x = \tan x + C$	(13)	$\int \dfrac{1}{1+x^2}\mathrm{d}x = \arctan x + C = -\operatorname{arccot} x + C$
(6)	$\int \dfrac{1}{\sin^2 x}\mathrm{d}x = \int \csc^2 x\mathrm{d}x = -\cot x + C$	(14)	$\int \sinh x\mathrm{d}x = \cosh x + C$
(7)	$\int \sec x\tan x\mathrm{d}x = \sec x + C$	(15)	$\int \cosh x\mathrm{d}x = \sinh x + C$
(8)	$\int \csc x\cot x\mathrm{d}x = -\csc x + C$		

在此我们仅对(11)式作一个简单的说明：

当 $x > 0$ 时,有 $(\ln x)' = \dfrac{1}{x}$,所以 $\int \dfrac{1}{x}\mathrm{d}x = \ln x + C = \ln\mid x\mid + C$.

当 $x < 0$ 时,因为 $[\ln(-x)]' = \dfrac{1}{-x}\cdot(-1) = \dfrac{1}{x}$,故 $\int \dfrac{1}{x}\mathrm{d}x = \ln(-x) + C = \ln\mid x\mid + C$.

因此,不论 $x > 0$,还是 $x < 0$,均有公式 $\int \dfrac{1}{x}\mathrm{d}x = \ln\mid x\mid + C$.

例 4.8 求 $\int \sqrt{x\sqrt{x\sqrt{x}}}\,\mathrm{d}x$.

解 $\int \sqrt{x\sqrt{x\sqrt{x}}}\,\mathrm{d}x = \int x^{\frac{7}{8}}\mathrm{d}x = \dfrac{8}{15}x^{\frac{15}{8}} + C$.

例 4.9 设 $f(x)$ 的一个原函数为 e^{-2x+1},求 $f'(x)$.

解 因为 $f(x) = (\mathrm{e}^{-2x+1})' = -2\mathrm{e}^{-2x+1}$,故 $f'(x) = 4\mathrm{e}^{-2x+1}$.

4.1.4 不定积分的性质

利用不定积分的定义,可以得到不定积分的性质.

性质 1 $\int kf(x)\mathrm{d}x = k\int f(x)\mathrm{d}x(k$ 是常数,$k \neq 0)$.

性质 2 设 $f(x)$,$g(x)$ 的原函数存在,则

$$\int [f(x) + g(x)]\mathrm{d}x = \int f(x)\mathrm{d}x + \int g(x)\mathrm{d}x.$$

性质 3 设 $f_1(x)$,$f_2(x)$,$\cdots$,$f_n(x)$ 的原函数存在,且 k_1,k_2,$\cdots$,k_n 是常数,则

$$\int [k_1f_1(x) + k_2f_2(x) + \cdots + k_nf_n(x)]\mathrm{d}x = k_1\int f_1(x)\mathrm{d}x + k_2\int f_2(x)\mathrm{d}x + \cdots$$
$$+ k_n\int f_n(x)\mathrm{d}x.$$

利用基本积分表以及不定积分的性质,可以求出一些简单函数的不定积分.

例 4.10   求 $\int \dfrac{\cos 2x}{\cos x - \sin x} dx$.

解 $\int \dfrac{\cos 2x}{\cos x - \sin x} dx = \int \dfrac{\cos^2 x - \sin^2 x}{\cos x - \sin x} dx = \int \dfrac{(\cos x - \sin x)(\cos x + \sin x)}{\cos x - \sin x} dx$

$$= \int (\cos x + \sin x) dx = \sin x - \cos x + C.$$

例 4.11   求 $\int (e^x - 2\cos x + \sqrt{2}\, x^3) dx$.

解 $\int (e^x - 2\cos x + \sqrt{2}\, x^3) dx = \int e^x dx - 2\int \cos x dx + \sqrt{2} \int x^3 dx$

$$= e^x - 2\sin x + \frac{\sqrt{2}}{4} x^4 + C.$$

注:(1) 在分项积分后,每个不定积分的结果都含有任意常数,但由于任意常数之和仍是任意常数,因此只要写一个任意常数就行了.

(2) 检验积分结果是否正确,只要把结果求导,看它的导数是否等于被积函数,若相等则结果正确,否则结果错误.

例 4.12   求 $\int \dfrac{1 + x + x^2}{x(1 + x^2)} dx$.

解 $\int \dfrac{1 + x + x^2}{x(1 + x^2)} dx = \int \dfrac{x + (1 + x^2)}{x(1 + x^2)} dx = \int \left(\dfrac{1}{1 + x^2} + \dfrac{1}{x} \right) dx$

$$= \int \frac{1}{1 + x^2} dx + \int \frac{1}{x} dx = \arctan x + \ln |x| + C.$$

例 4.13   求 $\int \dfrac{x^4}{x^2 + 1} dx$.

解 $\int \dfrac{x^4}{x^2 + 1} dx = \int \dfrac{x^4 - 1 + 1}{x^2 + 1} dx = \int \left(x^2 - 1 + \dfrac{1}{x^2 + 1} \right) dx$

$$= \int x^2 dx - \int 1 dx + \int \frac{1}{x^2 + 1} dx = \frac{1}{3} x^3 - x + \arctan x + C.$$

例 4.14   求 $\int \sin^2 \dfrac{x}{2} dx$.

解 $\int \sin^2 \dfrac{x}{2} dx = \int \dfrac{1}{2} (1 - \cos x) dx = \dfrac{1}{2} \left[\int 1 dx - \int \cos x dx \right] = \dfrac{1}{2} (x - \sin x) + C.$

例 4.15   求 $\int e^x \left(1 - \dfrac{e^{-x}}{\sqrt{x}} \right) dx$.

解 $\int e^x \left(1 - \dfrac{e^{-x}}{\sqrt{x}} \right) dx = \int e^x dx - \int \dfrac{1}{\sqrt{x}} dx = e^x - 2\sqrt{x} + C.$

例 4.16   求 $\int \dfrac{\cos 2x}{\cos^2 x \cdot \sin^2 x} dx$.

解 $\int \dfrac{\cos 2x}{\cos^2 x \cdot \sin^2 x} dx = \int \dfrac{\cos^2 x - \sin^2 x}{\cos^2 x \cdot \sin^2 x} dx = \int \dfrac{1}{\sin^2 x} dx - \int \dfrac{1}{\cos^2 x} dx$

$$= -\cot x - \tan x + C.$$

例 4.17 求 $\int \dfrac{3x^2}{1+x^2}\mathrm{d}x$.

解 $\int \dfrac{3x^2}{1+x^2}\mathrm{d}x = 3\int \dfrac{1+x^2-1}{1+x^2}\mathrm{d}x = 3\int \left(1 - \dfrac{1}{1+x^2}\right)\mathrm{d}x = 3(x - \arctan x) + C.$

例 4.18 求 $\int \dfrac{1}{\sin^2 x \cos^2 x}\mathrm{d}x$.

解 $\int \dfrac{1}{\sin^2 x \cos^2 x}\mathrm{d}x = \int \dfrac{\cos^2 x + \sin^2 x}{\sin^2 x \cos^2 x}\mathrm{d}x = \int \dfrac{1}{\cos^2 x}\mathrm{d}x + \int \dfrac{1}{\sin^2 x}\mathrm{d}x$
$$= \tan x - \cot x + C.$$

例 4.19 求 $\int \dfrac{\cos 2x}{\cos x + \sin x}\mathrm{d}x$.

解 $\int \dfrac{\cos 2x}{\cos x + \sin x}\mathrm{d}x = \int \dfrac{\cos^2 x - \sin^2 x}{\cos x + \sin x}\mathrm{d}x = \int \cos x\,\mathrm{d}x - \int \sin x\,\mathrm{d}x$
$$= \sin x + \cos x + C.$$

例 4.20 求 $\int \dfrac{2 \cdot 3^x - 5 \cdot 2^x}{3^x}\mathrm{d}x$.

解 $\int \dfrac{2 \cdot 3^x - 5 \cdot 2^x}{3^x}\mathrm{d}x = \int \left[2 - 5 \cdot \left(\dfrac{2}{3}\right)^x\right]\mathrm{d}x = 2x - 5 \cdot \dfrac{\left(\dfrac{2}{3}\right)^x}{\ln \dfrac{2}{3}} + C$

$$= 2x - \dfrac{5 \cdot 2^x}{3^x(\ln 2 - \ln 3)} + C.$$

例 4.21 设 $f(x) = \begin{cases} \cos x, & x < 0, \\ x + 1, & x \geqslant 0, \end{cases}$ 求 $\int f(x)\mathrm{d}x$.

解 当 $x < 0$ 时，$f(x) = \cos x$，$\int f(x)\mathrm{d}x = \sin x + C_1$;

当 $x \geqslant 0$ 时，$f(x) = x + 1$，$\int f(x)\mathrm{d}x = \dfrac{x^2}{2} + x + C_2$.

由于原函数在 $x = 0$ 处连续，故 $\lim\limits_{x \to 0^-}(\sin x + C_1) = \lim\limits_{x \to 0^+}\left(\dfrac{x^2}{2} + x + C_2\right)$，得 $C_1 = C_2$. 从而

$$\int f(x)\mathrm{d}x = \begin{cases} \sin x + C, & x < 0, \\ \dfrac{1}{2}x^2 + x + C, & x \geqslant 0. \end{cases}$$

习题 4.1

A 组

1. 一曲线通过点 $(\mathrm{e}^2, 3)$，且在任一点处的切线斜率等于这点横坐标的倒数，求该曲线的方程.

2. 一物体由静止开始运动，经过 t 秒后的速度是 $3t^2 (\mathrm{m/s})$，问：

(1) 在 3s 后物体与出发点的距离是多少？

(2) 物体走完 360m 需要多少时间？

3. 求下列不定积分：

(1) $\displaystyle\int \frac{\mathrm{d}h}{\sqrt{2gh}}$ (g 为常数)；

(2) $\displaystyle\int (x-2)^3\,\mathrm{d}x$；

(3) $\displaystyle\int (\sqrt{x}+1)(\sqrt{x^3}-1)\,\mathrm{d}x$；

(4) $\displaystyle\int \frac{(x-1)^3}{x^2}\,\mathrm{d}x$；

(5) $\displaystyle\int \frac{3x^4+3x^2+1}{x^2+1}\,\mathrm{d}x$；

(6) $\displaystyle\int \tan^2 x\,\mathrm{d}x$；

(7) $\displaystyle\int \cos^2 \frac{x}{2}\,\mathrm{d}x$；

(8) $\displaystyle\int \frac{2+x^2}{x^2+1}\,\mathrm{d}x$；

(9) $\displaystyle\int \left(1-\frac{1}{x^2}\right)\sqrt{x\sqrt{x}}\,\mathrm{d}x$；

(10) $\displaystyle\int \sec x(\sec x-\tan x)\,\mathrm{d}x$；

(11) $\displaystyle\int \frac{\sqrt{x^3}+1}{\sqrt{x}+1}\,\mathrm{d}x$；

(12) $\displaystyle\int (2^x+3^x)^2\,\mathrm{d}x$.

4. 求下列不定积分 $\displaystyle\int f(x)\,\mathrm{d}x$, 其中：

(1) $f(x)=\begin{cases} 2x, & x\leqslant 0, \\ \sin x, & x>0; \end{cases}$

(2) $f(x)=|x|$.

B 组

求下列不定积分：

1. $\displaystyle\int \frac{\sqrt{x^2+1}}{\sqrt{1-x^4}}\,\mathrm{d}x$；

2. $\displaystyle\int \frac{1+2x^2}{x^2(x^2+1)}\,\mathrm{d}x$；

3. $\displaystyle\int \frac{1+\cos^2 x}{1+\cos 2x}\,\mathrm{d}x$；

4. $\displaystyle\int \frac{1}{\sin^2 \dfrac{x}{2}\cos^2 \dfrac{x}{2}}\,\mathrm{d}x$；

5. $\displaystyle\int \max(1,x^2)\,\mathrm{d}x$.

4.2   换元积分法

利用基本初等函数积分公式表及不定积分的性质可以求出某些函数的不定积分，但能够求出的不定积分非常有限. 为了求出更多的初等函数的不定积分，有必要介绍新的不定积分法——换元积分法.

换元积分法是把复合函数的求导法则反过来用于求不定积分，是一种基本的积分法. 这种方法是通过适当的变量代换把某些不定积分化为积分表中所列的积分.

4.2.1   第一换元积分法（凑微分法）

定理 4.3   设 $f(u)$ 具有原函数 $F(u)$, $u=\varphi(x)$ 可导，那么 $F[\varphi(x)]$ 是 $f[\varphi(x)]\varphi'(x)$ 的原函数，即有换元公式

$$\int f[\varphi(x)]\varphi'(x)\,\mathrm{d}x=\left[\int f(u)\,\mathrm{d}u\right]\bigg|_{u=\varphi(x)}=F[\varphi(x)]+C. \tag{4.1}$$

证 设 $f(u)$ 具有原函数 $F(u)$，即 $F'(u) = f(u)$，于是

$$\int f(u)\mathrm{d}u = F(u) + C.$$

因为函数 $\varphi(x)$ 可导，所以根据复合函数的求导法则得

$$[F(\varphi(x))]' = F'(u) \cdot \varphi'(x) = f(u) \cdot \varphi'(x) = f[\varphi(x)] \cdot \varphi'(x).$$

根据不定积分的定义得

$$\int f[\varphi(x)]\varphi'(x)\mathrm{d}x = F[\varphi(x)] + C.$$

即

$$\int f[\varphi(x)]\mathrm{d}[\varphi(x)] = \left[\int f(u)\mathrm{d}u\right]_{u=\varphi(x)} = F[\varphi(x)] + C.$$

下面举例说明换元公式(4.1)的应用.

例 4.22 求 $\int \cos 2x \mathrm{d}x$.

解 设 $u = 2x$，则 $\mathrm{d}u = 2\mathrm{d}x$，因此

$$\int \cos 2x \mathrm{d}x = \frac{1}{2}\int \cos u \mathrm{d}u = \frac{1}{2}\sin u + C = \frac{1}{2}\sin 2x + C.$$

例 4.23 求 $\int \mathrm{e}^x \sin \mathrm{e}^x \mathrm{d}x$.

解 设 $u = \mathrm{e}^x$，则 $\mathrm{d}u = \mathrm{e}^x \mathrm{d}x$，因此

$$\int \mathrm{e}^x \sin \mathrm{e}^x \mathrm{d}x = \int \sin u \mathrm{d}u = -\cos u + C = -\cos \mathrm{e}^x + C.$$

例 4.24 求 $\int x\sqrt{1-x^2}\mathrm{d}x$.

解 设 $u = 1 - x^2$，则 $\mathrm{d}u = -2x\mathrm{d}x$，即 $x\mathrm{d}x = -\frac{1}{2}\mathrm{d}u$，因此

$$\int x\sqrt{1-x^2}\mathrm{d}x = \int u^{\frac{1}{2}} \cdot \left(-\frac{1}{2}\right)\mathrm{d}u = -\frac{1}{3}u^{\frac{3}{2}} + C = -\frac{1}{3}(1-x^2)^{\frac{3}{2}} + C.$$

在换元积分比较熟悉以后，就不必写出中间变量 u，如

$$\int x\sqrt{1-x^2}\mathrm{d}x = -\frac{1}{2}\int (1-x^2)^{\frac{1}{2}}\mathrm{d}(1-x^2) = -\frac{1}{3}(1-x^2)^{\frac{3}{2}} + C.$$

例 4.25 求 $\int \dfrac{1}{a^2+x^2}\mathrm{d}x$.

解

$$\int \frac{1}{a^2+x^2}\mathrm{d}x = \frac{1}{a^2}\int \frac{1}{1+\left(\frac{x}{a}\right)^2}\mathrm{d}x = \frac{1}{a}\int \frac{1}{1+\left(\frac{x}{a}\right)^2}\mathrm{d}\left(\frac{x}{a}\right)$$

$$= \frac{1}{a}\arctan \frac{x}{a} + C.$$

例 4.26 求 $\int \dfrac{1}{x^2-a^2}\mathrm{d}x$.

解

$$\int \frac{1}{x^2-a^2}\mathrm{d}x = \frac{1}{2a}\int \left(\frac{1}{x-a} - \frac{1}{x+a}\right)\mathrm{d}x$$

$$= \frac{1}{2a}\left[\int \frac{1}{x-a}\mathrm{d}(x-a) - \int \frac{1}{x+a}\mathrm{d}(x+a)\right]$$

$$= \frac{1}{2a}\ln \left|\frac{x-a}{x+a}\right| + C.$$

同理可得 $\displaystyle\int \frac{1}{a^2-x^2}\mathrm{d}x = \frac{1}{2a}\ln\left|\frac{a+x}{a-x}\right| + C.$

例 4.27　求 $\displaystyle\int \csc x\,\mathrm{d}x.$

解法 1　$\displaystyle\int \csc x\,\mathrm{d}x = \int \frac{1}{\sin x}\mathrm{d}x = \int \frac{1}{2\sin\dfrac{x}{2}\cos\dfrac{x}{2}}\mathrm{d}x$

$$= \int \frac{1}{\tan\dfrac{x}{2}\cos^2\dfrac{x}{2}}\mathrm{d}\left(\frac{x}{2}\right) = \int \frac{\sec^2\dfrac{x}{2}}{\tan\dfrac{x}{2}}\mathrm{d}\left(\frac{x}{2}\right)$$

$$= \int \frac{1}{\tan\dfrac{x}{2}}\mathrm{d}\left(\tan\frac{x}{2}\right) = \ln\left|\tan\frac{x}{2}\right| + C.$$

解法 2　$\displaystyle\int \csc x\,\mathrm{d}x = \int \frac{\csc x(\csc x - \cot x)}{\csc x - \cot x}\mathrm{d}x = \int \frac{1}{(\csc x - \cot x)}\mathrm{d}(\csc x - \cot x)$

$$= \ln|\csc x - \cot x| + C.$$

同理可得

$$\int \sec x\,\mathrm{d}x = \int \frac{\sec x(\sec x + \tan x)}{\sec x + \tan x}\mathrm{d}x$$

$$= \int \frac{1}{\sec x + \tan x}\mathrm{d}(\sec x + \tan x) = \ln|\sec x + \tan x| + C.$$

例 4.28　求 $\displaystyle\int \tan x\,\mathrm{d}x.$

解　$\displaystyle\int \tan x\,\mathrm{d}x = \int \frac{\sin x}{\cos x}\mathrm{d}x = -\int \frac{1}{\cos x}\mathrm{d}(\cos x) = -\ln|\cos x| + C.$

同理可得 $\displaystyle\int \cot x\,\mathrm{d}x = \ln|\sin x| + C.$

例 4.29　求 $\displaystyle\int \sin^2 x \cos^5 x\,\mathrm{d}x.$

解　$\displaystyle\int \sin^2 x \cos^5 x\,\mathrm{d}x = \int \sin^2 x \cdot (1 - \sin^2 x)^2 \mathrm{d}(\sin x)$

$$= \int (\sin^2 x - 2\sin^4 x + \sin^6 x)\mathrm{d}(\sin x)$$

$$= \frac{1}{3}\sin^3 x - \frac{2}{5}\sin^5 x + \frac{1}{7}\sin^7 x + C.$$

例 4.30　求 $\displaystyle\int \cos^2 x\,\mathrm{d}x.$

解　$\displaystyle\int \cos^2 x\,\mathrm{d}x = \int \frac{1 + \cos 2x}{2}\mathrm{d}x = \frac{1}{2}\left[\int \mathrm{d}x + \int \cos 2x\,\mathrm{d}x\right] = \frac{1}{2}x + \frac{1}{4}\sin 2x + C.$

同理可得 $\displaystyle\int \sin^2 x\,\mathrm{d}x = \frac{1}{2}x - \frac{1}{4}\sin 2x + C.$

例 4.31　求 $\displaystyle\int \frac{\sin^3 x}{\cos x}\mathrm{d}x.$

解　$\displaystyle\int \frac{\sin^3 x}{\cos x}\mathrm{d}x = -\int \frac{1 - \cos^2 x}{\cos x}\mathrm{d}(\cos x) = \int \left(\cos x - \frac{1}{\cos x}\right)\mathrm{d}(\cos x)$

$$= \frac{1}{2}\cos^2 x - \ln|\cos x| + C.$$

例 4.32 求 $\int \dfrac{\sin x \cos x}{1+\sin^4 x}\mathrm{d}x$.

解 $\int \dfrac{\sin x \cos x}{1+\sin^4 x}\mathrm{d}x = \dfrac{1}{2}\int \dfrac{1}{1+(\sin^2 x)^2}\mathrm{d}(\sin^2 x) = \dfrac{1}{2}\arctan \sin^2 x + C$.

例 4.33 求 $\int \cos 3x \cos 2x \,\mathrm{d}x$.

解 $\int \cos 3x \cos 2x \,\mathrm{d}x = \dfrac{1}{2}\int (\cos x + \cos 5x)\mathrm{d}x = \dfrac{1}{2}\sin x + \dfrac{1}{10}\sin 5x + C$.

例 4.34 求 $\int \dfrac{\mathrm{e}^x}{1+\mathrm{e}^{2x}}\mathrm{d}x$.

解 $\int \dfrac{\mathrm{e}^x}{1+\mathrm{e}^{2x}}\mathrm{d}x = \int \dfrac{1}{1+(\mathrm{e}^x)^2}\mathrm{d}(\mathrm{e}^x) = \arctan \mathrm{e}^x + C$.

例 4.35 求 $\int \dfrac{\cos x - \sin x}{\cos x + \sin x}\mathrm{d}x$.

解 $\int \dfrac{\cos x - \sin x}{\cos x + \sin x}\mathrm{d}x = \int \dfrac{1}{\cos x + \sin x}\mathrm{d}(\cos x + \sin x) = \ln |\cos x + \sin x| + C$.

例 4.36 求 $\int \dfrac{2x+1}{x^2+3x-4}\mathrm{d}x$.

解 $\int \dfrac{2x+1}{x^2+3x-4}\mathrm{d}x = \int \dfrac{2x+3}{x^2+3x-4}\mathrm{d}x - 2\int \dfrac{1}{(x+4)(x-1)}\mathrm{d}x$

$\qquad = \ln |x^2+3x-4| - \dfrac{2}{5}\ln \left|\dfrac{x-1}{x+4}\right| + C$.

例 4.37 求 $\int \dfrac{x+1}{x(1+x\mathrm{e}^x)}\mathrm{d}x$.

解 $\int \dfrac{x+1}{x(1+x\mathrm{e}^x)}\mathrm{d}x = \int \dfrac{x\mathrm{e}^x + \mathrm{e}^x}{x\mathrm{e}^x(1+x\mathrm{e}^x)}\mathrm{d}x = \int \left[\dfrac{1}{x\mathrm{e}^x} - \dfrac{1}{1+x\mathrm{e}^x}\right]\mathrm{d}(x\mathrm{e}^x)$

$\qquad = \ln \left|\dfrac{x\mathrm{e}^x}{1+x\mathrm{e}^x}\right| + C$.

例 4.38 求 $\int \dfrac{x^2}{x^6+4}\mathrm{d}x$.

解 $\int \dfrac{x^2}{x^6+4}\mathrm{d}x = \dfrac{1}{3}\int \dfrac{1}{(x^3)^2+2^2}\mathrm{d}(x^3) = \dfrac{1}{6}\int \dfrac{1}{\left(\dfrac{x^3}{2}\right)^2+1}\mathrm{d}\left(\dfrac{x^3}{2}\right) = \dfrac{1}{6}\arctan \dfrac{x^3}{2} + C$.

例 4.39 求 $\int \sec^4 \mathrm{d}x$.

解 $\int \sec^4 x \,\mathrm{d}x = \int \sec^2 x \,\mathrm{d}(\tan x) = \int (1+\tan^2 x)\mathrm{d}(\tan x)$

$\qquad = \int \mathrm{d}(\tan x) + \int \tan^2 x \,\mathrm{d}(\tan x) = \tan x + \dfrac{1}{3}\tan^3 x + C$.

例 4.40 求 $\int \dfrac{1+\ln x}{(x\ln x)^2}\mathrm{d}x$.

解　$\displaystyle\int\frac{1+\ln x}{(x\ln x)^2}\mathrm{d}x=\int\frac{1}{(x\ln x)^2}(x\ln x)'\mathrm{d}x=\int\frac{1}{(x\ln x)^2}\mathrm{d}(x\ln x)$

$$=-\frac{1}{x\ln x}+C.$$

例 4.41　求 $\displaystyle\int\frac{\sin x+\cos x}{\sqrt[3]{\sin x-\cos x}}\mathrm{d}x.$

解　$\displaystyle\int\frac{\sin x+\cos x}{\sqrt[3]{\sin x-\cos x}}\mathrm{d}x=\int\frac{\mathrm{d}(\sin x-\cos x)}{\sqrt[3]{\sin x-\cos x}}=\frac{3}{2}(\sin x-\cos x)^{\frac{2}{3}}+C.$

例 4.42　求 $\displaystyle\int(1-2x)\sqrt{x-x^2}\,\mathrm{d}x.$

解　$\displaystyle\int(1-2x)\sqrt{x-x^2}\,\mathrm{d}x=\int\sqrt{x-x^2}\,\mathrm{d}(x-x^2)=\frac{2}{3}(x-x^2)^{\frac{3}{2}}+C.$

例 4.43　设 $f'(x^2)=1-\dfrac{1}{x^4}$，求 $f(x)$.

解　因 $f'(x^2)=1-\dfrac{1}{x^4}$，故 $\displaystyle\int f'(x^2)\mathrm{d}(x^2)=\int\left(1-\frac{1}{x^4}\right)\mathrm{d}(x^2)$，即

$$f(x^2)=x^2+\frac{1}{x^2}+C,$$

从而 $f(x)=x+\dfrac{1}{x}+C.$

利用公式(4.1)计算不定积分，一般都比利用复合函数的求导法则求函数的导数要来得困难，因为其中需要一定的技巧，而且如何适当地选择变量代换 $u=\varphi(x)$ 没有一般途径可循，因此要掌握好第一类换元法，除了熟悉一些典型的例子外，还必须多做练习才行.

4.2.2　第二换元积分法

第一类换元法是通过变量代换 $u=\varphi(x)$，引进新的积分变量 u 将积分 $\displaystyle\int f[\varphi(x)]\varphi'(x)\mathrm{d}x$ 化为积分 $\displaystyle\int f(u)\mathrm{d}u$. 第二类换元积分法是选择适当的变量代换 $x=\psi(t)$ 将积分 $\displaystyle\int f(x)\mathrm{d}x$ 化为积分 $\displaystyle\int f[\psi(t)]\psi'(t)\mathrm{d}t$，当然这个公式的成立需要一定的条件，现把第二换元积分法表述为定理 4.4.

定理 4.4　设 $x=\psi(t)$ 是单调的、可导的函数，且 $\psi'(t)\neq0$. 又设 $f[\psi(t)]\psi'(t)$ 具有原函数 $\Phi(t)$，则 $\Phi[\psi^{-1}(x)]$ 是 $f(x)$ 的一个原函数(其中 $t=\psi^{-1}(x)$ 是 $x=\psi(t)$ 的反函数)，即

$$\int f(x)\mathrm{d}x=\left[\int f[\psi(t)]\psi'(t)\mathrm{d}t\right]\Bigg|_{t=\psi^{-1}(x)}=\Phi[\psi^{-1}(x)]+C. \tag{4.2}$$

证　令 $F(x)=\Phi[\psi^{-1}(x)]$，利用复合函数的求导法则及反函数的导数公式，得到

$$F'(x)=\frac{\mathrm{d}\Phi}{\mathrm{d}t}\cdot\frac{\mathrm{d}t}{\mathrm{d}x}=f[\psi(t)]\cdot\psi'(t)\cdot\frac{1}{\psi'(t)}=f[\psi(t)]=f(x),$$

即 $F(x)$ 是 $f(x)$ 的原函数，于是有

$$\int f(x)\mathrm{d}x=\left[\int f[\psi(t)]\psi'(t)\mathrm{d}t\right]\Bigg|_{t=\psi^{-1}(x)}=\Phi[\psi^{-1}(x)]+C.$$

例 4.44 求 $\int \sqrt{a^2 - x^2}\,\mathrm{d}x$(其中 $a > 0$).

解 求这个不定积分的困难在于有根式 $\sqrt{a^2 - x^2}$,可利用三角公式 $1 - \sin^2 t = \cos^2 t$ 去掉根式. 令 $x = a\sin t\left(-\dfrac{\pi}{2} < t < \dfrac{\pi}{2}\right)$,则 $t = \arcsin\dfrac{x}{a}$,$\mathrm{d}x = a\cos t\,\mathrm{d}t$,从而有

$$\int \sqrt{a^2 - x^2}\,\mathrm{d}x = \int a \cdot \cos t \cdot a \cdot \cos t\,\mathrm{d}t = a^2 \int \cos^2 t\,\mathrm{d}t$$

$$= a^2 \int \frac{1 + \cos 2t}{2}\,\mathrm{d}t = \frac{a^2}{2}\left[t + \frac{1}{2}\sin 2t\right] + C$$

$$= \frac{a^2}{2}\left[t + \sin t\cos t\right] + C.$$

而 $\cos t = \sqrt{1 - \sin^2 t} = \sqrt{1 - \left(\dfrac{x}{a}\right)^2} = \dfrac{\sqrt{a^2 - x^2}}{a}$,于是

$$\int \sqrt{a^2 - x^2}\,\mathrm{d}x = \frac{a^2}{2}\arcsin\frac{x}{a} + \frac{1}{2}x\sqrt{a^2 - x^2} + C.$$

例 4.45 求 $\int \dfrac{1}{\sqrt{a^2 + x^2}}\,\mathrm{d}x$.

解 令 $x = a\tan t\left(-\dfrac{\pi}{2} < t < \dfrac{\pi}{2}\right)$,那么 $\mathrm{d}x = a\sec^2 t\,\mathrm{d}t$. 于是

$$\int \frac{1}{\sqrt{a^2 + x^2}}\,\mathrm{d}x = \int \frac{a\sec^2 t}{a\sec t}\,\mathrm{d}t = \int \sec t\,\mathrm{d}t = \ln|\sec t + \tan t| + C_1.$$

为了把 $\sec t$ 及 $\tan t$ 换成 x 的函数,根据 $\tan t = \dfrac{x}{a}$ 作辅助三角形(见图 4.3),于是有 $\sec t = \dfrac{\sqrt{a^2 + x^2}}{a}$,故

$$\int \frac{1}{\sqrt{a^2 + x^2}}\,\mathrm{d}x = \ln\left|\frac{\sqrt{a^2 + x^2}}{a} + \frac{x}{a}\right| + C_1 = \ln\left|x + \sqrt{a^2 + x^2}\right| + C,$$

其中 $C = C_1 - \ln|a|$.

例 4.46 求 $\int \dfrac{1}{\sqrt{x^2 - a^2}}\,\mathrm{d}x$.

解 可用三角函数公式 $\sec^2 t - 1 = \tan^2 t$ 消去根式. 设 $x = a\sec t\left(0 < t < \dfrac{\pi}{2}\right)$,则 $\mathrm{d}x = a\sec t\tan t\,\mathrm{d}t$. 于是

$$\int \frac{1}{\sqrt{x^2 - a^2}}\,\mathrm{d}x = \int \frac{a\sec t\tan t}{a\tan t}\,\mathrm{d}t = \int \sec t\,\mathrm{d}t = \ln|\sec t + \tan t| + C_1.$$

为了把 $\sec t$ 及 $\tan t$ 换成 x 的函数,我们根据 $\sec t = \dfrac{x}{a}$ 作辅助三角形(见图 4.4),于是有 $\tan t = \dfrac{\sqrt{x^2 - a^2}}{a}$,因此

$$\int \frac{1}{\sqrt{x^2 - a^2}}\,\mathrm{d}x = \ln\left|\frac{x}{a} + \frac{\sqrt{x^2 - a^2}}{a}\right| + C_1$$

$$= \ln\left|x + \sqrt{x^2 - a^2}\right| + C(C = C_1 - \ln|a|).$$

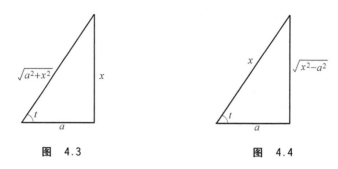

图 4.3 图 4.4

这三个例子所用的方法称为**三角函数代换法**,现将常用的几种代换归纳如下.如被积函数中含有根式

$$\sqrt{a^2 - x^2}, \quad 令\ x = a\sin t\ 或\ x = a\cos t;$$

$$\sqrt{a^2 + x^2}, \quad 令\ x = a\tan t\ 或\ x = a\cot t;$$

$$\sqrt{x^2 - a^2}, \quad 令\ x = a\sec t\ 或\ x = a\csc t.$$

在具体解题时应根据被积函数的具体情况,选尽可能简捷的代换,不要拘泥于上述的变量代换.

下面举几个简单的被积函数含有根式 $\sqrt[n]{ax+b}$, $\sqrt[n]{\dfrac{ax+b}{cx+d}}$ 的积分的例子.

例 4.47 求 $\displaystyle\int \frac{\sqrt{x-1}}{x}\mathrm{d}x$.

解 为了去掉根号,可设 $\sqrt{x-1} = u$,于是 $x = u^2 + 1$,$\mathrm{d}x = 2u\mathrm{d}u$. 从而所求积分

$$\int \frac{\sqrt{x-1}}{x}\mathrm{d}x = \int \frac{u}{u^2+1} \cdot 2u\mathrm{d}u = 2\int \frac{u^2}{u^2+1}\mathrm{d}u$$

$$= 2\int \left(1 - \frac{1}{u^2+1}\right)\mathrm{d}u = 2(u - \arctan u) + C$$

$$= 2(\sqrt{x-1} - \arctan \sqrt{x-1}) + C.$$

例 4.48 求 $\displaystyle\int \frac{1}{1+\sqrt[3]{x+2}}\mathrm{d}x$.

解 设 $\sqrt[3]{x+2} = u$,则 $x = u^3 - 2$,$\mathrm{d}x = 3u^2\mathrm{d}u$,从而

$$\int \frac{1}{1+\sqrt[3]{x+2}}\mathrm{d}x = 3\int \frac{u^2}{1+u}\mathrm{d}u = 3\int \left(u - 1 + \frac{1}{1+u}\right)\mathrm{d}u$$

$$= 3\left[\frac{1}{2}u^2 - u + \ln(1+u)\right] + C$$

$$= \frac{3}{2}\sqrt[3]{(x+2)^2} - 3\sqrt[3]{x+2} + 3\ln(1+\sqrt[3]{x+2}) + C.$$

对于形如 $\displaystyle\int R(x, \sqrt[n]{ax+b})\mathrm{d}x$ 的积分,可设 $\sqrt[n]{ax+b} = u$,消去根号.

例 4.49 求 $\displaystyle\int \frac{1}{x}\sqrt{\frac{1+x}{x}}\mathrm{d}x$.

解 设 $\sqrt{\dfrac{1+x}{x}}=t$, 则 $x=\dfrac{1}{t^2-1}$, $\mathrm{d}x=\dfrac{-2t}{(t^2-1)^2}\mathrm{d}t$, 从而

$$\int\frac{1}{x}\sqrt{\frac{1+x}{x}}\mathrm{d}x=\int(t^2-1)t\,\frac{-2t}{(t^2-1)^2}\mathrm{d}t$$

$$=-2\int\left(1+\frac{1}{t^2-1}\right)\mathrm{d}t=-2t-\ln\left|\frac{t-1}{t+1}\right|+C$$

$$=-2\sqrt{\frac{1+x}{x}}-\ln\left|\frac{\sqrt{1+x}-x}{\sqrt{1+x}+x}\right|+C.$$

对于形如 $\int R\left(x,\sqrt[n]{\dfrac{ax+b}{px+q}}\right)\mathrm{d}x$ 的积分, 可设 $\sqrt[n]{\dfrac{ax+b}{px+q}}=t$, 消去根号.

例 4.50 求 $\displaystyle\int\frac{1}{(1+\sqrt[3]{x})\sqrt{x}}\mathrm{d}x.$

解 被积函数有两个根式 $\sqrt{x}$ 及 $\sqrt[3]{x}$, 为了同时消去这两个根式, 令 $x=t^6$, 则 $\mathrm{d}x=6t^5\mathrm{d}t$, 于是

$$\int\frac{1}{(1+\sqrt[3]{x})\sqrt{x}}\mathrm{d}x=\int\frac{6t^5}{(1+t^2)t^3}\mathrm{d}t=6\int\frac{t^2}{1+t^2}\mathrm{d}t$$

$$=6(\sqrt[6]{x}-\arctan\sqrt[6]{x})+C$$

$$=6(t-\arctan t)+C.$$

一般地, 形如 $\int R(\sqrt[m]{x},\sqrt[n]{x})\mathrm{d}x$ 的积分, 可令 $t=\sqrt[k]{x}$ (k 是 m,n 的最小公倍数).

最后, 我们介绍一种常用的代换——**倒代换**, 利用它常可消去被积函数分母中的变量.

例 4.51 求 $\displaystyle\int\frac{\sqrt{a^2-x^2}}{x^4}\mathrm{d}x.$

解 设 $x=\dfrac{1}{t}$, 则 $\mathrm{d}x=-\dfrac{1}{t^2}\mathrm{d}t$, 于是

$$\int\frac{\sqrt{a^2-x^2}}{x^4}\mathrm{d}x=\int\frac{\sqrt{a^2-\frac{1}{t^2}}}{\frac{1}{t^4}}\cdot\left(-\frac{1}{t^2}\right)\mathrm{d}t=-\int(a^2t^2-1)^{\frac{1}{2}}\cdot|t|\,\mathrm{d}t.$$

当 $x>0$ 时, $\displaystyle\int\frac{\sqrt{a^2-x^2}}{x^4}\mathrm{d}x=-\int(a^2t^2-1)^{\frac{1}{2}}t\mathrm{d}t$

$$=-\frac{1}{2a^2}\int(a^2t^2-1)^{\frac{1}{2}}\mathrm{d}(a^2t^2-1)$$

$$=-\frac{(a^2t^2-1)^{\frac{3}{2}}}{3a^2}+C=-\frac{(a^2-x^2)^{\frac{3}{2}}}{3a^2x^3}+C.$$

当 $x<0$ 时, 有相同的结果. 故无论何种情形, 总有

$$\int\frac{\sqrt{a^2-x^2}}{x^4}\mathrm{d}x=-\frac{(a^2-x^2)^{\frac{3}{2}}}{3a^2x^3}+C.$$

在前面的例题中, 有些积分是以后经常遇到的, 可将它们作为公式使用, 总结在表 4.2 里.

表 4.2 常见基本积分公式表

(1)	$\int \tan x \, dx = -\ln\|\cos x\| + C$	(6)	$\int \dfrac{1}{x^2 - a^2} dx = \dfrac{1}{2a}\ln\left\|\dfrac{x-a}{x+a}\right\| + C$
(2)	$\int \cot x \, dx = \ln\|\sin x\| + C$	(7)	$\int \dfrac{1}{a^2 - x^2} dx = \dfrac{1}{2a}\ln\left\|\dfrac{a+x}{a-x}\right\| + C$
(3)	$\int \sec x \, dx = \ln\|\sec x + \tan x\| + C$	(8)	$\int \dfrac{1}{\sqrt{a^2 - x^2}} dx = \arcsin\dfrac{x}{a} + C$
(4)	$\int \csc x \, dx = \ln\|\csc x - \cot x\| + C$	(9)	$\int \dfrac{1}{\sqrt{x^2 \pm a^2}} dx = \ln\|x + \sqrt{x^2 \pm a^2}\| + C$
(5)	$\int \dfrac{1}{a^2 + x^2} dx = \dfrac{1}{a}\arctan\dfrac{x}{a} + C$		

例 4.52 求 $\int \dfrac{1}{\sqrt{1 + x - x^2}} dx$.

解 $\int \dfrac{1}{\sqrt{1 + x - x^2}} dx = \int \dfrac{1}{\sqrt{\left(\dfrac{\sqrt{5}}{2}\right)^2 - \left(x - \dfrac{1}{2}\right)^2}} d\left(x - \dfrac{1}{2}\right) = \arcsin\dfrac{2x-1}{\sqrt{5}} + C.$

例 4.53 求 $\int \dfrac{1}{\sqrt{9x^2 + 25}} dx$.

解 $\int \dfrac{1}{\sqrt{9x^2 + 25}} dx = \dfrac{1}{3}\int \dfrac{1}{\sqrt{(3x)^2 + 5^2}} d(3x) = \dfrac{1}{3}\ln\|3x + \sqrt{9x^2 + 25}\| + C.$

习题 4.2

A 组

1. 填空题

(1) $dx = \underline{\qquad} d(ax)$;

(2) $x \, dx = \underline{\qquad} d(6x^2)$;

(3) $2x \, dx = \underline{\qquad} d(4 - x^2)$;

(4) $x^3 \, dx = \underline{\qquad} d(2 - 3x^4)$;

(5) $e^{-2x} dx = \underline{\qquad} d(e^{-2x})$;

(6) $\sin \omega x \, dx = \underline{\qquad} d(\cos \omega x)$;

(7) $\dfrac{1}{x} dx = \underline{\qquad} d(3 - 6\ln|x|)$;

(8) $\dfrac{2}{1 + 9x^2} dx = \underline{\qquad} d(\arctan 3x)$;

(9) $\dfrac{1}{\sqrt{a^2 - x^2}} dx = \underline{\qquad} d\left(\arcsin\dfrac{x}{a}\right)$;

(10) $\dfrac{x}{\sqrt{a^2 - x^2}} dx = \underline{\qquad} d\left(\sqrt{a^2 - x^2}\right)$;

(11) $\dfrac{x}{\sqrt{a^2 + x^2}} dx = d(\qquad)$;

(12) $\dfrac{1}{\sqrt{a^2 + x^2}} dx = d(\qquad)$;

(13) $\dfrac{1}{\sqrt{x+2}} dx = d(\qquad)$;

(14) $e^{-x} dx = d(\qquad)$;

(15) $\dfrac{1}{1 + x^2} dx = d(\qquad)$;

(16) $\dfrac{1}{\cos^2 x} dx = d(\qquad)$.

2. 求下列不定积分:

(1) $\int x e^{x^2} dx$;

(2) $\int x\cos(1 + x^2) dx$;

(3) $\int \dfrac{\cos\ln x}{x} dx$;

(4) $\int \dfrac{1}{x^2}\sin\dfrac{1}{x} dx$;

(5) $\int \dfrac{x\cos\sqrt{a^2 + x^2}}{\sqrt{a^2 + x^2}} dx$;

(6) $\int \dfrac{dx}{x(1 + 2\ln x)}$;

(7) $\displaystyle\int \frac{\mathrm{e}^{\sqrt[3]{x}}}{\sqrt{x}}\mathrm{d}x$;

(8) $\displaystyle\int \sin^3 x\mathrm{d}x$;

(9) $\displaystyle\int \sin 2x\cos 3x\mathrm{d}x$;

(10) $\displaystyle\int \sin^2 x\cos^4 x\mathrm{d}x$;

(11) $\displaystyle\int \tan^4 x\mathrm{d}x$;

(12) $\displaystyle\int \tan^3 x\mathrm{d}x$;

(13) $\displaystyle\int \frac{1}{\sin 2x\cos x}\mathrm{d}x$;

(14) $\displaystyle\int \frac{\cot x}{\ln\sin x}\mathrm{d}x$;

(15) $\displaystyle\int \frac{\ln x-\ln(x+1)}{x(x+1)}\mathrm{d}x$;

(16) $\displaystyle\int \frac{1-\ln x}{(x-\ln x)^2}\mathrm{d}x$;

(17) $\displaystyle\int \frac{x^2}{1-x^2}\mathrm{d}x$;

(18) $\displaystyle\int \frac{\mathrm{e}^{3x}+1}{\mathrm{e}^x+1}\mathrm{d}x$;

(19) $\displaystyle\int \frac{1}{\sqrt{x}(1+x)}\mathrm{d}x$;

(20) $\displaystyle\int \frac{1}{(\cos x+\sin x)^2}\mathrm{d}x$;

(21) $\displaystyle\int \frac{1}{\cos x+\sin x}\mathrm{d}x$;

(22) $\displaystyle\int \frac{1}{(a^2-x^2)^{\frac{3}{2}}}\mathrm{d}x\,(a>0)$;

(23) $\displaystyle\int \frac{\sqrt{5x^2-7}}{x}\mathrm{d}x$;

(24) $\displaystyle\int \frac{x^4}{1-x}\mathrm{d}x$;

(25) $\displaystyle\int \frac{x^2}{\sqrt{a^2-x^2}}\mathrm{d}x$;

(26) $\displaystyle\int \frac{x^3}{\sqrt{1+x^2}}\mathrm{d}x$;

(27) $\displaystyle\int \frac{1}{(x^2-1)^{\frac{3}{2}}}\mathrm{d}x$;

(28) $\displaystyle\int \frac{1}{x(1+x^6)}\mathrm{d}x$;

(29) $\displaystyle\int \frac{1}{\sqrt{1+\mathrm{e}^x}}\mathrm{d}x$;

(30) $\displaystyle\int \frac{1}{1+\sin x}\mathrm{d}x$;

(31) $\displaystyle\int \frac{1}{x^2\sqrt{5-x^2}}\mathrm{d}x$;

(32) $\displaystyle\int \frac{1}{x\sqrt{5-x^2}}\mathrm{d}x$;

(33) $\displaystyle\int \frac{x+2}{x^2+3x+4}\mathrm{d}x$;

(34) $\displaystyle\int \frac{x}{x^4-1}\mathrm{d}x$;

(35) $\displaystyle\int \frac{1}{\sqrt{1+x-x^2}}\mathrm{d}x$;

(36) $\displaystyle\int \frac{1-2x}{\sqrt{16-9x^2}}\mathrm{d}x$;

(37) $\displaystyle\int \frac{\sin^3 x}{\cos x}\mathrm{d}x$;

(38) $\displaystyle\int \cos^4 x\mathrm{d}x$;

(39) $\displaystyle\int \tan^3 x\sec^4 x\mathrm{d}x$;

(40) $\displaystyle\int \frac{\sin 2x}{1+\mathrm{e}^{\sin^2 x}}\mathrm{d}x$;

(41) $\displaystyle\int \frac{1}{1+\sqrt[3]{x+1}}\mathrm{d}x$;

(42) $\displaystyle\int \frac{x^2+2}{\sqrt{x+3}}\mathrm{d}x$;

(43) $\displaystyle\int \frac{1}{\sqrt{x}+\sqrt[4]{x}}\mathrm{d}x$;

(44) $\displaystyle\int x^5(1+x^3)^{\frac{2}{3}}\mathrm{d}x$;

(45) $\displaystyle\int \frac{\sqrt{x^3}+1}{\sqrt{x}+1}\mathrm{d}x$;

(46) $\displaystyle\int \frac{1}{\sqrt[3]{(x+1)^2(x-1)^4}}\mathrm{d}x$;

(47) $\displaystyle\int \sqrt{\frac{1-x}{1+x}}\mathrm{d}x$.

B 组

求下列不定积分:

1. $\displaystyle\int (2x-3)^{100}\mathrm{d}x$;

2. $\displaystyle\int (ax+b)^k\mathrm{d}x,\,b\neq 0$;

3. $\displaystyle\int \cosh(2x-5)\mathrm{d}x$;

4. $\displaystyle\int \frac{\mathrm{d}x}{\sin^2\left(2x+\frac{\pi}{4}\right)}$;

5. $\displaystyle\int \frac{x^2\mathrm{d}x}{x^3+1}$;

6. $\displaystyle\int \frac{x\mathrm{d}x}{\sqrt{4-x^4}}$;

7. $\displaystyle\int \sin^4 x\mathrm{d}x$;

8. $\displaystyle\int x\mathrm{e}^{x^2}\mathrm{d}x$;

9. $\displaystyle\int \frac{\sqrt{\ln x}}{x}\mathrm{d}x$;

10. $\displaystyle\int \sec^4 x\mathrm{d}x$;

11. $\displaystyle\int \frac{x^3}{(1+x^2)^{\frac{3}{2}}}\mathrm{d}x$;

12. $\displaystyle\int \frac{x^4}{\sqrt{(1-x^2)^3}}\mathrm{d}x$;

13. $\displaystyle\int \frac{1}{x(4+x^6)}\mathrm{d}x$.

4.3 分部积分法

4.3.1 分部积分公式

分部积分法是不定积分的另一个基本积分法,这是由两个函数乘积的导数公式得到的,现将分部积分法表述成如下定理.

定理 4.5 设 $u=u(x),v=v(x)$ 具有连续导函数,则

$$\int uv'\mathrm{d}x = uv - \int u'v\mathrm{d}x. \tag{4.3}$$

式(4.3)称为分部积分公式.式(4.3)还可简记为

$$\int u\mathrm{d}v = uv - \int v\mathrm{d}u. \tag{4.4}$$

证 由两个函数乘积的导数公式

$$(uv)' = u'v + uv',$$

移项,得

$$uv' = (uv)' - u'v.$$

两边求不定积分,则

$$\int uv'\mathrm{d}x = uv - \int u'v\mathrm{d}x.$$

例 4.54 求 $\int x\cos x\mathrm{d}x$.

解 设 $u=x,\mathrm{d}v=\cos x\mathrm{d}x$,那么 $\mathrm{d}u=\mathrm{d}x,v=\sin x$,代入分部积分公式(4.4),得

$$\int x\cos x\mathrm{d}x = x\sin x - \int \sin x\mathrm{d}x = x\sin x + \cos x + C.$$

但若设 $u=\cos x,\mathrm{d}v=x\mathrm{d}x$,那么 $\mathrm{d}u=-\sin x\mathrm{d}x,v=\dfrac{x^2}{2}$. 于是

$$\int x\cos x\mathrm{d}x = \frac{x^2}{2}\cdot\cos x + \int \frac{x^2}{2}\cdot\sin x\mathrm{d}x.$$

显然,上式右端的积分比原积分更不容易求出.

由此可见,应用分部积分法时,恰当选取 u 和 $\mathrm{d}v$ 是关键,选取 u 和 $\mathrm{d}v$ 一般要考虑下面两点:

(1) v 要容易求得;

(2) $\int v\mathrm{d}u$ 要比 $\int u\mathrm{d}v$ 容易积出.

例 4.55 求 $\int x^2\mathrm{e}^x\mathrm{d}x$.

解 设 $u=x^2,\mathrm{d}v=\mathrm{e}^x\mathrm{d}x$,那么 $\mathrm{d}u=2x\mathrm{d}x,v=\mathrm{e}^x$,于是

$$\int x^2\mathrm{e}^x\mathrm{d}x = x^2\mathrm{e}^x - 2\int x\mathrm{e}^x\mathrm{d}x.$$

这里 $\int x\mathrm{e}^x\mathrm{d}x$ 比 $\int x^2\mathrm{e}^x\mathrm{d}x$ 容易求积分,因为被积函数中 x 的幂次前者比后者降低了一次,

对 $\int x\mathrm{e}^x\mathrm{d}x$ 再使用一次分部积分法.

设 $u=x,\mathrm{d}v=\mathrm{e}^x\mathrm{d}x$,那么 $\mathrm{d}u=\mathrm{d}x,v=\mathrm{e}^x$,从而

$$\int x\mathrm{e}^x\mathrm{d}x = x\mathrm{e}^x - \int \mathrm{e}^x\mathrm{d}x = x\mathrm{e}^x - \mathrm{e}^x + C_1;$$

于是

$$\int x^2\mathrm{e}^x\mathrm{d}x = x^2\mathrm{e}^x - 2(x\mathrm{e}^x - \mathrm{e}^x) + C = (x^2 - 2x + 2)\mathrm{e}^x + C.$$

4.3.2　分部积分法的常见类型

1. 多项式函数与指数函数乘积的不定积分

这种类型的积分一般选 u 为多项式函数,v' 为指数函数.

例 4.56　求 $\int x\mathrm{e}^{3x}\mathrm{d}x$.

解　设 $u=x,\mathrm{d}v=\mathrm{e}^{3x}\mathrm{d}x$,那么 $\mathrm{d}u=x,v=\dfrac{1}{3}\mathrm{e}^{3x}$.利用分部积分法,得

$$\begin{aligned}
\int x\mathrm{e}^{3x}\mathrm{d}x &= \int x\mathrm{d}\left(\frac{1}{3}\mathrm{e}^{3x}\right) = \frac{1}{3}x\mathrm{e}^{3x} - \int \frac{1}{3}\mathrm{e}^{3x}\mathrm{d}x \\
&= \frac{1}{3}x\mathrm{e}^{3x} - \frac{1}{3}\int \mathrm{e}^{3x}\mathrm{d}x = \frac{1}{3}x\mathrm{e}^{3x} - \frac{1}{9}\int \mathrm{e}^{3x}\mathrm{d}(3x) \\
&= \frac{1}{3}x\mathrm{e}^{3x} - \frac{1}{9}\mathrm{e}^{3x} + C.
\end{aligned}$$

2. 多项式函数与对数函数的幂次方乘积的不定积分

这种类型的积分表示为 $\int P(x)(\ln x)^m\mathrm{d}x$ 型,其中 $P(x)$ 是多项式,m 是正整数.一般选 $u=(\ln x)^m,v'=P(x)$.

例 4.57　求 $\int x^2\ln x\mathrm{d}x$.

解　设 $u=\ln x,\mathrm{d}v=x^2\mathrm{d}x$,那么 $\mathrm{d}u=\dfrac{1}{x}\mathrm{d}x,v=\dfrac{1}{3}x^3$.利用分部积分法,得

$$\int x^2\ln x\mathrm{d}x = \frac{1}{3}x^3 \cdot \ln x - \frac{1}{3}\int x^2\mathrm{d}x = \frac{1}{3}x^3 \cdot \ln x - \frac{1}{9}x^3 + C.$$

例 4.58　求 $\int x(\ln x)^2\mathrm{d}x$.

解
$$\begin{aligned}
\int x(\ln x)^2\mathrm{d}x &= \int (\ln x)^2\mathrm{d}\left(\frac{x^2}{2}\right) = \frac{1}{2}x^2(\ln x)^2 - \int \frac{x^2}{2}\mathrm{d}(\ln x)^2 \\
&= \frac{1}{2}x^2(\ln x)^2 - \int \frac{x^2}{2} \cdot \frac{2}{x}\ln x\mathrm{d}x = \frac{1}{2}x^2(\ln x)^2 - \int x\ln x\mathrm{d}x \\
&= \frac{1}{2}x^2(\ln x)^2 - \int \ln x\mathrm{d}\left(\frac{x^2}{2}\right)
\end{aligned}$$

$$= \frac{1}{2}x^2(\ln x)^2 - \frac{1}{2}x^2\ln x + \int \frac{x^2}{2}\mathrm{d}(\ln x)$$

$$= \frac{1}{2}x^2(\ln x)^2 - \frac{1}{2}x^2\ln x + \int \frac{x^2}{2}\cdot\frac{1}{x}\mathrm{d}x$$

$$= \frac{1}{2}x^2(\ln x)^2 - \frac{1}{2}x^2\ln x + \frac{1}{2}\int x\mathrm{d}x$$

$$= \frac{1}{2}x^2(\ln x)^2 - \frac{1}{2}x^2\ln x + \frac{1}{4}x^2 + C.$$

3. 多项式函数与三角函数乘积的不定积分

一般选取 u 为多项式函数，v' 为三角函数.

例 4.59 求 $\int x^2\sin x\mathrm{d}x$.

解 $\int x^2\sin x\mathrm{d}x = -\int x^2\mathrm{d}(\cos x) = -x^2\cos x + \int \cos x\mathrm{d}(x^2)$

$$= -x^2\cos x + 2\int x\cos x\mathrm{d}x = -x^2\cos x + 2\int x\mathrm{d}(\sin x)$$

$$= -x^2\cos x + 2x\sin x - 2\int \sin x\mathrm{d}x$$

$$= -x^2\cos x + 2x\sin x + 2\cos x + C.$$

例 4.60 求 $\int x\cos 2x\mathrm{d}x$.

解 $\int x\cos 2x\mathrm{d}x = \frac{1}{2}\int x\mathrm{d}(\sin 2x) = \frac{1}{2}x\sin 2x - \frac{1}{2}\int \sin 2x\mathrm{d}x$

$$= \frac{1}{2}x\sin 2x - \frac{1}{4}\int \sin 2x\mathrm{d}(2x) = \frac{1}{2}x\sin 2x + \frac{1}{4}\cos 2x + C.$$

4. 多项式函数与反三角函数乘积的不定积分

一般选取 u 为反三角函数.

例 4.61 求 $\int x\arctan x\mathrm{d}x$.

解 设 $u = \arctan x, \mathrm{d}v = x\mathrm{d}x$，那么 $\mathrm{d}u = \frac{1}{1+x^2}\mathrm{d}x, v = \frac{1}{2}x^2$. 于是

$$\int x\arctan x\mathrm{d}x = \frac{1}{2}x^2\arctan x - \frac{1}{2}\int \frac{x^2}{1+x^2}\mathrm{d}x$$

$$= \frac{1}{2}x^2\arctan x - \frac{1}{2}\int\left(1 - \frac{1}{1+x^2}\right)\mathrm{d}x$$

$$= \frac{1}{2}x^2\arctan x - \frac{1}{2}(x - \arctan x) + C.$$

例 4.62 求 $\int \frac{\arcsin x}{\sqrt{1+x}}\mathrm{d}x$.

解

$$\int \frac{\arcsin x}{\sqrt{1+x}} dx = 2\int \arcsin x d(\sqrt{1+x})$$

$$= 2\sqrt{1+x} \arcsin x - 2\int \sqrt{1+x} d(\arcsin x)$$

$$= 2\sqrt{1+x} \arcsin x - 2\int \frac{\sqrt{1+x}}{\sqrt{1-x^2}} dx$$

$$= 2\sqrt{1+x} \arcsin x - 2\int \frac{1}{\sqrt{1-x}} dx$$

$$= 2\sqrt{1+x} \arcsin x + 2\int \frac{1}{\sqrt{1-x}} d(1-x)$$

$$= 2\sqrt{1+x} \arcsin x + 4\sqrt{1-x} + C.$$

5. 利用分部积分构成一个方程,解这个方程就得到结果

例 4.63 求 $\int e^x \sin x dx$.

这种类型的不定积分,令 u 为指数函数或三角函数都可以,但注意前后两次分部积分中 u 需要保持同一函数类型,利用分部积分构成一个方程,解这个方程即可得到结果.

解 $I = \int e^x \sin x dx = \int \sin x d e^x = e^x \sin x - \int e^x \cos x dx$

$$= e^x \sin x - \int \cos x d e^x = e^x \sin x - \left(e^x \cos x + \int e^x \sin x dx\right)$$

$$= e^x \sin x - e^x \cos x - \int e^x \sin x dx,$$

所以

$$I = \int e^x \sin x dx = \frac{1}{2} e^x (\sin x - \cos x) + C.$$

例 4.64 求 $\int \sec^3 x dx$.

解

$$\int \sec^3 x dx = \int \sec x \cdot \sec^2 x dx = \int \sec x d(\tan x)$$

$$= \sec x \tan x - \int \tan x d(\sec x) = \sec x \tan x - \int \tan^2 x \sec x dx$$

$$= \sec x \tan x - \int (\sec^2 x - 1) \sec x dx$$

$$= \sec x \tan x - \int (\sec^3 x - \sec x) dx$$

$$= \sec x \tan x - \int \sec^3 x dx + \int \sec x dx$$

$$= \sec x \tan x - \int \sec^3 x dx + \ln|\sec x + \tan x|.$$

于是

$$\int \sec^3 x dx = \frac{1}{2}(\sec x \tan x + \ln|\sec x + \tan x|) + C.$$

6. 利用分部积分构成递推公式

例 4.65　求 $I_n = \int \sin^n x \, dx$（$n$ 为正整数）.

解　当 $n=1,2$ 时，积分为

$$\int \sin x \, dx = -\cos x + C;$$

$$\int \sin^2 x \, dx = \int \frac{1 - \cos 2x}{2} \, dx = \frac{x}{2} - \frac{1}{4} \sin 2x + C.$$

现讨论 $n \geqslant 3$ 的情形，利用分部积分公式，有

$$I_n = \int \sin^n x \, dx = -\int \sin^{n-1} x \, d(\cos x)$$

$$= -\sin^{n-1} x \cos x + (n-1) \int \cos^2 x \, \sin^{n-2} x \, dx$$

$$= -\sin^{n-1} x \cos x + (n-1) \int (1 - \sin^2 x) \, \sin^{n-2} x \, dx$$

$$= -\sin^{n-1} x \cos x + (n-1) \int \sin^{n-2} x \, dx - (n-1) \int \sin^n x \, dx$$

$$= -\sin^{n-1} x \cos x + (n-1) I_{n-2} - (n-1) I_n,$$

移项整理得

$$I_n = -\frac{1}{n} \sin^{n-1} x \cos x + \frac{n-1}{n} I_{n-2} \, (n \geqslant 3).$$

运用上面的递推公式可将被积函数的幂次降低，反复运用，最后得到积分 $\int \sin^2 x \, dx$ 或 $\int \sin x \, dx$，从而可以求出积分. 例如 $n = 4$ 时，有

$$\int \sin^4 x \, dx = -\frac{1}{4} \sin^3 x \cos x + \frac{3}{4} \int \sin^2 x \, dx$$

$$= -\frac{1}{4} \sin^3 x \cos x + \frac{3}{4} \left(\frac{x}{2} - \frac{1}{4} \sin 2x \right) + C.$$

例 4.66　求 $I_n = \int \frac{dx}{(x^2 + a^2)^n}$（$a > 0, n$ 为正整数）.

解　设 $u = \frac{1}{(x^2 + a^2)^n}$，$dv = dx$. 利用分部积分法，得

$$I_n = \frac{x}{(x^2 + a^2)^n} + 2n \int \frac{x^2 \, dx}{(x^2 + a^2)^{n+1}}$$

$$= \frac{x}{(x^2 + a^2)^n} + 2n \int \frac{x^2 + a^2 - a^2 \, dx}{(x^2 + a^2)^{n+1}}$$

$$= \frac{x}{(x^2 + a^2)^n} + 2n \int \frac{dx}{(x^2 + a^2)^n} - 2na^2 \int \frac{dx}{(x^2 + a^2)^{n+1}}$$

$$= \frac{x}{(x^2 + a^2)^n} + 2n I_n - 2na^2 I_{n+1}.$$

移项，整理得

$$I_{n+1} = \frac{1}{2na^2} \frac{x}{(x^2 + a^2)^n} + \frac{2n-1}{2na^2} I_n.$$

若用 n 代替 $n+1$，用 $n-1$ 代替 n，上式可改写成

$$I_n = \frac{1}{2(n-1)a^2}\frac{x}{(x^2+a^2)^{n-1}} + \frac{2n-3}{2(n-1)a^2}I_{n-1}.$$

如此下去，每用一次，n 就降一次，最后出现的积分是 $n=1$ 的情形. 此时

$$\int\frac{1}{a^2+x^2}\mathrm{d}x = \frac{1}{a}\arctan\frac{x}{a} + C.$$

4.3.3 其他类型的分部积分

例 4.67   求 $\int \mathrm{e}^{\sqrt{x}}\mathrm{d}x$.

解   令 $\sqrt{x} = t$，则 $x = t^2$，$\mathrm{d}x = 2t\mathrm{d}t$，于是

$$\int \mathrm{e}^{\sqrt{x}}\mathrm{d}x = 2\int \mathrm{e}^t t\mathrm{d}t = 2\int t\mathrm{d}\mathrm{e}^t = 2\mathrm{e}^t t - 2\int \mathrm{e}^t\mathrm{d}t = 2\mathrm{e}^t t - 2\mathrm{e}^t + C = 2\mathrm{e}^{\sqrt{x}}(\sqrt{x}-1) + C.$$

例 4.68   求 $\int \frac{1}{x^2}(x\cos x - \sin x)\mathrm{d}x$.

解

$$\begin{aligned}
\int \frac{1}{x^2}(x\cos x - \sin x)\mathrm{d}x &= \int \frac{1}{x}\cos x\mathrm{d}x - \int \frac{1}{x^2}\sin x\mathrm{d}x \\
&= \int \frac{1}{x}\cos x\mathrm{d}x + \int \sin x\mathrm{d}\left(\frac{1}{x}\right) \\
&= \int \frac{1}{x}\cos x\mathrm{d}x + \frac{\sin x}{x} - \int \frac{1}{x}\mathrm{d}(\sin x) \\
&= \int \frac{1}{x}\cos x\mathrm{d}x + \frac{\sin x}{x} - \int \frac{1}{x}\cos x\mathrm{d}x \\
&= \frac{\sin x}{x} + C.
\end{aligned}$$

例 4.69   求 $\int \frac{x\mathrm{e}^{\arctan x}}{(1+x^2)^{\frac{3}{2}}}\mathrm{d}x$.

解   令 $t = \arctan x$，则

$$\begin{aligned}
I &= \int \frac{x\mathrm{e}^{\arctan x}}{(1+x^2)^{\frac{3}{2}}}\mathrm{d}x = \int \frac{\mathrm{e}^t\tan t}{(1+\tan^2 t)^{\frac{3}{2}}}\cdot\sec^2 t\mathrm{d}t \\
&= \int \mathrm{e}^t\sin t\mathrm{d}t = \int \sin t\mathrm{d}\mathrm{e}^t = \mathrm{e}^t\sin t - \int \mathrm{e}^t\mathrm{d}(\sin t) \\
&= \mathrm{e}^t\sin t - \int \mathrm{e}^t\cos t\mathrm{d}t = \mathrm{e}^t\sin t - \int \cos t\mathrm{d}(\mathrm{e}^t) \\
&= \mathrm{e}^t\sin t - \mathrm{e}^t\cos t + \int \mathrm{e}^t\mathrm{d}(\cos t) \\
&= \mathrm{e}^t\sin t - \mathrm{e}^t\cos t - \int \mathrm{e}^t\sin t\mathrm{d}t \\
&= \mathrm{e}^t\sin t - \mathrm{e}^t\cos t - I,
\end{aligned}$$

于是

$$I = \frac{1}{2}\mathrm{e}^t(\sin t - \cos t) + C = \frac{(x-1)\mathrm{e}^{\arctan x}}{2\sqrt{1+x^2}} + C.$$

例 4.70 已知 $f(x)$ 有原函数 $e^{x^2}\sin x$，求 $\int xf'(x)\,dx$.

解 由已知得 $f(x)=(e^{x^2}\sin x)'=e^{x^2}(2x\sin x+\cos x)$，且 $\int f(x)\,dx=e^{x^2}\sin x+C$，所以

$$\int xf'(x)\,dx=\int x\,df(x)=xf(x)-\int f(x)\,dx=xe^{x^2}(2x\sin x+\cos x)-e^{x^2}\sin x+C.$$

例 4.71 已知 $f'(e^x)=1+x$，求 $f(x)$.

解 $f(e^x)=\int f'(e^x)\,d(e^x)=\int(1+x)\,d(e^x)=(1+x)e^x-\int e^x\,dx$

$$=(1+x)e^x-e^x+C=xe^x+C,$$

所以 $f(x)=x\ln x+C$.

习题 4.3

A 组

1. 求下列不定积分：

(1) $\displaystyle\int xe^{3x}\,dx$;　　　　(2) $\displaystyle\int \arctan x\,dx$;　　　　(3) $\displaystyle\int x^2\sin x\,dx$;

(4) $\displaystyle\int \arcsin x\,dx$;　　　　(5) $\displaystyle\int e^x\cos x\,dx$;　　　　(6) $\displaystyle\int \sec^3 x\,dx$;

(7) $\displaystyle\int \frac{1}{(1+x^2)^2}\,dx$;　　(8) $\displaystyle\int \ln^2 x\,dx$;　　　　(9) $\displaystyle\int x\ln(x-1)\,dx$;

(10) $\displaystyle\int \frac{x\arctan x}{\sqrt{1+x^2}}\,dx$;　(11) $\displaystyle\int (\arcsin x)^2\,dx$;　(12) $\displaystyle\int e^x\sin^2 x\,dx$;

(13) $\displaystyle\int e^{\sqrt[3]{x}}\,dx$;　　　(14) $\displaystyle\int \sin\sqrt{x}\,dx$;　　(15) $\displaystyle\int \frac{\ln(1+x)}{\sqrt{1+x}}\,dx$.

2. 已知 $\dfrac{\sin x}{x}$ 是 $f(x)$ 的一个原函数，求积分 $\int xf'(x)\,dx$.

3. 设 $I_n=\int x^n e^x\,dx$，试用分部积分法证明：$I_n=x^n e^x-nI_{n-1}$.

B 组

求下列不定积分：

1. $\displaystyle\int \frac{\ln\ln x}{x}\,dx$;　　2. $\displaystyle\int \frac{\ln^3 x}{x^2}\,dx$;　　3. $\displaystyle\int e^{-2x}\sin\frac{x}{2}\,dx$;

4. $\displaystyle\int \frac{xe^x}{\sqrt{e^x-2}}\,dx$;　5. $\displaystyle\int e^{-x}\operatorname{arccot}e^x\,dx$;　6. $\displaystyle\int x^n\ln x\,dx,\ n\neq-1$;

7. $\displaystyle\int \arccos x\,dx$;　　8. $\displaystyle\int \frac{\cos^3\theta}{\sin^4\theta}\,d\theta$;　　9. $\displaystyle\int \left(\frac{\sec x}{1+\tan x}\right)^2\,dx$;

10. $\displaystyle\int \frac{\ln\cos x}{\cos^2 x}\,dx$;　11. $\displaystyle\int \sin\ln x\,dx$;　　12. $\displaystyle\int \frac{x\arcsin x}{\sqrt{1-x^2}}\,dx$.

4.4 几种特殊类型函数的积分

前面介绍了不定积分的两种基本方法——换元积分法和分部积分法. 下面介绍几种特殊类型函数的积分.

4.4.1 有理函数的积分

有理函数是指由两个多项式的商所表示的函数,即如下形式的函数

$$\frac{P(x)}{Q(x)} = \frac{a_0 x^n + a_1 x^{n-1} + \cdots + a_{n-1}x + a_n}{b_0 x^m + b_1 x^{m-1} + \cdots + b_{m-1}x + b_m},$$

其中 m,n 皆为自然数.当 $n \geqslant m$ 时,有理函数是假分式;当 $n < m$ 时,有理函数是真分式.利用多项式的除法,可以把假分式化为多项式与真分式之和,多项式的积分已经在前面解决了,因而只需讨论真分式的积分.

定理 4.6 (1) 如果 $Q(x) = b_0 x^m + b_1 x^{m-1} + \cdots + b_{m-1}x + b_m$ 为实系数多项式,则 $Q(x)$ 总可分解为一些实系数的不可约一次因式与二次质因式的乘积.即

$$Q(x) = b_0 (x-a)^\alpha \cdots (x-b)^\beta (x^2 + px + q)^\lambda \cdots (x^2 + rx + s)^\mu, \tag{4.5}$$

其中 $\alpha, \beta, \lambda, \mu$ 都是自然数,且二次质因式 $x^2 + px + q, \cdots, x^2 + rx + s$ 不能再分解为实系数的一次因式,即 $p^2 - 4q < 0, r^2 - 4s < 0$ 成立.

(2) 如果 $Q(x)$ 的分解式如式(4.5),则有理真分式 $\dfrac{P(x)}{Q(x)}$ 可以唯一地分解成为部分分式之和:

$$\begin{aligned}
\frac{P(x)}{Q(x)} = & \frac{A_1}{(x-a)^\alpha} + \frac{A_2}{(x-a)^{\alpha-1}} + \cdots + \frac{A_\alpha}{x-a} + \cdots \\
& + \frac{B_1}{(x-b)^\beta} + \frac{B_2}{(x-b)^{\beta-1}} + \cdots + \frac{B_\beta}{x-b} \\
& + \frac{M_1 x + N_1}{(x^2 + px + q)^\lambda} + \frac{M_2 x + N_2}{(x^2 + px + q)^{\lambda-1}} + \cdots + \frac{M_\lambda x + N_\lambda}{x^2 + px + q} + \cdots \\
& + \frac{R_1 x + S_1}{(x^2 + rx + s)^\mu} + \frac{R_2 x + S_2}{(x^2 + rx + s)^{\mu-1}} + \cdots + \frac{R_\mu x + S_\mu}{x^2 + rx + s},
\end{aligned} \tag{4.6}$$

其中 $A_i, B_i, M_i, N_i, R_i, S_i$ 等都是待定常数.

从下面的例子中可看到,这些常数可由比较系数法求得.

例 4.72 求 $\displaystyle\int \frac{x-5}{(x+1)(x-2)^2} \mathrm{d}x$.

解 设 $\dfrac{x-5}{(x+1)(x-2)^2} = \dfrac{A}{x+1} + \dfrac{B}{x-2} + \dfrac{C}{(x-2)^2}$,两端去分母,整理后得到

$$x - 5 = (A+B)x^2 + (C - 4A - B)x + (4A - 2B + C).$$

比较两端 x 的同次幂函数得到

$$\begin{cases} A + B = 0, \\ C - 4A - B = 1, \\ 4A - 2B + C = -5, \end{cases}$$

解得 $A = -\dfrac{2}{3}, B = \dfrac{2}{3}, C = -1$,于是

$$\frac{x-5}{(x+1)(x-2)^2} = -\frac{2}{3} \cdot \frac{1}{x+1} - \frac{1}{(x-2)^2} + \frac{2}{3} \cdot \frac{1}{x-2},$$

所以

$$\int \frac{x-5}{(x+1)(x-2)^2}dx = -\frac{2}{3}\int \frac{1}{x+1}dx - \int \frac{1}{(x-2)^2}dx + \frac{2}{3}\int \frac{1}{x-2}dx$$

$$= -\frac{2}{3}\ln|x+1| + \frac{1}{x-2} + \frac{2}{3}\ln|x-2| + C$$

$$= \frac{1}{x-2} + \frac{2}{3}\ln\left|\frac{x-2}{x+1}\right| + C.$$

例 4.73　求积分 $\int \frac{x+1}{x^3-2x^2+2x}dx$.

解　设

$$\frac{x+1}{x^3-2x^2+2x} = \frac{x+1}{x(x^2-2x+2)} = \frac{A}{x} + \frac{Bx+C}{x^2-2x+2}$$

$$= \frac{A(x^2-2x+2) + x(Bx+C)}{x(x^2-2x+2)},$$

去分母以后,得

$$A(x^2-2x+2) + x(Bx+C) = x+1,$$

比较等式两边 x 的同次幂的系数得

$$\begin{cases} A+B=0, \\ -2A+C=1, \\ 2A=1, \end{cases}$$

解得 $A=\frac{1}{2}, B=-\frac{1}{2}, C=2$. 于是

$$\frac{x+1}{x^3-2x^2+2x} = \frac{1}{2x} + \frac{-\frac{1}{2}x+2}{x^2-2x+2}.$$

所以

$$\int \frac{x+1}{x^3-2x^2+2x}dx = \frac{1}{2}\int \frac{1}{x}dx - \frac{1}{2}\int \frac{x-4}{x^2-2x+2}dx$$

$$= \frac{1}{2}\ln|x| - \frac{1}{4}\int \frac{2x-2}{x^2-2x+2}dx + \frac{3}{2}\int \frac{1}{1+(x-1)^2}dx$$

$$= \frac{1}{2}\ln|x| - \frac{1}{4}\ln|x^2-2x+2| + \frac{3}{2}\arctan(x-1) + C$$

$$= \frac{1}{4}\ln\left|\frac{x^2}{x^2-2x+2}\right| + \frac{3}{2}\arctan(x-1) + C.$$

从前面的几个例子中得知:当有理真分式函数分解为部分分式之和以后,会出现两类函数 $\frac{A}{(x-a)^n}$ 与 $\frac{Mx+N}{(x^2+px+q)^n}$ $(n>0, p^2-4q<0)$ 的积分,现讨论如下:

(1) $\int \frac{A}{(x-a)^n}dx$.

当 $n=1$ 时, $\int \frac{A}{x-a}dx = A\ln|x-a| + C$;

当 $n>1$ 时, $\int \frac{A}{(x-a)^n}dx = \frac{A}{1-n} \cdot \frac{1}{(x-a)^{n-1}} + C$.

(2) $\displaystyle\int \frac{Mx+N}{(x^2+px+q)^n}\mathrm{d}x\,(p^2-4q<0)$.

显然,$x^2+px+q=\left(x+\dfrac{p}{2}\right)^2+q-\dfrac{p^2}{4}$. 令 $t=x+\dfrac{p}{2}$,$q-\dfrac{p^2}{4}=a^2$,于是 $x^2+px+q=t^2+a^2$.

当 $n=1$ 时,有

$$
\begin{aligned}
\int \frac{Mx+N}{x^2+px+q}\mathrm{d}x &= \int \frac{M\left(t-\dfrac{p}{2}\right)+N}{t^2+a^2}\mathrm{d}t\\
&= \frac{M}{2}\int \frac{2t}{t^2+a^2}\mathrm{d}t+\left(N-\frac{Mp}{2}\right)\int \frac{1}{t^2+a^2}\mathrm{d}t\\
&= \frac{M}{2}\ln\mid t^2+a^2\mid+\left(N-\frac{Mp}{2}\right)\cdot\frac{1}{a}\arctan\frac{t}{a}+C\\
&= \frac{M}{2}\ln\mid x^2+px+q\mid+\frac{2N-Mp}{2a}\arctan\frac{x+\dfrac{p}{2}}{a}+C.
\end{aligned}
$$

当 $n>1$ 时,有

$$
\begin{aligned}
\int \frac{Mx+N}{(x^2+px+q)^n}\mathrm{d}x &= \int \frac{M\left(t-\dfrac{p}{2}\right)+N}{(t^2+a^2)^n}\mathrm{d}t\\
&= \frac{M}{2}\int \frac{2t}{(t^2+a^2)^n}\mathrm{d}t+\left(N-\frac{Mp}{2}\right)\int \frac{1}{(t^2+a^2)^n}\mathrm{d}t\\
&= \frac{M}{2}\cdot\frac{1}{1-n}\cdot\frac{1}{(t^2+a^2)^{n-1}}+\left(N-\frac{Mp}{2}\right)\int \frac{1}{(t^2+a^2)^n}\mathrm{d}t.
\end{aligned}
$$

而积分 $\displaystyle\int \frac{1}{(t^2+a^2)^n}\mathrm{d}t$ 在上一节中采用递推公式已求出.

由此可以证明如下定理:

定理 4.7　有理函数的原函数都是初等函数.

4.4.2　三角函数有理式的积分

三角函数有理式是指由三角函数和常数经过有限次四则运算所构成的函数. 例如

$$
\frac{1+\sin x}{\cos x(1+\tan x)},\frac{1}{\sin x+\tan x},\frac{1}{5+4\sin x}
$$

等均是三角函数的有理式. 因为 $\tan x,\cot x,\sec x,\csc x$ 都可用 $\sin x,\cos x$ 表出,因此,可将三角函数的有理式记作 $R(\sin x,\cos x)$(R 表示有理函数).

作代换 $\tan\dfrac{x}{2}=u$,得 $x=2\arctan u$,$\mathrm{d}x=\dfrac{2\mathrm{d}u}{1+u^2}$. 因为

$$
\sin x=2\sin\frac{x}{2}\cos\frac{x}{2}=\frac{2\tan\dfrac{x}{2}}{\sec^2\dfrac{x}{2}}=\frac{2u}{1+u^2},
$$

$$
\cos x=\cos^2\frac{x}{2}-\sin^2\frac{x}{2}=\frac{1-\tan^2\dfrac{x}{2}}{1+\tan^2\dfrac{x}{2}}=\frac{1-u^2}{1+u^2},
$$

所以

$$\int R(\sin x, \cos x) \, dx = \int R\left(\frac{2u}{1+u^2}, \frac{1-u^2}{1+u^2}\right) \frac{2}{1+u^2} \, du.$$

上式右端为关于 u 的有理函数的积分.

例 4.74　求 $\int \dfrac{1}{3+5\cos x} dx$.

解　作代换 $\tan \dfrac{x}{2} = u$, 则有

$$\int \frac{1}{3+5\cos x} dx = \int \frac{1}{3+5\left(\dfrac{1-u^2}{1+u^2}\right)} \frac{2}{1+u^2} du$$

$$= \int \frac{1}{4-u^2} du = \frac{1}{4} \ln \left| \frac{2+u}{2-u} \right| + C$$

$$= \frac{1}{4} \ln \left| \frac{2 + \tan \dfrac{x}{2}}{2 - \tan \dfrac{x}{2}} \right| + C.$$

例 4.75　求 $\int \dfrac{1+\sin x}{\sin x(1+\cos x)} dx$.

解　作代换 $\tan \dfrac{x}{2} = u$, 则有

$$\int \frac{1+\sin x}{\sin x(1+\cos x)} dx = \int \frac{1 + \dfrac{2u}{1+u^2}}{\dfrac{2u}{1+u^2}\left(1 + \dfrac{1-u^2}{1+u^2}\right)} \cdot \frac{2}{1+u^2} du$$

$$= \frac{1}{2} \int \left(u + 2 + \frac{1}{u}\right) du = \frac{1}{2}\left(\frac{1}{2}u^2 + 2u + \ln|u|\right) + C$$

$$= \frac{1}{4} \tan^2 \frac{x}{2} + \tan \frac{x}{2} + \frac{1}{2}\ln\left|\tan \frac{x}{2}\right| + C.$$

对于三角函数有理式的积分, 作代换 $\tan \dfrac{x}{2} = u$, 总可以将积分化为有理函数的积分, 通常将这个代换称为万能代换. 但利用这个代换计算往往比较复杂, 因此对于某些较特殊的函数, 可作其他代换, 下面举例说明.

例 4.76　求 $\int \sin^2 x \cos^3 x \, dx$.

解　作代换 $u = \sin x$(或 $u = \cos x$), 则 $du = \cos x \, dx = d(\sin x)$, 于是

$$\int \sin^2 x \cos^3 x \, dx = \int \sin^2 x(1-\sin^2 x) d(\sin x)$$

$$= \int (u^2 - u^4) du = \frac{1}{3}u^3 - \frac{1}{5}u^5 + C$$

$$= \frac{1}{3}\sin^3 x - \frac{1}{5}\sin^5 x + C.$$

一般地, 凡是形如: $\int \sin^n x \cos^m x \, dx$($m, n$ 为整数, 其中至少有一个是奇数) 的积分, 都可以应用此变换求解.

例 4.77 求 $\displaystyle\int \frac{\sin^2 x}{\cos^4 x}\mathrm{d}x$.

解 作代换 $u = \tan x$(或 $u = \cot x$),则 $\mathrm{d}u = \sec^2 x\mathrm{d}x$,于是

$$\int \frac{\sin^2 x}{\cos^4 x}\mathrm{d}x = \int \tan^2 x \sec^2 x\mathrm{d}x = \int u^2\,\mathrm{d}u = \frac{1}{3}u^3 + C = \frac{1}{3}\tan^3 x + C.$$

例 4.78 求 $\displaystyle\int \frac{1}{\sin^4 x \cos^2 x}\mathrm{d}x$.

解 作代换 $u = \tan x$(或 $u = \cot x$),则 $\mathrm{d}u = \sec^2 x\mathrm{d}x$,于是

$$\int \frac{1}{\sin^4 x \cos^2 x}\mathrm{d}x = \int \frac{\dfrac{1}{\cos^4 x}}{\dfrac{\sin^4 x}{\cos^4 x}}\frac{1}{\cos^2 x}\mathrm{d}x = \int \frac{(1 + \tan^2 x)^2}{\tan^4 x}\mathrm{d}(\tan x)$$

$$= \int \frac{(1 + u^2)^2}{u^4}\mathrm{d}u = \int \left(\frac{1}{u^4} + \frac{2}{u^2} + 1\right)\mathrm{d}u$$

$$= -\frac{1}{3u^3} - \frac{2}{u} + u + C = -\frac{1}{3\tan^3 x} - \frac{2}{\tan x} + \tan x + C.$$

一般地,凡是形如 $\int R(\sin^2 x, \cos^2 x)\mathrm{d}x$ 的积分,都可以应用此变换将积分 $\int R(\sin^2 x, \cos^2 x)\mathrm{d}x$ 化为有理函数的积分.

例 4.79 求 $\displaystyle\int \frac{1}{a\cos x + b\sin x}\mathrm{d}x\ (a^2 + b^2 \neq 0)$.

解 令 $\theta = \arctan \dfrac{a}{b}$,于是 $\sin\theta = \dfrac{a}{\sqrt{a^2 + b^2}}, \cos\theta = \dfrac{b}{\sqrt{a^2 + b^2}}$,代入积分,便有

$$\int \frac{1}{a\cos x + b\sin x}\mathrm{d}x = \frac{1}{\sqrt{a^2 + b^2}}\int \frac{\mathrm{d}x}{\sin\theta\cos x + \cos\theta\sin x}$$

$$= \frac{1}{\sqrt{a^2 + b^2}}\int \frac{1}{\sin(\theta + x)}\mathrm{d}x = \frac{1}{\sqrt{a^2 + b^2}}\ln\left|\tan\frac{\theta + x}{2}\right| + C.$$

在本章的最后,需要指出,积分运算与微分运算还有一个很不同的地方. 大家知道,任何一个初等函数的导数都可以根据基本导数表和微分法的一般法则求出来,并且求导后仍然是初等函数. 但是,有许多初等函数的原函数不能用初等函数表示. 例如 $\int \dfrac{\sin x}{x}\mathrm{d}x$,$\int \dfrac{1}{\ln x}\mathrm{d}x$,$\int \mathrm{e}^{-x^2}\mathrm{d}x$,$\int \sin x^2\,\mathrm{d}x$ 等.

习题 4.4

A 组

计算下列积分:

1. $\displaystyle\int \frac{x^3}{x + 3}\mathrm{d}x$;

2. $\displaystyle\int \frac{x^5 + x^4 - 8}{x^3 - x}\mathrm{d}x$;

3. $\displaystyle\int \frac{x^2 + 1}{(x + 1)^2(x - 1)}\mathrm{d}x$;

4. $\displaystyle\int \frac{1}{x^3 + 8}\mathrm{d}x$;

5. $\int \dfrac{2x^4-x^3-x+1}{x^3-1}\mathrm{d}x$;

6. $\int \dfrac{1}{(x^2+1)(x^2+x+1)}\mathrm{d}x$;

7. $\int \dfrac{1}{(x+1)(x+2)(x+3)}\mathrm{d}x$;

8. $\int \dfrac{1}{(x^2+1)(x^2+x)}\mathrm{d}x$;

9. $\int \dfrac{1}{x(x^2+1)}\mathrm{d}x$;

10. $\int \dfrac{1}{3+\cos x}\mathrm{d}x$;

11. $\int \dfrac{1}{1+\sin x+\cos x}\mathrm{d}x$;

12. $\int \dfrac{\tan x}{1+2\cos^2 x}\mathrm{d}x$.

B 组

计算下列积分:

1. $\int \dfrac{x^3-1}{4x^3-x}\mathrm{d}x$;

2. $\int \dfrac{x^3+1}{x^3-x^2}\mathrm{d}x$;

3. $\int \dfrac{1}{4+5\cos x}\mathrm{d}x$;

4. $\int \dfrac{1}{2\sin x-\cos x+5}\mathrm{d}x$;

5. $\int \dfrac{1}{2+\sin x}\mathrm{d}x$.

总习题 4

一、填空题

1. $\int (x-\sin x^2)'\mathrm{d}x =$ _____.

2. $\left[\int (x-\sin x^2)\mathrm{d}x\right]' =$ _____.

3. 若 $\int f(x)\mathrm{d}x = x^2\mathrm{e}^{x^2}+C$,则 $f(x) =$ _____.

4. 已知 $\int f(x)\mathrm{d}x = \mathrm{e}^x+C$,则 $\int \cos x f(\sin x)\mathrm{d}x =$ _____.

5. 若 $f(x)=\mathrm{e}^{-x}$,则 $\int \dfrac{f'(\ln x)}{x}\mathrm{d}x =$ _____.

6. 设 e^{-x} 是 $f(x)$ 的一个原函数,则 $\int xf(x)\mathrm{d}x =$ _____.

7. 设 $\int f(x)\mathrm{d}x = x^2+C$,则 $\int xf(1-x^2)\mathrm{d}x =$ _____.

8. 如 $f'(\ln x)=x^2$,则 $f(x)=$ _____.

9. $f(x)$ 的一个原函数是 $\dfrac{\tan x}{x}$,则 $\int xf'(x)\mathrm{d}x =$ _____.

二、计算下列积分

1. $\int x^3\sin x^2\mathrm{d}x$;

2. $\int \mathrm{e}^{-x}\cdot \arctan \mathrm{e}^x\mathrm{d}x$;

3. $\int x(\arctan x)^2\mathrm{d}x$;

4. $\int \dfrac{1}{a^2\cos^2 x+b^2\sin^2 x}\mathrm{d}x$;

5. $\int \left[\ln(x+\sqrt{1+x^2})\right]^2\mathrm{d}x$;

6. $\int (x+|x|)^2\mathrm{d}x$;

7. $\int \dfrac{2x+3}{x^2+3x-10}\mathrm{d}x$;

8. $\int \dfrac{1}{x^4+1}\mathrm{d}x$;

9. $\displaystyle\int \frac{-x^2-2}{(x^2+x+1)^2}\mathrm{d}x$;

10. $\displaystyle\int \frac{1}{3+\sin^2 x}\mathrm{d}x$;

11. $\displaystyle\int \frac{1}{2\sin x-\cos x+5}\mathrm{d}x$;

12. $\displaystyle\int \frac{\sqrt{x^3}}{x(\sqrt{x}+\sqrt{x^3})}\mathrm{d}x$;

13. $\displaystyle\int \frac{\sqrt{x+1}-1}{\sqrt{x+1}+1}\mathrm{d}x$;

14. $\displaystyle\int \frac{1}{x(x^7+5)}\mathrm{d}x$;

15. $\displaystyle\int \frac{x^2\mathrm{e}^x}{(x+2)^2}\mathrm{d}x$;

16. $\displaystyle\int \left(1+x-\frac{1}{x}\right)\mathrm{e}^{x+\frac{1}{x}}\mathrm{d}x$;

17. $\displaystyle\int \frac{x\mathrm{e}^{\arctan x}}{(1+x^2)^{\frac{3}{2}}}\mathrm{d}x$;

18. $\displaystyle\int \cos\ln x\,\mathrm{d}x$;

19. $\displaystyle\int \frac{\ln\cos x}{\cos^2 x}\mathrm{d}x$;

20. $\displaystyle\int \frac{\arcsin\sqrt{x}}{\sqrt{1-x}}\mathrm{d}x$;

21. $\displaystyle\int \frac{x+\sin x}{1+\cos x}\mathrm{d}x$;

22. $\displaystyle\int \frac{\ln x}{(1+x^2)^{\frac{3}{2}}}\mathrm{d}x$;

23. $\displaystyle\int \mathrm{e}^{\sin x}\frac{x\cos^3 x-\sin x}{\cos^2 x}\mathrm{d}x$;

24. $\displaystyle\int \frac{x\cos x}{\sin^3 x}\mathrm{d}x$;

25. $\displaystyle\int \frac{x^3+x^2+2}{x^4+4x^2+4}\mathrm{d}x$;

26. $\displaystyle\int \frac{1}{\sqrt{x^{14}-x^2}}\mathrm{d}x$;

27. $\displaystyle\int \frac{\cos^6 x}{\sin^2 x}\mathrm{d}x$.

三、已知在 $(-\infty,+\infty)$ 内有 $f(x)=f(x+5)$,且 $f(0)=0$,在 $(-2,+2)$ 内取 $f'(x)=|x|$,求 $f(9)$.

第 5 章

定 积 分

定积分是积分学中的另一个基本问题,不定积分是导数的逆运算,而定积分则是某种特殊和式的极限,它们之间既有本质的区别,但也有紧密的联系.本章将由实际问题引出定积分的定义,讨论它的性质和计算方法.

5.1 定积分的概念

5.1.1 问题的提出

1. 曲边梯形的面积

如果按照图 5.1 所示建立坐标系,所谓曲边梯形是指由区间 $[a,b]$ 上的连续函数 $y=f(x)$,且 $f(x) \geqslant 0$,直线 $x=a, x=b$ 及 $y=0$ 所围成的平面图形.

计算这个图形面积的困难在于它的一条边是曲边,怎么解决这个问题呢? 退一步想,可先求其近似值. 例如,将曲边梯形分成 n 个小曲边梯形(如图 5.1 所示),由于 $f(x)$ 在 $[a,b]$ 上连续,当自变量 x 在很小范围内变化时,因变量 $f(x)$ 的变化也很小,所以当小区间 $[x_{i-1}, x_i]$ 的长度 $\Delta x_i = x_i - x_{i-1}$ 很小时,在 $[x_{i-1}, x_i]$ 上的小曲边梯形可以近似为小矩形. 而曲边梯形的面积也就可以近似地看作有限个这样的小矩形的面积之和. 不难

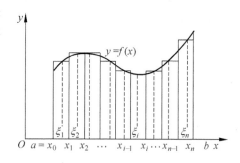

图 5.1

想象,按照这种方式,对曲边梯形分割得越细密,近似程度就越高,为了得到面积的精确值,必须利用极限这一工具. 现在,我们就按照这种方法来计算曲边梯形的面积 σ.

在区间 $[a,b]$ 内任意插入 $n-1$ 个分点,依次为 $a=x_0 < x_1 < x_2 < \cdots < x_{n-1} < x_n = b$,将区间 $[a,b]$ 分成 n 个小区间 $[x_{i-1}, x_i]$,$i=1,2,\cdots,n$,在分点 x_i 处作垂直于 x 轴的直线 $x=x_i$,$i=1,2,\cdots,n$,将曲边梯形分割成 n 个小曲边梯形. 在每一个小区间 $[x_{i-1}, x_i]$ 上任取一点 ξ_i,以 $f(\xi_i)$ 为高、区间 $[x_{i-1}, x_i]$ 为底作小矩形,用它的面积 $f(\xi_i) \Delta x_i$ 近似代替相应于区间 $[x_{i-1}, x_i]$ 上的小曲边梯形的面积.于是这 n 个小矩形面积之和可以看作曲边梯形面积 σ 的近似值,即

$$\sigma \approx \sum_{i=1}^{n} f(\xi_i) \Delta \xi_i.$$

令 $\lambda = \max\{\Delta x_1, \Delta x_2, \cdots, \Delta x_n\}$,则"$\lambda \to 0$"就完全刻画了对曲边梯形分割无限细密的过程,此时阶梯形的面积 $\sum_{i=1}^{n} f(\xi_i) \Delta \xi_i$ 将无限趋近于曲边梯形的面积 σ. 因此,有

$$\sigma = \lim_{\lambda \to 0} \sum_{i=1}^{n} f(\xi_i) \Delta x_i.$$

这样就用一个特定结构的和式的极限表示了曲边梯形的面积.

2. 变力所做的功

假设力 f 的大小是连续变化的,力的方向始终保持不变,质点 m 在力 f 的作用下,沿着力的方向运动,不妨假定力 f 的方向与 x 轴的正方向一致(如图 5.2 所示),在这种情况下,求质点 m 从 x 轴上的点 a 运动到点 $b(a<b)$ 时,力 f 所做的功 W.

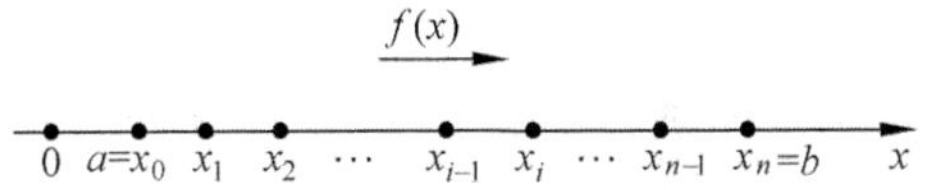

图 5.2

在物理学中,如果力 f 是常力,且质点 m 沿着力 f 的方向运动的距离为 l,则力 f 所做的功 $W = fl$. 现在力的大小是不断变化的,即 $y = f(x)$,$f(x)$ 在 $[a,b]$ 上连续. 这个变力所做的功怎么求呢?

在区间 $[a,b]$ 内任取 $n-1$ 个分点 $a = x_0 < x_1 < x_2 < \cdots < x_{n-1} < x_n = b$,将区间 $[a,b]$ 分成 n 个小区间 $[x_{i-1}, x_i]$,$i = 1, 2, \cdots, n$. 在第 i 个小区间 $[x_{i-1}, x_i]$ 上,若区间长度 $\Delta x_i = x_i - x_{i-1}$ 很小,则力 $f(x)$ 在区间 $[x_{i-1}, x_i]$ 上变化就不大,这时变力 $f(x)$ 在 $[x_{i-1}, x_i]$ 上可近似地看作一个常力 $f(\xi_i)$,其中 ξ_i 是 $[x_{i-1}, x_i]$ 上的任意一点. 于是,把质点 m 从点 x_{i-1} 移动到点 x_i 力 f 所做的功近似于 $f(\xi_i) \Delta x_i$. 从而,把质点从点 a 移动到点 b,力 $f(x)$ 所做的功

$$W \approx \sum_{i=1}^{n} f(\xi_i) \Delta \xi_i.$$

可以想象,如果将 $[a,b]$ 分割的越细密,则上式的近似程度就越高,一旦分割无限细密,则近似值就转化为精确值. 于是,令 $\lambda = \max\{\Delta x_1, \Delta x_2, \cdots, \Delta x_n\}$,则有

$$W = \lim_{\lambda \to 0} \sum_{i=1}^{n} f(\xi_i) \Delta x_i.$$

虽然上述两个实例的背景不同,一个是计算曲边梯形面积的几何问题,另一个是求变力沿直线做功的力学问题,但最终都归结为求某一函数在其定义区间上具有特定结构的和式的极限.

5.1.2 定积分的定义

定义 5.1 设函数 $f(x)$ 在区间 $[a,b]$ 上有界,在区间 $[a,b]$ 内任意插入 $n-1$ 个分点
$$a = x_0 < x_1 < x_2 < \cdots < x_{n-1} < x_n = b$$
把区间 $[a,b]$ 分成 n 个小区间 $[x_{i-1}, x_i]$,记 $\Delta x_i = x_i - x_{i-1}$,$\forall \xi_i \in [x_{i-1}, x_i]$,$i = 1, 2, \cdots, n$,作和式

$$\sum_{i=1}^{n} f(\xi_i) \Delta x_i,$$

设 $\lambda = \max\{\Delta x_1, \Delta x_2, \cdots, \Delta x_n\}$,若极限

$$\lim_{\lambda \to 0} \sum_{i=1}^{n} f(\xi_i) \Delta x_i$$

存在,且与区间 $[a, b]$ 的分法及点 ξ_i 的选取无关,则称函数 $f(x)$ 在 $[a, b]$ 可积,并称此极限值为函数 $f(x)$ 在 $[a, b]$ 上的定积分. 记作

$$\int_a^b f(x) \mathrm{d}x = \lim_{\lambda \to 0} \sum_{i=1}^{n} f(\xi_i) \Delta x_i.$$

这里数"a"与"b"分别称为定积分的下限与上限,称 $[a, b]$ 为积分区间,$f(x)$ 为被积函数,$f(x)\mathrm{d}x$ 为被积表达式,x 为积分变量,$\sum_{i=1}^{n} f(\xi_i) \Delta x_i$ 为 $f(x)$ 在 $[a, b]$ 上的积分和.

若 $\lim\limits_{\lambda \to 0} \sum_{i=1}^{n} f(\xi_i) \Delta x_i$ 不存在,则称函数 $f(x)$ 在 $[a, b]$ 上不可积.

注:定积分 $\int_a^b f(x) \mathrm{d}x$ 的值只与被积函数 $f(x)$ 及积分区间 $[a. b]$ 有关,而与积分变量所用的符号无关,即 $\int_a^b f(x) \mathrm{d}x = \int_a^b f(t) \mathrm{d}t = \int_a^b f(u) \mathrm{d}u$.

那么函数 $f(x)$ 在 $[a, b]$ 上满足什么条件,$f(x)$ 在 $[a, b]$ 上才一定可积呢? 下面我们给出 $f(x)$ 在 $[a, b]$ 上可积的几个充分条件.

定理 5.1 若函数 $f(x)$ 为 $[a, b]$ 上的连续函数,则 $f(x)$ 在 $[a, b]$ 上可积.

定理 5.2 若 $f(x)$ 是区间 $[a, b]$ 上只有有限个间断点的有界函数,则 $f(x)$ 在 $[a, b]$ 上可积.

定理 5.3 若 $f(x)$ 是区间 $[a, b]$ 上的单调有界函数,则 $f(x)$ 在 $[a, b]$ 上可积.

根据定积分定义,前面所述两个实际问题:

曲边梯形的面积 σ 是函数 $f(x)$($f(x) \geqslant 0$) 在区间 $[a, b]$ 上的定积分,即

$$\sigma = \int_a^b f(x) \mathrm{d}x;$$

变力 $f(x)$ 所做的功就是变力 $f(x)$ 在质点运动区间 $[a, b]$ 上的定积分,即

$$W = \int_a^b f(x) \mathrm{d}x.$$

5.1.3 定积分的几何意义

在 $[a, b]$ 上 $f(x) \geqslant 0$ 时,定积分 $\int_a^b f(x) \mathrm{d}x$ 表示由连续曲线 $y = f(x)$ 及直线 $x = a$,$x = b$ 及 x 轴所围曲边梯形的面积;

在 $[a, b]$ 上 $f(x) \leqslant 0$ 时,定积分 $\int_a^b f(x) \mathrm{d}x$ 表示由连续曲线 $y = f(x)$ 及直线 $x = a$,$x = b$,$y = 0$ 所围曲边梯形的面积的负值;

在 $[a, b]$ 上 $f(x)$ 既取得正值又取得负值时,函数 $f(x)$ 的图形某些部分在 x 轴的上方,而其余部分在 x 轴的下方,此时定积分 $\int_a^b f(x) \mathrm{d}x$ 表示 x 轴上方图形面积减去 x 轴下方图形面积所得之差.

例 5.1 利用定积分定义计算定积分 $\int_0^1 x^2 \,\mathrm{d}x$.

解 因为被积函数 $f(x) = x^2$ 在区间 $[0,1]$ 上连续,由定积分存在的充分条件知,该定积分存在,所以,积分值与区间 $[0,1]$ 的分法及点 ξ_i 的取法无关,因此,为了便于计算,将 $[a,b]$ n 等分,并取 $\xi_i = \dfrac{i-1}{n}, i = 1, 2, \cdots, n$,则

$$\int_0^1 x^2 \,\mathrm{d}x = \lim_{n\to\infty} \sum_{i=1}^n \left(\frac{i-1}{n}\right)^2 \cdot \frac{1}{n} = \lim_{n\to\infty} \frac{1}{n^3} \sum_{i=1}^n (i-1)^2 = \lim_{n\to\infty} \frac{(n-1)n(2n-1)}{6n^3} = \frac{1}{3}.$$

由上例可见,用定义直接去求定积分是相当复杂、相当困难的. 因此,根据定义去求定积分一般不可取. 在后面的讨论中,我们将看到定积分的计算与被积函数的原函数联系在一起,而后者在上一章里作过细致的讨论.

推论 若 $f(x)$ 在 $[a,b]$ 可积,则 $f(x)$ 在 $[a,b]$ 必定有界.

该结论指出任何可积函数一定是有界,但要注意有界函数不一定可积.

习题 5.1

A 组

1. 利用定积分定义计算积分.

(1) $\int_0^1 f(x)\,\mathrm{d}x$,其中 $f(x) = ax + b, a, b$ 是常数;   (2) $\int_0^1 a^x \,\mathrm{d}x$.

2. 利用定积分定义计算抛物线 $y = 2x^2 + 1$ 与 $x = a$、$x = b(b > a)$ 以及 x 轴所围图形的面积.

B 组

1. 利用定积分定义计算积分.

(1) $\int_{-1}^2 x^2 \,\mathrm{d}x$;   (2) $\int_2^3 \dfrac{1}{x^2}\,\mathrm{d}x$.

2. 设

$$f(x) = \begin{cases} 1, & \text{当 } x \text{ 为有理数}, \\ -1, & \text{当 } x \text{ 为无理数}, \end{cases}$$

证明:$|f(x)|$ 在任何区间 $[a,b]$ 上可积,但 $f(x)$ 在 $[a,b]$ 上不可积.

5.2 定积分的性质

在定积分定义中,事实上已假设了定积分 $\int_a^b f(x)\,\mathrm{d}x$ 的下限小于上限,即 $a < b$,但在实际应用及理论分析中,会遇到上限小于或等于下限的情况,即 $a \geqslant b$,因此,为了以后的方便,作如下的补充规定:

当 $a = b$ 时,$\int_a^a f(x)\,\mathrm{d}x = 0$;

当 $a > b$ 时,$\int_a^b f(x)\,\mathrm{d}x = -\int_b^a f(x)\,\mathrm{d}x$.

这样规定后,对于定积分的上下限便没有什么限制了.

性质 1(线性性质)　若函数 $f_1(x)$, $f_2(x)$ 在 $[a,b]$ 上可积, $\forall k_1, k_2 \in \mathbf{R}$, 则函数 $k_1 f_1(x) + k_2 f_2(x)$ 在 $[a,b]$ 上可积,且

$$\int_a^b [k_1 f_1(x) + k_2 f_2(x)] \mathrm{d}x = k_1 \int_a^b f_1(x) \mathrm{d}x + k_2 \int_a^b f_2(x) \mathrm{d}x. \tag{5.1}$$

证　$\sum_{i=1}^n [k_1 f_1(\xi_i) + k_2 f_2(\xi_i)] \Delta x_i = k_1 \sum_{i=1}^n f_1(\xi_i) \Delta x_i + k_2 \sum_{i=1}^n f_2(\xi_i) \Delta x_i$, 由函数 $f_1(x)$, $f_2(x)$ 在 $[a,b]$ 上可积,故 $\lim_{\lambda \to 0} \sum_{i=1}^n f_1(\xi_i) \Delta x_i$ 与 $\lim_{\lambda \to 0} \sum_{i=1}^n f_2(\xi_i) \Delta x_i$ 存在. 于是由极限性质知 $\lim_{\lambda \to 0} \sum_{i=1}^n [k_1 f_1(\xi_i) + k_2 f_2(\xi_i)] \Delta x_i$ 存在,从而 $k_1 f_1(x) + k_2 f_2(x)$ 在 $[a,b]$ 上可积,且

$$\begin{aligned}
\int_a^b [k_1 f_1(x) + k_2 f_2(x)] \mathrm{d}x &= \lim_{\lambda \to 0} \sum_{i=1}^n [k_1 f_1(\xi_i) + k_2 f_2(\xi_i)] \Delta x_i \\
&= k_1 \lim_{\lambda \to 0} \sum_{i=1}^n f_1(\xi_i) \Delta x_i + k_2 \lim_{\lambda \to 0} \sum_{i=1}^n f_2(\xi_i) \Delta x_i \\
&= k_1 \int_a^b f_1(x) \mathrm{d}x + k_2 \int_a^b f_2(x) \mathrm{d}x.
\end{aligned}$$

推论　若函数 $f(x)$ 在 $[a,b]$ 上可积, $k \in \mathbf{R}$, 则 $kf(x)$ 在 $[a,b]$ 上可积,且

$$\int_a^b k f(x) \mathrm{d}x = k \int_a^b f(x) \mathrm{d}x.$$

性质 2(区间的可加性)　设 I 为一个有限闭区间, $a,b,c \in I$, 若 $f(x)$ 在 I 上可积,则 $f(x)$ 在 $[a,b]$、$[a,c]$、$[c,b]$ 上均可积,且

$$\int_a^b f(x) \mathrm{d}x = \int_a^c f(x) \mathrm{d}x + \int_c^b f(x) \mathrm{d}x.$$

证　由函数 $f(x)$ 在 I 上可积,可以证明 $f(x)$ 在 I 的任一子区间上均可积.

若 $c \in (a,b)$, 这时将 c 始终作为分法的一个分点,则

$$\sum_{i=1}^n f(\xi_i) \Delta x_i = \sum_{[a,c]} f(\xi_i) \Delta x_i + \sum_{[c,b]} f(\xi_i) \Delta x_i.$$

这里 $\sum_{[a,c]} f(\xi_i) \Delta x_i$ 与 $\sum_{[c,b]} f(\xi_i) \Delta x_i$ 分别表示函数 $f(x)$ 相应于分法在 $[a,c]$ 与 $[c,b]$ 上的积分和,将上式两边同时取极限得

$$\int_a^b f(x) \mathrm{d}x = \int_a^c f(x) \mathrm{d}x + \int_c^b f(x) \mathrm{d}x.$$

若 c 在 $[a,b]$ 之外,不妨设 $c > b$, 则 $f(x)$ 在 $[a,c]$ 可积,由上面的讨论,有

$$\int_a^c f(x) \mathrm{d}x = \int_a^b f(x) \mathrm{d}x + \int_b^c f(x) \mathrm{d}x,$$

从而

$$\int_a^b f(x) \mathrm{d}x = \int_a^c f(x) \mathrm{d}x - \int_b^c f(x) \mathrm{d}x = \int_a^c f(x) \mathrm{d}x + \int_c^b f(x) \mathrm{d}x.$$

总之,不论 a、b、c 在区间 I 的位置如何,总有上式成立.

性质 3　若在 $[a,b]$ 上 $f(x) = c$(c 常数),则 $\int_a^b c \mathrm{d}x = c(b-a)$(根据定积分的几何意

可直接得出).

性质 4（积分不等式） 若函数 $f(x)$ 在 $[a,b]$ 上可积，且 $f(x) \geqslant 0 (\leqslant 0)$，$x \in [a,b]$，则

$$\int_a^b f(x) \mathrm{d}x \geqslant 0 (\leqslant 0) \quad (a < b).$$

证 因为函数 $f(x) \geqslant 0$，$x \in [a,b]$，从而

$$f(\xi_i) \geqslant 0 \quad (i = 1, 2, \cdots, n).$$

又

$$\Delta x_i > 0 \quad (i = 1, 2, \cdots, n),$$

所以

$$\sum_{i=1}^n f(\xi_i) \Delta x_i \geqslant 0,$$

故 $\int_a^b f(x) \mathrm{d}x = \lim_{\lambda \to 0} \sum_{i=1}^n f(\xi_i) \Delta x_i \geqslant 0$.

由性质 4 可得下面两个推论：

推论 1（比较性） 若函数 $f(x), g(x)$ 在区间 $[a,b]$ 上可积，且 $f(x) \leqslant g(x)$，$x \in [a,b]$，则

$$\int_a^b f(x) \mathrm{d}x \leqslant \int_a^b g(x) \mathrm{d}x \quad (a < b).$$

证 因为 $g(x) - f(x) \geqslant 0$，由性质 4 得 $\int_a^b [g(x) - f(x)] \mathrm{d}x \geqslant 0$，再由性质 1 便得到所要证明的不等式.

推论 2 若函数 $f(x)$ 在区间 $[a,b]$ 上可积，则 $|f(x)|$ 在区间 $[a,b]$ 上也可积，且

$$\left| \int_a^b f(x) \mathrm{d}x \right| \leqslant \int_a^b |f(x)| \mathrm{d}x \quad (a < b).$$

证 因为 $-|f(x)| \leqslant f(x) \leqslant |f(x)|$，由性质 1 及推论 1 得

$$-\int_a^b |f(x)| \mathrm{d}x \leqslant \int_a^b f(x) \mathrm{d}x \leqslant \int_a^b |f(x)| \mathrm{d}x,$$

即 $\left| \int_a^b f(x) \mathrm{d}x \right| \leqslant \int_a^b |f(x)| \mathrm{d}x$.

性质 5（估值定理） 若函数 $f(x)$ 在区间 $[a,b]$ 上可积，且 $m \leqslant f(x) \leqslant M$，$x \in [a,b]$，则

$$m(b-a) \leqslant \int_a^b f(x) \mathrm{d}x \leqslant M(b-a) \quad (a < b).$$

证 因为 $m \leqslant f(x) \leqslant M$，由性质 1 及推论 1 得

$$m \int_a^b \mathrm{d}x \leqslant \int_a^b f(x) \mathrm{d}x \leqslant M \int_a^b \mathrm{d}x,$$

再由性质 3 得 $m(b-a) \leqslant \int_a^b f(x) \mathrm{d}x \leqslant M(b-a)$.

例 5.2 估计积分 $\int_0^{\frac{1}{2}} \mathrm{e}^{-x^2} \mathrm{d}x$ 的值.

解 设 $f(x) = \mathrm{e}^{-x^2}$，则 $f'(x) = -2x\mathrm{e}^{-x^2} \leqslant 0$，$x \in \left[0, \frac{1}{2}\right]$，即 $f(x)$ 单调减少，故

$$\mathrm{e}^{-\frac{1}{4}} = f\left(\frac{1}{2}\right) \leqslant f(x) \leqslant f(0) = 1,$$

有

$$\frac{1}{2}\mathrm{e}^{-\frac{1}{4}} \leqslant \int_{0}^{\frac{1}{2}}\mathrm{e}^{-x^{2}}\mathrm{d}x \leqslant \frac{1}{2}.$$

性质 6（积分中值定理） 若函数 $f(x)$ 在闭区间 $[a,b]$ 上连续，则在区间 $[a,b]$ 上至少存在一点 ξ，使得

$$\int_{a}^{b}f(x)\mathrm{d}x = f(\xi)(b-a) \quad (a \leqslant \xi \leqslant b).$$

上式称为积分中值公式.

证 因为函数 $f(x)$ 在闭区间 $[a,b]$ 上连续，所以 $f(x)$ 在闭区间 $[a,b]$ 上一定存在最小值 m 和最大值 M，即

$$m \leqslant f(x) \leqslant M, \quad x \in [a,b].$$

由性质 5，有

$$m(b-a) \leqslant \int_{a}^{b}f(x)\mathrm{d}x \leqslant M(b-a),$$

不等式各项除以 $b-a>0$，得

$$m \leqslant \frac{1}{b-a}\int_{a}^{b}f(x)\mathrm{d}x \leqslant M.$$

由闭区间上连续函数的介值定理知，在 $[a,b]$ 上至少存在一点 ξ，使得

$$f(\xi) = \frac{1}{b-a}\int_{a}^{b}f(x)\mathrm{d}x \quad (a \leqslant \xi \leqslant b),$$

即

$$\int_{a}^{b}f(x)\mathrm{d}x = f(\xi)(b-a) \quad (a \leqslant \xi \leqslant b).$$

上面在 $a<b$ 时证明了积分中值公式，显然当 $a>b$ 时积分中值公式也是成立的.

积分中值公式在几何上表明，若函数 $f(x)$ 在区间 $[a,b]$ 上连续，则在区间 $[a,b]$ 上至少存在一点 ξ，使得以区间 $[a,b]$ 为底边、以曲线 $y=f(x)$ 为曲边的曲边梯形的面积恰好等于同一底边而高为 $f(\xi)$ 的面积（如图 5.3 所示）.

通常称 $f(\xi) = \dfrac{1}{b-a}\int_{a}^{b}f(x)\mathrm{d}x$ 为函数 $f(x)$ 在区间 $[a,b]$ 上的平均值，这个概念可看作有限个数的平均值概念的拓展.

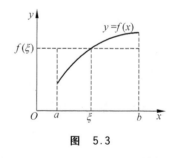

图 5.3

*性质 7（推广的积分中值定理） 若函数 $f(x)$ 在 $[a,b]$ 上连续，函数 $g(x)$ 在区间 $[a,b]$ 上可积且不变号，则在区间 $[a,b]$ 上至少存在一点 ξ，使得

$$\int_{a}^{b}f(x)g(x)\mathrm{d}x = f(\xi)\int_{a}^{b}g(x)\mathrm{d}x.$$

证 由于 $g(x)$ 在 $[a,b]$ 上不变号，不妨设 $g(x) \geqslant 0, x \in [a,b]$，于是有 $\int_{a}^{b}g(x)\mathrm{d}x \geqslant 0$.

因为函数 $f(x)$ 在闭区间 $[a,b]$ 上连续，所以 $f(x)$ 在 $[a,b]$ 上有最大值 M 和最小值 m，即

$$m \leqslant f(x) \leqslant M, \quad x \in [a,b],$$

于是 $mg(x) \leqslant f(x)g(x) \leqslant Mg(x)$.

由性质 1 和推论 1 得

$$m\int_a^b g(x)\mathrm{d}x \leqslant \int_a^b f(x)g(x)\mathrm{d}x \leqslant M\int_a^b g(x)\mathrm{d}x.$$

若 $\int_a^b g(x)\mathrm{d}x = 0$，由上述不等式知 $\int_a^b f(x)g(x)\mathrm{d}x = 0$，此时任取 $\xi \in [a,b]$，均有等式成立.

若 $\int_a^b g(x)\mathrm{d}x > 0$，将不等式两端同除以 $\int_a^b g(x)\mathrm{d}x$，得

$$m \leqslant \frac{\int_a^b f(x)g(x)\mathrm{d}x}{\int_a^b g(x)\mathrm{d}x} \leqslant M,$$

由闭区间上连续函数的介值定理知，在 $[a,b]$ 上至少存在一点 ξ，使得

$$\frac{\int_a^b f(x)g(x)\mathrm{d}x}{\int_a^b g(x)\mathrm{d}x} = f(\xi) \quad (a \leqslant \xi \leqslant b),$$

从而有

$$\int_a^b f(x)g(x)\mathrm{d}x = f(\xi)\int_a^b g(x)\mathrm{d}x \quad (a \leqslant \xi \leqslant b).$$

前面假定 $g(x) \geqslant 0$ 时证明了结论，如果 $g(x) \leqslant 0$，类似可证.

特别地，若 $g(x) \equiv 1$，便得

$$\int_a^b f(x)\mathrm{d}x = f(\xi)(b-a) \quad (a \leqslant \xi \leqslant b).$$

这就是积分中值公式.

例 5.3　证明 $\lim\limits_{n\to\infty}\int_n^{n+1}\dfrac{\sin x}{x}\mathrm{d}x = 0$.

证　由积分中值公式，$\forall n$，$\exists \xi_n \in [n, n+1]$，使得

$$\int_n^{n+1}\frac{\sin x}{x}\mathrm{d}x = \frac{\sin\xi_n}{\xi_n}\int_n^{n+1}\mathrm{d}x = \frac{\sin\xi_n}{\xi_n},$$

于是

$$\left|\int_n^{n+1}\frac{\sin x}{x}\mathrm{d}x\right| = \left|\frac{\sin\xi_n}{\xi_n}\right| \leqslant \frac{1}{\xi_n} \leqslant \frac{1}{n}.$$

令 $n \to \infty$，由夹逼定理知

$$\lim_{n\to\infty}\int_n^{n+1}\frac{\sin x}{x}\mathrm{d}x = 0.$$

习题 5.2

A 组

1. 设 $f(x)$ 在 $[a,b]$ 上连续，$f(x) \geqslant 0$，$f(x)$ 不恒为零，证明 $\int_a^b f(x)\mathrm{d}x > 0$.

2. 比较下列积分的大小：

(1) $\int_0^1 x\mathrm{d}x,\int_0^1 x^2\mathrm{d}x$；　　　　(2) $\int_0^{\frac{\pi}{2}} x\mathrm{d}x,\int_0^{\frac{\pi}{2}} \sin x\mathrm{d}x$；　　　　(3) $\int_{-2}^{-1}\left(\dfrac{1}{3}\right)^x\mathrm{d}x,\int_0^1 3^x\mathrm{d}x.$

B 组

1. 证明 $\lim\limits_{n\to\infty}\displaystyle\int_0^1 \dfrac{x^n}{1+x}\mathrm{d}x=0$.

2. 设函数 $f(x)$,$g(x)$ 在 $[a,b]$ 可积,求证:

(1) 柯西不等式:$\displaystyle\int_a^b f(x)g(x)\mathrm{d}x\leqslant\left(\int_a^b f^2(x)\mathrm{d}x\right)^{\frac{1}{2}}\left(\int_a^b g^2(x)\mathrm{d}x\right)^{\frac{1}{2}}$;

(2) 闵可夫斯基(Minkowski,1861—1909,德国数学家) 不等式

$$\left(\int_a^b [f(x)+g(x)]^2\mathrm{d}x\right)^{\frac{1}{2}}\leqslant\left(\int_a^b f^2(x)\mathrm{d}x\right)^{\frac{1}{2}}+\left(\int_a^b g^2(x)\mathrm{d}x\right)^{\frac{1}{2}}.$$

3. 设函数 $f(x)$ 在 $[0,1]$ 连续,在 $(0,1)$ 可微,且 $f(1)=2\displaystyle\int_0^{\frac{1}{2}}xf(x)\mathrm{d}x$,求证 $\exists\eta\in(0,1)$,使得

$$f(\eta)+\eta f'(\eta)=0.$$

5.3 定积分计算

引入定积分的性质后,我们所面临的一个基本问题就是定积分的计算.直接用定积分的定义

$$\int_a^b f(x)\mathrm{d}x=\lim_{\lambda\to 0}\sum_{i=1}^n f(\xi_i)\Delta x_i$$

来计算定积分是非常困难的.因此,人们一直在寻求比较切实可行的、统一的方法来计算定积分.直到 17 世纪的后叶,牛顿和莱布尼茨几乎同时发现了定积分和不定积分之间有密切联系,通过这一联系就可以用不定积分来计算定积分.这就是我们将介绍的牛顿-莱布尼茨公式.

5.3.1 变限积分与原函数的存在性

如果函数 $f(x)$ 在 $[a,b]$ 连续,对 $\forall x\in[a,b]$,函数 $f(x)$ 在 $[a,b]$ 的子区间 $[a,x]$ 上也连续,因而 $f(x)$ 在区间 $[a,x]$ 的定积分 $\displaystyle\int_a^x f(t)\mathrm{d}t$ 存在.据函数的定义,这个积分确定了一个定义在 $[a,b]$ 上的函数,记作

$$F(x)=\int_a^x f(t)\mathrm{d}t.$$

$\displaystyle\int_a^x f(t)\mathrm{d}t$ 称为**积分上限函数**(或称变上限积分函数).

关于积分上限函数,具有下面的性质.

定理 5.4(原函数存在定理) 如果函数 $f(x)$ 在 $[a,b]$ 上连续,则积分上限函数

$$F(x)=\int_a^x f(t)\mathrm{d}t$$

在区间 $[a,b]$ 上可导,且 $F'(x)=f(x)$.

证 $\forall x\in[a,b]$,设 x 获得改变量 Δx,且 $x+\Delta x\in[a,b]$,函数 $F(x)$ 的改变量

$$F(x+\Delta x)-F(x)=\int_a^{x+\Delta x}f(t)\mathrm{d}t-\int_a^x f(t)\mathrm{d}t=\int_x^{x+\Delta x}f(t)\mathrm{d}t.$$

根据积分中值公式,有

$$\int_x^{x+\Delta x} f(t)dt = f(x+\theta \cdot \Delta x)\Delta x, \quad 0<\theta<1.$$

由于函数 $f(x)$ 在点 x 处连续,根据导数的定义有

$$F'(x) = \lim_{\Delta x \to 0}\frac{F(x+\Delta x)-F(x)}{\Delta x} = \lim_{\Delta x \to 0}f(x+\theta \Delta x) = f(x),$$

即

$$F'(x) = \left(\int_a^x f(t)dt\right)' = f(x).$$

定理5.4建立了导数与积分之间的联系.从这个定理知道,如果函数 $f(x)$ 在区间 $[a,b]$ 上连续,那么积分上限函数 $F(x) = \int_a^x f(t)dt$ 是 $f(x)$ 的一个原函数.因而也同时证明了:在区间 $[a,b]$ 上连续的函数恒有原函数存在.

例 5.4 求下列函数的导数:

(1) $\int_1^x \ln t\,dt$;   (2) $\int_x^b \cos^2 t\,dt$;

(3) $\int_a^x xf(t)dt$($f(t)$ 在 $[a,b]$ 上连续,$x \in [a,b]$).

解 (1) 由于 $\ln t$ 在 $(0,+\infty)$ 内连续,根据定理,有

$$\left(\int_1^x \ln t\,dt\right)' = \ln x.$$

(2) 由于 $\int_x^b \cos^2 t\,dt = -\int_b^x \cos^2 t\,dt$,故

$$\left(\int_x^b \cos^2 t\,dt\right)' = \left(-\int_b^x \cos^2 t\,dt\right)' = -\cos^2 x.$$

(3) 由于 $\int_a^x xf(t)dt = x\int_a^x f(t)dt$,故

$$\left(\int_a^x xf(t)dt\right)' = \left(x\int_a^x f(t)dt\right)' = \int_a^x f(t)dt + xf(x).$$

例 5.5 求函数 $F(x) = \int_a^{x^2} e^t dt$ 的导数.

解 令 $u=x^2$,则

$$F(x) = \int_a^u e^t dt = g(u).$$

根据复合函数的求导法则,有

$$F'(x) = \frac{dg}{du} \cdot \frac{du}{dx} = e^u \cdot 2x = 2xe^{x^2}.$$

仿照例5.5的讨论过程,不难得出如下结论.

若函数 $f(x)$ 连续,$\varphi(x)$ 可导,则变上限积分函数 $F(x) = \int_a^{\varphi(x)} f(t)dt$ 可导,且

$$F'(x) = \left(\int_a^{\varphi(x)} f(t)dt\right)' = f(\varphi(x))\varphi'(x).$$

更一般地,对变上、下限积分函数 $F(x) = \int_{\psi(x)}^{\varphi(x)} f(t)dt$ 求导,有

$$F'(x) = f(\varphi(x))\varphi'(x) - f(\psi(x))\psi'(x).$$

例 5.6 求极限 $\lim\limits_{x \to +\infty} \dfrac{\left(\int_0^x e^{t^2} dt\right)^2}{\int_0^x e^{2t^2} dt}$.

解 由洛必达法则,有

$$\lim_{x \to +\infty} \frac{\left(\int_0^x e^{t^2} dt\right)^2}{\int_0^x e^{2t^2} dt} = \lim_{x \to +\infty} \frac{2\int_0^x e^{t^2} dt \cdot e^{x^2}}{e^{2x^2}} = \lim_{x \to +\infty} \frac{2\int_0^x e^{t^2} dt}{e^{x^2}} = \lim_{x \to +\infty} \frac{2e^{x^2}}{2xe^{x^2}} = 0.$$

定理 5.5 若函数 $F(x)$ 是连续函数 $f(x)$ 在 $[a,b]$ 上的一个原函数,则

$$\int_a^b f(x) dx = F(b) - F(a). \tag{5.2}$$

证 函数 $F(x)$ 是连续函数 $f(x)$ 在 $[a,b]$ 上的一个原函数,由原函数存在定理,积分上限函数

$$G(x) = \int_a^x f(t) dt$$

也是 $f(x)$ 在 $[a,b]$ 上的一个原函数. 由拉格朗日中值定理推论 2 得到

$$G(x) - F(x) = C \quad (a \leqslant x \leqslant b).$$

令 $x = a$,得 $C = -F(a)$,即

$$G(x) = \int_a^x f(t) dt = F(x) - F(a);$$

令 $x = b$,即得

$$\int_a^b f(x) dx = F(b) - F(a).$$

这个公式称为**牛顿 - 莱布尼茨(Newton-Leibniz)公式**. 公式进一步揭示了定积分与被积函数的原函数之间的联系. 它表明: 一个连续函数的定积分等于被积函数的任一原函数在积分区间 $[a,b]$ 上的增量,从而把求定积分的问题转化为求不定积分的问题. 这给定积分的计算提供了一个有效而又简便的计算方法.

为了方便起见,以后把 $F(b) - F(a)$ 记为 $F(x)\big|_a^b$,于是式(5.2)又可写为

$$\int_a^b f(x) dx = F(x) \big|_a^b.$$

例 5.7 计算定积分 $\int_1^{\sqrt{3}} \dfrac{1}{x^2(1+x^2)} dx$.

解
$$\int_1^{\sqrt{3}} \frac{1}{x^2(1+x^2)} dx = \int_1^{\sqrt{3}} \frac{1+x^2-x^2}{x^2(1+x^2)} dx = \int_1^{\sqrt{3}} \frac{1}{x^2} dx - \int_1^{\sqrt{3}} \frac{1}{1+x^2} dx$$

$$= \left[-\frac{1}{x}\right]_1^{\sqrt{3}} - [\arctan x]_1^{\sqrt{3}} = 1 - \frac{\sqrt{3}}{3} - \frac{\pi}{12}.$$

应用牛顿-莱布尼茨公式必须注意定理的条件,即被积函数 $f(x)$ 在区间 $[a,b]$ 上连续. 如果被积函数 $f(x)$ 在区间 $[a,b]$ 上有有限个第一类间断点,则可利用定积分关于积分区间的可加性把 $[a,b]$ 分成有限个使函数 $f(x)$ 保持连续的小区间,在每个小区间上分别计算定积分,然后把结果相加.

例 5.8 设

$$f(x) = \begin{cases} \sqrt{x}, & 0 \leqslant x \leqslant 1, \\ \mathrm{e}^{-x}, & 1 < x \leqslant 3, \end{cases}$$

计算 $\int_0^3 f(x)\mathrm{d}x$.

解
$$\int_0^3 f(x)\mathrm{d}x = \int_0^1 f(x)\mathrm{d}x + \int_1^3 f(x)\mathrm{d}x = \int_0^1 \sqrt{x}\,\mathrm{d}x + \int_1^3 \mathrm{e}^{-x}\mathrm{d}x$$
$$= \left[\frac{2}{3}x^{\frac{3}{2}}\right]_0^1 - \left[\mathrm{e}^{-x}\right]_1^3 = \frac{2}{3} - 0 - (\mathrm{e}^{-3} - \mathrm{e}^{-1}) = \frac{2}{3} - \mathrm{e}^{-3} + \mathrm{e}^{-1}.$$

例 5.9 用定积分定义求极限 $\lim\limits_{n \to \infty}\left(\dfrac{n}{n^2+1^2} + \dfrac{n}{n^2+2^2} + \cdots + \dfrac{n}{n^2+n^2}\right)$.

解 因

$$\frac{n}{n^2+1^2} + \frac{n}{n^2+2^2} + \cdots + \frac{n}{n^2+n^2} = \sum_{k=1}^{n} \frac{1}{1+\left(\dfrac{k}{n}\right)^2} \cdot \frac{1}{n},$$

这相当于将区间 $[0,1]$ n 等分,其分点为 $x_k = \dfrac{k}{n}(k=1,2,\cdots,n)$,在每个子区间 $\left[\dfrac{k-1}{n}, \dfrac{k}{n}\right]$ 上取 $\xi_k = \dfrac{k}{n}, \Delta x_k = \dfrac{1}{n}(k=1,2,\cdots,n)$,函数 $f(x) = \dfrac{1}{1+x^2}$ 的一个积分和,故

$$\lim_{n \to \infty}\left(\frac{n}{n^2+1^2} + \frac{n}{n^2+2^2} + \cdots + \frac{n}{n^2+n^2}\right) = \int_0^1 \frac{1}{1+x^2}\mathrm{d}x = \arctan x \Big|_0^1 = \frac{\pi}{4}.$$

例 5.10 设

$$f(x) = \begin{cases} \mathrm{e}^{-x}, & 0 \leqslant x \leqslant 1, \\ 2x, & 1 < x \leqslant 2, \end{cases}$$

求积分上限函数 $\Phi(x) = \int_0^x f(t)\mathrm{d}t$ 在区间 $[0,2]$ 上的表达式.

解 由于函数 $f(x)$ 是分段函数,因此 $\Phi(x)$ 的表达式要分段考虑,于是有

当 $0 \leqslant x \leqslant 1$ 时,

$$\Phi(x) = \int_0^x f(t)\mathrm{d}t = \int_0^x \mathrm{e}^{-t}\mathrm{d}t = -\mathrm{e}^{-t}\Big|_0^x = 1 - \mathrm{e}^{-x};$$

当 $1 < x \leqslant 2$ 时,

$$\Phi(x) = \int_0^x f(t)\mathrm{d}t = \int_0^1 f(t)\mathrm{d}t + \int_1^x f(t)\mathrm{d}t = \int_0^1 \mathrm{e}^{-t}\mathrm{d}t + \int_1^x 2t\mathrm{d}t = -\mathrm{e}^{-t}\Big|_0^1 + t^2\Big|_1^x = x^2 - \mathrm{e}^{-1},$$

所以

$$\Phi(x) = \begin{cases} 1 - \mathrm{e}^{-x}, & 0 \leqslant x \leqslant 1, \\ x^2 - \mathrm{e}^{-1}, & 1 < x \leqslant 2. \end{cases}$$

5.3.2 定积分的换元积分法

应用换元积分法计算定积分时,变换过程和求不定积分的换元积分法是一样的.在不定积分时,积分后要换回原来的积分变量.但在定积分利用换元积分法时,可相应地改变定积

分的上、下限,不必再换回到原来的积分变量,从而简化定积分的计算.

定理 5.6 设函数 $f(x)$ 在区间 $[a,b]$ 上连续,若函数 $x=\varphi(t)$ 满足下列条件:

(1) $\varphi(t)$ 在 $[\alpha,\beta]$(或 $[\beta,\alpha]$)上具有连续导数;

(2) $\varphi(\alpha)=a,\varphi(\beta)=b$,且当 t 在 $[\alpha,\beta]$(或 $[\beta,\alpha]$)上变化时,$x=\varphi(t)$ 的值在区间 $[a,b]$ 上变化,则

$$\int_a^b f(x)\mathrm{d}x = \int_\alpha^\beta f[\varphi(t)]\varphi'(t)\mathrm{d}t. \tag{5.3}$$

式(5.3)称为定积分的换元积分公式.

证 由定理条件可知,式(5.3)两端的被积函数都是连续的,因此,它们的原函数都存在.式(5.3)两端的定积分都可用牛顿-莱布尼茨公式来计算.设 $F(x)$ 是函数 $f(x)$ 在 $[a,b]$ 上的一个原函数,则有

$$\int_a^b f(x)\mathrm{d}x = F(b) - F(a).$$

另一方面,对 $F(x)$ 与 $x=\varphi(t)$ 的复合函数 $F[\varphi(t)]$ 求导,得

$$\frac{\mathrm{d}F[\varphi(t)]}{\mathrm{d}t} = F'[\varphi(t)]\varphi'(t) = f[\varphi(t)]\varphi'(t).$$

这说明 $F[\varphi(t)]$ 是 $f[\varphi(t)]\varphi'(t)$ 的一个原函数,因此有

$$\int_\alpha^\beta f[\varphi(t)]\varphi'(t)\mathrm{d}t = F[\varphi(\beta)] - F[\varphi(\alpha)] = F(b) - F(a),$$

故

$$\int_a^b f(x)\mathrm{d}x = F(b) - F(a) = \int_\alpha^\beta f[\varphi(t)]\varphi'(t)\mathrm{d}t.$$

由定积分换元公式(5.3)知,应用换元公式时要**注意**:

(1) 用变量代换 $x=\varphi(t)$ 将变量 x 换成新变量 t 时,要将 x 的积分限 a,b 换成 t 的积分限 α,β;

(2) 与不定积分的换元法不同的是,在求出 $f[\varphi(t)]\varphi'(t)$ 的原函数 $\varPhi(t)$ 后,不必把 $\varPhi(t)$ 变换成 x 的函数,只要把新变量 t 的上、下限代入 $\varPhi(t)$ 后相减即可.

例 5.11 计算 $\int_0^{\frac{1}{2}} \dfrac{x^2}{\sqrt{1-x^2}}\mathrm{d}x$.

解 设 $x=\sin t$,则 $\mathrm{d}x=\cos t\mathrm{d}t$,且当 $x=0$ 时,$t=0$;当 $x=\dfrac{1}{2}$ 时,$t=\dfrac{\pi}{6}$;故

$$\int_0^{\frac{1}{2}} \frac{x^2}{\sqrt{1-x^2}}\mathrm{d}x = \int_0^{\frac{\pi}{6}} \sin^2 t\mathrm{d}t = \int_0^{\frac{\pi}{6}} \frac{1-\cos 2t}{2}\mathrm{d}t = \left[\frac{1}{2}t - \frac{1}{4}\sin 2t\right]_0^{\frac{\pi}{6}} = \frac{\pi}{12} - \frac{\sqrt{3}}{8}.$$

例 5.12 计算 $\int_{-1}^1 \dfrac{x}{\sqrt{5-4x}}\mathrm{d}x$.

解 设 $\sqrt{5-4x}=t$,则 $x=\dfrac{5-t^2}{4}$,$\mathrm{d}x=-\dfrac{1}{2}t\mathrm{d}t$,且当 $x=-1$ 时,$t=3$;当 $x=1$ 时,$t=1$;故

$$\int_{-1}^1 \frac{x}{\sqrt{5-4x}}\mathrm{d}x = \int_3^1 \frac{5-t^2}{4t}\left(-\frac{1}{2}t\right)\mathrm{d}t = \frac{1}{8}\int_3^1 (t^2-5)\mathrm{d}t = \frac{1}{8}\left[\frac{t^3}{3} - 5t\right]_3^1 = \frac{1}{6}.$$

例 5.13 计算 $\int_0^\pi \sqrt{\sin^2 x - \sin^4 x}\,\mathrm{d}x$.

解 $\displaystyle\int_0^\pi \sqrt{\sin^2 x - \sin^4 x}\,\mathrm{d}x = \int_0^\pi \sqrt{\sin^2 x(1-\sin^2 x)}\,\mathrm{d}x = \int_0^\pi |\sin x|\,|\cos x|\,\mathrm{d}x$

$$= \int_0^{\frac{\pi}{2}} \sin x\cos x\,\mathrm{d}x + \int_{\frac{\pi}{2}}^\pi \sin x(-\cos x)\,\mathrm{d}x$$

$$= \int_0^{\frac{\pi}{2}} \sin x\,\mathrm{d}(\sin x) - \int_{\frac{\pi}{2}}^\pi \sin x\,\mathrm{d}(\sin x)$$

$$= \left[\frac{1}{2}\sin^2 x\right]_0^{\frac{\pi}{2}} - \left[\frac{1}{2}\sin^2 x\right]_{\frac{\pi}{2}}^\pi = \frac{1}{2} - \left(-\frac{1}{2}\right) = 1.$$

例 5.14（奇、偶函数定积分的性质） 设 $f(x)$ 在区间 $[-a,a]$ 上连续，试证：

(1) 当 $f(x)$ 为偶函数时，$\displaystyle\int_{-a}^a f(x)\,\mathrm{d}x = 2\int_0^a f(x)\,\mathrm{d}x$；

(2) 当 $f(x)$ 为奇函数时，$\displaystyle\int_{-a}^a f(x)\,\mathrm{d}x = 0.$

证 因为

$$\int_{-a}^a f(x)\,\mathrm{d}x = \int_{-a}^0 f(x)\,\mathrm{d}x + \int_0^a f(x)\,\mathrm{d}x,$$

对于积分 $\displaystyle\int_{-a}^0 f(x)\,\mathrm{d}x$ 作代换 $x = -t$，得

$$\int_{-a}^0 f(x)\,\mathrm{d}x = -\int_a^0 f(-t)\,\mathrm{d}t = \int_0^a f(-t)\,\mathrm{d}t = \int_0^a f(-x)\,\mathrm{d}x,$$

从而 $\displaystyle\int_{-a}^a f(x)\,\mathrm{d}x = \int_0^a f(-x)\,\mathrm{d}x + \int_0^a f(x)\,\mathrm{d}x = \int_0^a [f(-x) + f(x)]\,\mathrm{d}x.$

(1) 若 $f(x)$ 为偶函数，$f(-x) = f(x)$，于是 $f(-x) + f(x) = 2f(x)$，则

$$\int_{-a}^a f(x)\,\mathrm{d}x = 2\int_0^a f(x)\,\mathrm{d}x.$$

(2) 若 $f(x)$ 为奇函数，$f(-x) = -f(x)$，于是 $f(-x) + f(x) = 0$，则有

$$\int_{-a}^a f(x)\,\mathrm{d}x = 0.$$

以后在计算奇函数和偶函数在关于原点对称的区间上的积分时，可利用上述性质简化计算.

例 5.15 计算 $\displaystyle\int_{-2}^2 (x^3\cos x + x\sin^4 x - x^4)\,\mathrm{d}x.$

解 因为 $x^3\cos x + x\sin^4 x$ 是奇函数，x^4 是偶函数，所以

$$\int_{-2}^2 (x^3\cos x + x\sin^4 x - x^4)\,\mathrm{d}x = -2\int_0^2 x^4\,\mathrm{d}x = -\frac{2}{5}\left[x^5\right]_0^2 = -\frac{64}{5}.$$

例 5.16（周期函数定积分的性质） 设 $f(x)$ 是以 T 为周期的连续函数，a,b 为任意实数，试证：

(1) $\displaystyle\int_{a+T}^{b+T} f(x)\,\mathrm{d}x = \int_a^b f(x)\,\mathrm{d}x$；

(2) $\displaystyle\int_a^{a+T} f(x)\,\mathrm{d}x = \int_0^T f(x)\,\mathrm{d}x.$

证 (1) 对 $\displaystyle\int_{a+T}^{b+T} f(x)\,\mathrm{d}x$ 作变量代换 $x = t + T$，则 $\mathrm{d}x = \mathrm{d}t$；且当 $x = a + T$ 时，$t = a$；当 $x = b + T$ 时，$t = b$；又 $f(t)$ 是以 T 为周期的函数，有 $f(t + T) = f(t)$，所以

$$\int_{a+T}^{b+T} f(x)\mathrm{d}x = \int_a^b f(t+T)\mathrm{d}t = \int_a^b f(t)\mathrm{d}t = \int_a^b f(x)\mathrm{d}x.$$

（2）由于

$$\int_a^{a+T} f(x)\mathrm{d}x = \int_a^0 f(x)\mathrm{d}x + \int_0^T f(x)\mathrm{d}x + \int_T^{a+T} f(x)\mathrm{d}x,$$

因此只需证明

$$\int_T^{a+T} f(x)\mathrm{d}x = -\int_a^0 f(x)\mathrm{d}x.$$

于是，对积分 $\int_T^{a+T} f(x)\mathrm{d}x$ 作变量代换 $x=t+T$，则 $\mathrm{d}x=\mathrm{d}t$；且当 $x=T$ 时，$t=0$；当 $x=a+T$ 时，$t=a$. 从而有

$$\int_T^{a+T} f(x)\mathrm{d}x = \int_0^a f(t+T)\mathrm{d}t.$$

又因为 $f(t)$ 是以 T 为周期的函数，有 $f(t+T)=f(t)$，所以

$$\int_T^{a+T} f(x)\mathrm{d}x = \int_0^a f(t)\mathrm{d}t = -\int_a^0 f(x)\mathrm{d}x,$$

故 $\int_a^{a+T} f(x)\mathrm{d}x = \int_0^T f(x)\mathrm{d}x$.

此例说明，周期为 T 的连续函数，在任意一长度为 T 的区间上的积分值均相等，而与区间的起点无关.

例 5.17　设函数 $f(x)$ 在区间 $[0,1]$ 上连续，试证：

（1）$\int_0^{\frac{\pi}{2}} f(\sin x)\mathrm{d}x = \int_0^{\frac{\pi}{2}} f(\cos x)\mathrm{d}x$；

（2）$\int_0^{\pi} xf(\sin x)\mathrm{d}x = \frac{\pi}{2}\int_0^{\pi} f(\sin x)\mathrm{d}x$，并由此计算 $\int_{-\pi}^{\pi} \frac{x\sin x}{1+\cos^2 x}\mathrm{d}x$.

证　（1）令 $x=\frac{\pi}{2}-t$，则 $\mathrm{d}x=-\mathrm{d}t$，且当 $x=0$ 时，$t=\frac{\pi}{2}$；当 $x=\frac{\pi}{2}$ 时，$t=0$. 故

$$\int_0^{\frac{\pi}{2}} f(\sin x)\mathrm{d}x = -\int_{\frac{\pi}{2}}^0 f\left[\sin\left(\frac{\pi}{2}-t\right)\right]\mathrm{d}t = \int_0^{\frac{\pi}{2}} f(\cos t)\mathrm{d}t = \int_0^{\frac{\pi}{2}} f(\cos x)\mathrm{d}x.$$

（2）令 $x=\pi-t$，则 $\mathrm{d}x=-\mathrm{d}t$，且当 $x=0$ 时，$t=\pi$；当 $x=\pi$ 时，$t=0$. 故

$$\int_0^{\pi} xf(\sin x)\mathrm{d}x = -\int_{\pi}^0 (\pi-t)f[\sin(\pi-t)]\mathrm{d}t = \int_0^{\pi}(\pi-t)f(\sin t)\mathrm{d}t$$

$$= \pi\int_0^{\pi} f(\sin t)\mathrm{d}t - \int_0^{\pi} tf(\sin t)\mathrm{d}t$$

$$= \pi\int_0^{\pi} f(\sin x)\mathrm{d}x - \int_0^{\pi} xf(\sin x)\mathrm{d}x.$$

移项合并后得

$$\int_0^{\pi} xf(\sin x)\mathrm{d}x = \frac{\pi}{2}\int_0^{\pi} f(\sin x)\mathrm{d}x.$$

利用例 5.14 和上述结论，得

$$\int_{-\pi}^{\pi} \frac{x\sin x}{1+\cos^2 x} = 2\int_0^{\pi} \frac{x\sin x}{1+\cos^2 x}\mathrm{d}x = 2\cdot\frac{\pi}{2}\int_0^{\pi} \frac{\sin x}{1+\cos^2 x}\mathrm{d}x = -\pi\int_0^{\pi} \frac{\mathrm{d}(\cos x)}{1+\cos^2 x}$$

$$= -\pi\left[\arctan(\cos x)\right]_0^{\pi} = -\pi\left(-\frac{\pi}{4}-\frac{\pi}{4}\right) = \frac{\pi^2}{2}.$$

5.3.3　定积分的分部积分法

设函数 $u = u(x), v = v(x)$ 在区间 $[a, b]$ 上具有连续导数,根据乘积函数的求导公式

$$(uv)' = u'v + uv',$$

移项得

$$uv' = (uv)' - u'v,$$

对上式两端在 $[a, b]$ 积分,有

$$\int_a^b uv' \mathrm{d}x = \int_a^b (uv)' \mathrm{d}x - \int_a^b u'v \mathrm{d}x.$$

由牛顿-莱布尼茨公式

$$\int_a^b (uv)' \mathrm{d}x = [uv]_a^b,$$

于是有

$$\int_a^b uv' \mathrm{d}x = [uv]_a^b - \int_a^b u'v \mathrm{d}x, \tag{5.4}$$

或写为

$$\int_a^b u \mathrm{d}v = [uv]_a^b - \int_a^b v \mathrm{d}u. \tag{5.5}$$

式(5.4)、式(5.5)就是**定积分的分部积分公式**.

例 5.18　计算 $\int_0^1 \arctan x \mathrm{d}x$.

解　设 $u = \arctan x, \mathrm{d}v = \mathrm{d}x, \mathrm{d}u = \dfrac{1}{1 + x^2} \mathrm{d}x, v = x$,于是

$$\int_0^1 \arctan x \mathrm{d}x = [x \arctan x]_0^1 - \int_0^1 \frac{x}{1 + x^2} \mathrm{d}x = \frac{\pi}{4} - \frac{1}{2} \int_0^1 \frac{1}{1 + x^2} \mathrm{d}(1 + x^2)$$

$$= \frac{\pi}{4} - \frac{1}{2} [\ln(1 + x^2)]_0^1 = \frac{\pi}{4} - \frac{\ln 2}{2}.$$

例 5.19　计算定积分 $\int_0^{\frac{\pi^2}{4}} \cos \sqrt{x} \mathrm{d}x$.

解　此例要先用换元法再用分部积分法.

设 $\sqrt{x} = t$,则 $x = t^2, \mathrm{d}x = 2t \mathrm{d}t$,且当 $x = 0$ 时,$t = 0$,当 $x = \dfrac{\pi^2}{4}$ 时,$t = \dfrac{\pi}{2}$,故

$$\int_0^{\frac{\pi^2}{4}} \cos \sqrt{x} \mathrm{d}x = \int_0^{\frac{\pi}{2}} \cos t \cdot 2t \mathrm{d}t = 2 \int_0^{\frac{\pi}{2}} t \mathrm{d} \sin t = 2 [t \sin t]_0^{\frac{\pi}{2}} - 2 \int_0^{\frac{\pi}{2}} \sin t \mathrm{d}t$$

$$= \pi + 2 [\cos t]_0^{\frac{\pi}{2}} = \pi - 2.$$

例 5.20　证明定积分公式

$$I_n = \int_0^{\frac{\pi}{2}} \sin^n x \mathrm{d}x = \int_0^{\frac{\pi}{2}} \cos^n x \mathrm{d}x = \begin{cases} \dfrac{(n-1)!!}{n!!} \cdot \dfrac{\pi}{2}, & n \text{ 为偶数}, \\ \dfrac{(n-1)!!}{n!!}, & n \text{ 为奇数}; \end{cases} \quad (n > 1)$$

其中 $(2m)!! = (2m) \cdot (2m-2) \cdots 2$;$(2m-1)!! = (2m-1) \cdot (2m-3) \cdots 3 \cdot 1$.

证 由本节例 5.17(1)知

$$I_n = \int_0^{\frac{\pi}{2}} \sin^n x \, dx = \int_0^{\frac{\pi}{2}} \cos^n x \, dx,$$

根据分部积分公式,得

$$I_n = \int_0^{\frac{\pi}{2}} \sin^n x \, dx = \int_0^{\frac{\pi}{2}} \sin^{n-1} x \, d(-\cos x)$$

$$= \left[-\sin^{n-1} x \cos x \right]_0^{\frac{\pi}{2}} + (n-1) \int_0^{\frac{\pi}{2}} \sin^{n-2} x \cos^2 x \, dx$$

$$= (n-1) \int_0^{\frac{\pi}{2}} \sin^{n-2} x (1 - \sin^2 x) \, dx$$

$$= (n-1) \int_0^{\frac{\pi}{2}} \sin^{n-2} x \, dx - (n-1) \int_0^{\frac{\pi}{2}} \sin^n x \, dx = (n-1) I_{n-2} - (n-1) I_n,$$

移项合并得积分 I_n 的递推公式,

$$I_n = \frac{n-1}{n} I_{n-2}.$$

因为

$$I_0 = \int_0^{\frac{\pi}{2}} dx = \frac{\pi}{2}, \quad I_1 = \int_0^{\frac{\pi}{2}} \sin x \, dx = 1,$$

所以,由递推公式得到:

(1) 当 n 为偶数时,

$$I_n = \frac{n-1}{n} I_{n-2} = \frac{n-1}{n} \cdot \frac{n-3}{n-2} I_{n-4} = \cdots = \frac{n-1}{n} \cdot \frac{n-3}{n-2} \cdots \frac{3}{4} \cdot \frac{1}{2} I_0$$

$$= \frac{n-1}{n} \cdot \frac{n-3}{n-2} \cdots \frac{3}{4} \cdot \frac{1}{2} \cdot \frac{\pi}{2} = \frac{(n-1)!!}{n!!} \cdot \frac{\pi}{2};$$

(2) 当 n 为奇数时,

$$I_n = \frac{n-1}{n} I_{n-2} = \frac{n-1}{n} \cdot \frac{n-3}{n-2} I_{n-4} = \cdots = \frac{n-1}{n} \cdot \frac{n-3}{n-2} \cdots \frac{4}{5} \cdot \frac{2}{3} I_1$$

$$= \frac{n-1}{n} \cdot \frac{n-3}{n-2} \cdots \frac{4}{5} \cdot \frac{2}{3} = \frac{(n-1)!!}{n!!}.$$

例 5.21 计算 $\int_0^{\pi} \cos^5 \frac{x}{2} \, dx$.

解 设 $\frac{x}{2} = t, dx = 2dt$; 当 $x = 0$ 时,$t = 0$; 当 $x = \pi$ 时,$t = \frac{\pi}{2}$. 故

$$\int_0^{\pi} \cos^5 \frac{x}{2} \, dx = 2 \int_0^{\frac{\pi}{2}} \cos^5 t \, dt = 2 \cdot \frac{4}{5} \cdot \frac{2}{3} = \frac{16}{15}.$$

习题 5.3

A 组

1. 求下列函数的导数:

(1) $f(x) = \int_0^x \ln(t + \sqrt{t} + 1) \, dt$; 　　　　　　(2) $f(x) = \int_{\sqrt{x}}^0 \sin t^2 \, dt$;

(3) $f(x) = \int_{x^2}^{e^x} \ln t \mathrm{d}t \, (x > 0)$，求 $f'(x), f'(1)$；　　　(4) $f(x) = \int_{\sin x}^{\cos x} e^{t^2} \mathrm{d}t$；

(5) $f(x) = \int_{x^2}^{0} x \cos t^2 \mathrm{d}t$.

2. 求由参数式 $x = \int_0^t \sin u^3 \mathrm{d}u, y = \int_0^{t^2} \cos(\sqrt{u} + 1) \mathrm{d}u$ 表示的函数 y 对 x 的导数 $\dfrac{\mathrm{d}y}{\mathrm{d}x}$.

3. 求由 $\int_0^y e^t \mathrm{d}t + \int_0^{xy} \cos t \mathrm{d}t = 0$ 所确定的隐函数 y 对 x 的导数 $\dfrac{\mathrm{d}y}{\mathrm{d}x}$.

4. 求由 $x - \int_1^{x+y} e^{-t^2} \mathrm{d}t = 0$ 所确定的隐函数 y 对 x 的导数 $\dfrac{\mathrm{d}^2 y}{\mathrm{d}x^2}$.

5. 求 $f(x) = \int_0^x t e^{-t} \mathrm{d}t$ 的极值与拐点.

6. 计算下列极限：

(1) $\lim\limits_{x \to 1} \dfrac{\int_1^x e^{t^2} \mathrm{d}t}{\ln x}$；　　　(2) $\lim\limits_{x \to 0} \dfrac{\left(\int_0^x e^{t^2} \mathrm{d}t \right)^2}{\int_0^x t e^{2t^2} \mathrm{d}t}$；　　　(3) $\lim\limits_{x \to 0} \dfrac{\int_0^{\sin x} \sqrt{\tan t} \, \mathrm{d}t}{\int_0^{\tan x} \sqrt{\sin t} \, \mathrm{d}t}$；

(4) $\lim\limits_{x \to +\infty} \dfrac{\int_0^x (\arctan t)^2 \mathrm{d}t}{\sqrt{x^2 + 1}}$；　　　(5) $\lim\limits_{x \to +\infty} \dfrac{\int_0^x t^2 e^{t^2} \mathrm{d}t}{\left(\int_0^x e^{t^2} \mathrm{d}t \right)^2}$.

7. 用定积分的定义计算下列极限：

(1) $\lim\limits_{n \to \infty} \left(\dfrac{1}{\sqrt{n} \sqrt{n+1}} + \dfrac{1}{\sqrt{n} \sqrt{n+2}} + \cdots + \dfrac{1}{\sqrt{n} \sqrt{n+n}} \right)$；

(2) $\lim\limits_{n \to \infty} \dfrac{1}{n} \left(1 + \sec^2 \dfrac{\pi}{4n} + \sec^2 \dfrac{2\pi}{4n} + \cdots + \sec^2 \dfrac{n\pi}{4n} \right)$.

8. 计算下列定积分：

(1) $\int_0^1 \dfrac{1}{x^2 + 1} \mathrm{d}x$；　　　(2) $\int_0^{\frac{\pi}{4}} \tan^2 x \mathrm{d}x$；　　　(3) $\int_4^9 \sqrt{x} (1 + \sqrt{x}) \mathrm{d}x$；

(4) $\int_0^3 \sqrt{4 - 4x + x^2} \, \mathrm{d}x$；　　　(5) $\int_0^{2\pi} |\sin x| \mathrm{d}x$；　　　(6) $\int_{-1}^0 \dfrac{3x^4 + 3x^2 + 1}{x^2 + 1} \mathrm{d}x$；

(7) $\int_0^{\frac{\pi}{4}} \dfrac{\cos + \sin x}{\sqrt{\cos x - \sin x}} \mathrm{d}x$；　　　(8) $\int_0^{\frac{\pi}{2}} \sqrt{1 - \sin 2x} \, \mathrm{d}x$；

(9) 设 $f(x) = \begin{cases} x + 1, & x \leqslant 1, \\ \dfrac{x^2}{2}, & x > 1, \end{cases}$ 求 $\int_0^2 f(x) \mathrm{d}x$.

9. 用换元法计算以下定积分：

(1) $\int_0^1 \sqrt{4 - x^2} \, \mathrm{d}x$；　　　(2) $\int_0^1 x^2 \sqrt{1 - x^2} \, \mathrm{d}x$；

(3) $\int_0^{\frac{\pi}{2}} \sin x \cos^2 x \mathrm{d}x$；　　　(4) $\int_{-\pi}^{\pi} \sin^2 \dfrac{x}{2} \mathrm{d}x$；

(5) $\int_0^{\pi} (1 - \cos^3 x) \mathrm{d}x$；　　　(6) $\int_1^4 \dfrac{\mathrm{d}x}{x + \sqrt{x}}$；

(7) $\displaystyle\int_0^4 \frac{\mathrm{d}x}{1+\sqrt{2x+1}}$;　　　　(8) $\displaystyle\int_0^1 \frac{\mathrm{d}x}{\mathrm{e}^x+\mathrm{e}^{-x}}$;

(9) $\displaystyle\int_{\frac{1}{\mathrm{e}}}^{\mathrm{e}} \frac{|\ln x|}{x}\mathrm{d}x$;　　　　(10) $\displaystyle\int_{\mathrm{e}^{\frac{\sqrt{3}}{3}}}^{\mathrm{e}^{\sqrt{3}}} \frac{\mathrm{d}x}{x\ln x \sqrt{1+\ln^2 x}}$;

(11) $\displaystyle\int_a^{2a} \frac{\sqrt{x^2-a^2}}{x^4}\mathrm{d}x(a>0)$;　(12) $\displaystyle\int_{-a}^a \frac{\mathrm{d}x}{(a^2+x^2)^{\frac{3}{2}}}(a>0)$;

(13) $\displaystyle\int_0^1 x(2-x^2)^{12}\mathrm{d}x$;　　　(14) $\displaystyle\int_0^1 t\mathrm{e}^{-\frac{t^2}{2}}\mathrm{d}t$;

(15) $\displaystyle\int_0^{\frac{\pi}{4}} \frac{\sin x}{1+\sin x}\mathrm{d}x$;　　　(16) $\displaystyle\int_{-\frac{\pi}{2}}^{\frac{\pi}{2}} \sqrt{\cos x-\cos^3 x}\,\mathrm{d}x$;

(17) $\displaystyle\int_0^{\pi} \sqrt{\sin^3 x-\sin^5 x}\,\mathrm{d}x$;　(18) $\displaystyle\int_0^{\pi} \sqrt{1+\cos 2x}\,\mathrm{d}x$.

10. 利用奇偶性计算下列积分:

(1) $\displaystyle\int_{-\frac{1}{2}}^{\frac{1}{2}} \frac{(\arcsin x)^2}{\sqrt{1-x^2}}\mathrm{d}x$;　　　(2) $\displaystyle\int_{-a}^a [f(x)-f(-x)]\mathrm{d}x$;

(3) $\displaystyle\int_{-2}^2 (|x|+x)\mathrm{e}^{-|x|}\mathrm{d}x$;　　(4) $\displaystyle\int_{-1}^1 |x|(x+\sqrt{1+x^2})\mathrm{d}x$.

11. 计算下列定积分:

(1) $\displaystyle\int_0^{\frac{\pi}{2}} \mathrm{e}^x \sin x\mathrm{d}x$;　　　(2) $\displaystyle\int_0^{\frac{\pi}{2}} x^2 \sin x\mathrm{d}x$;　　　(3) $\displaystyle\int_0^{2\pi} x\cos^2 x\mathrm{d}x$;

(4) $\displaystyle\int_1^{\mathrm{e}} x\ln x\mathrm{d}x$;　　　(5) $\displaystyle\int_{\frac{1}{\mathrm{e}}}^{\mathrm{e}} |\ln x|\mathrm{d}x$;　　　(6) $\displaystyle\int_0^1 x\arctan x\mathrm{d}x$;

(7) $\displaystyle\int_1^{\mathrm{e}} \sin(\ln x)\mathrm{d}x$;　　(8) $\displaystyle\int_0^{\ln 2} \frac{x\mathrm{e}^x}{(1+x)^2}\mathrm{d}x$;　(9) $\displaystyle\int_0^{\frac{\pi}{2}} \frac{1}{1+\cos^2 x}\mathrm{d}x$;

(10) $\displaystyle\int_0^1 (1-x^2)^{\frac{m}{2}}\mathrm{d}x$($m$ 为自然数);

(11) $I_m = \displaystyle\int_0^{\pi} x\sin^m x\mathrm{d}x$($m$ 为自然数).

B 组

1. 设 $f(x) = \begin{cases} \dfrac{1}{1+\mathrm{e}^x}, & x<0 \\[2mm] \dfrac{1}{1+x}, & x \geqslant 0, \end{cases}$ 求 $\displaystyle\int_0^2 f(x-1)\mathrm{d}x$.

2. 设 $f(x)$ 在区间 $[0,2a](a>0)$ 上连续,证明:
$$\int_0^{2a} f(x)\mathrm{d}x = \int_0^a [f(x)+f(2a-x)]\mathrm{d}x.$$

3. 设 $f(x)$ 在 $[a,b]$ 上连续,在 (a,b) 内可导,且 $f'(x) \leqslant 0$,$F(x) = \dfrac{1}{x-a}\displaystyle\int_a^x f(t)\mathrm{d}t$. 证明在 (a,b) 内 $F'(x) \leqslant 0$.

4. 设 $f(x)$ 在 $[a,b]$ 上连续,且 $f(x)>0$,又
$$F(x) = \int_a^x f(t)\mathrm{d}t + \int_b^x \frac{1}{f(t)}\mathrm{d}t, \quad x \in [a,b],$$

证明：(1) $F'(x) \geqslant 2$；

(2) 方程 $F(x) = 0$ 在区间 (a, b) 内有唯一实根.

5. 设 $f(x)$ 在 $(-\infty, +\infty)$ 内连续，证明：

(1) 若 $f(x)$ 为奇函数，则 $\int_0^x f(t)\mathrm{d}t$ 是偶函数；

(2) 若 $f(x)$ 为偶函数，则 $\int_0^x f(t)\mathrm{d}t$ 是奇函数.

6. 计算下列定积分：

(1) $\displaystyle\int_0^1 e^{\sqrt{x}}\mathrm{d}x$；

(2) $\displaystyle\int_0^3 \frac{\ln(1+x)}{\sqrt{1+x}}\mathrm{d}x$；

(3) $\displaystyle\int_1^3 \arctan\sqrt{x}\,\mathrm{d}x$；

(4) $\displaystyle\int_0^1 \frac{1}{(x+1)\sqrt{x^2+1}}\mathrm{d}x$.

5.4 广义积分

由定积分的定义知，定积分 $\displaystyle\int_a^b f(x)\mathrm{d}x$ 必须满足两个条件：

(1) 积分区间 $[a, b]$ 是有限区间；

(2) 被积函数 $f(x)$ 在积分区间 $[a, b]$ 上有界.

在实际问题中，常常会遇到积分区间为无穷区间或被积函数为无界函数的积分，因此，我们需要将定积分概念推广到上述两种情形，这种推广后的积分就是广义积分.

5.4.1 无穷区间上的广义积分

考虑位于曲线 $y = \dfrac{1}{x^2}$ 之下、x 轴之上和直线 $x = 1$ 右侧的无穷区域的面积 S（如图 5.4）。由于是无穷区域，所以往往认为它的面积也是无穷大，为了说明这个问题，下面仔细地分析一下.

先考虑无穷区域中从直线 $x = 1$ 到 $x = A$ 的那一部分（图 5.4 中阴影部分）的面积，其面积为

$$S(A) = \int_1^A \frac{1}{x^2}\mathrm{d}x = \left[-\frac{1}{x}\right]_1^A = 1 - \frac{1}{A}.$$

注意到不论 A 取多大，总有 $S(A) < 1$ 成立。

显然，A 越大，$S(A)$ 越接近无穷区域的面积 S，而且

$$\lim_{A \to +\infty} S(A) = \lim_{A \to +\infty}\left(1 - \frac{1}{A}\right) = 1.$$

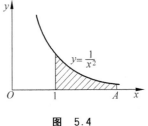

图　5.4

由于当 $A \to +\infty$ 时，图 5.4 中阴影部分的面积趋近于 1，于是就认为无穷区域的面积 S 等于 1，并且记作

$$S = \int_1^{+\infty} \frac{1}{x^2}\mathrm{d}x = \lim_{A \to +\infty} \int_1^A \frac{1}{x^2}\mathrm{d}x = 1.$$

从这个例子得到启示，可以将函数在无穷区间上的定积分定义为在有限区间上的定积分的极限.

定义 5.2 （1）设函数 $f(x)$ 在区间 $[a, +\infty)$ 上连续，对任意的 $A > a$，如果极限 $\lim\limits_{A \to +\infty} \int_a^A f(x)\mathrm{d}x$ 存在，则称函数 $f(x)$ 在无穷区间 $[a, +\infty)$ 上的广义积分 $\int_a^{+\infty} f(x)\mathrm{d}x$ 收敛，并把此极限称为广义积分 $\int_a^{+\infty} f(x)\mathrm{d}x$ 的值，即有

$$\int_a^{+\infty} f(x)\mathrm{d}x = \lim_{A \to +\infty} \int_a^A f(x)\mathrm{d}x. \tag{5.6}$$

如果上述极限不存在，则称广义积分 $\int_a^{+\infty} f(x)\mathrm{d}x$ 发散.

（2）设函数 $f(x)$ 在区间 $(-\infty, b]$ 上连续，对任意的 $B < b$，如果极限 $\lim\limits_{B \to -\infty} \int_B^b f(x)\mathrm{d}x$ 存在，则称函数 $f(x)$ 在无穷区间 $(-\infty, b]$ 上的广义积分 $\int_{-\infty}^b f(x)\mathrm{d}x$ 收敛，并把此极限称为广义积分 $\int_{-\infty}^b f(x)\mathrm{d}x$ 的值，即有

$$\int_{-\infty}^b f(x)\mathrm{d}x = \lim_{B \to -\infty} \int_B^b f(x)\mathrm{d}x. \tag{5.7}$$

如果上述极限不存在，则称广义积分 $\int_{-\infty}^b f(x)\mathrm{d}x$ 发散.

（3）设函数 $f(x)$ 在区间 $(-\infty, +\infty)$ 上连续，c 为任一实数. 如果广义积分 $\int_{-\infty}^c f(x)\mathrm{d}x$ 和 $\int_c^{+\infty} f(x)\mathrm{d}x$ 都收敛，则称函数 $f(x)$ 在无穷区间 $(-\infty, +\infty)$ 上的广义积分 $\int_{-\infty}^{+\infty} f(x)\mathrm{d}x$ 收敛，且定义其值为

$$\int_{-\infty}^{+\infty} f(x)\mathrm{d}x = \int_{-\infty}^c f(x)\mathrm{d}x + \int_c^{+\infty} f(x)\mathrm{d}x = \lim_{B \to -\infty} \int_B^c f(x)\mathrm{d}x + \lim_{A \to +\infty} \int_c^A f(x)\mathrm{d}x. \tag{5.8}$$

若两极限中任一极限不存在，则称广义积分 $\int_{-\infty}^{+\infty} f(x)\mathrm{d}x$ 发散.

注：通常取 $c = 0$.

有了广义积分的定义后，前面计算位于曲线 $y = \dfrac{1}{x^2}$ 之下、x 轴之上和直线 $x = 1$ 右侧的无穷区域的面积 S，就是计算广义积分 $\int_1^{+\infty} \dfrac{1}{x^2}\mathrm{d}x$.

例 5.22 计算广义积分 $\int_{-\infty}^{+\infty} \dfrac{1}{1+x^2}\mathrm{d}x$.

解
$$\begin{aligned}
\int_{-\infty}^{+\infty} \frac{1}{1+x^2}\mathrm{d}x &= \int_{-\infty}^0 \frac{1}{1+x^2}\mathrm{d}x + \int_0^{+\infty} \frac{1}{1+x^2}\mathrm{d}x \\
&= \lim_{B \to -\infty} \int_B^0 \frac{1}{1+x^2}\mathrm{d}x + \lim_{A \to +\infty} \int_0^A \frac{1}{1+x^2}\mathrm{d}x \\
&= \lim_{B \to -\infty} [\arctan x]_B^0 + \lim_{A \to +\infty} [\arctan x]_0^A \\
&= \lim_{B \to -\infty} [-\arctan B] + \lim_{A \to +\infty} [\arctan A] \\
&= -\left(-\frac{\pi}{2}\right) + \frac{\pi}{2} = \pi.
\end{aligned}$$

为了方便，广义积分的计算可仿照牛顿-莱布尼茨公式的形式，设 $F(x)$ 是被积函数 $f(x)$ 在积分区间上的一个原函数，若记 $F(+\infty) = \lim\limits_{A \to +\infty} F(A)$，$F(-\infty) = \lim\limits_{B \to -\infty} F(B)$，则

式(5.6)、式(5.7)和式(5.8)分别可表示为

$$\int_a^{+\infty} f(x)\mathrm{d}x = \big[F(x)\big]_a^{+\infty} = F(+\infty) - F(a),$$

$$\int_{-\infty}^b f(x)\mathrm{d}x = \big[F(x)\big]_{-\infty}^b = F(b) - F(-\infty),$$

$$\int_{-\infty}^{+\infty} f(x)\mathrm{d}x = \big[F(x)\big]_{-\infty}^{+\infty} = F(+\infty) - F(-\infty).$$

注：积分限$+\infty$，$-\infty$代入$F(x)$时，应理解为对$F(x)$求极限.

例 5.23 计算积分$\int_{-\infty}^{+\infty} \mathrm{e}^x \mathrm{d}x$.

解 $\int_{-\infty}^{+\infty} \mathrm{e}^x \mathrm{d}x = \int_{-\infty}^0 \mathrm{e}^x \mathrm{d}x + \int_0^{+\infty} \mathrm{e}^x \mathrm{d}x$，因为

$$\int_0^{+\infty} \mathrm{e}^x \mathrm{d}x = \big[\mathrm{e}^x\big]_0^{+\infty} = +\infty,$$

故$\int_0^{+\infty} \mathrm{e}^x \mathrm{d}x$发散，所以$\int_{-\infty}^{+\infty} \mathrm{e}^x \mathrm{d}x$也发散.

例 5.24 计算广义积分$\int_{-\infty}^0 x\mathrm{e}^x \mathrm{d}x$.

解 $\int_{-\infty}^0 x\mathrm{e}^x \mathrm{d}x = \int_{-\infty}^0 x\mathrm{d}\mathrm{e}^x = \big[x\mathrm{e}^x\big]_{-\infty}^0 - \int_{-\infty}^0 \mathrm{e}^x \mathrm{d}x = -\big[\mathrm{e}^x\big]_{-\infty}^0 = -1.$

例 5.25 证明广义积分$\int_a^{+\infty} \dfrac{1}{x^p}\mathrm{d}x$ $(a>0)$，当$p>1$时收敛，当$p \leqslant 1$时发散.

证 当$p=1$时，

$$\int_a^{+\infty} \frac{1}{x}\mathrm{d}x = \big[\ln x\big]_a^{+\infty} = +\infty;$$

当$p \neq 1$时，

$$\int_a^{+\infty} \frac{1}{x^p}\mathrm{d}x = \left[\frac{x^{1-p}}{1-p}\right]_a^{+\infty} = \begin{cases} +\infty, & p<1, \\ \dfrac{a^{1-p}}{p-1}, & p>1; \end{cases}$$

所以，当$p>1$时，此广义积分收敛，其值为$\dfrac{a^{1-p}}{p-1}$；当$p \leqslant 1$时，此广义积分发散.

5.4.2 无界函数的广义积分

这里要讨论的是有限区间上的无界函数的广义积分. 考虑位于曲线$y = \dfrac{1}{\sqrt{x}}$之下、x轴之

上和直线$x=0$与$x=1$之间的无穷区域（见图 5.5）的面积S，首先求从$x=\varepsilon$到$x=1$那部分（如图 5.5所示）阴影部分的面积

$$A(\varepsilon) = \int_\varepsilon^1 \frac{1}{\sqrt{x}}\mathrm{d}x = \big[2\sqrt{x}\big]_\varepsilon^1 = 2 - 2\sqrt{\varepsilon}.$$

显然，ε越小，阴影部分的面积$A(\varepsilon)$越接近于无穷区域的面积. 因此很自然地令$\varepsilon \to 0$取极限，即

$$\lim_{\varepsilon \to 0^+} A(\varepsilon) = \lim_{\varepsilon \to 0^+} \int_\varepsilon^1 \frac{1}{\sqrt{x}}\mathrm{d}x = \lim_{\varepsilon \to 0^+}(2 - 2\sqrt{\varepsilon}) = 2.$$

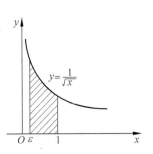

图 5.5

于是就认为此极限就是无穷区域的面积 S,并记为

$$S = \int_0^1 \frac{1}{\sqrt{x}} dx = \lim_{\varepsilon \to 0^+} \int_\varepsilon^1 \frac{1}{\sqrt{x}} dx = 2.$$

如果函数 $f(x)$ 在点 x_0 的任一邻域内都无界,则称点 x_0 为 $f(x)$ 的瑕点,无界函数的广义积分也称为瑕积分.

定义 5.3 (1) 设函数 $f(x)$ 在区间 $(a,b]$ 上连续,点 a 为 $f(x)$ 的瑕点,取 $\varepsilon > 0$. 如果极限 $\lim\limits_{\varepsilon \to 0^+} \int_{a+\varepsilon}^b f(x) dx$ 存在,则称无界函数 $f(x)$ 在区间 $(a,b]$ 上的广义积分 $\int_a^b f(x) dx$ 收敛,并把此极限称为广义积分 $\int_a^b f(x) dx$ 的值,即有

$$\int_a^b f(x) dx = \lim_{\varepsilon \to 0^+} \int_{a+\varepsilon}^b f(x) dx. \tag{5.9}$$

如果上述极限不存在,就称广义积分 $\int_a^b f(x) dx$ 发散.

(2) 设函数 $f(x)$ 在区间 $[a,b)$ 上连续,点 b 为 $f(x)$ 的瑕点,取 $\varepsilon > 0$. 如果极限 $\lim\limits_{\varepsilon \to 0^+} \int_a^{b-\varepsilon} f(x) dx$ 存在,则称无界函数 $f(x)$ 在区间 $[a,b)$ 上的广义积分 $\int_a^b f(x) dx$ 收敛,并把此极限称为广义积分 $\int_a^b f(x) dx$ 的值,即有

$$\int_a^b f(x) dx = \lim_{\varepsilon \to 0^+} \int_a^{b-\varepsilon} f(x) dx. \tag{5.10}$$

如果上述极限不存在,就称广义积分 $\int_a^b f(x) dx$ 发散.

(3) 设函数 $f(x)$ 在区间 $[a,c)$ 及 $(c,b]$ 上都连续,点 c 为 $f(x)$ 的瑕点,如果广义积分 $\int_a^c f(x) dx$ 与 $\int_c^b f(x) dx$ 都收敛,则称无界函数 $f(x)$ 在区间 $[a,b]$ 上的广义积分 $\int_a^b f(x) dx$ 收敛,且定义其值为

$$\int_a^b f(x) dx = \int_a^c f(x) dx + \int_c^b f(x) dx = \lim_{\varepsilon \to 0^+} \int_a^{c-\varepsilon} f(x) dx + \lim_{\eta \to 0^+} \int_{c+\eta}^b f(x) dx. \tag{5.11}$$

否则就称广义积分 $\int_a^b f(x) dx$ 发散.

注:广义积分的记号 $\int_a^b f(x) dx$ 与定积分相同,但含义却不一样.

例 5.26 计算广义积分 $\int_0^a \frac{1}{\sqrt{a-x^2}} dx (a > 0)$.

解 因为 $\lim\limits_{x \to a^-} \frac{1}{\sqrt{a^2-x^2}} = +\infty$,所以点 a 是被积函数的瑕点,于是有

$$\int_0^a \frac{1}{\sqrt{a^2-x^2}} dx = \lim_{\varepsilon \to 0^+} \int_0^{a-\varepsilon} \frac{1}{\sqrt{a^2-x^2}} dx = \lim_{\varepsilon \to 0^+} \left[\arcsin \frac{x}{a} \right]_0^{a-\varepsilon}$$

$$= \lim_{\varepsilon \to 0^+} \arcsin \frac{a-\varepsilon}{a} = \frac{\pi}{2}.$$

为了方便起见,也可仿照牛顿-莱布尼茨公式的形式,设 $F(x)$ 是被积函数 $f(x)$ 在积分区间上的一个原函数,若记

$$\lim_{\epsilon \to 0^+} \left[F(x) \right]_{a+\epsilon}^b = \left[F(x) \right]_a^b, \quad \lim_{\epsilon \to 0^+} \left[F(x) \right]_a^{b-\epsilon} = \left[F(x) \right]_a^b,$$

则式(5.9)、式(5.10)便可记为

$$\int_a^b f(x) \mathrm{d}x = \left[F(x) \right]_a^b;$$

而式(5.11)便可记为

$$\int_a^b f(x) \mathrm{d}x = \left[F(x) \right]_a^c + \left[F(x) \right]_c^b.$$

例 5.27 计算下列广义积分:

(1) $\int_0^{\frac{\pi}{2}} \sec x \mathrm{d}x$;   (2) $\int_0^3 \dfrac{\mathrm{d}x}{(x-1)^{\frac{2}{3}}}$;   (3) $\int_0^1 \ln x \mathrm{d}x$.

解 (1) 因为 $\lim\limits_{x \to \frac{\pi}{2}^-} \sec x = \infty$, 故点 $\dfrac{\pi}{2}$ 为被积函数的瑕点. 由于 $\int_0^{\frac{\pi}{2}} \sec x \mathrm{d}x =$

$\left[\ln |\sec x + \tan x| \right]_0^{\frac{\pi}{2}} = +\infty$, 所以, 此广义积分发散.

(2) 因为 $\lim\limits_{x \to 1} \dfrac{1}{(x-1)^{\frac{2}{3}}} = \infty$, 所以点 1 为被积函数的瑕点.

$$\int_0^3 \frac{\mathrm{d}x}{(x-1)^{\frac{2}{3}}} = \int_0^1 \frac{\mathrm{d}x}{(x-1)^{\frac{2}{3}}} + \int_1^3 \frac{\mathrm{d}x}{(x-1)^{\frac{2}{3}}} = \left[3(x-1)^{\frac{1}{3}} \right]_0^1 + \left[3(x-1)^{\frac{1}{3}} \right]_1^3 = 3 + 3\sqrt[3]{2}.$$

(3) 因为 $\lim\limits_{x \to 0^+} \ln x = -\infty$, 点 0 为被积函数的瑕点, 于是

$$\int_0^1 \ln x \mathrm{d}x = \left[x \ln x \right]_0^1 - \int_0^1 \mathrm{d}x = -1.$$

例 5.28 证明广义积分 $\int_a^b \dfrac{\mathrm{d}x}{(x-a)^q}$ 当 $q < 1$ 时收敛, 当 $q \geqslant 1$ 时发散, 其中 $a < b$.

证 当 $q = 1$ 时,

$$\int_a^b \frac{\mathrm{d}x}{x-a} = \left[\ln(x-a) \right]_a^b = +\infty;$$

当 $q \neq 1$ 时,

$$\int_a^b \frac{\mathrm{d}x}{(x-a)^q} = \left[\frac{(x-a)^{1-q}}{1-q} \right]_a^b = \begin{cases} \dfrac{(b-a)^{1-q}}{1-q}, & q < 1, \\ +\infty, & q > 1; \end{cases}$$

因此, 当 $q < 1$ 时广义积分 $\int_a^b \dfrac{\mathrm{d}x}{(x-a)^q}$ 收敛, 其值为 $\dfrac{(b-a)^{1-q}}{1-q}$; 当 $q \geqslant 1$ 时发散.

特别地, 当 $a = 0, b = 1$ 时, 上述积分变为 $\int_0^1 \dfrac{\mathrm{d}x}{x^q}$, 于是可知, 广义积分 $\int_0^1 \dfrac{\mathrm{d}x}{x^q}$ 当 $q < 1$ 时收敛, 其值为 $\dfrac{1}{1-q}$; 当 $q \geqslant 1$ 时发散.

例 5.29 讨论广义积分 $\int_{-1}^1 \dfrac{1}{x^2} \mathrm{d}x$ 的敛散性.

解 因为 $\lim\limits_{x \to 0} \dfrac{1}{x^2} = \infty$, 所以 $x = 0$ 是被积函数的瑕点, 于是

$$\int_{-1}^1 \frac{1}{x^2} \mathrm{d}x = \int_{-1}^0 \frac{1}{x^2} \mathrm{d}x + \int_0^1 \frac{1}{x^2} \mathrm{d}x.$$

由例 5.28 可知 $\int_0^1 \dfrac{1}{x^2}\mathrm{d}x$ 发散, 故 $\int_{-1}^1 \dfrac{1}{x^2}\mathrm{d}x$ 发散.

注: 如果疏忽了 $x=0$ 是被积函数的瑕点, 而按定积分计算, 便得到以下错误的结果:

$$\int_{-1}^1 \frac{1}{x^2}\mathrm{d}x = \left[-\frac{1}{x}\right]_{-1}^1 = -1-1 = -2.$$

例 5.30   计算广义积分 $\int_1^{+\infty} \dfrac{1}{x\sqrt{x-1}}\mathrm{d}x$.

解   因为 $\lim\limits_{x\to 1^+}\dfrac{1}{x\sqrt{x-1}} = +\infty$, 这既是无穷区间上的广义积分, 又是无界函数的广义积分.

设 $\sqrt{x-1}=t$, 即 $x=t^2+1$, $\mathrm{d}x=2t\mathrm{d}t$. 当 $x=1$ 时, $t=0$; 当 $x\to +\infty$ 时, $t\to +\infty$. 故

$$\int_1^{+\infty}\frac{1}{x\sqrt{x-1}}\mathrm{d}x = \int_0^{+\infty}\frac{1}{(t^2+1)t}\cdot 2t\mathrm{d}t = 2\int_0^{+\infty}\frac{1}{t^2+1}\mathrm{d}t = 2\big[\arctan t\big]_0^{+\infty} = \pi.$$

注: 定积分的换元积分法与分部积分法一般都可以用到广义积分中来.

习题 5.4

A 组

1. 判断下列各广义积分的敛散性. 若收敛, 则计算广义积分的值.

(1) $\displaystyle\int_{-\infty}^1 \frac{1}{(2x-3)^2}\mathrm{d}x$;

(2) $\displaystyle\int_1^{+\infty} \frac{1}{\sqrt{x}}\mathrm{d}x$;

(3) $\displaystyle\int_2^{+\infty} \frac{1-\ln x}{x^2}\mathrm{d}x$;

(4) $\displaystyle\int_0^{+\infty} x\mathrm{e}^{-\alpha x}\mathrm{d}x \quad (\alpha>0)$;

(5) $\displaystyle\int_{-\infty}^{+\infty} \mathrm{e}^{-|x|}\mathrm{d}x$;

(6) $\displaystyle\int_0^{+\infty} \frac{1}{\sqrt{x}(4+x)}\mathrm{d}x$;

(7) $\displaystyle\int_0^{\frac{\pi}{2}} \frac{\sec^2 x}{2\tan^2 x}\mathrm{d}x$;

(8) $\displaystyle\int_0^1 \sqrt{\frac{x}{1-x}}\mathrm{d}x$;

(9) $\displaystyle\int_0^2 \frac{1}{\sqrt{x(2-x)}}\mathrm{d}x$;

(10) $\displaystyle\int_{-\frac{\pi}{2}}^{\frac{\pi}{2}} \frac{\mathrm{d}x}{1-\cos x}$.

2. 利用递推公式计算广义积分 $I_n = \displaystyle\int_0^{+\infty} x^n\mathrm{e}^{-x}\mathrm{d}x$.

B 组

1. 判断下列各广义积分的敛散性. 若收敛, 则计算广义积分的值:

(1) $\displaystyle\int_1^{+\infty} \frac{\mathrm{d}x}{x\sqrt{x^2-1}}$;

(2) $\displaystyle\int_0^{+\infty} \frac{\mathrm{d}x}{x^2-4x+3}$.

2. 证明: 广义积分 $\displaystyle\int_a^b \frac{\mathrm{d}x}{(b-x)^q}$, 当 $q<1$ 时收敛; 当 $q\geqslant 1$ 时发散.

总习题 5

1. 填空题

(1) 比较下列两个积分的大小：$\int_{-2}^{-1} e^{-x^3} dx$ _____ $\int_{-2}^{-1} e^{x^3} dx$；

(2) 估计定积分 $\int_{\frac{\pi}{4}}^{\frac{\pi}{2}} \frac{\sin x}{x} dx$ 的值，_____ $\leqslant \int_{\frac{\pi}{4}}^{\frac{\pi}{2}} \frac{\sin x}{x} dx \leqslant$ _____；

(3) 设 $f(x)$ 是连续函数，且 $f(x) = x + 2 \int_0^1 f(t) dt$，则 $f(x) =$ _____；

(4) 设 $f(x)$ 是连续函数，且 $\int_0^{x^3-1} f(t) dt = x$，则 $f(7) =$ _____；

(5) 设 $f(x)$ 连续，则 $\dfrac{d}{dx} \int_0^x t f(x^2 - t^2) dt =$ _____.

2. 计算下列极限：

(1) $\lim\limits_{n \to \infty} \dfrac{\sqrt[n]{n!}}{n}$；

(2) $\lim\limits_{n \to \infty} \dfrac{1^p + 2^p + \cdots + n^p}{n^{p+1}} (p > 0)$；

(3) $\lim\limits_{x \to 0} \dfrac{x}{1 - e^{x^2}} \int_0^x e^{t^2} dt$.

3. 计算下列积分：

(1) $\int_0^1 \dfrac{\ln(1+x)}{(2-x)^2} dx$；

(2) $\int_{\frac{1}{2}}^{\frac{3}{2}} \dfrac{dx}{\sqrt{|x - x^2|}}$；

(3) $\int_0^1 x (1 + x^4)^{\frac{3}{2}} dx$；

(4) $\int_0^{+\infty} \dfrac{1}{\sqrt{x}} e^{-\sqrt{x}} dx$.

4. 证明：若函数 $f(x)$ 在 **R** 上连续，且 $f(x) = \int_a^x f(t) dt$，则 $f(x) \equiv 0$.

5. 设函数 $f(x)$ 在 $[0,1]$ 上连续，$(0,1)$ 内可导，且 $3 \int_{\frac{2}{3}}^1 f(x) dx = f(0)$，证明在 $(0,1)$ 内存在一点 c，使 $f'(c) = 0$.

6. 若函数 $f(x)$ 在 $[0,1]$ 上可积且单调减少，求证：$\forall a \in (0,1)$，有
$$a \int_0^1 f(x) dx \leqslant \int_0^a f(x) dx.$$

7. $f(x)$ 在 $[0,\pi]$ 上连续，在 $(0,\pi)$ 内可微，且 $\int_0^\pi f(x) \sin x\, dx = 0$，$\int_0^\pi f(x) \cos x\, dx = 0$，证明：$\exists \xi \in (0,\pi)$，使得 $f'(\xi) = 0$.

8. 设 $M = \int_{-\frac{\pi}{2}}^{\frac{\pi}{2}} \dfrac{\sin x}{1 + x^2} \cos^4 x\, dx$，$N = \int_{-\frac{\pi}{2}}^{\frac{\pi}{2}} (\sin^3 x + \cos^4 x) dx$，$P = \int_{-\frac{\pi}{2}}^{\frac{\pi}{2}} (x^2 \sin^3 x - \cos^4 x) dx$，比较这三个定积分的大小.

9. 设在区间 $[a,b]$ 上，$f(x) > 0$，$f'(x) < 0$，$f''(x) > 0$，$S_1 = \int_a^b f(x) dx$，$S_2 = f(b)(b-a)$，$S_3 = \dfrac{1}{2}(f(a) + f(b))(b-a)$，试比较它们的大小.

10. 判断 $F(x) = \int_x^{x+2\pi} e^{\sin t} \sin t \, dt$ 的符号.

11. $f(x)$ 在 $(-\infty, +\infty)$ 内满足 $f(x) = f(x-\pi) + \sin x$, 且 $f(x) = x, x \in [0, \pi]$, 计算 $\int_\pi^{3\pi} f(x) \, dx$.

12. 设 $f(x)$ 为已知的连续函数, $I = t \int_0^{\frac{s}{t}} f(tx) \, dx$, 其中 $t > 0, s > 0$. 证明 I 依赖于 s, 不依赖于 t.

13. 已知 $f(2) = \dfrac{1}{2}, f'(2) = 0$ 及 $\int_0^2 f(x) \, dx = 1$, 计算 $\int_0^2 x^2 f''(x) \, dx$.

第 6 章

定积分的应用

在第 5 章,我们已经给出了定积分的概念和计算方法.本章主要目的是用定积分来分析和解决一些几何、经济、物理中的一些问题.

6.1 定积分的微元法

用定积分来解决实际问题时,实际问题所求的量 I 需要满足下面三个条件:

(1) 所求量 I 是与变量 x 的变化区间 $[a,b]$ 和定义在该区间上的函数 $f(x)$ 有关的量;

(2) 所求量 I 对区间 $[a,b]$ 具有可加性,即把区间 $[a,b]$ 分割成许多的子区间 $[x_{i-1},x_i]$ $(1 \leqslant i \leqslant n)$,所求的量也相应地分割成许多的部分量 $\Delta I_i (1 \leqslant i \leqslant n)$,而总量 I 等于各部分量 ΔI_i 的和,即

$$I = \sum_{i=1}^{n} \Delta I_i;$$

(3) 部分量 ΔI_i 可以求近似值,即 $\Delta I_i \approx f(\xi_i) \Delta x_i (\xi_i \in [x_{i-1}, x_i], \Delta x_i = x_i - x_{i-1})$.

上述三个条件和定积分的定义极其相似,但连续函数 $f(x)$ 在 $[a,b]$ 上的定积分定义包括"分割、近似求和、取极限"三个步骤,比较麻烦.细心的读者不难发现,定积分的三个步骤中最关键的是第二步,只要能够正确地写出在 $[x_{i-1}, x_i]$ 上的 $f(\xi_i) \Delta x_i$,便可立即得到定积分的表达形式 $\int_a^b f(x) dx$.因此把实际问题的所求量 I 表示为定积分的步骤可简化为如下两个步骤:

(1) 根据问题的具体情况选取一个适当的积分变量如 x,并确定它的变化区间 $[a,b]$;在区间 $[a,b]$ 上任取一个微元区间 $[x, x+dx]$,选择函数 $f(x)$,使函数 $f(x)$ 在 x 处的值与微元区间长度 dx 的乘积近似等于相应于这个微元区间上部分量 ΔI 的值

$$\Delta I \approx f(x) dx, \quad 即 \ dI = f(x) dx.$$

(2) 把所求量 I 的元素 $f(x) dx$ 作为被积表达式,在区间 $[a,b]$ 上作定积分,即得所求量 I 的定积分表达式

$$I = \int_a^b f(x) dx. \tag{6.1}$$

以上方法称为**微元法**或**元素法**.下面通过已经熟悉的三个实例来说明元素法的应用.

例 6.1（曲边梯形的面积）   求定义在区间 $[a,b]$ 上的连续曲线 $y=f(x)$（$f(x)\geqslant0$）、x 轴、直线 $x=a$ 与 $x=b$ 所围成曲边梯形的面积 A.

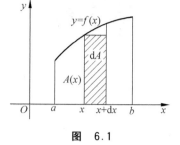

图   6.1

解   （1）在区间 $[a,b]$ 上任取一微元区间 $[x,x+\mathrm{d}x]$（如图 6.1 所示），在这个微元区间上的微元面积 $\mathrm{d}A$ 等于以 $f(x)$ 为长、$\mathrm{d}x$ 为宽的矩形面积，即

$$\mathrm{d}A = f(x)\mathrm{d}x.$$

（2）将面积元素 $\mathrm{d}A$ 从 a 到 b 求定积分，就得到所求曲边梯形的面积：

$$A = \int_a^b \mathrm{d}A = \int_a^b f(x)\mathrm{d}x.$$

例 6.2（物体运动的路程）   已知物体沿直线运动，在时刻 t 的速度是 $v(t)$，求从时刻 a 到时刻 b 物体运动的路程 s.

解   （1）在时间间隔区间 $[a,b]$ 上任取一个微元区间 $[t,t+\mathrm{d}t]$，在这个微元区间上的微元路程 $\mathrm{d}s$ 等于物体在时刻 t 的运动速度 $v(t)$ 与所经历的时间 $\mathrm{d}t$ 的乘积，即

$$\mathrm{d}s = v(t)\mathrm{d}t.$$

（2）将微元路程 $\mathrm{d}s$ 从 a 到 b 求定积分，就得到所求物体运动的路程

$$s = \int_a^b \mathrm{d}s = \int_a^b v(t)\mathrm{d}t.$$

例 6.3（变价格的商品收益）   设某商品的销售价格 P 是销售量 x 的连续函数 $P=P(x)$，计算当销售量 x 从 a 变化到 b 的总收益 R.

解   （1）在销售量的变化区间 $[a,b]$ 上任取一微元区间 $[x,x+\mathrm{d}x]$，在这个微元区间上的微元收益 $\mathrm{d}R$ 等于以 x 点的价格 $P(x)$ 与销售量 $\mathrm{d}x$ 的乘积，即

$$\mathrm{d}R = P(x)\mathrm{d}x.$$

（2）将微元收益 $\mathrm{d}R$ 从 a 到 b 求定积分，就得到销售量 x 从 a 变化到 b 时的总收益 R

$$R = \int_a^b \mathrm{d}R = \int_a^b P(x)\mathrm{d}x.$$

上述三个例子的关键一步就是求小区间 $[x,x+\mathrm{d}x]$ 上部分量 ΔI 的近似值，怎样才能求得部分量 ΔI 所需的近似值？为了说明此问题，我们将分布在区间 $[a,x]$（$x\in(a,b)$）上的量 I 记作 $I(x)$. 由积分上限函数的定义可知

$$I(x) = \int_a^x f(t)\mathrm{d}t, \quad x \in [a,b].$$

由于 $f(x)$ 在 $[a,b]$ 上连续，则 $I(x)$ 的微分为

$$\mathrm{d}I(x) = f(x)\mathrm{d}x \approx \Delta I, \tag{6.2}$$

其中 ΔI 是 $I(x)$ 在区间 $[x,x+\mathrm{d}x]$ 上的增量. 因此，部分量 ΔI 所需要的近似值就是 $I(x)$ 的微分，所以根据增量与微分的关系，只要能找到与 $\mathrm{d}x$ 呈线性关系且与 ΔI 之差为 Δx 的高阶无穷小的量 $\mathrm{d}I = f(x)\mathrm{d}x$，这就是 ΔI 所需要的近似值.

6.2　定积分的几何应用

6.2.1　平面图形的面积

1. 直角坐标系下图形的面积

由定积分的几何意义可知,已知在区间 $[a,b]$ 上的连续曲线 $y=f(x)$、x 轴及二直线 $x=a$ 与 $x=b$ 所围成的曲边梯形的面积

$$A=\int_a^b |f(x)|\, \mathrm{d}x. \tag{6.3}$$

例 6.4　求在区间 $\left[\dfrac{1}{2},2\right]$ 上连续曲线 $y=\ln x$、x 轴及二直线 $x=\dfrac{1}{2}$ 与 $x=2$ 所围成平面区域(如图 6.2 所示)的面积.

解　已知在 $\left[\dfrac{1}{2},1\right]$ 上,$\ln x\leqslant 0$,而在 $[1,2]$ 上,$\ln x\geqslant 0$,由式(6.3),此区域的面积为

$$A=\int_{\frac{1}{2}}^2 |\ln x|\, \mathrm{d}x =-\int_{\frac{1}{2}}^1 \ln x\mathrm{d}x +\int_1^2 \ln x\mathrm{d}x =\frac{3}{2}\ln 2-\frac{1}{2}.$$

(1) 如果平面区域是由区间 $[a,b]$ 上的两条连续曲线 $y=f(x),y=g(x)$ 及直线 $x=a$,$x=b$ 所围成(如图 6.3 所示),则面积元素

$$\mathrm{d}A=|f(x)-g(x)|\, \mathrm{d}x.$$

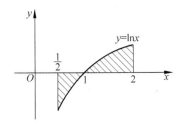

图　6.2

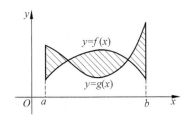

图　6.3

把面积元素作为被积表达式在区间 $[a,b]$ 上作定积分,便得面积

$$A=\int_a^b |f(x)-g(x)|\, \mathrm{d}x. \tag{6.4}$$

(2) 如果平面区域是由区间 $[c,d]$ 上的两条连续曲线 $x=\varphi(y),x=\psi(y)$ 及直线 $y=c$,$y=d$ 所围成(如图 6.4 所示),则面积元素

$$\mathrm{d}A=|\varphi(y)-\psi(y)|\, \mathrm{d}y.$$

把面积元素作为被积表达式在区间 $[c,d]$ 上作定积分,便得面积

$$A=\int_c^d |\varphi(y)-\psi(y)|\, \mathrm{d}y. \tag{6.5}$$

例 6.5 求由两条曲线 $y=x^2$，$y=\dfrac{x^2}{4}$ 和直线 $y=1$ 围成的平面区域(如图 6.5 所示)的面积.

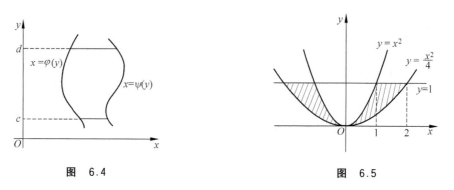

图 6.4　　　　　　　图 6.5

解　方法一　将 x 看作积分变量. 此区域关于 y 轴对称，其面积是第一象限部分面积的二倍. 在第一象限中，直线 $y=1$ 与 $y=x^2$，$y=\dfrac{x^2}{4}$ 交点分别是 $(1,1)$ 与 $(2,1)$，因此区域的面积

$$A = 2\left(\int_0^1 x^2 \mathrm{d}x + \int_1^2 \mathrm{d}x - \int_0^2 \frac{x^2}{4}\mathrm{d}x\right) = \frac{4}{3}.$$

方法二　将 y 看作积分变量. 在第一象限的那部分区域是由曲线 $x=\sqrt{y}$，$x=2\sqrt{y}$ 和直线 $y=1$ 所围成(y 作自变量). 由式(6.5)，此区域的面积

$$A = 2\int_0^1 (2\sqrt{y} - \sqrt{y})\mathrm{d}y = 2\int_0^1 \sqrt{y}\mathrm{d}y = \frac{4}{3}.$$

由此例可知，在同一问题中有时可以选择不同的积分变量来进行计算，如果积分变量选择得适当，就可以使计算变得简便.

2. 参数方程表示的曲线所围成的面积

若曲线 C 的参数方程为 $\begin{cases} x=\varphi(t), \\ y=\psi(t), \end{cases} \alpha \leqslant t \leqslant \beta$，其中 $\varphi'(t)$ 与 $\psi'(t)$ 在 $[\alpha,\beta]$ 连续.

(1) 若函数 $x=\varphi(t)$ 在 $[\alpha,\beta]$ 严格增加，从而有 $\varphi'(t) \geqslant 0$，故有 $a=\varphi(\alpha)<\varphi(\beta)=b$，则函数 $x=\varphi(t)$ 存在反函数 $t=\varphi^{-1}(x)$，因此曲线 C：$y=\psi(\varphi^{-1}(x))$、x 轴和二直线 $x=a$、$x=b$ 围成区域的面积

$$A = \int_a^b |y| \, \mathrm{d}x = \int_a^b |\psi(\varphi^{-1}(x))| \, \mathrm{d}x = \int_\alpha^\beta |\psi(t)| \, \varphi'(t)\mathrm{d}t. \tag{6.6}$$

(2) 若函数 $x=\varphi(t)$ 在 $[\alpha,\beta]$ 严格减少，从而有 $\varphi'(t) \leqslant 0$，故有 $a=\varphi(\alpha)>\varphi(\beta)=b$，则函数 $x=\varphi(t)$ 存在反函数 $t=\varphi^{-1}(x)$，因此曲线 C：$y=\psi(\varphi^{-1}(x))$、x 轴和二直线 $x=a$、$x=b$ 围成区域的面积

$$A = \int_a^b |y| \, \mathrm{d}x = \int_a^b |\psi(\varphi^{-1}(x))| \, \mathrm{d}x = -\int_\alpha^\beta |\psi(t)| \, \varphi'(t)\mathrm{d}t. \tag{6.7}$$

例 6.6 计算椭圆 $\dfrac{x^2}{a^2}+\dfrac{y^2}{b^2}=1$ 所围成的面积(如图 6.6 所示).

解 由于椭圆关于两坐标轴都对称,所以只要算出第一象限部分的面积 A_1 后再乘以 4,即得椭圆的面积 A,即

$$A = 4A_1 = 4\int_0^a y\,\mathrm{d}x.$$

椭圆的参数方程为

$$\begin{cases} x = a\cos t, \\ y = b\sin t, \end{cases}$$

当 $x=0$ 时,$t=\dfrac{\pi}{2}$;当 $x=a$ 时,$t=0$,由式(6.7)得

$$A = 4\int_{\frac{\pi}{2}}^0 b\sin t(-a\sin t)\,\mathrm{d}t = -4ab\int_{\frac{\pi}{2}}^0 \sin^2 t\,\mathrm{d}t$$

$$= 4ab\int_0^{\frac{\pi}{2}} \sin^2 t\,\mathrm{d}t = 2ab\int_0^{\frac{\pi}{2}} (1-\cos 2t)\,\mathrm{d}t = \pi ab.$$

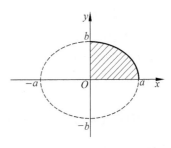

图 6.6

例 6.7 求摆线 $x=a(t-\sin t), y=a(1-\cos t)\,(a>0, 0\leqslant t\leqslant 2\pi)$ 第一拱与 x 轴围成区域的面积.

解 如图 6.7 所示,由式(6.6),摆线一拱与 x 轴围成区域的面积

$$A = \int_0^{2\pi} |a(1-\cos t)|\,a(1-\cos t)\,\mathrm{d}t = a^2\int_0^{2\pi} (1-\cos t)^2\,\mathrm{d}t$$

$$= a^2\int_0^{2\pi} (1-2\cos t+\cos^2 t)\,\mathrm{d}t$$

$$= a^2\left(t-2\sin t+\frac{t}{2}+\frac{\sin 2t}{4}\right)\Bigg|_0^{2\pi} = 3\pi a^2.$$

3. 极坐标系下图形的面积

若围成平面区域的边界曲线是由极坐标来表示,则采用极坐标来计算它们的面积比较方便.

设极坐标的曲线方程为 $\rho=\varphi(\theta)\ (\alpha\leqslant\theta\leqslant\beta)$,其中 $\varphi(\theta)$ 在区间 $[\alpha,\beta]$ 上连续,求由曲线 $\rho=\varphi(\theta)$ 及射线 $\theta=\alpha, \theta=\beta$ 所围成的图形(曲边扇形)的面积 A(如图 6.8 所示).

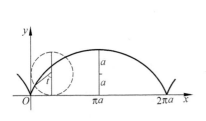

图 6.7

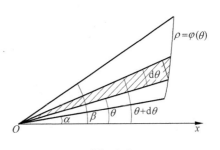

图 6.8

应用元素法,取极角 θ 为积分变量,它的变化区间为 $[\alpha,\beta]$,在区间 $[\alpha,\beta]$ 上任取一小区间 $[\theta,\theta+\mathrm{d}\theta]$,相应于 $[\theta,\theta+\mathrm{d}\theta]$ 上的小曲边扇形的面积 ΔA 近似于半径为 $\rho=\varphi(\theta)$、中心角为 $\mathrm{d}\theta$ 的圆弧扇形面积,即

$$\Delta A \approx \mathrm{d}A = \frac{1}{2}\rho^2\mathrm{d}\theta = \frac{1}{2}\big[\varphi(\theta)\big]^2\mathrm{d}\theta.$$

从而得面积元素 $\mathrm{d}A = \frac{1}{2}\big[\varphi(\theta)\big]^2\mathrm{d}\theta$,把它作为被积表达式在区间 $[\alpha,\beta]$ 上作定积分,便得曲边扇形的面积 A,即

$$A = \int_\alpha^\beta \frac{1}{2}\big[\varphi(\theta)\big]^2\mathrm{d}\theta = \frac{1}{2}\int_\alpha^\beta\big[\varphi(\theta)\big]^2\mathrm{d}\theta. \tag{6.8}$$

同理可知,若平面图形由连续曲线 $\rho=\varphi(\theta)$、$\rho=\psi(\theta)$ 及射线 $\theta=\alpha$、$\theta=\beta$ 围成时(如图 6.9 所示),其中 $\varphi(\theta),\psi(\theta)$ 在区间 $[\alpha,\beta]$ 上连续,则由曲线 $\rho=\varphi(\theta)$、$\rho=\psi(\theta)$ 分别与射线 $\theta=\alpha$、$\theta=\beta$ 围成曲边扇形的面积为

$$A = \int_\alpha^\beta \frac{1}{2}\big[\varphi(\theta)\big]^2\mathrm{d}\theta - \frac{1}{2}\int_\alpha^\beta\big[\psi(\theta)\big]^2\mathrm{d}\theta = \frac{1}{2}\int_\alpha^\beta\big\{\big[\varphi(\theta)\big]^2 - \big[\psi(\theta)\big]^2\big\}\mathrm{d}\theta. \tag{6.9}$$

例 6.8   计算双纽线 $\rho^2 = a^2\cos 2\theta\ (a>0)$ 所围图形的面积 A(如图 6.10 所示).

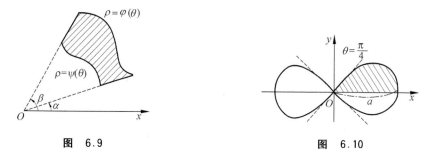

图 6.9   图 6.10

解   由于此图形关于 x 轴和 y 轴都对称,所以只要计算出第一象限部分的面积后再乘以 4 即得所求图形的面积 A.根据式(6.8),得

$$A = 4\times\frac{1}{2}\int_0^{\frac{\pi}{4}}a^2\cos 2\theta\mathrm{d}\theta = a^2.$$

例 6.9   求三叶玫瑰线 $\rho = a\cos 3\theta(a>0)$ 所围区域(如图 6.11 所示)的面积.

解   三叶玫瑰线围成的三个叶全等,如图 6.11 所示.因此只需计算第一象限那部分的 6 倍.在第一象限中,角 θ 变化范围是由 0 到 $\frac{\pi}{6}$.于是根据式(6.8),三叶玫瑰线围成区域面积

$$A = \frac{6}{2}\int_0^{\frac{\pi}{6}}a^2\cos^2 3\theta\mathrm{d}\theta = a^2\int_0^{\frac{\pi}{6}}\cos^2 3\theta\mathrm{d}3\theta$$

$$= a^2\int_0^{\frac{\pi}{2}}\cos^2\varphi\mathrm{d}\varphi = \frac{a^2}{2}\int_0^{\frac{\pi}{2}}(1+\cos 2\varphi)\mathrm{d}\varphi = \frac{\pi a^2}{4}.$$

例 6.10   计算在圆 $\rho=3\cos\theta$ 内,心形线 $\rho=1+\cos\theta$ 外的那部分图形(如图 6.12 所示)的面积.

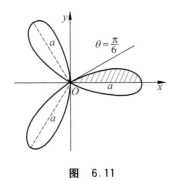

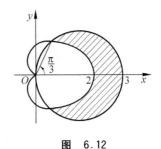

图 6.11   图 6.12

解 解联立方程组

$$\begin{cases} \rho = 3\cos\theta, \\ \rho = 1 + \cos\theta, \end{cases}$$

得到圆与心形线交点处的极角 $\theta = \pm\dfrac{\pi}{3}$. 由于图形关于 x 轴对称，只需算出 x 轴上方图形的面积后再乘以 2 即得所求图形的面积 A. 根据式(6.9)，得

$$A = 2 \cdot \frac{1}{2} \int_0^{\frac{\pi}{3}} \left[(3\cos\theta)^2 - (1+\cos\theta)^2 \right] \mathrm{d}\theta$$

$$= \int_0^{\frac{\pi}{3}} \left[8\cos^2\theta - 1 - 2\cos\theta \right] \mathrm{d}\theta = \int_0^{\frac{\pi}{3}} \left[4(1+\cos2\theta) - 1 - 2\cos\theta \right] \mathrm{d}\theta$$

$$= \int_0^{\frac{\pi}{3}} \left[4\cos2\theta + 3 - 2\cos\theta \right] \mathrm{d}\theta = \left[2\sin2\theta + 3\theta - 2\sin\theta \right]_0^{\frac{\pi}{3}} = \pi.$$

6.2.2 体积

在这里我们只讨论两类比较特殊的空间几何体的体积. 至于较一般的空间几何体的体积计算将在下册中的重积分里讨论.

1. 平行截面面积为已知的几何体的体积

设有一空间体位于过点 $x=a$、$x=b$ 且垂直于 x 轴的两个平面之间(如图 6.13 所示)，过任一点 $x(x\in[a,b])$ 作垂直于 x 轴的平面，该平面截得空间体的截面面积 $A(x)$ 为已知的连续函数，求该空间立体的体积 V.

取 x 为积分变量，它的变化区间为 $[a,b]$，在区间 $[a,b]$ 上任取一小区间 $[x,x+\mathrm{d}x]$，相应于此小区间上的薄空间体的体积为 ΔV，则有

$$\Delta V \approx \mathrm{d}V = A(x)\mathrm{d}x \quad (\text{柱体的体积} = \text{底面积} \times \text{高}),$$

从而得到体积元素 $\mathrm{d}V = A(x)\mathrm{d}x$，在区间 $[a,b]$ 上作定积分，得所求空间体的体积

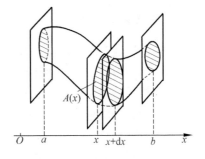

图 6.13

$$V = \int_a^b A(x)\,\mathrm{d}x. \tag{6.10}$$

例 6.11   一底面半径为 R 的圆柱被经过圆柱面底面中心，且与底面交角为 α 的一平面所截，求所截得的小块立体的体积.

解   取平面与底面圆的交线为 x 轴，建立如图 6.14 所示坐标系.其中底面圆的方程是
$$x^2 + y^2 = R^2.$$
过 $[-R,R]$ 上任取一点 x 作垂直于 x 轴的平面，它截立体的截面为一个直角三角形.因此体积元素为
$$A(x) = \frac{1}{2}yy\tan\alpha = \frac{1}{2}(R^2 - x^2)\tan\alpha,$$
于是空间体的体积为
$$V = \int_{-R}^{R} A(x)\,\mathrm{d}x = \int_{-R}^{R} \frac{1}{2}(R^2 - x^2)\tan\alpha\,\mathrm{d}x = \frac{2}{3}R^3\tan\alpha.$$

例 6.12   两个底半径为 R 的圆柱体垂直相交，求它们公共部分的体积.

解   由于对称性，我们只画出图形的 $\frac{1}{8}$ 部分，并建立坐标系如图 6.15 所示.取 x 为积分变量，其变化区间为 $[0,R]$，在区间 $[0,R]$ 上任一点 x 处垂直于 x 轴的截面为一正方形，其边长为 $y = \sqrt{R^2 - x^2}$，其面积为 $A(x) = R^2 - x^2$.因此，由式(6.10)得所求体积为
$$V = 8\int_0^R (R^2 - x^2)\,\mathrm{d}x = 8\left[R^2 x - \frac{1}{3}x^3\right]_0^R = \frac{16}{3}R^3.$$

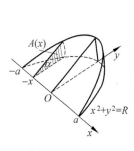

图   6.14

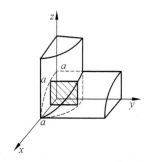

图   6.15

2. 旋转体的体积

旋转体就是平面图形绕平面上一条定直线旋转一周而形成的几何体.设由连续曲线 $y = f(x)$、直线 $x = a$、$x = b$ 所围成的曲边梯形，求此曲边梯形绕 x 轴旋转一周而形成的旋转体的体积 V.

取 x 为积分变量，它的变化区间为 $[a,b]$，在区间 $[a,b]$ 上任取一小区间 $[x,x+\mathrm{d}x]$，相应于此小区间的窄曲边梯形绕 x 轴旋转而成的薄旋转体的体积 ΔV 近似于以 $f(x)$ 为底半径、高为 $\mathrm{d}x$ 的扁圆柱体的体积(如图 6.16 所示)，即
$$\Delta V \approx \mathrm{d}V = \pi\left[f(x)\right]^2\mathrm{d}x,$$

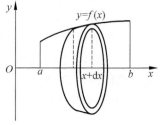

图   6.16

从而得体积元素 $dV = \pi [f(x)]^2 dx$，在区间 $[a,b]$ 上作定积分，便得所求旋转体的体积

$$V = \pi \int_a^b [f(x)]^2 dx. \qquad (6.11)$$

同理可得，由连续曲线 $x = \varphi(y)$、直线 $y=c$、$y=d(c<d)$ 及 y 轴所围成的曲边梯形绕 y 轴旋转一周而成的旋转体（见图 6.17）的体积为

$$V = \pi \int_c^d [\varphi(y)]^2 dy. \qquad (6.12)$$

例 6.13 求曲线 $y = \ln x$ 在区间 $[1,e]$ 上绕 x 轴旋转一周的旋转体的体积.

解 由式(6.11)，曲线 $y = \ln x$ 在区间 $[1,e]$ 上绕 x 轴旋转一周的旋转体的体积

$$V = \pi \int_1^e (\ln x)^2 dx,$$

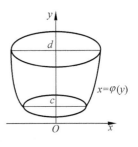

图 6.17

由分部积分法，有

$$V = \pi \int_1^e (\ln x)^2 dx = \pi [x(\ln x)^2 - 2x\ln x + 2x]\Big|_1^e = \pi(e-2).$$

例 6.14 求由曲线 $y = 4 - x^2$ 及 $y=0$ 所围成的图形绕直线 $x=3$ 旋转构成的旋转体的体积（见图 6.18）.

解 取积分变量为 y，$y \in [0,4]$ 的体积元素为

$$\begin{aligned}
dV &= [\pi \overline{PM}^2 - \pi \overline{QM}^2] dy \\
&= [\pi (3+\sqrt{4-y})^2 - \pi(3-\sqrt{4-y})^2] dy \\
&= 12\pi \sqrt{4-y} \, dy,
\end{aligned}$$

因此有

$$V = 12\pi \int_0^4 \sqrt{4-y} \, dy = 64\pi.$$

例 6.15 设 D 是位于曲线 $y = \sqrt{x} a^{-\frac{x}{2a}} (a>1, 0 \leqslant x < +\infty)$ 下方、x 轴上方的无界区域（如图 6.19 所示）. 求区域 D 绕 x 轴旋转一周所成旋转体的体积 $V(a)$；求出当 a 为何值时，$V(a)$ 最小？并求此最小值.

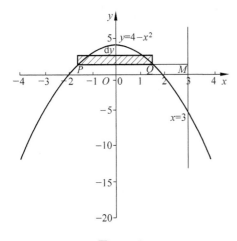

图 6.18

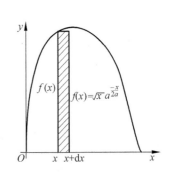

图 6.19

解　由微元法,所求旋转体的体积为

$$V(a) = \pi \int_0^{+\infty} x a^{-\frac{x}{a}} \mathrm{d}x = -\frac{a}{\ln a} \pi \int_0^{+\infty} x \mathrm{d}a^{-\frac{x}{a}}$$

$$= -\frac{a}{\ln a} \pi \left[x a^{-\frac{x}{a}} \right]_0^{+\infty} + \frac{a}{\ln a} \pi \int_0^{+\infty} a^{-\frac{x}{a}} \mathrm{d}x$$

$$= \pi \left(\frac{a}{\ln a} \right)^2.$$

又由 $V'(a) = 2\pi \dfrac{a(\ln a - 1)}{\ln^3 a} = 0$,可解得 $a = \mathrm{e}$. 且当 $1 < a < \mathrm{e}$ 时, $V'(a) < 0$, $V(a)$ 单调减少; 当 $a > \mathrm{e}$ 时, $V'(a) > 0$, $V(a)$ 单调增加. 所以当 $a = \mathrm{e}$ 时 V 最小, 最小体积为 $V(\mathrm{e}) = \pi \left(\dfrac{\mathrm{e}}{\ln \mathrm{e}} \right)^2 = \pi \mathrm{e}^2$.

例 6.16　求由连续曲线 $y = f(x)(f(x) \geqslant 0)$、直线 $x = a$、$x = b(b > a > 0)$ 及 $y = 0$ 所围成曲边梯形绕 y 轴旋转而成的旋转体的体积(见图 6.20).

解　取横坐标 x 为积分变量, 变化区间为 $[a, b]$, 在区间 $[a, b]$ 上任取一小区间 $[x, x + \mathrm{d}x]$, 相应于该小区间上的小曲边梯形绕 y 轴旋转而成的旋转体的体积 ΔV 近似于以 $\mathrm{d}x$ 为底、高为 $f(x)$ 的小矩形绕 y 轴旋转而成的旋转体的体积, 也就是 ΔV 近似于以 x 和 $x + \mathrm{d}x$ 分别为底半径, 而高为 $f(x)$ 的两圆柱体体积之差, 即

$$\Delta V \approx \pi (x + \mathrm{d}x)^2 f(x) - \pi x^2 f(x) = \pi \cdot 2x f(x) \mathrm{d}x + \pi f(x) (\mathrm{d}x)^2.$$

上式中, 因 $f(x)$ 有界, 故 $\pi f(x)(\mathrm{d}x)^2$ 是比 $\mathrm{d}x$ 更高阶的无穷小. 所以, 取体积元素为

$$\mathrm{d}V = 2\pi x f(x) \mathrm{d}x,$$

以体积元素作为被积表达式在区间 $[a, b]$ 作定积分, 得所求旋转体的体积

$$V = 2\pi \int_a^b x f(x) \mathrm{d}x. \tag{6.13}$$

例 6.17　求由曲线 $y = 2x - x^2$ 与 x 轴所围的图形绕 y 轴旋转而成的旋转体的体积.

解　先求出曲线 $y = 2x - x^2$ 与 x 轴的两个交点在位于 $x = 0$ 及 $x = 2$ 处(见图 6.21). 取横坐标 x 为积分变量, 其变化区间为 $[0, 2]$, 由式(6.13)得所求旋转体的体积为

$$V = 2\pi \int_0^2 x(2x - x^2) \mathrm{d}x = 2\pi \int_0^2 (2x^2 - x^3) \mathrm{d}x = 2\pi \left[\frac{2}{3} x^3 - \frac{1}{4} x^4 \right]_0^2 = \frac{8\pi}{3}.$$

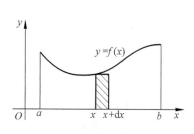

图　6.20

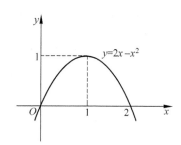

图　6.21

6.2.3 平面曲线的弧长

1. 弧长的概念

在初等几何中,中国古代数学家刘徽曾用割圆术定义了圆的周长.现将刘徽的割圆术加以推广,用类似的方法来建立平面曲线的弧长的概念.

设有一条以 M、N 为端点的弧(见图 6.22),在 $\overparen{MN}$ 上任取分点:
$$M = A_0, A_1, A_2, \cdots, A_{n-1}, A_n = N$$
将 $\overparen{MN}$ 分成 n 段,称为曲线弧 $\overparen{MN}$ 的一个分法,记为 T.依次连接相邻分点得一条内接折线(图 6.22),设每条折线的长度为 $|\overline{A_{i-1}A_i}|$($i=1,2,\cdots,n$),则折线长度为
$$L_n(T) = \sum_{i=1}^{n} |\overline{A_{i-1}A_i}|.$$
记 $\lambda = \max_{1 \leqslant i \leqslant n} |\overline{A_{i-1}A_i}|$.如果当分点数目无限增加,且 $\lambda \to 0$ 时,折线长度 L_n 的极限存在,则称此极限值为 $\overparen{MN}$ 的弧长.这时,称 $\overparen{MN}$ 是**可求长的**.

2. 弧长的计算公式

(1) 直角坐标情形

设 $\overparen{MN}$ 由直角坐标方程
$$y = f(x) \quad (a \leqslant x \leqslant b)$$
给出,其中 $f(x)$ 在区间 $[a,b]$ 上具有一阶连续导数,即 $\overparen{MN}$ 是光滑曲线,求 $\overparen{MN}$ 的长度 s(如图 6.23 所示).

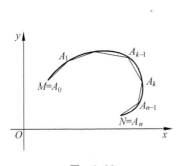

图 6.22

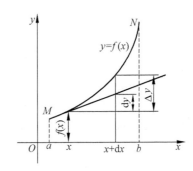

图 6.23

取横坐标 x 为积分变量,变化区间为 $[a,b]$,在区间 $[a,b]$ 上任取一小区间 $[x,x+\mathrm{d}x]$,曲线上相应于这个小区间上的一段弧的长度 Δs 近似于曲线在点 $(x,f(x))$ 处的切线上相应的一小段的长度,即
$$\Delta s \approx \sqrt{(\mathrm{d}x)^2 + (\mathrm{d}y)^2} = \sqrt{1 + \left(\frac{\mathrm{d}y}{\mathrm{d}x}\right)^2}\,\mathrm{d}x = \sqrt{1 + y'^2}\,\mathrm{d}x,$$
记 $\mathrm{d}s = \sqrt{1 + y'^2}\,\mathrm{d}x$,称为**弧长元素**.以 $\sqrt{1 + y'^2}\,\mathrm{d}x$ 为被积表达式,在区间 $[a,b]$ 上作定积分,

便得所求弧长为

$$s = \int_a^b \sqrt{1+y'^2}\,\mathrm{d}x = \int_a^b \sqrt{1+[f'(x)]^2}\,\mathrm{d}x. \qquad (6.14)$$

若 $\overset{\frown}{MN}$ 的方程为

$$x = \varphi(y) \quad (c \leqslant y \leqslant d),$$

其中 $\varphi(y)$ 在区间 $[c,d]$ 上有一阶连续导数,类似可得 $\overset{\frown}{MN}$ 的长度为

$$s = \int_c^d \sqrt{1+x'^2}\,\mathrm{d}y = \int_c^d \sqrt{1+[\varphi'(y)]^2}\,\mathrm{d}y. \qquad (6.15)$$

（2）参数方程情形

若 $\overset{\frown}{MN}$ 由参数方程

$$\begin{cases} x = \varphi(t), \\ y = \psi(t), \end{cases} \quad \alpha \leqslant t \leqslant \beta$$

给出,其中 $\varphi(x),\psi(x)$ 在区间 $[\alpha,\beta]$ 上具有连续导数,则弧长元素为

$$\mathrm{d}s = \sqrt{(\mathrm{d}x)^2+(\mathrm{d}y)^2} = \sqrt{\varphi'^2(t)\,(\mathrm{d}t)^2+\psi'^2(t)\,(\mathrm{d}t)^2} = \sqrt{\varphi'^2(t)+\psi'^2(t)}\,\mathrm{d}t,$$

从而,所求弧的长度为

$$s = \int_\alpha^\beta \sqrt{\varphi'^2(t)+\psi'^2(t)}\,\mathrm{d}t. \qquad (6.16)$$

（3）极坐标情形

若 $\overset{\frown}{MN}$ 由极坐标方程

$$\rho = \rho(\theta) \quad (\alpha \leqslant \theta \leqslant \beta)$$

给出,其中 $\rho(\theta)$ 在区间 $[\alpha,\beta]$ 上具有一阶连续导数,由直角坐标与极坐标的关系可得以极角 θ 为参数的 $\overset{\frown}{MN}$ 的参数方程为

$$\begin{cases} x = \rho(\theta)\cos\theta, \\ y = \rho(\theta)\sin\theta, \end{cases} \quad \alpha \leqslant \theta \leqslant \beta.$$

于是,弧长元素为

$$\mathrm{d}s = \sqrt{x'^2(\theta)+y'^2(\theta)}\,\mathrm{d}\theta = \sqrt{\rho^2(\theta)+\rho'^2(\theta)}\,\mathrm{d}\theta,$$

从而可得所求弧的长度为

$$s = \int_\alpha^\beta \sqrt{\rho^2(\theta)+(\rho'(\theta))^2}\,\mathrm{d}\theta. \qquad (6.17)$$

例 6.18   计算曲线 $y = \dfrac{2}{3}x^{\frac{3}{2}}$ 相应于 x 从 a 到 b 的一段弧的长度.

解   由 $y' = x^{1/2}$,从而弧长元素

$$\mathrm{d}s = \sqrt{1+(x^{1/2})^2}\,\mathrm{d}x = \sqrt{1+x}\,\mathrm{d}x.$$

因此由式(6.14),所求弧长为

$$s = \int_a^b \sqrt{1+x}\,\mathrm{d}x = \left[\frac{2}{3}(1+x)^{3/2}\right]\Big|_a^b = \frac{2}{3}\left[(1+b)^{3/2}-(1+a)^{3/2}\right].$$

例 6.19 计算星形线

$$\begin{cases} x = a\cos^3 t, \\ y = a\sin^3 t, \end{cases} \quad 0 \leqslant t \leqslant 2\pi$$

的全长(如图 6.24 所示).

解 由于对称性,星形线的全长是它在第一象限内弧长的 4 倍. 在第一象限内 $0 \leqslant t \leqslant \dfrac{\pi}{2}$,由于

$$\varphi'(t) = -3a\cos^2 t\sin t, \quad \psi'(t) = 3a\sin^2 t\cos t,$$

于是弧长元素为

$$\mathrm{d}s = \sqrt{\varphi'^2(t) + \psi'^2(t)}\,\mathrm{d}t = 3a\,|\sin t\cos t|\,\mathrm{d}t,$$

所以,由式(6.16)得星形线的全长为

$$s = 4\int_0^{\frac{\pi}{2}} 3a\sin t\cos t\,\mathrm{d}t = 6a.$$

例 6.20 求阿基米德螺线 $\rho = a\theta(a > 0)$ 相应于 θ 从 0 到 2π 一段(见图 6.25)的弧长.

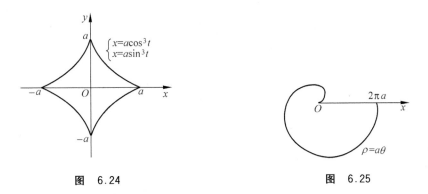

图 6.24　　　　　　　图 6.25

解 弧长元素为

$$\mathrm{d}s = \sqrt{\rho^2(\theta) + \rho'^2(\theta)}\,\mathrm{d}\theta = \sqrt{a^2\theta^2 + a^2}\,\mathrm{d}\theta = a\sqrt{1 + \theta^2}\,\mathrm{d}\theta,$$

于是由式(6.17),所求的弧长为

$$s = a\int_0^{2\pi} \sqrt{1 + \theta^2}\,\mathrm{d}\theta = \frac{a}{2}\left[2\pi\sqrt{1 + 4\pi^2} + \ln(2\pi + \sqrt{1 + 4\pi^2})\right].$$

习题 6.2

A 组

1. 求由下列曲线所围成的面积:

(1) $y = x^2$ 与直线 $y = 2x + 3$;

(2) $y^2 = 2x$ 与直线 $y = -x + 4$;

(3) $y = x - x^2$, $y = \sqrt{2x - x^2}$ 与直线 $x = 1$;

(4) $x = 2y - y^2$, $y = 2 + x$.

2. 求由抛物线 $y = -x^2 + 4x - 3$ 及其点 $(0, -3)$ 和 $(3, 0)$ 处的切线所围成的图形的面积.

3. 求由曲线 $x = 2t - t^2$, $y = 2t^2 - t^3$ 与 x 轴所围成图形的面积.

4. 求由下列曲线所围成的图形的面积:

(1) $x = a\cos^3 t, y = a\sin^3 t$;　　　　(2) $\rho = 2a\cos\theta$;

(3) $\rho = 2a(2+\cos\theta)(a>0)$;　　　　(4) $\rho = 8\sin3\theta$.

5. 设曲线 $y = f(x)$ 是单调递增的,试在 a 与 b 之间找一点 ξ,使在该点两边阴影部分的面积相等(见图 6.26).

6. 当 c 为何值时,由抛物线 $y = x^2 - c^2$ 和 $y = c^2 - x^2$ 所围成图形的面积为 576?

7. 一纪念碑的高为 20m,在距离顶点 x 处的水平横截面面积是边长为 $\dfrac{1}{4}x$ 的等边三角形,求该纪念碑的体积.

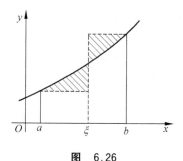

图　6.26

8. 计算底面是半径为 R 的圆、而垂直于底面上一条固定直径的所有截面都是等边三角形的立体的体积.

9. 求下列已知曲线所围成的图形、按指定的轴旋转而成的旋转体的体积:

(1) $y = x^3, x = 2, y = 0$,绕 x 轴及 y 轴旋转;

(2) $y = x^2, x = y^2$,绕 x 轴及 y 轴旋转;

(3) $y = \sin x(0 \leqslant x \leqslant \pi), y = 0$,绕 x 轴及 y 轴旋转;

(4) $x^2 + (y-5)^2 = 16$,绕 x 轴旋转.

10. 计算下列各弧长:

(1) 曲线 $y = \dfrac{\sqrt{x}}{3}(3-x)$ 相应于 $1 \leqslant x \leqslant 3$ 的一段弧;

(2) 半立方抛物线 $y^2 = \dfrac{2}{3}(x-1)^3$ 被抛物线 $y^2 = \dfrac{x}{3}$ 截得的一段弧;

(3) 曲线 $x = \arctan t, y = \dfrac{1}{2}\ln(1+t^2)$ 上自 $t = 0$ 到 $t = \pi$ 的一段弧.

B 组

1. 求由下列图形所围成的面积:

(1) $y = e^x, y = e^{-x}$ 与直线 $x = 1$;

(2) $y = \ln x, y$ 轴与直线 $y = \ln a, y = \ln b(b>a>0)$.

2. 求抛物线 $y^2 = 2px$ 及其在点 $\left(\dfrac{p}{2}, p\right)$ 处的法线所围成的图形的面积.

3. 求下列曲线所围成图形的公共部分的面积:

(1) $\rho = 3, \rho = 2(1+\cos\theta)$;　　　　(2) $\rho = \sqrt{2}\sin\theta, \rho^2 = \cos2\theta$.

4. 求抛物线 $y^2 = 4ax$ 与过焦点的弦所围成的图形的面积的最小值.

5. 求由 $y = x^2 + 2, y = \dfrac{1}{2}x + 1, x = 0$ 及 $x = 1$ 所围成的图形分别绕直线 $y = 0, y = 3$ 旋转而成的旋转体的体积.

6. 求圆盘 $x^2 + y^2 \leqslant a^2$ 绕 $x = -b$　$(b>a>0)$旋转而成的旋转体的体积.

7. 计算下列各弧长:

(1) 圆的渐伸线 $x = a(\cos t + t\sin t), y = a(\sin t - t\cos t)$ 上自 $t = 0$ 到 $t = \pi$ 的一段弧;

(2) 对数螺线 $\rho = e^{a\theta}$ 上自 $\theta = 0$ 到 $\theta = \varphi$ 的一段弧.

8. 设 $0 \leqslant t \leqslant \dfrac{\pi}{2}$，由 $y = \sin x, x = t, x = 2t, y = 0$ 所围成部分绕 x 轴旋转而成的旋转体的体积为 $V(t)$，问 t 为何值时 V 最大?

9. 设有一椭圆台，其高为 h，上下底均为椭圆，轴长分别为 $2a$、$2b$ 和 $2A$、$2B$，求这椭圆台的体积.

10. 在摆线 $x = a(t - \sin t), y = a(1 - \cos t)$ 上求分摆线第一拱成 $1 : 3$ 的点的坐标.

6.3　定积分在经济上的应用

6.3.1　由边际量求总量

例 6.21　已知某商品的需求量 Q 是价格 P 的函数，且边际需求 $Q'(P) = -3$，该商品的最大需求量为 300，求需求量与价格的函数关系.

解　因为边际需求为 $Q'(P) = -3$，在等式两边同时定积分得

$$\int_0^P Q'(P)\mathrm{d}P = \int_0^P -3\mathrm{d}P,$$

$$Q(P) - Q(0) = -3P, \quad \text{即} \quad Q(P) = -3P + Q(0).$$

又因一般在需求量函数中价格 $P = 0$ 时，需求量达到最大，即 $Q(0) = 300$，所以需求函数的表达式为

$$Q(P) = -3P + 300 (P > 0).$$

例 6.22　设生产某产品的固定成本 C_0 为 1 万元，边际成本为 $C'(Q) = Q + 3$（万元/百台），边际收益 $R'(Q) = 6 - Q$（万元/百台），求：(1) 总成本函数 $C(Q)$；(2) 总收益函数 $R(Q)$；(3) 总利润函数；(4) 在使得利润最大的产量基础上再多生产 1 百台，总利润的改变量.

解　(1) 总成本函数

$$C(Q) = \int_0^Q C'(Q)\mathrm{d}Q + C_0 = \int_0^Q (Q + 3)\mathrm{d}Q + 1 = \frac{Q^2}{2} + 3Q + 1;$$

(2) 总收益函数

$$R(Q) = \int_0^Q R'(Q)\mathrm{d}Q = \int_0^Q (6 - Q)\mathrm{d}Q = 6Q - \frac{Q^2}{2};$$

(3) 总利润函数

$$L(Q) = R(Q) - C(Q) = \left(6Q - \frac{Q^2}{2}\right) - \left(\frac{Q^2}{2} + 3Q + 1\right) = -Q^2 + 3Q - 1;$$

(4) 由 $L'(Q) = R'(Q) - C'(Q) = -2Q + 3$，令 $L'(Q) = 0$，得唯一驻点 $Q = 1.5$（百台）. 又因 $L''(1.5) = -2 < 0$，所以当 $Q = 1.5$（百台）时，总利润最大，那么在 $Q = 1.5$ 的基础上，再生产 1 百台，则总利润的改变量为

$$L(2.5) - L(1.5) = \int_{1.5}^{2.5} L'(Q)\mathrm{d}Q = \int_{1.5}^{2.5} (-2Q + 3)\mathrm{d}Q = -1.$$

在产量 $Q = 1.5$ 百台时，利润已经最大，若再生产 1 百台，不仅没有使利润增加，反而减少了 1 万元.

一般地，已知边际函数（成本函数的导数是边际成本，收益函数的导数是边际收益，利润

函数的导数是边际利润)求相应的总量函数(总成本函数、总收益函数和总利润)的方法是采用定积分的方法.

设边际函数是 $f(x)$,总量函数是 $F(x)$,其初始条件是 $F(x_0)$,根据边际量与总量的关系:

$$F'(x) = f(x),$$

两边同时定积分

$$\int_{x_0}^{x} F'(x)\mathrm{d}x = \int_{x_0}^{x} f(x)\mathrm{d}x,$$

根据牛顿-莱布尼茨公式有

$$F(x) - F(x_0) = \int_{x_0}^{x} f(x)\mathrm{d}x,$$

故得总量函数 $F(x) = \displaystyle\int_{x_0}^{x} f(x)\mathrm{d}x + F(x_0)$.

6.3.2 投资问题

在前面 1.3 节中谈到了连续复利问题,我们已经知道:现有货币资金 A_0 元从现在起存入银行,按年利率 r 作连续复利计算,则 t 年后的本利之和近似值为 $A_0\mathrm{e}^{rt}$ 元,称 $A_0\mathrm{e}^{rt}$ 为 A_0 元资金在 t 年末的将来值;反之,若 t 年末希望得到 A 元资金,且按年利率 r 作连续复利计算,那我们现在需要投入多少资金?

假设现在投入的资金为 A_0 元,由资金的将来值可以知道:

$$A = A_0\mathrm{e}^{rt}, \quad A_0 = A\mathrm{e}^{-rt},$$

称 $A\mathrm{e}^{-rt}$ 为 t 年末资金 A 的现值,即贴现值.在投资分析过程中为方便计算,我们常将企业资金的收益与支出近似地视为连续发生,并分别称为收益流与支出流.收益流对时间的变化率称为收益流量.

若有一笔收益流的收益流量为 $f(t)$(元/年),假设年利率为 r,连续复利计息,下面计算其现值及将来值.

此类问题可由定积分的元素法得到:考虑从现在($t=0$)开始到 T 年后这一时间段,在区间 $[0, T]$ 内任取一微元区间 $[t, t+\mathrm{d}t]$,在 $[t, t+\mathrm{d}t]$ 内将 $f(t)$ 看作常数,则所应获得的资金近似为 $f(t)\mathrm{d}t$,其现值为 $f(t)\mathrm{e}^{-rt}\mathrm{d}t$.

从现在($t=0$)算起,$f(t)\mathrm{d}t$ 这笔金额是在 t 年后的将来获得的,因此在 $[t, t+\mathrm{d}t]$ 内,收益的现值为

$$[f(t)\mathrm{d}t]\mathrm{e}^{-rt} = f(t)\mathrm{e}^{-rt}\mathrm{d}t,$$

从而在 $[0, T]$ 内得到的总收入现值为

$$A_0 = \int_0^T f(t)\mathrm{e}^{-rt}\mathrm{d}t.$$

若收入率 $f(t) = a$(a 为常数),称此为均匀收入率.如果年利率 r 也为常数,则总收入的现值为

$$A_0 = \int_0^T a\mathrm{e}^{-rt}\mathrm{d}t = a\left(-\frac{1}{r}\mathrm{e}^{-rt}\right)\bigg|_0^T = \frac{a}{r}(1 - \mathrm{e}^{-rT}).$$

在计算将来值时,$f(t)\mathrm{d}t$ 在以后的 $T-t$ 年期内获息,故在 $[t, t+\mathrm{d}t]$ 时间段内收益流的将来值为

$$f(t)e^{r(T-t)}dt.$$

从而在$[0,T]$上总收入的将来值为

$$A_1 = \int_0^T f(t)e^{r(T-t)}dt.$$

若收入率$f(t)=a(a$为常数),可算得将来值

$$A_1 = \frac{a}{r}(1-e^{-rT})e^{rT} = A_0e^{rT}.$$

这说明,按年利率r的连续复利计算,则从现在起到T年后的投资收益的将来值恰好等于该投资作为单笔款项存入银行T年后的将来值.

例 6.23 设以年连续复利$r=0.1$计息,求收益流量为每年100万元的收益流在20年后的贴现值和将来值.

解 $T=20$,收益流的贴现值为

$$A_0 = \int_0^T f(t)e^{-rt}dt = \int_0^{20} 100e^{-0.1t}dt = 1000(1-e^{-2}) = 864.6(万元);$$

收益流的将来值为

$$A_1 = \int_0^T f(t)e^{r(T-t)}dt = \int_0^{20} 100e^{0.1(20-t)}dt = 1000e^2(1-e^{-2}) = 6389(万元).$$

例 6.24 现某企业给予一笔投资A,经测算,该企业在T年中可以按每年a元的均匀收入率获得收入,若年利率为r,试求:(1)该投资的纯收入贴现值;(2)收回该笔投资的时间为多少?

解 (1)求投资纯收入的贴现值,因收入率为a,年利率为r,故投资后的T年中获总收入的现值为

$$Y = \int_0^T ae^{-rt}dt = \frac{a}{r}(1-e^{-rT}),$$

从而投资所获得的纯收入的贴现值为

$$R = Y - A = \frac{a}{r}(1-e^{-rT}) - A.$$

(2)求收回投资的时间:收回投资,即为总收入的现值等于投资.

由$\frac{a}{r}(1-e^{-rT})=A$得$T=\frac{1}{r}\ln\frac{a}{a-Ar}$,即收回投资的时间为$T=\frac{1}{r}\ln\frac{a}{a-Ar}$.

在例6.24中,若企业投资$A=500$(万元),年利率为$r=0.05$,设在20年中的均匀收入率为$a=150$(万元/年),则投资所获得的纯收入的贴现值为

$$R = Y - A = \frac{a}{r}(1-e^{-rT}) - A = \frac{150}{0.05}(1-e^{-0.05\times20}) - 500 = 1396.36(万元),$$

投资回收期为$T=\frac{1}{0.05}\ln\frac{150}{150-500\times0.05}=20\ln1.25\approx4.46$(年).

习题 6.3

A 组

1. 已知生产某产品的边际成本为$c'(x)=20-2x$万元,固定成本为50万元,求总成本函数$c(x)$及平均成本.

2. 若一企业生产某产品单位时的边际收入为 $R'(x)=200-4x$，求生产 40 单位时的总收入及平均收入，并求再增加生产 10 单位时所增加的总收入.

3. 设生产 x 个产品的边际成本 $c'(x)=60+4x$，其固定成本为 $c_0=1000$ 元，产品单价规定为 500 元. 假设生产出的产品能完全销售，问生产量为多少时利润最大？并求出最大利润.

4. 有一投资项目，投资成本为 $A=40000$ 元，投资年率为 5%，每年的年均收益率为 $a=4000$ 元，求该投资为无期限时的纯收入的贴现值.（即投资的资本价值）

5. 某实验室准备采购一台仪器，其使用寿命为 15 年，这台仪器的现价为 100 万元. 如果租用该仪器每月需要支付租金 1 万元. 资金的年利率为 5%，以连续复利计算. 试判断是购买仪器合算还是租用该仪器合算？

6. 一对夫妇准备为孩子存款积攒学费，目前银行的存款利率为 5%，以连续复利计息. 若他们打算 10 年后攒够 5 万元，计算这对夫妇每年应等额地为其孩子存入多少钱？

B 组

1. 已知生产某产品 Q 单位时，其收益的变化率即边际收益率为 $R'(Q)=100-\dfrac{Q}{200}$，求：

(1) 生产 100 单位时的总收益；

(2) 如果已经生产了 100 单位，求再生产 100 单位增加的收益.

2. 已知生产某产品的边际成本为 $c'(x)=x^2-4x+3$（元/单位），

(1) 求生产前 6 个单位产品的可变成本；

(2) 若固定成本 $c(0)=6$ 元，求前 6 个产品的平均成本；

(3) 求生产第 7～12 个单位产品时的平均成本.

3. 某项目投资在投资结束时的贴现值为 1000 万元，该项目结束后的年收入预计为每年 200 万元，年利息率为 0.08，求该项目的投资回收期.

6.4 定积分在物理学中的应用

6.4.1 变力沿直线运动所做的功

设有变力 $F=F(x)$（方向与运动方向一致）将物体从点 $x=a$ 连续推到点 $x=b$（如图 6.27 所示），求力 F 所做的功 W. 取 x 为积分变量，变化区间为 $[a,b]$，在区间 $[a,b]$ 上任取一个小区间 $[x,x+\mathrm{d}x]$，由于 $F(x)$ 在区间 $[a,b]$ 连续，因而在这个小区间上

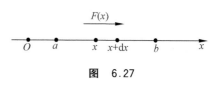

图 6.27

力的变化很小，所以相应于小区间 $[x,x+\mathrm{d}x]$ 上变力所做的功 ΔW 近似于在点 x 处的力 $F(x)$ 与小区间 $[x,x+\mathrm{d}x]$ 的长度 $\mathrm{d}x$ 的乘积，即

$$\Delta W \approx \mathrm{d}W = F(x)\mathrm{d}x.$$

功元素 $\mathrm{d}W=F(x)\mathrm{d}x$，于是变力 F 所做的功

$$W = \int_a^b F(x)\mathrm{d}x. \tag{6.18}$$

例 6.25 把一个电量为 $+q$ 的点电荷放在 r 轴上坐标原点处,由物理学知道,它产生一个电场,如果把一个单位正电荷在电场中从 $r=a$ 处移动到 $r=b(a<b)$ 处,计算电场力 F 对它所做的功.

解 由物理学知道,在这个电场中距离原点 O 为 r 的地方,电场对单位正电荷的作用力的大小为

$$F = k\frac{q}{r^2} \quad (k \text{ 为常数}).$$

因此,在上述移动过程中,电场对单位正电荷的作用力是变的. 取 r 为积分变量,它的变化区间为 $[a,b]$. 任取 $r\in[a,b]$,则在小区间 $[r,r+\mathrm{d}r]$,电场力对它所做的功

$$\Delta W \approx \mathrm{d}W = \frac{kq}{r^2}\mathrm{d}r,$$

即功元素为 $\mathrm{d}W=\frac{kq}{r^2}\mathrm{d}r$,于是所求的功为

$$W = \int_a^b \frac{kq}{r^2}\mathrm{d}r = kq\left[-\frac{1}{r}\right]\Big|_a^b = kq\left(\frac{1}{a}-\frac{1}{b}\right).$$

在计算静电场中某点的电位时,要考虑将单位正电荷从该点处 $(r=a)$ 移到无穷远处时电场力所做的功 W. 此时电场力所做的功就是广义积分:

$$W = \int_a^{+\infty} \frac{kq}{r^2}\mathrm{d}r = kq\left[-\frac{1}{r}\right]\Big|_a^{+\infty} = \frac{kq}{a}.$$

例 6.26 在底面积为 S 的圆柱形容器中盛有一定量的气体,在等温条件下,由于气体的膨胀,把容器中的一个活塞(面积为 S)从 a 点处推移到 b 点处,计算活塞移动过程中气体压力所做的功 W.

解 取坐标如图 6.28 所示,活塞的位置可用坐标 x 来表示. 先求区间 $[a,b]$ 上任一点 x 处的气体压力 $F(x)$. 据物理学知,一定量的气体在等温条件下,压强 p 与体积 V 的乘积为常数 K,即

$$pV = K \quad \text{或} \quad p = \frac{K}{V},$$

因为 $V=xS$,所以 $p=\frac{K}{xS}$,从而得到作用在活塞上的力

$$F = pS = \frac{K}{x}.$$

根据式(6.18),便得所求功为

$$W = \int_a^b F(x)\mathrm{d}x = \int_a^b \frac{K}{x}\mathrm{d}x = K\left[\ln x\right]_a^b = K\ln\frac{b}{a}.$$

例 6.27 自地面垂直向上发射火箭,火箭质量为 m. 试计算火箭发射到距离地面的高度为 h 处所做的功,并计算第二宇宙速度(即火箭脱离地球引力范围所具有的速度).

解 取坐标系如图 6.29 所示,r 轴垂直向上,原点在地球的中心. 设地球质量为 M,半径为 R. 为了发射火箭,必须克服地球引力,由万有引力定律知,地球对距地心 $r(\geqslant R)$ 处的火箭的引力为

$$F(r) = G\frac{Mm}{r^2},$$

其中,r 为火箭到地球中心的距离,G 为引力常数.

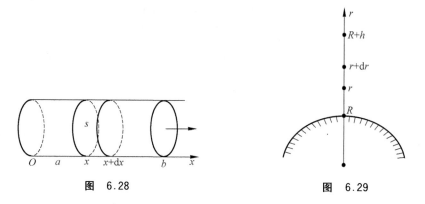

图 6.28 图 6.29

由于火箭在地面($r=R$)时,地球对火箭的引力为 mg(g 为重力加速度),即

$$G\frac{Mm}{R^2} = mg,$$

从而 $G=\dfrac{R^2 g}{M}$,于是,引力为

$$F(r) = \frac{mgR^2}{r^2}.$$

则将火箭自地面($r=R$)发射到距离地面高度为 h($r=R+h$)时,克服地球引力所做的功为

$$W = \int_R^{R+h} F(r)\mathrm{d}r = \int_R^{R+h} \frac{mgR^2}{r^2}\mathrm{d}r = mgR^2\left(\frac{1}{R} - \frac{1}{R+h}\right).$$

使火箭脱离地球引力范围,可理解为使火箭无限远离地球,这时所需做的功为

$$W_\infty = \int_R^{+\infty} F(r)\mathrm{d}r = \int_R^{+\infty} \frac{mgR^2}{r^2}\mathrm{d}r = \left[-\frac{mgR^2}{r}\right]_R^{+\infty} = mgR.$$

根据机械能守恒定律知,要使火箭能脱离地球引力范围,所需做的功 W_∞ 应等于火箭的初始动能 $\dfrac{1}{2}mv_0^2$(v_0 是火箭离开地面的初始速度),即

$$\frac{1}{2}mv_0^2 = W_\infty = mgR.$$

所以 $v_0 = \sqrt{2gR}$,将 $g=9.8(\mathrm{m/s^2})$,$R=6371(\mathrm{km})=6.371\times10^6(\mathrm{m})$ 代入上式右端,得

$$v_0 = \sqrt{2gR} = 11.2\times10^3\,\mathrm{m/s} = 11.2\,\mathrm{km/s}.$$

这个速度称为**第二宇宙速度**.

6.4.2 液体的压力

由物理学知道,物体在液面下的压强由单位面积上所受的压力的大小来衡量,压强 p 随液体深度的不同而变化,若记 $\gamma=\rho g$ 为液体的容重,ρ 为液体的密度,g 为重力加速度,则在液面下深度为 h 处的压强为

$$p = \gamma h .$$

如果有一面积为 A 的薄板水平地放置在液面下深度 h 处,那么,薄板一侧所受的液体压力为

$$P = pA = \gamma h A. \tag{6.19}$$

设有一薄板,形状如图 6.30 所示,垂直放在液体中.选取坐标系的 x 轴向下,y 轴与液面相齐,薄板的曲边方程为 $y=f(x)$,$f(x)$ 为连续函数,求液体对薄板一侧的压力 P.

由于深度相同时压强相同,因此,可以设想把薄板分成许多水平的小横条.

取 x 为积分变量,变化区间为 $[a,b]$.在区间 $[a,b]$ 上任取一小区间 $[x,x+\mathrm{d}x]$,现考虑相应于这个小区间上的小横条薄板,它可近似地看成水平放置在液面下深度为 x 的位置上,小横条的面积近似于小矩形的面积 $f(x)\mathrm{d}x$.于是,根据式(6.19),小横条一侧所受压力 ΔP 的近似值,即压力元素为

$$\Delta P \approx \mathrm{d}P = \gamma x f(x)\mathrm{d}x.$$

在区间 $[a,b]$ 上作定积分,便得液体对薄板一侧的压力为

$$P = \int_a^b \gamma x f(x)\mathrm{d}x. \tag{6.20}$$

例 6.28 一个横放着的圆柱形水桶,桶内盛有半桶水,设桶的底半径为 R,水的比重为 γ,计算桶的一端面上所受的压力.

解 在端面建立坐标系如图 6.31 所示,取 x 为积分变量,$x \in [0,R]$,取任一小区间 $[x,x+\mathrm{d}x]$.

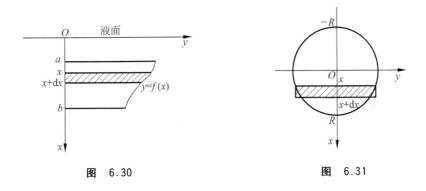

图 6.30　　　　　　　　图 6.31

小矩形片上各处的压强近似等于 $p=\gamma x$,小矩形片的面积为 $2\sqrt{R^2-x^2}\,\mathrm{d}x$.小矩形片的压力元素为

$$\mathrm{d}P = 2\gamma x\sqrt{R^2-x^2}\,\mathrm{d}x,$$

端面上所受的压力

$$P = \int_0^R 2\gamma x\sqrt{R^2-x^2}\,\mathrm{d}x = -\gamma\int_0^R \sqrt{R^2-x^2}\,\mathrm{d}(R^2-x^2)$$

$$= -\gamma\left[\frac{2}{3}\left(\sqrt{R^2-x^2}\right)^3\right]_0^R = \frac{2\gamma}{3}R^3.$$

其中水的容重 $\gamma=9.8\mathrm{kN/m^3}$.

6.4.3 引力

根据万有引力定律,质量分别为 m_1 和 m_2、相距为 r 的两质点之间的引力为

$$F = G\frac{m_1 m_2}{r^2}, \tag{6.21}$$

其中 G 为引力常数,引力的方向沿着两质点的连线的方向.

下面计算一根细棒对一个质点的引力.

例 6.29   一均匀细杆的长度为 l,质量为 M,在杆的延长线上有一质量为 m 的质点,质点与细杆的近端点的距离为 d. 求细杆对质点的引力.

解   取质点所在的位置为坐标原点,杆在 Or 轴的正方向上. 如图 6.32 所示,任意取 $[r, r+\mathrm{d}r] \subset [d, d+l]$,则微元区间 $[r, r+\mathrm{d}r]$ 所对应的细杆的质量为 $\dfrac{M}{l}\mathrm{d}r$,它对质点的引力近似值,即引力元素为

$$\mathrm{d}F = G\frac{m \cdot \dfrac{M}{l}}{r^2}\mathrm{d}r \quad (G \text{ 为引力常数}).$$

从而,整个细杆对质点的引力为

$$F = \int_d^{d+l} G\frac{m \cdot \dfrac{M}{l}}{r^2}\mathrm{d}r = \frac{GmM}{d(d+l)}.$$

例 6.30   设有一根长度为 l,线密度为 ρ 的均匀细直棒,在其中垂线上距棒 a 单位处有一质量为 m 的质点 A,试计算该棒对质点 A 的引力(如图 6.33 所示).

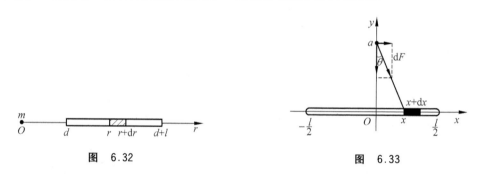

图 6.32   图 6.33

解   取坐标系如图 6.33 所示,棒位于 x 轴上,中点为原点,质点 A 在 y 轴上,取 x 为积分变量,变化区间为 $\left[-\dfrac{l}{2}, \dfrac{l}{2}\right]$. 由于细棒上各点与质点 A 的引力大小和方向不同,因此,不能直接应用式(6.21)来计算.

设想把细棒分成许多小段. 在区间 $\left[-\dfrac{l}{2}, \dfrac{l}{2}\right]$ 上任取一小区间 $[x, x+\mathrm{d}x]$,把相应于 $[x, x+\mathrm{d}x]$ 的一段细棒近似看成位于 x 处的质点,其质量为 $\rho\mathrm{d}x$,它与质点 A 的距离为 $r = \sqrt{a^2+x^2}$. 因此,由万有引力定律知,这段细直棒对质点 A 的引力 ΔF 的大小近似为

$$\Delta F \approx G\frac{m\rho\mathrm{d}x}{r^2} = G\frac{m\rho\mathrm{d}x}{a^2+x^2}.$$

从而得到 ΔF 在铅直方向的分力 ΔF_y 的近似值为

$$\mathrm{d}F_y = -\frac{a}{\sqrt{a^2+x^2}} \cdot G\frac{m\rho\mathrm{d}x}{a^2+x^2} = -\frac{Gm\rho a}{(a^2+x^2)^{\frac{3}{2}}}\mathrm{d}x.$$

$\mathrm{d}F_y$ 是细棒对质点 A 的引力在铅直方向的分力 F_y 的元素,其中负号表示铅直分力的方向是朝下的(即与 y 轴的正向相反). 以 $\mathrm{d}F_y$ 为被积表达式取区间 $\left[-\dfrac{l}{2}, \dfrac{l}{2}\right]$ 上的定积分,便得

引力在铅直方向的分力为

$$F_y = -\int_{-\frac{l}{2}}^{\frac{l}{2}} \frac{Gam\rho}{(a^2+x^2)^{\frac{3}{2}}} dx = -\frac{2Gm\rho l}{a\sqrt{4a^2+l^2}}.$$

由于细棒关于 y 轴对称,因此引力在水平方向的分力 $F_x=0$.所以细棒对质点 A 的引力大小为

$$|F_y| = \frac{2Gm\rho l}{a\sqrt{2a^2+l^2}},$$

方向沿细棒的中垂线指向细棒.

习题 6.4

A 组

1. 已知弹簧拉伸 0.4m 所需的力为 10N,如果把弹簧拉伸 0.6m,问需做多少功?

2. 直径为 20cm、高为 80cm 的圆柱体内充满压强为 10N/cm^2 的蒸汽.设温度保持不变,要使蒸气压缩一半,问需做多少功?

3. 一物体按规律 $x=ct^3$ 作直线运动,介质的阻力与速度的平方成正比,计算物体由 $x=0$ 运动到 $x=a$ 时,克服介质阻力所做的功.

4. 设一锥形储水池,深 15m,口径 20m,盛满水.现将该水池中的水吸尽,问需做多少功?

5. 一均匀电缆从地面提到楼的顶部,它长 15m,质量为 45kg,问把它提到 10m 高的大楼顶部需做多少功?

6. (1) 证明:把质量为 m 的物体从地球表面升高到 h 处所做的功为

$$W = G\frac{mMh}{R(R+h)},$$

其中,G 为引力常数,M 为地球质量,R 为地球的半径.

(2) 一颗人造地球卫星的质量为 173kg,在高于地面 630km 处进入轨道.问把这个卫星从地面送到 630km 的高空处,克服地球引力要做多少功?已知:引力常数 $G=6.67\times10^{11}\text{m}^3/(\text{s}^2\cdot\text{kg})$,地球质量 $M=5.98\times10^{24}\text{kg}$,地球的半径 $R=6370\text{km}$.

7. 有一等腰梯形闸门,它的两条底边各长为 10m 和 20m,高为 20m,较长的底边与水面相齐.计算闸门的一侧所受的压力.

8. 设有一长度为 l,线密度为 ρ 的均匀细直棒,另有质量为 m 的质点 M,若质点 M 在与棒的一端垂直距离为 a 单位处,试求这根细棒对质点 M 的引力.

B 组

1. 一根弹簧自然长度为 20cm,它受 25N 的作用力伸长到 30cm,问使弹簧从 20cm 伸长到 25cm 需做多少功?

2. 有一盛满水的柱形水池,其底面积为 20m^2,深 5m.现用抽水机将池中的水全部抽到高出池口平面为 10m 的水塔上处,问需做多少功?

3. 用铁锤将一铁钉击入木板,设木板对铁钉的阻力与铁钉击入木板的深度成正比,在击第一次时,将铁钉击入木板 1cm.如果铁锤每次打击铁钉所做的功相等,问锤击第二次时铁钉又击入多少?

4. 洒水车上的水箱是一个横放的椭圆柱体,断面椭圆的长轴为 2m 与水平面平行,短轴长为 1.5m,水箱长为 4m. 当水箱注满水时,水箱的一个端面所受的压力是多少? 当水箱注一半水时,水箱的一个端面所受的压力又是多少?

5. 一半径为 R 的细圆环导线,均匀带电,电荷密度为 ρ. 在环所在的平面的中心轴线上且与环心相距 a 处有一带电量为 q 的正点电荷 A,求点 A 与圆环导线之间的作用力.

总习题 6

一、填空题

1. 由曲线 $y=\ln x$ 与两直线 $y=(e+1)-x$ 及 $y=0$ 所围成的平面图形的面积是( ).

2. 由曲线 $y=xe^x$ 与直线 $y=ex$ 所围成的图形的面积为( ).

3. 由曲线 $y=x+\dfrac{1}{x}$,$x=2$ 及 $y=2$ 所围图形的面积为( ).

4. 曲线 $y=-x^3+x^2+2x$ 与 x 轴所围成的图形的面积为( ).

二、选择题

1. 曲线 $y=\sin^{\frac{3}{2}}x(0\leqslant x\leqslant\pi)$ 与 x 轴围成的图形绕 x 轴旋转所成的旋转体的体积为( ).

(A) $\dfrac{4}{3}$ (B) $\dfrac{4}{3}\pi$ (C) $\dfrac{2}{3}\pi^2$ (D) $\dfrac{2}{3}\pi$

2. 曲线 $y=\cos x\left(-\dfrac{\pi}{2}\leqslant x\leqslant\dfrac{\pi}{2}\right)$ 与 x 轴所围成的图形绕 x 轴旋转一周所成的旋转体的体积为( ).

(A) $\dfrac{\pi}{2}$ (B) π (C) $\dfrac{\pi^2}{2}$ (D) π^2

3. 设 $f(x),g(x)$ 在区间 $[a,b]$ 上连续,且 $g(x)<f(x)<m$(m 为常数),则曲线 $y=g(x),y=f(x),x=a$ 及 $x=b$ 所围平面图形绕直线 $y=m$ 旋转而成的旋转体体积为( ).

(A) $\displaystyle\int_a^b \pi[2m-f(x)+g(x)][f(x)-g(x)]\mathrm{d}x$

(B) $\displaystyle\int_a^b \pi[2m-f(x)-g(x)][f(x)-g(x)]\mathrm{d}x$

(C) $\displaystyle\int_a^b \pi[m-f(x)+g(x)][f(x)-g(x)]\mathrm{d}x$

(D) $\displaystyle\int_a^b \pi[m-f(x)-g(x)][f(x)-g(x)]\mathrm{d}x$

4. 双纽线 $(x^2+y^2)^2=x^2-y^2$ 所围成的区域面积可用定积分表示为( ).

(A) $2\displaystyle\int_0^{\frac{\pi}{4}}\cos 2\theta\mathrm{d}\theta$ (B) $4\displaystyle\int_0^{\frac{\pi}{4}}\cos 2\theta\mathrm{d}\theta$

(C) $2\displaystyle\int_0^{\frac{\pi}{4}}\sqrt{\cos 2\theta}\mathrm{d}\theta$ (D) $\dfrac{1}{2}\displaystyle\int_0^{\frac{\pi}{4}}(\cos 2\theta)^2\mathrm{d}\theta$

5. 如图 6.34 所示,x 轴上有一线密度为常数 u、长度为 l 的细杆,有一质量为 m 的质点到杆右端的距离为 a,已知引力系数为 k,则质点和细杆之间引力的大小为( ).

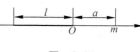

图 6.34

(A) $\int_{-t}^{0}\dfrac{kmu\,\mathrm{d}x}{(a-x)^2}$ 　　　　　(B) $\int_{0}^{t}\dfrac{kmu\,\mathrm{d}x}{(a-x)^2}$

(C) $2\int_{-\frac{l}{2}}^{0}\dfrac{kmu\,\mathrm{d}x}{(a+x)^2}$ 　　　　(D) $2\int_{0}^{\frac{l}{2}}\dfrac{kmu\,\mathrm{d}x}{(a+x)^2}$

三、计算题

1. 求两椭圆 $\dfrac{x^2}{a^2}+\dfrac{y^2}{b^2}=1$ 和 $\dfrac{x^2}{b^2}+\dfrac{y^2}{a^2}=1$ 相交的公共部分的面积.

2. 求由曲线 $r=a\sin\theta,r=a(\cos\theta+\sin\theta)(a>0)$ 所围成图形公共部分的面积.

3. 一立体的底面由曲线 $y=4\sqrt{ax}$，$y=2\sqrt{ax}(a>0)$ 及直线 $x=a$ 所围成，用垂直于 x 轴的平面去切此立体，截面都为正三角形，试求此立体的体积.

4. 求由曲线 $y=x^2$ 与直线 $y=x+2$ 所围成的图形绕直线 $y=1$ 旋转所得的旋转体的体积.

5. 求圆盘 $(x-2)^2+y^2\leqslant1$ 绕 y 轴旋转所得的旋转体的体积.

6. 将抛物线 $y=x(x-a)$ 在横坐标 O 与 $c(0<a<c)$ 之间的弧绕 x 轴旋转. c 等于多少时，旋转体的体积 V 等于弦 OP 绕 x 轴旋转所生成的锥体的体积（见图 6.35）.

7. 求抛物线 $y=\dfrac{1}{2}x^2$ 被圆 $x^2+y^2=3$ 所截下的有限部分的弧长.

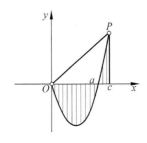

图 6.35

8. 半径为 r 的球沉入水中，球的上部与水面相切，球的密度与水相同，现将球取出水面需做多少功？

9. 水坝中有一直立的矩形闸门，长 10m，高 6m，闸门的长边与水面平行. 试求水面在闸门顶上 8m 时闸门所受的压力. 欲使所受的压力加倍，则水面应升高多少？

10. 将水自半径为 10m 的半球形水池中抽出，试求将水位自池口以下 2m 降至 4m 所做的功. 设抽水机位于池口以上 3m 处.

11. 设星形线 $x=a\cos^3t,y=a\sin^3t$ 上每点处的线密度的大小等于该点到原点距离的立方，在原点 O 处有一单位质点，求星形线在第一象限的弧段对该质点的引力.

12. 为清除井底下的污泥，用铁链将抓斗放入井底，已知井深 30m，铁链每米重 50N，抓斗自重 400N，抓斗抓起的污泥重 2000N，提升速度为 3m/s，在提升的过程中，污泥以 20N/s 的速度从抓斗的漏孔中漏掉. 现将抓起污泥的抓斗提至井口，问克服重力做功多少焦耳？（提示：第一部分是克服抓斗的重力做功，第二部分是克服铁链的重力做功，第 3 部分是克服污泥做功）

13. 设平面图形 A 由 $x^2+y^2\leqslant2x$ 与 $y\geqslant x$ 所确定，求图形 A 绕直线 $x=2$ 旋转一周所得旋转体的体积.

14. 求曲线 $y=3-|x^2-1|$ 与 x 轴围成的封闭图形绕直线 $y=3$ 旋转所得的旋转体体积.

15. 设函数 $f(x)$ 在闭区间 $[0,1]$ 内大于零，并且满足 $xf'(x)=f(x)+\dfrac{3a}{2}x^2$（$a$ 为常

数),又曲线 $y=f(x)$ 与 $x=1$,$y=0$ 所围的图形 S 的面积为 2,求函数 $y=f(x)$,并问 a 为何值时,图形 S 绕 x 轴旋转一周所得的旋转体的体积最小? $\left(\text{提示:当 } x\neq 0 \text{ 时,} \left(\dfrac{f(x)}{x}\right)' = \dfrac{xf'(x)-f(x)}{x^2}=\dfrac{3a}{2}\right)$

16. 某企业在 2002 年有金额 1000 万元,若年利率为 8%,利用复利进行计算.(1)七年前有计划将款存入银行,每年等额存入多少到 2002 年方有 1000 万元? (2)到 2012 年该 1000 万元的本利和是多少? (3)在 2006 年的资金额是多少? (4)若从 2007 年开始每年等额提取多少资金恰好在 2012 年将 1000 万元提取完毕?

四、证明题

1. 设函数 $f(x)$ 在区间 $[a,b]$ 上连续,且在 (a,b) 内有 $f'(x)>0$.证明:在 (a,b) 内存在唯一的 ξ,使曲线 $y=f(x)$ 与两直线 $y=f(\xi)$,$x=a$ 所围成平面图形面积 S_1 是曲线 $y=f(x)$ 与两直线 $y=f(\xi)$,$x=b$ 所围平面图形面积 S_2 的 3 倍.

(提示:如图 6.36 所示,令

$$F(t)=\int_a^t [f(t)-f(x)]\mathrm{d}x - 3\int_t^b [f(x)-f(t)]\mathrm{d}x$$

将 $F(t)$ 在 $[a,b]$ 上用零点定理和单调性).

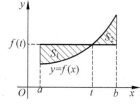

图   6.36

2. 设 $y=f(x)$ 是区间 $[0,1]$ 上的任一非负连续函数.

(1) 试证存在 $x_0 \in (0,1)$,使得在区间 $[0,x_0]$ 上以 $f(x_0)$ 为高的矩形面积,等于在区间 $[x_0,1]$ 上以 $y=f(x)$ 为曲边的曲边梯形面积.

(2) 又设 $f(x)$ 在区间 $(0,1)$ 内可导,且 $f'(x)>-\dfrac{2f(x)}{x}$,证明(1)中的 x_0 是唯一的.

$\left(\text{提示:}(1) \text{设 } F(x)=x\int_x^1 f(t)\mathrm{d}t,\text{用罗尔定理;}(2)\text{设 } \varphi(x)=\int_x^1 f(t)\mathrm{d}t - xf(x),\text{用单调性}\right)$

部分习题参考答案

第1章

习题 1.1

A 组

1. (1) $(-\infty,0)\bigcup(0,3]$；(2) $(-\infty,1]\bigcup[2,+\infty)$；

   (3) $[-2,-1)\bigcup(-1,1)\bigcup(1,+\infty)$.

2. $[-\sqrt{5},\sqrt{5}]$.

3. $f(8)=7+\cos7,f(x)=x-1+\cos(x-1)$.

4. $f(-1)=2,f(0)=1,f(2)=\mathrm{e}^2$.

6. (1) 奇函数；(2) 偶函数；(3) 偶函数；(4) 偶函数.

7. (1) $y=u^2$；$u=\arctan v$；$v=1+x^2$；(2) $y=\ln u$；$u=\cos v$；$v=x^2$.

8. $f(-x)=\begin{cases}x^2-x, & x<0,\\ x^2, & x\geqslant0.\end{cases}$

9. (1) $Q=1000(80-P)$；(2) $S=100(30+P)$；(3) $\overline{P}=70,\overline{Q}=10000$.

10. 总成本函数 $C(x)=150+16x$，$x\in[0,200]$，平均成本函数 $\overline{C}(x)=\dfrac{C(x)}{x}=\dfrac{150}{x}+16$.

B 组

1. (1) $\left[-\dfrac{1}{3},1\right]$；(2) $\{x\,|\,2k\pi<x<(2k+1)\pi,k\in\mathbf{Z}\}$.

2. $(\mathrm{e}^2,\mathrm{e}^3)$.

3. $\varphi(x)=\sqrt{\ln(1-x)}$，$x\leqslant0$.

4. $y=\begin{cases}x,-\infty<x<1,\\ \sqrt{x},1\leqslant x\leqslant16,\\ \log_2x,16<x<+\infty,\end{cases}$ 定义域为 $(-\infty,+\infty)$.

5. $f(g(x))=\begin{cases}1, & |g(x)|<1,\\ 0, & |g(x)|\geqslant1,\end{cases}=\begin{cases}1,|x|\leqslant1,\\ 0,|x|>1.\end{cases}$

6. $f(x)=\sqrt{u}$，$u=\ln v$，$v=w+R+10$，$w=T^2$，$R=\arctan S$，$T=\sin H$，$H=x^2 S=Q^2$，$Q=\cos x$.

7. $R(Q)=\begin{cases}80Q,0<Q\leqslant800,\\ 72Q+6400,Q>800.\end{cases}$

8. (1) $R(Q)=110Q-4Q^2,C(Q)=400+10Q$，

$L(Q) = R(Q) - C(Q) = -4Q^2 + 100Q - 400 (0 \leqslant Q \leqslant 18)$；

(2) $Q = 5, P = 90$.

9. $R(Q) = \begin{cases} 1200Q, & 0 \leqslant Q \leqslant 1000, \\ 1200Q - 2500, & 1000 < Q \leqslant 1520. \end{cases}$

习题 1.2

A 组

3. (1) 3；(2) $-\dfrac{1}{2}$；(3) 0；(4) e^2；(5) e；(6) 1.

4. (1) 3；(2) 1.

B 组

2. (1) $\dfrac{1}{2}$；(2) $\dfrac{1-b}{1-a}$.

3. $\lim\limits_{n \to \infty} x_n = 0$.

4. $\lim\limits_{n \to \infty} x_n = \dfrac{a + 2b}{3}$.

5. $\lim\limits_{x \to 0} x_n = 0$.

6. $\lim\limits_{n \to \infty} x_n = \sqrt{A}$.

习题 1.3

A 组

1. (1) $2x$；   (2) $\left(\dfrac{2}{3}\right)^{30}\left(\dfrac{2}{5}\right)^{20}$；   (3) $\dfrac{1}{4}$；   (4) 2；   (5) $\dfrac{n(n+1)}{2}$；

(6) $\dfrac{1}{4}$；   (7) $\dfrac{3}{2}$；   (8) $\dfrac{\sqrt{3}}{2}$；   (9) $-\dfrac{1}{2}$；(10) $-\sqrt{2}$；

(11) $\sqrt{2}$；   (12) $\dfrac{1}{4}$；   (13) e^6；   (14) 1.

2. 水平渐近线为：$y = 1$.

3. $\lim\limits_{x \to 0^+} f(x) = 1, \lim\limits_{x \to 0^-} f(x) = -1, \lim\limits_{x \to 0} f(x)$ 不存在.

4. 938.57.

B 组

2. (1) $\sqrt{ab}$；(2) e^{3a}；(3) $\dfrac{1}{2}$；(4) 1；(5) e；(6) $-\infty$；(7) $\dfrac{1}{2}$；(8) e^{x+1}；(9) $e^{\cot a}$.

3. $\delta = 0.0002$.

习题 1.4

A 组

1. 当 $x \to 0$ 时，$x^2 - x^3$ 是比 $2x - x^2$ 高阶的无穷小.

3. (1) $\dfrac{5}{2}$；(2) $0(m < n), 1(m = n), \infty(m > n)$；(3) -3；(4) $-\dfrac{1}{6}$；(5) $a^b \ln a$.

4. 有.

5. 有两条.

B 组

1. (无界；不为无穷大).

3. $a = -\dfrac{3}{2}$.

5. $\lim\limits_{x \to 0^-} f(x) = 0$.

习题 1.5

A 组

1. $a = 4$.

2. $a = 1$.

3. a 与 b 应满足的关系是 $a = b$.

4. (1) $x = -1, x = 1$ 为第二类间断点；(2) $x = 1$ 为第一类间断点；(3) $x = 2k\pi + \dfrac{\pi}{2}(k \in \mathbf{Z})$ 为第二类间断点；(4) $x = 3$ 为第一类间断点.

B 组

1. 不能断言 $f(x)$ 在 $x = x_0$ 处连续.

4. $f(0) = 0$.

5. (1) $x = 0$ 为第二类间断点；$x = 1$ 为第一类间断点；(2) $x = 0$ 为 $f(x)$ 的第一类(可去)间断点；$x = 1$ 为 $f(x)$ 的第一类(跳跃)间断点；$k\pi(k = \pm 1, \pm 2, \cdots)$ 为 $f(x)$ 的第二类(无穷)间断点.

6. $f(x)$ 在定义域内连续.

总习题 1

1. (1) -1; (2) $a = 3, b = 2$; (3) 1; (4) e^{x-1}; (5) 0; (6) 3.

2. (1) D; (2) B; (3) C; (4) B.

3. $f(x) = x^2 + 1$.

4. $f(x) = 2(1 - x^2)$.

5. (1) $\sqrt[3]{a}$; (2) $\dfrac{1}{1-x}$; (3) -1; (4) $\sqrt{ab}$; (5) $-\dfrac{7}{18}$; (6) $-\dfrac{1}{2}$.

6. $x = -2$ 为第二类间断点；$x = 0$ 为第一类间断点.

7. $f(g(x))$ 在 $x = 0$ 连续.

8. (1) $x = 0$ 为第一类间断点；(2) $x = 1$ 为第一类间断点中的跳跃间断点，$x = 1 + \dfrac{1}{\ln 2}$ 为第二类间断点中的无穷间断点.

9. -1.

10. (1) $f(x) = \begin{cases} 1 + a + b, & x = 1, \\ 1 - a + b, & x = -1, \\ \dfrac{1}{x^2}, & |x| > 1; \end{cases}$ 　　(2) $a = 0, b = 0$.

11. $f(x) = \begin{cases} x, & x < 0, \\ 0, & x = 0, \\ x^2 & x > 0, \end{cases}$ $f(x)$ 在 $(-\infty, +\infty)$ 内连续.

18. $a\mathrm{e}^{0.012t}$.

19. 4927.75,4878.84.

第 2 章

习题 2.1

A 组

1. $f'_-(0)=0\ f'_+(0)=1$.

2. $\dfrac{1}{n}x^{\frac{1}{n}-1}$.

3. (1) 2；(2) -2；(3) -1；(4) 4.

4. $f'(a)=\varphi(a)$.

5. 在 $x=0$ 处连续,不可导.

6. $a=2,b=-1$.

B 组

2. 2.

3. $g'(0)=0$.

4. 第一类间断点中的可去间断点.

6. (1) (D)；(2) (C) .

习题 2.2

A 组

1. (1) $9x^2-2$；   (2) $\tan x+x\sec^2 x$；   (3) $\dfrac{x\cos x-\sin x}{x^2}$；

(4) $-\dfrac{1}{\sqrt{x}\left(\sqrt{x}-1\right)^2}$；   (5) $\dfrac{x(3x^2-\csc^2 x)\ln x-x^3-\cot x}{x\ \ln^2 x}$；

(6) $\dfrac{2x}{(x^2+1)^2}-\dfrac{3x\cos x-3\sin x}{x^2}$.

2. (1) $f'(0)=2,f'(-2)=-\dfrac{2}{25}$；(2) $f'(-1)=-14,f'(1)=6$.

3. 切线方程: $y-\dfrac{\pi}{4}=\dfrac{1}{2}(x-1)$；法线方程: $y-\dfrac{\pi}{4}=-2(x-1)$.

4. 法线方程为 $y=\sqrt{3}\,x-1$.

5. $b=-2,c=1$,曲线方程为 $y=x^3-2x^2+x$.

6. $a=-1,b=3$.

7. $a=2,b=1$.

8. (1) $\dfrac{\ln x}{x\ \sqrt{1+\ln^2 x}}$；   (2) $-\dfrac{\ln 2}{x^2}2^{\sin\frac{1}{x}}\cos\dfrac{1}{x}$；   (3) $-\dfrac{\mathrm{e}^{\sqrt{x}}}{2\sqrt{x}}\sin\mathrm{e}^{\sqrt{x}}$；

(4) $A\omega\cos(\omega t+\varphi_0)$；   (5) $\dfrac{\cos\dfrac{x}{2}}{4\sqrt{\sin\dfrac{x}{2}}}$；   (6) $x\left(4-x^2\right)^{-\frac{3}{2}}$；

(7) $-\dfrac{2x}{\ln 2}\tan x^2$；   (8) $\dfrac{4x}{1+(x^2+1)^2}\arctan(1+x^2)$；   (9) $-\dfrac{2x^{-\frac{2}{3}}+3x^{-\frac{1}{2}}}{6\left(\sqrt[3]{x}+\sqrt{x}\right)^2}$.

9. (1) $\dfrac{x}{\sqrt{1+x^2}}\ln(x+\sqrt{1+x^2})+1$; (2) $\dfrac{2^x\ln 2}{1+2^{2x}}-\dfrac{2x}{1+x^4}$; (3) $\dfrac{2}{1+\cos 2x}$;

(4) $\sec x$; (5) $\sin 2x\sin x^2+2x\sin^2 x\cos x^2$; (6) $\arcsin\dfrac{x}{2}$.

10. (1) $\dfrac{y-1}{x(2-y)}$;   (2) $-\dfrac{y^2+\sin(x+y^2)}{2xy+e^y+2y\sin(x+y^2)}$;

(3) $-\dfrac{\cos y-\cos(x+y)}{x\sin y+\cos(x+y)}$;   (4) $\dfrac{y(2\sqrt{1-x^2}\,e^{2x}-\ln y)}{\sqrt{1-x^2}\,(\arcsin x+y\sec^2 y)}$.

11. (1) $(\sin x)^{\cos x}\left(\dfrac{\cos^2 x}{\sin x}-\sin x\ln\sin x\right)$;   (2) $x\sqrt{\dfrac{1-x}{1+x^2}}\left(\dfrac{1}{x}-\dfrac{1}{2(1-x)}-\dfrac{x}{1+x^2}\right)$;

(3) $\dfrac{x-(1+x)\ln(1+x)}{2x^2(x+y)}(1+x)\dfrac{1}{2x}$;   (4) $a^{x-b}b^{a-x}x^{b-a}\left(\ln\dfrac{a}{b}+\dfrac{b-a}{x}\right)$.

12. (1) $\dfrac{\sin t+\cos t}{\cos t-t\sin t}$;   (2) $\dfrac{t^2+1}{t^2-1}$;   (3) 0;   (4) $\dfrac{t}{2}$.

B 组

1. $f'(2x)=-2\sin 8x$, $[f(2x)]'=-4\sin 8x$.

2. (1) $\dfrac{f'(x)}{2\sqrt{f(x)}}$; (2) $e^{f(x)}[f'(e^x)e^x+f'(x)f(e^x)]$; (3) $-\dfrac{\sin\sqrt{x}}{2\sqrt{x}}f'(\cos\sqrt{x})$;

(4) $f'(x)f'[f(x)]$; (5) $2e^{2x}f'(e^{2x})f'(f(e^{2x}))$; (6) $-\dfrac{f'(x)}{f^2(x)}$.

3. (1) $\dfrac{1}{x\ln^2 x}-3\csc^2 x$;   (2) $\dfrac{2x}{(x^2+1)^2}-\dfrac{3x\cos x-3\sin x}{x^2}$;

(3) $x(2\cos x-x\sin x)+\sqrt{x}\left(\dfrac{3}{2}-\dfrac{1}{x^2}\right)$; (4) $(1+3x^2)\tan x+x(1+x^2)\sec^2 x$.

4. $a=-1$.

5. $x+y=e^{\frac{\pi}{2}}$.

6. 切线方程为 $x+y=0$.

7. $x+2y-1=0$.

9. $(x+5)^2+(y+10)^2=15^2$.

10. 法线方程 $2x+y-1=0$.

习题 2.3

A 组

1. (1) $(\cos^2 x-\sin x)e^{\sin x}$;   (2) $6x\cos x^3-9x^4\sin x^3$;

(3) $(4x^2-2)e^{-x^2}$;   (4) $\dfrac{2\ln x-3}{x^3}$.

2. $y'(0)=3$, $y''(0)=12$, $y'''(0)=9$.

3. (1) $12xf''(x^2)+8x^3f'''(x^2)$; (2) $6f'(x)f''(x)+2f(x)f'''(x)$.

4. (1) $(209-x-x^2)\cos x-15(2x+1)\sin x$;

(2) $y^{(n)}=\dfrac{(-1)^n n!}{5}\left[\dfrac{64}{(x-4)^{n+1}}+\dfrac{1}{(x+1)^{n+1}}\right]$.

5. $\dfrac{2(x^2+y^2)}{(x-y)^3}$.

6. $-2y^{-5}(1+y^2)$.

7. (1) $-\dfrac{t\cos t-\sin t}{4t^3}$; (2) $\dfrac{(6t+5)(t+1)}{t}$; (3) $-\dfrac{1+t^2}{4t^3}$; (4) $\dfrac{\mathrm{d}^2 y}{\mathrm{d}x^2}=\dfrac{2+t^2}{(\cos t-t\sin t)^2}$.

8. $-\dfrac{1}{4}$.

B 组

1. (1) (A)；(2) (C).

2. (1) $-\dfrac{2}{1-t^2}$; (2) $\dfrac{1}{f''(t)}$.

3. $y^{(n)}=-4^{n-1}\sin\left(4x+\dfrac{n-1}{2}\pi\right)$.

4. (1) $\dfrac{x}{(1-x^2)^{\frac{3}{2}}}$; (2) $-\dfrac{2(1+x^2)}{3\ln 2\,(x^2-1)^2}$.

6. $\dfrac{(u^2+v^2)(uu''+vv'')+(u'v-uv')^2}{(u^2+v^2)^{\frac{3}{2}}}$.

7. $n!\ \varphi(a)$.

习题 2.4

A 组

1. (1) $\dfrac{2}{\sqrt{1-x^2}}\arcsin x\mathrm{d}x$;

(2) $\dfrac{1}{x^2}\mathrm{e}^{\cos\frac{1}{x}}\sin\dfrac{1}{x}\mathrm{d}x$;

(3) $-\dfrac{2\sin 2x(1+\sin 2x)-\cos x\cos 2x}{(1+\sin x)^2}\mathrm{d}x$;

(4) $\dfrac{2x\cos 2x-\sin 2x}{x^2}\mathrm{d}x$;

(5) $\sec t\mathrm{d}t$;

(6) $\dfrac{1}{x\sqrt{x^2-1}}\mathrm{d}x$.

2. $\mathrm{d}y=0.02, \Delta y=0.0201, \Delta y-\mathrm{d}y=0.0001$.

3. 结论不成立,$\mathrm{d}y$ 是 Δx 的高阶无穷小.

B 组

1. (1) $\dfrac{1}{2}x^2+C$;   (2) $\ln x+C$;   (3) $-\dfrac{1}{x}+C$;   (4) $\dfrac{1}{2}\sin 2x+C$;

(5) $-\ln\cos x+C$ (6) $2\sqrt{x}+C$;   (7) $\dfrac{1}{2}\mathrm{e}^{x^2}+C$.

2. $\dfrac{1-\ln x}{2x^3}$.

3. 大约 $1.1184\mathrm{g}$ 铜.

4. (1) 1.0067；(2) 0.7704；(3) 0.01.

习题 2.5

A 组

1. $L'(Q)=-0.2Q+60, L'(150)=30$,其经济含义是在产量为 150 个单位,再生产一个单位的产品,利润增加 30 个单位;$L'(400)=-20$,其经济含义是产量在 400 个单位的基础上,增加一个单位产品的生产,利润将减少 20 个单位.

2. (1) $\dfrac{EQ}{EP}=-(2\ln 2)P$;(2)$P=10$ 时,需求量将减少 $20\ln 2\%$.

3. $\dfrac{EQ}{EP}\bigg|_{P=50}=0.5$,在价格为 50 元时,价格再增加 1% 时,销售量增加 0.5%;$\dfrac{EQ}{EP}\bigg|_{P=120}=$ -3,在价格为 120 元时,价格再增加 1%,销售量降低 3%.

4. 需求量增加 $18\%\sim24\%$;总收益增加 $6\%\sim10\%$.

B 组

1. (1) 需求的价格弹性等于 0,这种商品完全没有弹性,不管价格如何变化,其需求量都不会发生变化,显然符合这种情况的商品是相当少的,这种商品的需求曲线是一条垂直于横轴的直线.

(2) 需求的价格弹性为无穷大.它表明商品在一定的价格条件下,有多少就可以卖掉多少,然而若想把价格稍微提高一点点,就可能一个也卖不掉.这种商品的需求曲线为一条水平的直线.在这种市场里,不同企业的产品是同质的,价格是由市场供需关系确定的.

(3) 单位弹性.即需求弹性曲线上各点的弹性均为 1.也就是说,在任何价格水平下,价格变动一个百分比,需求量均按同样百分比变化,这种商品的需求曲线是一条双曲线.

(4) 需求曲线是一条倾斜直线.这里,需求曲线上各点的弹性都是变化的.在该需求曲线的上端的需求弹性为无穷大,直线的下端需求弹性为 0,在其中点,需求弹性的绝对值为 1,在现实生活中,这类需求曲线是大量存在的.

2. (1) 当 $P=10$,且价格上涨 1% 时,需求量减少,减少 0.25%;

(2) 当 $0<P<25$,价格上涨 1% 时,需求量减少 $\eta\%$,小于价格上涨的百分比;$P=25$ 时,需求量的变动与价格的变动按相同的百分比进行;当 $25<P<50$,价格上涨 1% 时,需求量减少 $\eta\%$,大于价格上涨的百分比.

3. (1) 求当 $P=4$ 时,需求的价格弹性 $\eta=0.67$,经济含义是:$P=4$ 时,价格上涨 1% 时,需求量减少 0.67%.

(2) 当 $P=4$ 时,价格提高 1%,总收益增加 0.33%.

总习题 2

1. (1) k;　(2) 0;　(3) $f'(x)=\begin{cases}\cos x, & x>0,\\ 2, & x<0;\end{cases}$　(4) 2;　(5) $-\sqrt[3]{\dfrac{1}{6}}$;　(6) $\dfrac{1}{3}$;　(7) 1.

2. (1) C;　(2) A;　(3) B;　(4) D.

3. $a=f'(0)$.

4. 连续但不可导.

5. $f'(x)=\begin{cases}\dfrac{2}{1+x^2}-\dfrac{\ln(1+x^2)}{x^2}, & x\neq 0,\\ 1, & x=0.\end{cases}$

6. (1) 当 $\alpha>0$ 时,$f(x)$ 在 $x=0$ 处连续;　　　(2) 当 $\alpha>1$ 时,$f(x)$ 在 $x=0$ 处可导;

(3) 当 $\alpha>2$ 时,$f(x)$ 在 $x=0$ 处可导连续.

7. (1) $-\dfrac{1}{\sqrt{2x-2x^2}(1+x)}$;　(2) $-3x^2\sin 2x^3$;　(3) $\dfrac{x\ln x}{(x^2-1)^{\frac{3}{2}}}$;

(4) $\dfrac{2}{\sqrt{2x-x^2}\left[\arcsin(1-x)\right]^3}$；(5) $x^{x^x}\left[x^x\ln x(1+\ln x)+x^{x-1}\right]+x^x(1+\ln x)+1$；

(6) $a^{x^x}\ln a\cdot x^x(1+\ln x)+x^{a^x}\left[a^x\ln a\cdot\ln x+\dfrac{a^x}{x}\right]+x^{x^a}x^{a-1}(1+a\ln x)$.

8. $a=-\dfrac{1}{2},b=\pm\dfrac{\sqrt{3}}{2}$.

9. $\dfrac{\left[2\varphi'(x^2)+4x^2\varphi''(x^2)\right]\varphi(x^2)-4x^2\left[\varphi'(x^2)\right]^2}{\sqrt{2x-x^2}\left[\arcsin(1-x)\right]^3}$.

10. $3x+y+6=0$.

11. $\left(\dfrac{1}{2},\dfrac{17}{4}\right)$.

12. (1) $x-2y+1=0$；(2) $\dfrac{1}{4}$.

13. $a^2f'(a)+2af(a)$.

14. 36.

15. 0.

18. $a=-\dfrac{1}{2},b=1,c=1$.

19. $f'(1)$存在，$f'(1)=ab$.

20. $1+x$.

22. $16x+8y+65=0$.

25. (1) $5+4x,200+2x,195-2x$；(2) 145.

26. (1) -24，说明当价格为 6 时，再提高一个单位的价格，需求将减少 24 个单位商品量；

(2) $\eta(6)=1.85$，价格上升 1%，则需求量减少 1.85%；

(3) 当 $P=6$ 时，若价格下降 2%，总收益增加 1.692%.

第 3 章

习题 3.1

B 组

2. 提示：先用零点定理，再用反证法，采用拉格朗日中值定理得出矛盾.

5. 提示：令 $F(x)=\mathrm{e}^x f(x),g(x)=\mathrm{e}^x$，分别在 $[a,b]$ 上用拉格朗日中值定理.

6. 提示：将原式变形为 $f'(\xi)=\dfrac{\mathrm{e}^b-\mathrm{e}^a}{b-a}\cdot\dfrac{f'(\eta)}{\mathrm{e}^\eta}$，将 $f(x),g(x)=\mathrm{e}^x$ 在 $[a,b]$ 上用柯西中值定理，再将 $f(x)$ 在 $[a,b]$ 上用拉格朗日中值定理.

7. 提示：用中值定理，$f'(1)>f(1)-f(0)>f'(0)$.

8. $\dfrac{2}{\pi}$.

9. 提示：令 $F(x)=\mathrm{e}^{-kx}f(x)$.

10. 提示：(1)先用介值定理证明在 $(0,1)$ 上有一个点 c，使得 $\phi(c)=\dfrac{a}{a+b}$；

(2) 由(1)的结论，将 $\phi(x)$ 在 $[0,c],[c,1]$ 上分别用拉格朗日中值定理.

习题 3.2

A 组

1. (1) 2；(2) 1；(3) ∞；(4) $\dfrac{1}{6}$；(5) $-\dfrac{e}{2}$；(6) $-\dfrac{1}{6}$；(7) 0；(8) 1；(9) e^a；(10) 1.

2. $b=-5\pi-2,c=-5\pi+1$.

B 组

1. (1) $\dfrac{1}{3}$；(2) $e^{-\frac{2}{\pi}}$；(3) $\dfrac{1}{e}$；(4) $(a^a b^b c^c)^{\frac{1}{a+b+c}}$；(5) -2；(6) $\displaystyle\prod_{i=1}^{n} a_i$.

2. $f(x)$ 在 $x=0$ 处不连续.

习题 3.3

A 组

1. $\sqrt{x}=2+\dfrac{1}{4}(x-4)-\dfrac{1}{64}(x-4)^2+\dfrac{1}{512}(x-4)^3-\dfrac{15(x-4)^4}{4!\cdot 16\left[4+\theta(x-4)\right]^{7/2}}$.

2. $xe^x=x+x^2+\dfrac{1}{2!}x^3+\cdots+\dfrac{1}{(n-1)!}x^n+o(x^n)\ (0<\theta<1)$.

3. (1) $-\dfrac{1}{12}$；　　(2) $\dfrac{3}{2}$.

4. 提示：先求出 $f(0),f'(0)$，再把 $f(x)$ 在 $x=0$ 处展成麦克劳林公式.

B 组

1. $\ln 2+\dfrac{1}{2}(x-2)-\dfrac{1}{2^3}(x-2)^2+\cdots+(-1)^{n-1}\dfrac{1}{n\cdot 2^n}(x-2)^n+o\left[(x-2)^n\right]$.

2. $-\left[1+(x+1)+(x+1)^2+(x+1)^3+\cdots+(x+1)^n\right]+(-1)^{n+1}\dfrac{(x+1)^{n+1}}{\left[-1+\theta(x+1)\right]^{n+2}}$.

5. 提示：先把 $f(x)=xe^x$ 写成泰勒公式，通过间接方式求出；-10.

6. $\sqrt[3]{30}\approx 3.1072$.

习题 3.4

A 组

1. (1) 在 $(-\infty,-1]$，$[3,+\infty)$ 内单调增加，在 $(-1,3)$ 内单调减少；

(2) 在 $\left(0,\dfrac{1}{2}\right)$ 内单调减少，在 $\left[\dfrac{1}{2},+\infty\right)$ 内单调增加.

B 组

1. (1) 在 $(0,2)$ 内单调减少，在 $[2,+\infty)$ 内单调增加；

(2) 在 $[0,n]$ 上单调增加，在 $(n,+\infty)$ 内单调减少.

4. 提示：研究 $f(x)=x+\sin x$ 可以得出结论.

5. 提示：$\ln x-\dfrac{2(x-1)}{x+1}>0$，这可由单调性证明.

习题 3.5

A 组

1. (1) 极大值 $y(-1)=0$，极小值 $y(1)=-3\sqrt[3]{4}$；

(2) 极大值 $y(\pm 1)=0$，极小值 $y(0)=0$.

2. $a=2$, $f\left(\dfrac{\pi}{3}\right)=\sqrt{3}$ 为极大值.

3. $a=\dfrac{1}{2}$, $b=\sqrt{3}$, 极大值 $f\left(\dfrac{1}{\sqrt{3}}\right)=2$.

4. 若 $\xi=1$ 时, $a=0$, $b=-3$; 若 $\xi=2$ 时, $a=4$, $b=5$.

5. (1) 最大值 $y(\pm2)=13$, 最小值 $y(\pm1)=4$;

(2) 最大值 $y\left(\dfrac{3}{4}\right)=1.25$, 最小值 $y(-5)=-5+\sqrt{6}$.

6. 正方形周长为 $\dfrac{\pi a}{4+\pi}$, 圆的周长为 $x=\dfrac{\pi a}{4+\pi}$.

B 组

1. (1) 极大值为 $y\left(\dfrac{\pi}{4}+2k\pi\right)=\dfrac{\sqrt{2}}{2}\mathrm{e}^{\frac{\pi}{4}+2k\pi}$,

极小值为 $y\left(\dfrac{\pi}{4}+(2k+1)\pi\right)=-\dfrac{\sqrt{2}}{2}\mathrm{e}^{\frac{\pi}{4}+(2k+1)\pi}$ $(k=0,\pm1,\pm2,\cdots)$;

(2) 极大值为 $y(\mathrm{e})=\mathrm{e}^{\frac{1}{\mathrm{e}}}$.

3. $a>\dfrac{1}{\mathrm{e}}$ 时没有实根; $0<a<\dfrac{1}{\mathrm{e}}$ 时有两个实根; $a=\dfrac{1}{\mathrm{e}}$ 时只有一个实根.

4. 极小值 $f(1)=4$, 无极大值.

5. 极小值 $f(-2)=2$, 无极大值.

6. $a>2(1-\ln2)$ 时方程有两个实根; $a<2(1-\ln2)$ 时方程没有实根; $a=2(1-\ln2)$ 时方程有唯一实根.

7. 当底圆直径与高相等为 $2\sqrt[3]{\dfrac{V}{2\pi}}$ 时, 铁通表面积为最小, 即用料最省.

习题 3.6

A 组

1. 250.

2. (1) $R(20)=120$, $R(30)=120$, $\bar{R}(20)=6$, $\bar{R}(30)=4$, $R'(20)=2$, $R'(30)=-2$;

(2) 25.

3. $x=100$.

B 组

1. $C=C_2 n+\dfrac{aC_1}{2n}T$, 或 $C=\dfrac{aC_2}{x}+\dfrac{x}{2}C_1 T$.

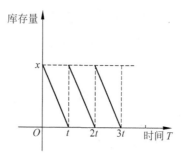

2. 475 台. 提示：$L(x)=\begin{cases} 4.75x-\dfrac{1}{2}x^2-0.25, & 0\leqslant x\leqslant 5, \\ 12-0.25x, & x>5. \end{cases}$

3. 提示：$L(x)=A(x-xy(x))-\dfrac{A}{3}xy(x)$，得驻点：$x=89.4$，经讨论取 $x=89$.

习题 3.7

A 组

1. (1) $(-\infty,0)$，$\left(\dfrac{2}{3},+\infty\right)$ 是凹的，$\left(0,\dfrac{2}{3}\right)$ 是凸的；拐点是 $(0,1)$ 和 $\left(\dfrac{2}{3},\dfrac{11}{27}\right)$;

(2) $\left(-\infty,-\dfrac{1}{2}\right)$ 是凹的，$\left(-\dfrac{1}{2},+\infty\right)$ 是凸的；拐点是 $\left(-\dfrac{1}{2},\dfrac{21}{2}\right)$;

(3) 凹区间 $\left(-\infty,-\dfrac{1}{\sqrt{2}}\right)$，$\left(\dfrac{1}{\sqrt{2}},+\infty\right)$；凸区间 $\left(-\dfrac{1}{\sqrt{2}},\dfrac{1}{\sqrt{2}}\right)$；拐点 $\left(-\dfrac{1}{\sqrt{2}},\dfrac{1}{\sqrt{e}}\right)$，$\left(\dfrac{1}{\sqrt{2}},\dfrac{1}{\sqrt{e}}\right)$.

3. $a=-\dfrac{3}{2}$，$b=\dfrac{9}{2}$.

4. $a=-3$，$b=0$，$c=1$.

B 组

1. (1) $(-\infty,1)$ 是凹的，$(1,+\infty)$ 是凸的；$(1,1)$ 是拐点；

(2) $(-\infty,a-\sigma)$ 和 $(a+\sigma,+\infty)$ 是凹的，$(a-\sigma,a+\sigma)$ 是凸的；

$\left(a-\sigma,\dfrac{1}{\sqrt{2\pi}\sigma}e^{-\frac{1}{2}}\right)$ 和 $\left(a+\sigma,\dfrac{1}{\sqrt{2\pi}\sigma}e^{-\frac{1}{2}}\right)$ 是拐点.

2. $k=\pm\dfrac{\sqrt{2}}{8}$.

3. $x=x_0$ 不是极值点，$(x_0,f(x_0))$ 是拐点.

习题 3.8

1. (1) $x=-1$ 是垂直渐近线，$y=x-1$ 是斜渐近线；

(2) $x=0$ 是垂直渐近线，$y=2x+1$ 是斜渐近线；

(3) $x=0$ 是垂直渐近线，$y=x+1$ 是斜渐近线；

(4) $y=4$ 是水平渐近线，$x=1$ 是垂直渐近线；

(5) 斜渐近线为：$y=x+\dfrac{1}{e}$.

习题 3.9

1. $k=\dfrac{2}{\sqrt{2}}$.

2. 抛物线的顶点 $\left(-\dfrac{b}{2a},c-\dfrac{b^2}{4a}\right)$.

3. $R=4\sqrt{2}$.

4. $k=\left|\dfrac{2}{3a\sin 2t_0}\right|$.

5. $k=\dfrac{1}{a\sqrt{1+n^2}}$.

总习题 3

一、1. $\dfrac{\pi}{2}$.   2. $\sqrt{2.5}$.   3. $e^8, 1$.   4. $y = x + \dfrac{1}{e}$.

5. $\dfrac{2}{(1+4x^2)^{\frac{3}{2}}}, 6x$.   6. 0.

二、1. (C); 2. (A); 3. (D); 4. (A); 5. (B).

三、1. (1) $e^{-\frac{\pi}{2}}$; (2) $\dfrac{1}{2}$; (3) $\dfrac{1-\ln a}{1+\ln a}$; (4) $e^{-\frac{1}{6}}$; (5) $e^{-\frac{2}{\pi}}$; (6) 1.

2. 内接矩形长宽各为 $\sqrt{2}R$,其面积最大,最大面积为 $2R^2$.

3. $a=1, b=-3, c=-24, d=16$.

4. $(1,2)$ 和 $(-1,-2)$.

5. $\sqrt[3]{3}$.

6. $a=3, b=-\dfrac{4}{3}$.

7. $x=1$ 是垂直渐近线,$y=x+2$ 是斜渐近线.

8. 定价 25 元赢利最多,这时一个周末赢利 $L=4500$ 元.

9. (1) 提示:$f'(x)=0 \Rightarrow x=-7, -1, 4, 8$,考察驻点两边的导数符号;

(2) 提示:$f''(x)=0 \Rightarrow x=-3, x=2, x=6$,然后再考察二阶导数两边的符号.

五、1. $\sqrt{\dfrac{ac}{2b}}$(批).   2. (1) 1000; (2) 6000.   3. (1) $Q=\dfrac{d-b}{2(e+a)}$ 时,利润最大;$L_{\max}=$ $\dfrac{(d-b)^2}{4(e+a)}-c$; (2) $\dfrac{d-eQ}{eQ}$; (3) $\dfrac{d}{2e}$.

第 4 章

习题 4.1

A 组

1. $y=\ln x+1$.

2. (1) 27m; (2) $\sqrt[3]{360} \approx 7.11$s.

3. (1) $\sqrt{\dfrac{2h}{g}}+C$;   (2) $\dfrac{1}{4}(x-2)^4+C$;

(3) $\dfrac{1}{3}x^3-\dfrac{2}{3}x^{\frac{3}{2}}+\dfrac{2}{5}x^{\frac{5}{2}}-x+C$;   (4) $\dfrac{1}{2}x^2-3x+3\ln x+\dfrac{1}{x}+C$;

(5) $x^3+\arctan x+C$;   (6) $\tan x-x+C$;

(7) $\dfrac{1}{2}x+\dfrac{1}{2}\sin x+C$;   (8) $x+\arctan x+C$;

(9) $\dfrac{4}{7}x^{\frac{7}{4}}+4x^{-\frac{1}{4}}+C$;   (10) $\tan x-\sec x+C$;

(11) $\dfrac{1}{2}x^2-\dfrac{2}{3}x^{\frac{3}{2}}+x+C$;   (12) $\dfrac{4^x}{\ln 4}+\dfrac{9^x}{\ln 9}+\dfrac{2 \cdot 6^x}{\ln 6}+C$.

5. (1) $\displaystyle\int f(x)\,dx = \begin{cases} x^2+C, & x \leqslant 0 \\ -\cos x+1+c, & x>0; \end{cases}$ (2) $\displaystyle\int f(x)\,dx = \dfrac{x|x|}{2}+C$.

B 组

1. $\arcsin x + C$.

2. $-\dfrac{1}{x} + \arctan x + C$.

3. $\dfrac{1}{2}\tan x + \dfrac{1}{2}x + C$.

4. $-4\cot x + C$.

5. $\displaystyle\int f(x)\mathrm{d}x = \begin{cases} \dfrac{x^3}{3} - \dfrac{2}{3} + C, & x < -1, \\[2mm] x + C, & -1 \leqslant x \leqslant 1, \\[2mm] \dfrac{x^3}{3} + \dfrac{2}{3} + C, & x > 1. \end{cases}$

习题 4.2

A 组

1. 略.

2. (1) $\dfrac{1}{2}\mathrm{e}^{x^2} + C$;

(2) $\dfrac{1}{2}\sin(1+x^2) + C$;

(3) $\sin\ln x + C$;

(4) $\cos\dfrac{1}{x} + C$;

(5) $\sin\sqrt{a^2+x^2} + C$;

(6) $\dfrac{1}{2}\ln|1+2\ln x| + C$;

(7) $\dfrac{2}{3}\mathrm{e}^{3\sqrt{x}} + C$;

(8) $\dfrac{1}{3}\cos^3 x - \cos x + C$;

(9) $-\dfrac{1}{10}\cos 5x + \dfrac{1}{2}\cos x + C$;

(10) $-\dfrac{x}{16} - \dfrac{1}{64}\sin 4x + \dfrac{1}{48}\sin^3 2x + C$;

(11) $\dfrac{1}{3}\tan^3 x - \tan x + x + C$;

(12) $\dfrac{1}{2}\tan^3 x + \ln|\cos x| + C$;

(13) $\dfrac{1}{4}\ln\left|\dfrac{1-\cos x}{1+\cos x}\right| + \dfrac{1}{2}\cdot\dfrac{1}{\cos x} + C$;

(14) $\ln\ln\sin x + C$;

(15) $\dfrac{1}{2}\big[\ln x - \ln(x+1)\big]^2 + C$;

(16) $\dfrac{x}{x-\ln x} + C$;

(17) $-x - \dfrac{1}{2}\ln\left|\dfrac{x-1}{x+1}\right| + C$;

(18) $\dfrac{1}{2}\mathrm{e}^{2x} - \mathrm{e}^x + x + C$;

(19) $2\arctan\sqrt{x} + C$;

(20) $\dfrac{1}{2}\tan\left(x - \dfrac{\pi}{4}\right) + C$;

(21) $\dfrac{\sqrt{2}}{2}\ln\left|\sec\left(x-\dfrac{\pi}{4}\right) + \tan\left(x-\dfrac{\pi}{4}\right)\right| + C$;

(22) $\dfrac{1}{a^2}\dfrac{x}{\sqrt{a^2-x^2}} + C$;

(23) $\sqrt{5x^2-7} - \sqrt{7}\arctan\dfrac{\sqrt{5x^2-7}}{\sqrt{7}} + C$;

(24) $-\dfrac{x^4}{4} - \dfrac{x^3}{3} - \dfrac{x^2}{2} - x - \ln|1-x| + C$;

(25) $\dfrac{a^2}{2}\arcsin\dfrac{x}{a} - \dfrac{1}{2}x\sqrt{a^2-x^2} + C$;

(26) $\dfrac{1}{3}(1+x^2)^{\frac{3}{2}} - \sqrt{1+x^2} + C$;

(27) $-\dfrac{x}{\sqrt{x^2-1}} + C$;

(28) $\dfrac{1}{6}\ln\dfrac{x^6}{1+x^6} + C$;

(29) $\ln\left|\dfrac{\sqrt{1+e^x}-1}{\sqrt{1+e^x}+1}\right|+C$;

(30) $\tan x-\sec x+C$;

(31) $-\dfrac{1}{5}\sqrt{\dfrac{5}{x^2}-1}+C$;

(32) $-\dfrac{\sqrt{5}}{5}\ln\left|\dfrac{\sqrt{5}}{x}+\sqrt{\dfrac{5}{x^2}-1}\right|+C$;

(33) $\dfrac{1}{2}\ln|x^2+3x+4|+\dfrac{\sqrt{7}}{7}\arctan\dfrac{2x+3}{\sqrt{7}}+C$;

(34) $\dfrac{1}{4}\ln\left|\dfrac{x^2-1}{x^2+1}\right|+C$;

(35) $\arcsin\dfrac{\sqrt{5}(2x-1)}{5}+C$;

(36) $\dfrac{1}{3}\arcsin\dfrac{3x}{4}+\dfrac{2}{9}\sqrt{16-9x^2}+C$;

(37) $\dfrac{1}{2}\cos^2 x-\ln|\cos x|+C$;

(38) $\dfrac{1}{4}\left(\dfrac{3}{2}x+\sin 2x+\dfrac{1}{8}\sin 4x\right)+C$;

(39) $\dfrac{1}{4}\tan^4 x+\dfrac{1}{6}\tan^6 x+C$;

(40) $\sin^2 x-\ln|1+e^{\sin^2 x}|+C$;

(41) $\dfrac{3}{2}\sqrt[3]{(1+x)^2}-3\sqrt[3]{1+x}+3\ln\left|1+\sqrt[3]{1+x}\right|+C$;

(42) $\dfrac{2}{5}(x+3)^{\frac{5}{2}}-4(x+3)^{\frac{3}{2}}+22(x+3)^{\frac{1}{2}}+C$;

(43) $2\sqrt{x}-4\sqrt[4]{x}+4\ln(1+\sqrt[4]{x})+C$;

(44) $\dfrac{1}{8}(x^3+1)^{\frac{8}{3}}-\dfrac{1}{5}(x^3+1)^{\frac{5}{3}}+C$;

(45) $\dfrac{1}{2}x^2-\dfrac{2}{3}\sqrt{x^3}+x+C$;

(46) $-\dfrac{3}{2}\sqrt[3]{\dfrac{x+1}{x-1}}+C$;

(47) $\arcsin x+\sqrt{1-x^2}+C$.

B 组

1. $\dfrac{(2x-3)^{101}}{202}+C$.

2. $\begin{cases}\dfrac{(a+bx)^{k+1}}{b(k+1)}+C, k\neq-1; \\[2mm] \dfrac{1}{b}\ln|a+bx|+C, k=-1.\end{cases}$

3. $\dfrac{1}{2}\sinh(2x-5)+C$.

4. $-\dfrac{1}{2}\cot\left(2x+\dfrac{\pi}{4}\right)+C$.

5. $\dfrac{1}{3}\ln|x^3+1|+C$.

6. $\dfrac{1}{2}\arcsin\dfrac{x^2}{2}+C$.

7. $\dfrac{3}{8}x-\dfrac{1}{4}\sin 2x+\dfrac{1}{32}\sin 4x+C$.

8. $\dfrac{1}{2}e^{x^2}+C$.

9. $\dfrac{2}{3}\ln^{\frac{3}{2}}x+C$.

10. $\tan x+\dfrac{1}{3}\tan^3 x+C$.

11. $\sqrt{1+x^2}+\dfrac{1}{\sqrt{1+x^2}}+C$.

12. $\dfrac{x}{\sqrt{1-x^2}}-\dfrac{3}{2}\arcsin x+\dfrac{x\sqrt{1-x^2}}{2}+C$.

13. $\dfrac{1}{4}\ln|x|-\dfrac{1}{24}\ln(x^6+4)+C$.

习题 4.3

A 组

1. (1) $\dfrac{1}{9}e^{3x}(3x-1)+C$;　　　　(2) $x\arctan x-\dfrac{1}{2}\ln(1+x^2)+C$;

(3) $-x^2\cos x+2x\sin x+2\cos x+C$;　　　(4) $x\arcsin x+\sqrt{1-x^2}+C$;

(5) $\dfrac{1}{2}e^x(\sin x+\cos x)+C$;

(6) $\dfrac{1}{2}(\sec x\tan x+\ln|\sec x+\tan x|)+C$;

(7) $\dfrac{1}{2}\left(\dfrac{x}{1+x^2}+\arctan x\right)+C$;　　(8) $x\ln^2 x-2x\ln x+2x+C$;

(9) $\dfrac{1}{2}(x^2-1)\ln(x-1)-\dfrac{1}{4}x^2-\dfrac{1}{2}x+C$;

(10) $\sqrt{1+x^2}\arctan x-\ln(x+\sqrt{1+x^2})+C$;

(11) $x(\arcsin x)^2+2\sqrt{1-x^2}\arcsin x-2x+C$;

(12) $\dfrac{1}{2}e^x-\dfrac{1}{5}e^x\sin 2x-\dfrac{1}{10}e^x\cos 2x+C$;

(13) $3e^{\sqrt[3]{x}}(\sqrt[3]{x^2}-2\sqrt[3]{x}+2)+C$;

(14) $-2\sqrt{x}\cos\sqrt{x}+2\sin\sqrt{x}+C$;

(15) $2\sqrt{1+x}\ln(1+x)-4\sqrt{1+x}+C$.

2. $\dfrac{x\cos x-2\sin x}{x}+C$.

3. 略.

B 组

1. $\ln x[\ln\ln x-1]+C$.

2. $-\dfrac{1}{x}(\ln^3 x+3\ln^2 x+6\ln x+6)+C$.

3. $-\dfrac{2}{17}e^{-2x}\left(\cos\dfrac{x}{2}+4\sin\dfrac{x}{2}\right)+C$.

4. $2x\sqrt{e^x-2}-4\sqrt{e^x-2}+4\sqrt{2}\arctan\dfrac{\sqrt{e^x-2}}{\sqrt{2}}+C$.

5. $-e^{-x}\operatorname{arccot}e^{x}-x+\dfrac{1}{2}\ln(1+e^{2x})+C.$

6. $\dfrac{x^{n+1}}{(n+1)^{2}}\big[(n+1)\ln x-1\big]+C.$

7. $x\arccos x-(1-x^{2})^{\frac{1}{2}}+C.$

8. $-\dfrac{1}{3}\dfrac{1}{\sin^{3}\theta}+\dfrac{1}{\sin\theta}+C.$

9. $-\dfrac{1}{1+\tan\theta}+C.$

10. $\tan x\ln\cos x+\tan x-x+C.$

11. $\dfrac{x}{2}(\sin\ln x-\cos\ln x)+C.$

12. $-\sqrt{1-x^{2}}\arcsin x+x+C.$

习题 4.4

A 组

1. $\dfrac{1}{3}x^{3}-\dfrac{3}{2}x^{2}+9x-27\ln|x+3|+C.$

2. $\dfrac{1}{3}x^{3}+\dfrac{1}{2}x^{2}+x+8\ln|x|-4\ln|x-1|+C.$

3. $\dfrac{1}{x+1}+\dfrac{1}{2}\ln|x^{2}-1|+C.$

4. $\dfrac{1}{12}\ln|x+2|-\dfrac{1}{24}\ln|x^{2}-2x+4|+\dfrac{1}{4\sqrt{3}}\arctan\dfrac{x-1}{\sqrt{3}}+C.$

5. $x^{2}-x+\dfrac{1}{6}\ln\dfrac{(x-1)^{2}}{x^{2}+x+1}+\dfrac{\sqrt{3}}{3}\arctan\dfrac{2x+1}{\sqrt{3}}+C.$

6. $\dfrac{1}{2}\ln\dfrac{x^{2}+x+1}{1+x^{2}}+\dfrac{\sqrt{3}}{3}\arctan\dfrac{2x+1}{\sqrt{3}}+C.$

7. $\ln\dfrac{\sqrt{x^{2}+4x+3}}{|2+x|}+C.$

8. $\ln|x|-\dfrac{1}{2}\ln|x+1|-\dfrac{1}{4}\ln(x^{2}+1)-\dfrac{1}{2}\arctan x+C.$

9. $\ln|x|-\dfrac{1}{2}\ln(x^{2}+1)+C.$

10. $\dfrac{1}{\sqrt{2}}\arctan\dfrac{\tan\dfrac{x}{2}}{\sqrt{2}}+C.$

11. $\ln\left|1+\tan\dfrac{x}{2}\right|+C.$

12. $\dfrac{1}{2}\ln|3+\tan^{2}x|+C.$

B 组

1. $\dfrac{1}{4}x+\ln|x|-\dfrac{7}{16}\ln|2x-1|-\dfrac{9}{16}\ln|2x+1|+C.$

2. $x+\dfrac{1}{x}+\ln\dfrac{(x-1)^2}{|x|}+C.$

3. $\dfrac{1}{3}\ln\left|\dfrac{\tan\dfrac{x}{2}+3}{\tan\dfrac{x}{2}-3}\right|+C.$

4. $\dfrac{\sqrt{5}}{5}\arctan\dfrac{3\tan\dfrac{x}{2}+1}{\sqrt{5}}+C.$

5. $\dfrac{2}{\sqrt{3}}\arctan\dfrac{2\tan\dfrac{x}{2}+1}{\sqrt{3}}+C.$

总习题 4

一、1. $x-\sin x^2+C$；　　　　　　　　2. $x-\sin x^2$；

3. $2x\mathrm{e}^{x^2}+2x^3\mathrm{e}^{x^2}$；　　　　　　4. $\mathrm{e}^{\sin x}+C$；

5. $\dfrac{1}{x}+C$；　　　　　　　　　　6. $(1+x)\mathrm{e}^{-x}+C$；

7. $-\dfrac{1}{2}(1-x^2)+C$；　　　　　8. $\dfrac{1}{2}\mathrm{e}^{2x}+C$；

9. $\sec^2 x-\dfrac{2\tan x}{x}+C.$

二、1. $-\dfrac{1}{2}x^2\cos x^2+\dfrac{1}{2}\sin x^2+C$；

2. $-\mathrm{e}^{-x}\arctan\mathrm{e}^x+x-\dfrac{1}{2}\ln|1+\mathrm{e}^{2x}|+C$；

3. $\dfrac{x^2+1}{2}(\arctan x)^2-x\arctan x+\dfrac{1}{2}\ln(x^2+1)+C$；

4. $\dfrac{1}{ab}\arctan\dfrac{b\tan x}{a}+C$；

5. $x\left[\ln(x+\sqrt{1+x^2})\right]^2-2\sqrt{1+x^2}\ln(x+\sqrt{1+x^2})+2x+C$；

6. $\dfrac{2}{3}x^2(x+|x|)+C$；

7. $\ln|x-2|+\ln|x+5|+C$；

8. $\dfrac{\sqrt{2}}{8}\ln\left|\dfrac{x^2+\sqrt{2}\,x+1}{x^2-\sqrt{2}\,x+1}\right|+\dfrac{\sqrt{2}}{4}\arctan(\sqrt{2}\,x+1)+\dfrac{\sqrt{2}}{4}\arctan(\sqrt{2}\,x-1)+C$；

9. $-\dfrac{x+1}{x^2+x+1}-\dfrac{4}{\sqrt{3}}\arctan\dfrac{2x+1}{\sqrt{3}}+C$；

10. $\dfrac{1}{2\sqrt{3}}\arctan\dfrac{2\tan x}{\sqrt{3}}+C$；　　　　11. $\dfrac{1}{\sqrt{5}}\arctan\dfrac{3\tan\dfrac{x}{2}+1}{\sqrt{5}}+C$；

12. $4\ln|1+\sqrt[4]{x}|+C$；

13. $x-4\sqrt{x+1}+4\ln(\sqrt{x+1}+1)+C$；

14. $\dfrac{1}{35}\ln\left|\dfrac{x^7}{x^7+5}\right|+C$;

15. $-\dfrac{x^2\mathrm{e}^x}{x+2}+(x-1)\mathrm{e}^x+C$;

16. $x\mathrm{e}^{x+\frac{1}{x}}+C$;

17. $\dfrac{x-1}{2\sqrt{1+x^2}}\mathrm{e}^{\arctan x}+C$;

18. $\dfrac{1}{2}x\left[\cos(\ln x)+\sin(\ln x)\right]+C$;

19. $\tan x\ln\cos x+\tan x-x+C$;

20. $-2\sqrt{1-x}\arcsin\sqrt{x}+2\sqrt{x}+C$;

21. $x\tan\dfrac{x}{2}+C$;

22. $\dfrac{x\ln x}{\sqrt{1+x^2}}-\ln\left|x+\sqrt{1+x^2}\right|+C$;

23. $\mathrm{e}^{\sin x}(x-\sec x)+C$;

24. $-\dfrac{x}{2}\csc^2 x-\dfrac{1}{2}\cot x+C$;

25. $\dfrac{1}{x^2+2}+\dfrac{1}{2}\ln(x^2+2)+\dfrac{1}{\sqrt{2}}\arctan\dfrac{x}{\sqrt{2}}+C$;

26. $-\dfrac{1}{6}\arcsin\dfrac{1}{x^6}+C$;

27. $-\cot x-\dfrac{15}{8}x-\dfrac{1}{2}\sin 2x-\dfrac{1}{32}\sin 4x+C$.

三、$-\dfrac{1}{2}$.

第 5 章

习题 5.1

A 组

1. (1) $\dfrac{1}{2}a+b$;   (2) $\dfrac{a-1}{\ln a}$.

2. $(b-a)\left(\dfrac{2}{3}a^2+\dfrac{2}{3}ab+\dfrac{2}{3}b^2+1\right)$.

B 组

1. (1) 3;   (2) $\dfrac{1}{6}$.

习题 5.2

A 组

2. (1) $\displaystyle\int_0^1 x\,\mathrm{d}x\geqslant\int_0^1 x^2\,\mathrm{d}x$; (2) $\displaystyle\int_0^{\frac{\pi}{2}} x\,\mathrm{d}x\geqslant\int_0^{\frac{\pi}{2}}\sin x\,\mathrm{d}x$; (3) $\displaystyle\int_{-2}^{-1}\left(\dfrac{1}{3}\right)^x\mathrm{d}x\geqslant\int_0^1 3^x\,\mathrm{d}x$.

B 组

1. 提示：利用积分第一中值定理.

2. 提示：$\forall\lambda\in\mathbf{R}$，函数$\left[\lambda f(x)+g(x)\right]^2\geqslant 0$，$x\in[a,b]$，利用定积分性质.

3. 提示：令 $F(x)=xf(x)$，利用积分中值定理和罗尔定理.

习题 5.3

A 组

1. (1)$\ln\left(x+\sqrt{x}+1\right)$;   (2) $-\dfrac{1}{2}x^{-\frac{1}{2}}\sin x$;   (3) $x\mathrm{e}^x-4x\ln x$，e;

(4) $-\mathrm{e}^{\cos^2 x}\cdot\sin x-\mathrm{e}^{\sin^2 x}\cdot\cos x$; (5) $\displaystyle\int_{x^2}^0\cos t^2\,\mathrm{d}t-2x^2\cos x^4$.

2. $\dfrac{2t\cos(t+1)}{\sin t^3}$.

3. $-\dfrac{y\cos xy}{\mathrm{e}^y+x\cos xy}$.

4. $2(x+y)\mathrm{e}^{2(x+y)^2}$.

5. 极小值 $y(0)=0$，拐点为 $(1,1-2\mathrm{e}^{-1})$.

6. (1) e; (2) 2; (3) 1; (4) $\dfrac{\pi^2}{4}$; (5) 0.

7. (1) $2\sqrt{2}-2$; (2) 1.

8. (1) $\dfrac{\pi}{4}$;   (2) $1-\dfrac{\pi}{4}$;   (3) $\dfrac{271}{6}$;   (4) $\dfrac{5}{2}$;   (5) 4;

(6) $1+\dfrac{\pi}{4}$ (7) 2;   (8) $2\sqrt{2}-2$;   (9) $\dfrac{8}{3}$.

9. (1) $\dfrac{\pi}{3}+\dfrac{\sqrt{3}}{2}$;   (2) $\dfrac{\pi}{16}$;   (3) $\dfrac{1}{3}$;   (4) π ;   (5) π ;

(6) $2\ln\dfrac{3}{2}$;   (7) $2-\ln 2$;   (8) $\arctan\mathrm{e}-\dfrac{\pi}{4}$;   (9) 1;   (10) $\ln\dfrac{3+2\sqrt{3}}{3}$;

(11) $\dfrac{\sqrt{3}}{8a^2}$;   (12) $\dfrac{\sqrt{2}}{a^2}$;   (13) $\dfrac{8191}{26}$;   (14) $1-\mathrm{e}^{-\frac{1}{2}}$;

(15) $\dfrac{\pi}{2}-1$;   (16) $\dfrac{4}{3}$;   (17) $\dfrac{4}{5}$;   (18) $2\sqrt{2}$.

10. (1) $\dfrac{\pi^3}{324}$;   (2) 0;   (3) $2-6\mathrm{e}^{-2}$;   (4) $\dfrac{4\sqrt{2}-2}{3}$.

11. (1) $\dfrac{\mathrm{e}^{\frac{\pi}{2}}+1}{2}$;   (2) $\pi-2$;   (3) π^2 ;   (4) $\dfrac{1}{4}(\mathrm{e}^2+1)$;

(5) $2\left(1-\dfrac{1}{\mathrm{e}}\right)$;   (6) $\dfrac{\pi}{4}-\dfrac{1}{2}$;   (7) $\dfrac{1}{2}(\mathrm{e}\sin 1-\mathrm{e}\cos 1+1)$;

(8) $\dfrac{1-\ln 2}{1+\ln 2}$;   (9) $\dfrac{\sqrt{2}}{4}\pi$;

(10) $\begin{cases}\dfrac{1\cdot 3\cdot 5\cdot\cdots\cdot m}{2\cdot 4\cdot 6\cdot\cdots\cdot(m+1)}\cdot\dfrac{\pi}{2}, & m\text{ 为奇数,}\\[3mm]\dfrac{2\cdot 4\cdot 6\cdot\cdots\cdot m}{1\cdot 3\cdot 5\cdot\cdots\cdot(m+1)}, & m\text{ 为偶数;}\end{cases}$

(11) $I_m=\begin{cases}\dfrac{1\cdot 3\cdot 5\cdot\cdots\cdot(m-1)}{2\cdot 4\cdot 6\cdot\cdots\cdot m}\cdot\dfrac{\pi^2}{2}, & m\text{ 为偶数,}\\[3mm]\dfrac{2\cdot 4\cdot 6\cdot\cdots\cdot(m-1)}{1\cdot 3\cdot 5\cdot\cdots\cdot m}\pi, & m\text{ 为大于 1 的奇数;}\end{cases}$

$I_1=\pi$.

B 组

1. $\ln(1+\mathrm{e})$.

6. (1) 2;   (2) $8\ln 2-4$;   (3) $\dfrac{5}{6}\pi-\sqrt{3}+1$;   (4) $-\dfrac{\sqrt{2}}{2}\ln(\sqrt{2}-1)$.

习题 5.4

A 组

1. (1) $\dfrac{1}{2}$;   (2) 发散;   (3) $-\dfrac{1}{2}\ln 2$;   (4) $\dfrac{1}{\alpha^2}$;   (5) 2;

(6) $\dfrac{\pi}{2}$;   (7) 发散;   (8) $\dfrac{\pi}{2}$;   (9) π;   (10) 发散.

2. $n!$.

B 组

1. (1) $\dfrac{\pi}{2}$;   (2) 发散.

总习题 5

1. (1) $>$;   (2) $\dfrac{1}{2},\dfrac{\sqrt{2}}{2}$;   (3) $x-1$;   (4) $\dfrac{1}{12}$;   (5) $xf(x^2)$.

2. (1) e^{-1};   (2) $\dfrac{1}{p+1}$;   (3) -1.

3. (1) $\dfrac{1}{3}\ln 2$;   (2) $\dfrac{\pi}{2}+\ln(2+\sqrt{3})$;   (3) $\dfrac{3\pi}{32}$;   (4) 2.

4. 提示：由原函数存在定理可导出 $f'(x)-f(x)=0$，令 $P(x)=f(x)\mathrm{e}^{-x}$，$\forall x\in\mathbf{R}$.

5. 提示：对 $\displaystyle\int_{\frac{2}{3}}^{1} f(x)\mathrm{d}x$ 应用积分中值定理，再对 $f(x)$ 用罗尔定理.

6. 提示：由函数单调减少做出不等式，再应用积分区间可加性.

7. 提示：先找出 $f(x)$ 的两个根（要用反证法），再用罗尔定理.

8. 提示：利用对称区间上奇、偶函数积分的性质.

9. 利用几何意义.

10. 利用周期函数积分的性质和分部积分法.

11. π^2-2.

12. 提示：换元积分法.

13. 0.

第 6 章

习题 6.2

A 组

1. (1) $\dfrac{32}{3}$;   (2) 18;   (3) $\dfrac{\pi}{4}-\dfrac{1}{6}$;   (4) $\dfrac{9}{2}$.

2. $\dfrac{9}{4}$.

3. $\dfrac{8}{15}$.

4. (1) $\dfrac{3}{8}\pi a^2$;   (2) πa^2;   (3) $18\pi a^2$;   (4) 16π.

5. $\xi = \dfrac{\displaystyle\int_a^b f(x)\mathrm{d}x + af(a) - bf(b)}{f(a)-f(b)}$.

6. $c = \pm 6$.

7. $\dfrac{125}{3} \sqrt{3}$.

8. $\dfrac{4}{3} \sqrt{3} R^3$.

9. (1) $\dfrac{128}{7} \pi, \dfrac{64}{5} \pi$;　　(2) $\dfrac{3}{10} \pi, \dfrac{3}{10} \pi$;　　　　(3) $\dfrac{1}{2} \pi^2, 2\pi^2$;　　(4) $160\pi^2$.

10. (1) $2\sqrt{3} - \dfrac{4}{3}$;　　(2) $\dfrac{8}{9} \left[\left(\dfrac{5}{2} \right)^{\frac{3}{2}} - 1 \right]$;　　　(3) $\ln(1 + \sqrt{2})$.

B 组

1. (1) $e + \dfrac{1}{e} - 2$;　　(2) $b - a$.

2. $\dfrac{16}{3} p^2$.

3. (1) $7\pi - \dfrac{9\sqrt{3}}{2}$;　　(2) $\dfrac{1}{6} \pi + \dfrac{1 - \sqrt{3}}{2}$.

4. $\dfrac{8}{3} a^2 (1 + k^2)^{\frac{3}{2}}$.

5. $\dfrac{79}{20} \pi, \dfrac{51}{29} \pi$.

6. $2\pi^2 a^2 b$.

7. (1) $\dfrac{a}{2} \pi^2$;　　(2) $\dfrac{\sqrt{1 + a^2}}{a} (e^{a\varphi} - 1)$.

8. $t = \arccos \dfrac{\sqrt{2}}{4}$.

9. $\dfrac{\pi h}{6} [2(AB + ab) + Ab + aB]$.

10. $\left(a \left(\dfrac{2\pi}{3} - \dfrac{\sqrt{3}}{2} \right), \dfrac{3a}{2} \right)$.

习题 6.3

A 组

1. $c(x) = 20x - x^2 + 50, 20 - x + \dfrac{50}{x}$.

2. $4800, 120, 200$.

3. $110, 13200$.

4. 40000.

5. 租金流量的现值为 126.6 万元, 与仪器现价 100 万相比, 还是购买仪器合算.

6. 3854 元.

B 组

1. (1) 9975;　　(2) 9925.

2. (1) 18;　　(2) 4;　　　(3) 51.

3. 6.39 年.

习题 6.4

A 组

1. 4. 5J.

2. $800\pi\ln2(N \cdot m)$.

3. $-\dfrac{27}{7}ka^2 \sqrt[3]{ac^2}$.

4. 57697. 5kJ.

5. 450gJ.

6. (2) 9.75×10^5 kJ.

7. $\dfrac{43120}{3}$ kN.

8. 取 y 轴通过细棒，$F_x = Gm\rho\left(\dfrac{1}{a} - \dfrac{1}{\sqrt{a^2+l^2}}\right)$，$F_y = -\dfrac{Gm\rho}{a\sqrt{a^2+l^2}}$.

B 组

1. 0. 3125J.

2. 12250kJ.

3. $\sqrt{2} - 1$ cm.

4. 8.317×10^8 N.

5. 大小：$F = \dfrac{2kq\rho\pi R}{(a^2+R^2)^{\frac{3}{2}}}$（$k$ 为引力常数），方向：由圆环中心指向点 A.

总习题 6

一、1. $\dfrac{3}{2}$;　　　　2. $\dfrac{e}{2} - 1$;　　　　3. $\ln2 - \dfrac{1}{2}$;　　　　4. $\dfrac{37}{12}$.

二、1. B; 2. C; 3. B; 4. A; 5. A.

三、1. $4ab\arcsin\dfrac{b}{\sqrt{a^2+b^2}}$;　　2. $\dfrac{\pi-1}{4}a^2$;　　3. $\dfrac{\sqrt{3}}{2}a^3$;　　4. $\dfrac{45}{2}\pi$;

5. $4\pi^2$;　　　　6. $\dfrac{5}{4}a$;　　　　7. $\sqrt{6} + \ln(\sqrt{2}+\sqrt{3})$;　　8. $\dfrac{4}{3}\pi r^4$;

9. 11m;　　　　10. 33356. 85kJ;　　11. $F_x = F_y = \dfrac{3}{5}a^2 G$;

12. 91500J;　　　　13. $\dfrac{\pi^2}{2} - \dfrac{2\pi}{3}$;　　14. $\dfrac{448}{15}\pi$;

15. $f(x) = \dfrac{3a}{2}x^2 + (4-a)x, a = -5$.

16. (1) 112. 07;　　(2) 2159;　　(3) 1360;　　(4) 294. 2.

参 考 文 献

[1] 同济大学数学系. 高等数学[M]. 6版. 北京：高等教育出版社, 2007.

[2] HUNT. R A CALCULUS[M]. 2nd ed. PROFESSIONAL EDITION, 1994.

[3] 张志军, 熊德之, 杨雪帆. 微积分[M]. 北京：科学出版社, 2011.

[4] 李辉来, 孙毅, 张旭利. 微积分（上册）[M]. 北京：清华大学出版社, 2005.

[5] 电子科技大学应用数学系. 一元微积分与微分方程[M]. 成都：电子科技大学出版社, 1997.

[6] 刘玉琏, 傅沛仁. 数学分析讲义[M]. 北京：高等教育出版社, 1992.

[7] 复旦大学数学系, 陈传璋, 金福临, 等. 数学分析[M]. 北京：高等教育出版社, 1983.

[8] 将众益, 高福岐, 将非非, 等. 高等数学习题解[M]. 沈阳：辽宁人民出版社, 1982.